まえがき

機械設計においては，部品に用いられる材料を適切に選択するとともに，安全でかつ経済的となるようにその形状を決定しなければならない．このために材料力学が必要となる．

材料力学の発展には，ガリレオ・ガリレイに始まり，近代材料力学の父と呼ばれるステパーン・チモシエンコが大いに関与したといわれる．とりわけチモシエンコはこの分野で多くの教科書を執筆しており，我が国の教科書と教育はチモシエンコの成書によっているといえる．

チモシエンコは，一般的な理論に重きがおかれていたこれまでの材料力学は無意味であり，実際的な問題をひとつひとつ解いていくというステップアップ式で授業を行ったといわれている．我が国で出版されているほとんどの教科書もこの手順に沿ったものとなっている．ただし，負荷方法（引張，曲げ，ねじり）の違いによって解法が異なり，これが学生諸君の理解の妨げになっていたものと著者は考えている．この点を意識して統一的な解法（本書ではステップ解法と呼んでいる）を考案した．本解法を簡潔に述べると，これはあたりまえの手順なのだが，「自由体図の作図→内力・モーメントの計算→応力・ひずみの計算→変位の計算→不静定条件の設定」となる．この手順に従えばほとんどの問題を統一的に解くことができる．詳しい解法については本書を見てほしい．工夫した点について納得してもらえると思う．さらに各章に対してふんだんに演習問題を加え，自らの手で演習を解くことでステップ解法に馴染んでもらおうと考えた．このような新たな工夫が加えられた本書を通じて，ひとりでも材料力学を深く理解してもらえることを願っている．

本書の完成にあたり，東京理科大学大学院修士課程荒井研究室所属（当時）中西 慶，武澤 和真の両君には最終的な原稿の式チェックをお願いした．また，東京理科大学工学部機械工学科の著者の授業（材料力学基礎及び演習（1年生授業））を受けていた多くの学生諸氏よりさまざまな指摘を受けた．これらは著者の視点では気が付かなかったものばかりであった．それらをできる限り本書に反映させた．最後に，荒井研究室秘書 野村 雅子氏には幾度となく原稿校正をいただいた．以上の諸氏にはここに感謝する．

著　者

目次

Chapter 1

準備

本章での学び

ここでは材料力学を学ぶのに必要となるつぎの基本事項について説明する．(1) 外力を受けて変形する物体とはどのようなものか，(2) 物体に作用する外力の種類にはどのようなものがあるのか，(3) 外力を受けた物体はどのように固定されているのか，(4) 固定したところで発生する反力にはどのようなものがあるのか．読者はあらかじめ，力のつり合いの式とモーメントのつり合いの式をたてられる，そして偶力の概念を理解していることを想定する．

1-1 外力を受けて変形する物体について

ニュートンの運動法則に従って運動する物体は，その大きさを無視し，質点（Mass point）と呼ばれるひとつの点におきかえられる．一方，さまざまな外力が物体に作用するとき，たとえば，物体そのものが回転するときにはその大きさも考慮しなければならない．このとき，物体の形状は変化しないものと仮定され，その物体は剛体（Rigid body）と呼ばれる．このようにして物体の運動を考えるときにさまざまな仮定をすることで，力とモーメントのつり合いのみ考えることであらゆる問題が解けることになる．

これに対して，材料力学では外力を受けて物体が変形することまで考えなければならない．このことを理解するために，以下にいくつかの簡単な例を取り上げてみよう．

はじめに皆さんに馴染みのある眼鏡のフレームについて考えてみる．これも小さな機械である．フレームが自由に変形できることであらゆる頭の大きさに合わせて眼鏡がフィットする．このとき，頭の大きさに合うように変形したフレームは，頭を押さえつけるような力が，作用・反作用の法則に従って発生する．この力の大きさによって眼鏡はしっかりと顔に固定されるわけであるが，この大きさがあまり大きいとフレームには余計な力がかかってしまい，場合によってはフレームが破損することになる．このため，眼鏡のフレームが外力を受けてどのように変形するのか正確に理解しなければならない．

つぎに自動車のエンジンについて考えてみる．エンジンにおいては，燃焼室と呼ばれる円筒形の圧力容器の内部で燃料が爆発し，燃焼室内におかれたピストンが圧力を受けて円筒容器内を上下運動する．この上下運動を回転運動に変換することで車輪を回転させて自動車が動きだすわけである．このとき，燃焼室壁面が高い温度にさらされるため，その壁面が外側に向けて大きく膨張する．すると，ピストンと燃焼室の壁面間には隙間が発生して燃焼ガスが外に漏れだす，あるいは圧力を受けてピストンが大きく変形してなめらかな上下運動が阻害される可能性がある．このような理由で自動車のエンジンがどのように変形するのか正確に理解しなければならない．

材料力学を学ぶことは，
i) 外力を受けた物体がどのように変形するのか
ii) 外力に対する抵抗力が物体内部でどのように発生しているのか
を理解することである．

1-2 外力の種類

物体に作用する外力にはどのようなものがあるのであろうか．図 1-1 に最もよく知られた外力を示す．図は，床の上におかれたゴム風船の表面を人差し指で押している様子を示している．このように外力が作用する様子は，ある大きさと向きをもつベクトルで表され，物理ではこれは力ベクトルと呼ばれる．材料力学では，これは**集中荷重**（Concentrated load）と呼ばれる．

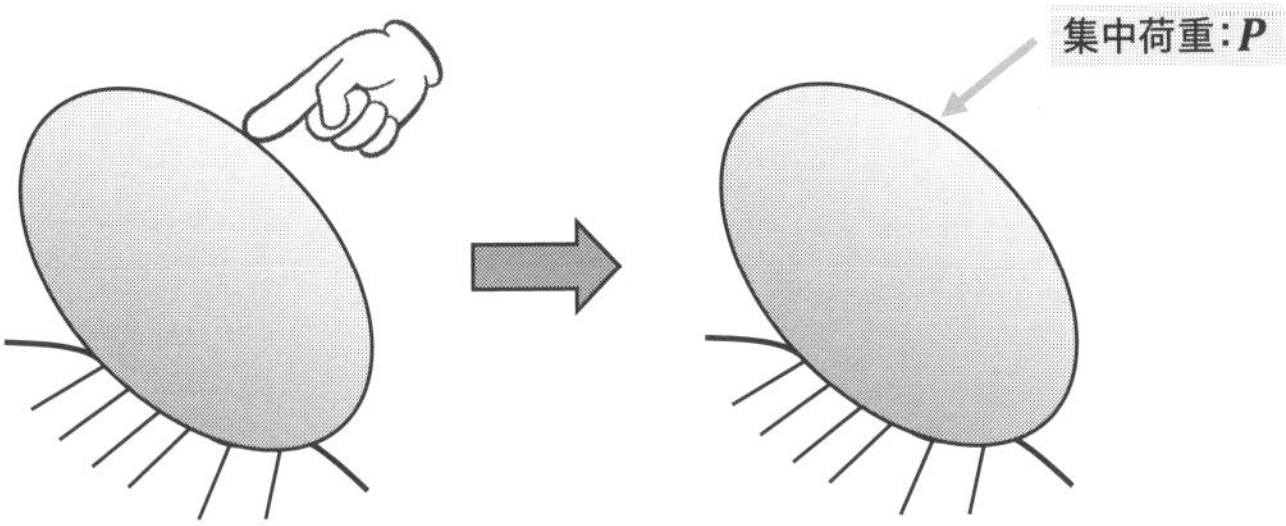

図1-1　人差し指で押されたゴム風船

つぎに図 1-2 に示すような防波堤を考えてみよう．防波堤とは，外洋から打ち寄せてくる波を防ぐために海中，あるいは湾に設置された構造物である．このために防波堤の壁面では図に示すような力が分布することになる．このような外力は，**分布荷重**（Distributed load）と呼ばれる．

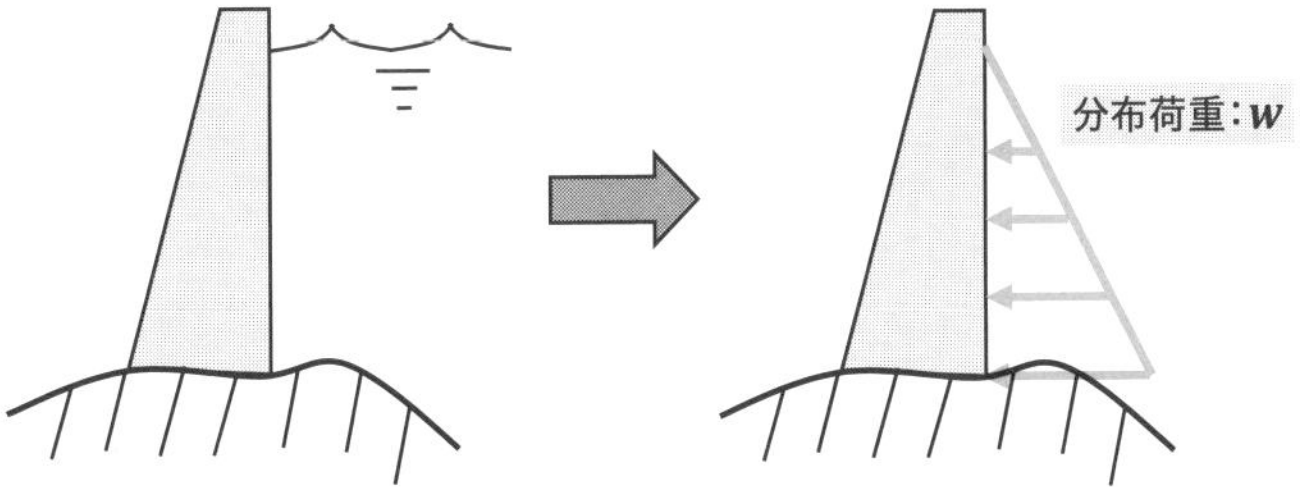

図1-2　水圧を受ける防波堤

最後に図 1-3 に示すようなドライバーで平板にネジを固定することを考えてみる．ここで平板を押さえていなければ，回転するドライバーと同じ方向に平板も回転するであろう．このため平板を固定しておかなければならない．この結果，ドライバーによるねじりがある点に集中して作用することになる．このとき，平板の一点でどのような力学的状態となっているのか理解するためには，偶力（Couple）を考えるとよい．平行で逆向きに互いに等しい力がある点で作用するとき，これは偶力と呼ばれる．偶力の作用点と作用点を結んだ線上の任意の点でのモーメントはすべて等しく，偶力によって発生したモーメントは偶力のモーメント（Moment of couple）と呼ばれる．これをドライバーの問題におきかえてみると，ネジ表面には摩擦力（偶力）が作用するから，この摩擦力とネジの半径の積が偶力のモーメントである．ここに偶力のモーメントの大きさ（M）を一定のままにネジの直径を無限小にした極限的な状態を考えたとき，この偶力のモーメントは集中モーメント（Concentrated moment）と呼ばれる．材料力学では，モーメントとして集中モーメントがよく扱われる．

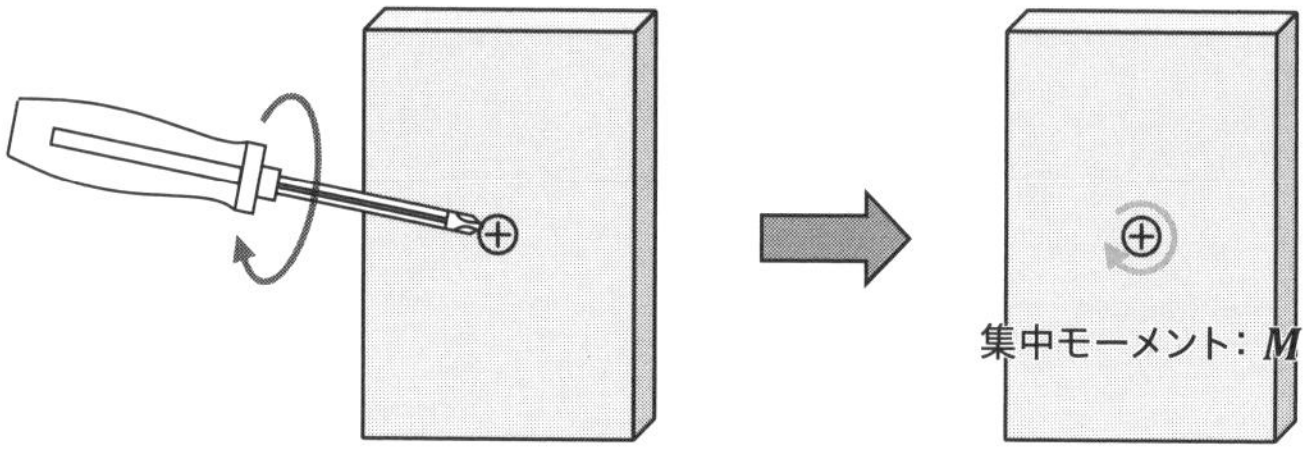

図1-3　ドライバーで板にネジを固定している様子

集中荷重，分布荷重，集中モーメントのいずれかの方法により物体の表面に外力が作用する．

1-3 支持の種類

外力を受けている物体は，これを受けるためになんらかの方法で固定されていなければならない．材料力学では，物体の固定は支持（Support）と呼ばれる．

物体の支持方法にはつぎのようなものがある．図1-4は先に示したゴム風船が床に接着剤で完全に固定されている様子を示す．このような固定方法は，固定支持（Fixed support）と呼ばれる．機械では，接着剤の代わりに溶接やネジ締結という方法で部品がしっかりと固定されることが多い．

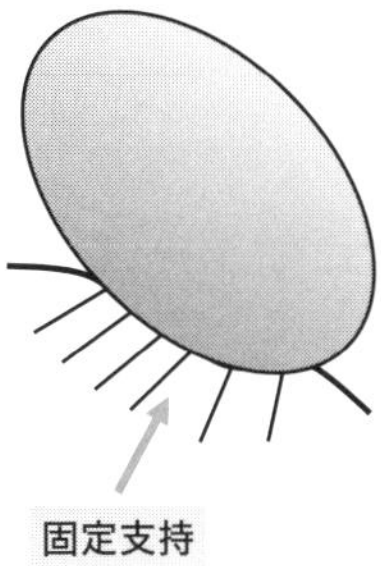

図1-4　床に完全に固定された風船

図1-5に細長い橋梁が点（ピン）で支持されている様子を示す．実際にはピンで支持することは不可能であり，図に示すようなボールベアリングと呼ばれる回転する機械要素で固定される．このような支持方法は，回転支持（Rotation support, Pin support）と呼ばれる．あるいは，図1-6に示すようなローラーで支持されている場合には移動支持（Mobile support, Roller support）と呼ばれる．

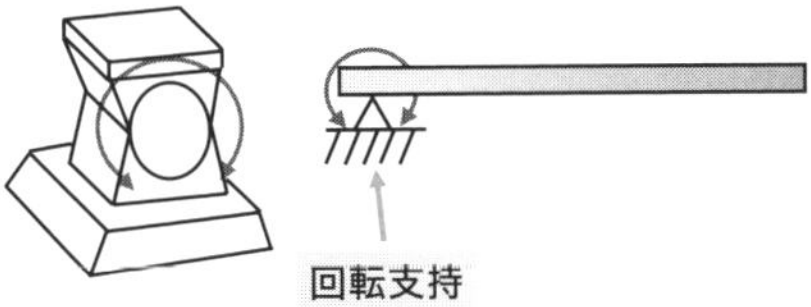

図1-5　ピンで支持された橋梁

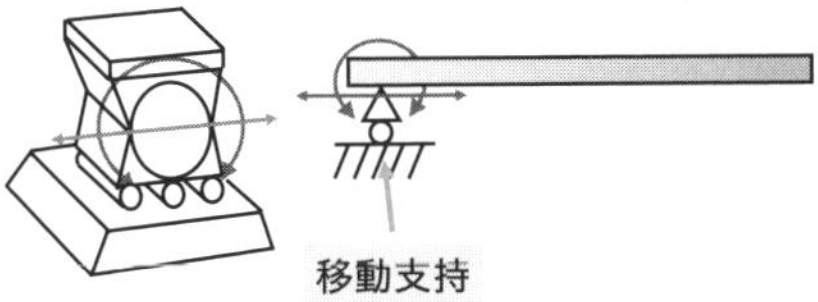

図1-6　ローラーで支持された橋梁

固定支持，回転支持，移動支持のいずれかの方法で物体が支持される．

1-4 自由体図

機械は，さまざまな部品から組み上げられている．そこで，それぞれの部品にはどのような力が作用しているのか理解するためには，機械を部品ごとに分解するとよい．これと同様のことが材料力学でもなされる．このことをさらに理解するため，図1-7の左図に示す問題について考えてみよう．

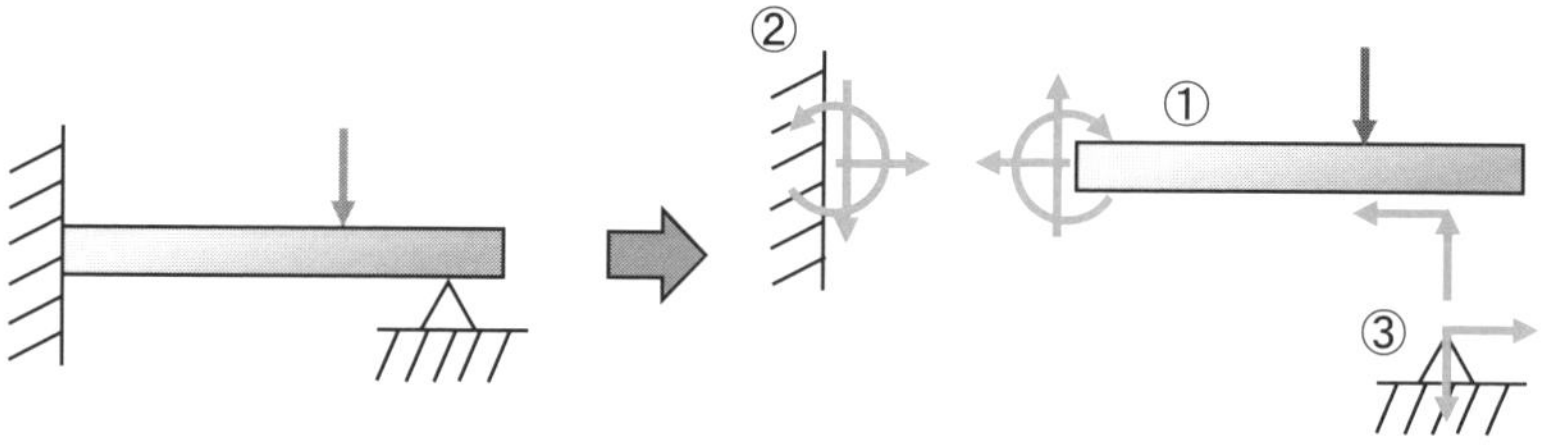

図1-7　部品分解の様子

この図は，変形する棒の左端が剛体壁に固定支持されている．また，棒の途中は回転支持されている．このように支持された棒において図のグレーの矢印のように集中荷重が作用するとき，棒には集中荷重以外にどのような力が作用しているのか考えてみる．この問題は，棒①，剛体壁②，回転支持③が組み合わされているものと考えて，図 1-7 の右図に示すように問題を分解するとよい．これは自由体図（Free body diagram）と呼ばれる．ここでは，棒にどのような力が作用しているのか求めたいのであるから棒①に注目する．固定支持から切り離された棒①の左端では図のような反力（Reaction force）と反モーメント（Reaction moment）が発生する．また，回転支持が接触していた点でも図のような反力が発生する．そして，剛体壁②と回転支持③では，作用・反作用の法則により，棒に発生していた反力と反モーメントと大きさが等しく反対向きの反力と反モーメントが発生することになる．

問題を分解した自由体図を作図することで，固定支持，移動支持，回転支持に発生している反力や反モーメントを理解できる．

1-5　力のつり合いの式とモーメントのつり合いの式

問題を自由体図に分解することで，支持している部分でどのような反力や反モーメントが発生しているのか理解できることを述べた．そこで，ここではその大きさと方向を具体的に求めてみよう．そのために，以下にいくつかの約束をしておく．

約束 1　座標軸は，図 1-8 に示すように棒断面の図心を通るようにして軸線に沿ってx軸，これと鉛直下向き方向にy軸をとるものとする．

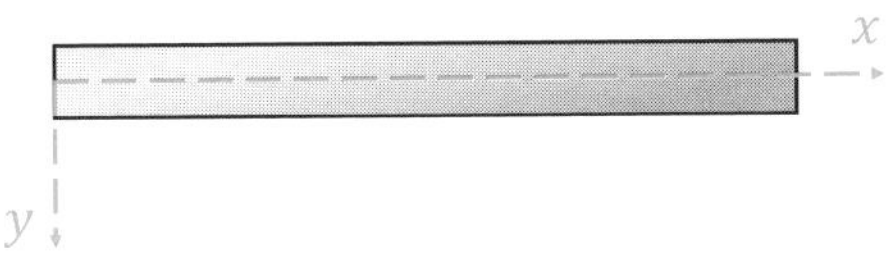

図1-8　座標軸の約束

約束2　支持に発生する反力と反モーメントは，図1-9に示すような矢印の方向を正の方向とする．これは覚えておかなければならない．

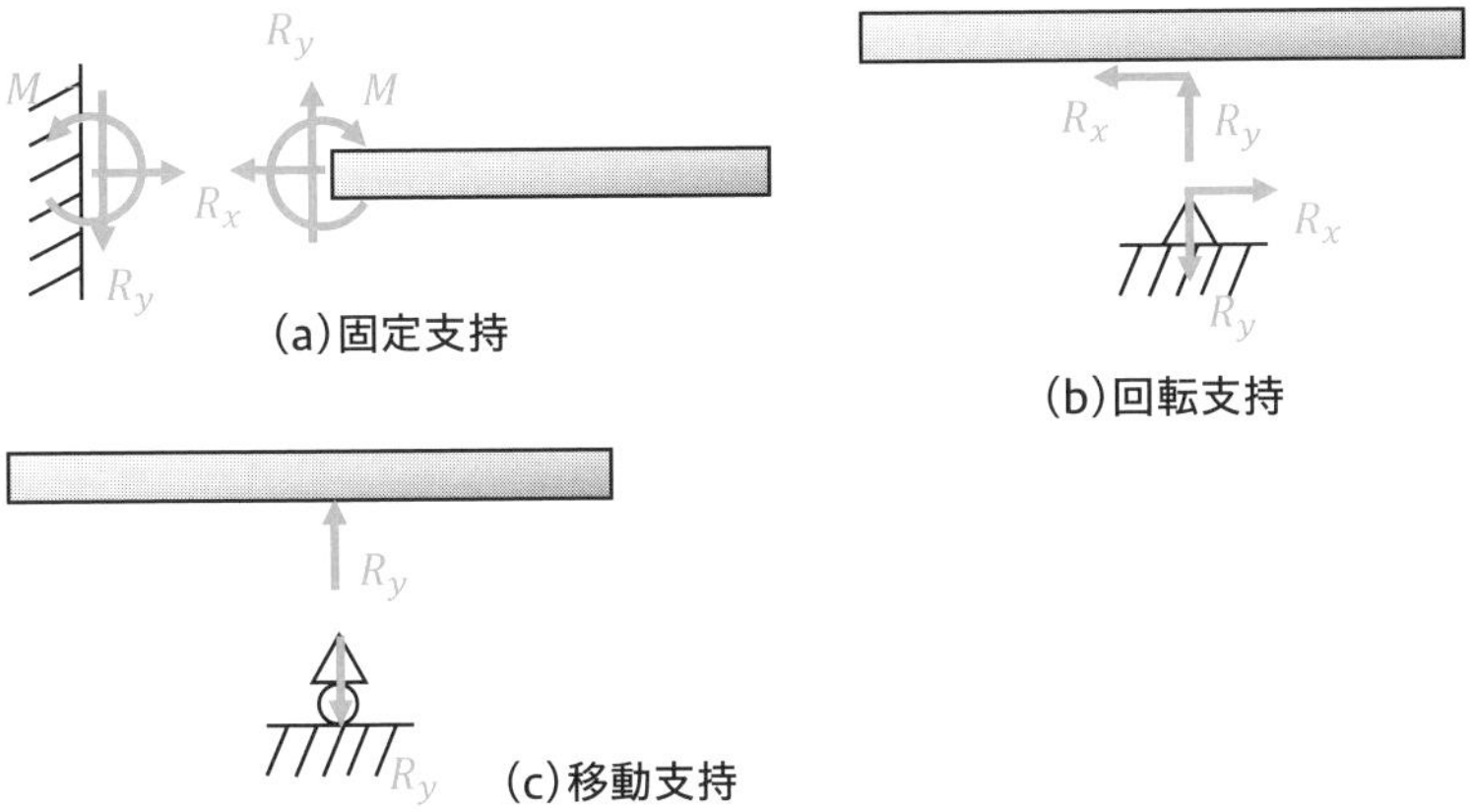

図1-9　支持で発生する反力と反モーメント

約束3　力のつり合いの式 (Equilibrium equation of force) はつぎのように表すものとする．

$$\rightarrow \sum \boldsymbol{X}: \text{自由体図における合力} = 0$$

ここで，はじめの→は自由体図における合力を計算する際の正の方向（座標軸の正の方向），つぎの$\sum$は合力を計算すること，最後のXは力のx成分をそれぞれ表している．これにより力のつり合いの式における力の方向のミスを減らすことができる．

また，モーメントのつり合いの式 (Equilibrium equation of moment) は，

$$\circlearrowright \sum \boldsymbol{M}: \text{自由体図における合モーメント} = 0$$

のように表すものとする．ここではじめの記号は，合モーメントを計算する際の正の方向を回転中心に対して時計回りとすること，つぎの$\sum$は合モーメントを計算するこ

と，最後のMはモーメントをそれぞれ表している．

以上の約束をふまえて，棒の支持で発生する反力と反モーメントを実際に求めてみよう．

演習問題 1-1

図 1-10 に示すような剛体壁に固定支持された棒について考える．この棒の左端を点 A，右端を点 B とする．このとき，点 B に集中荷重Pが図のように作用するとき，点 A に生じる反力と反モーメントを求めなさい．

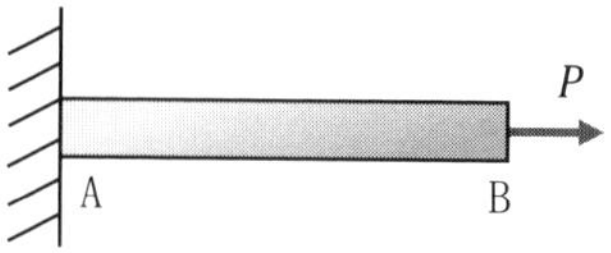

図1-10　集中荷重を受ける棒

解答　点 A に発生している反力と反モーメントを知るために，剛体壁から棒を切り離し，図 1-11 に示すような自由体図を作図する．つぎに約束 1 に従って座標系を設定する．こうすることで，力のつり合いの式とモーメントのつり合いの式における正の方向が決まる．さらに自由体図の点 A に対して正の方向の反力と反モーメントを記入する．

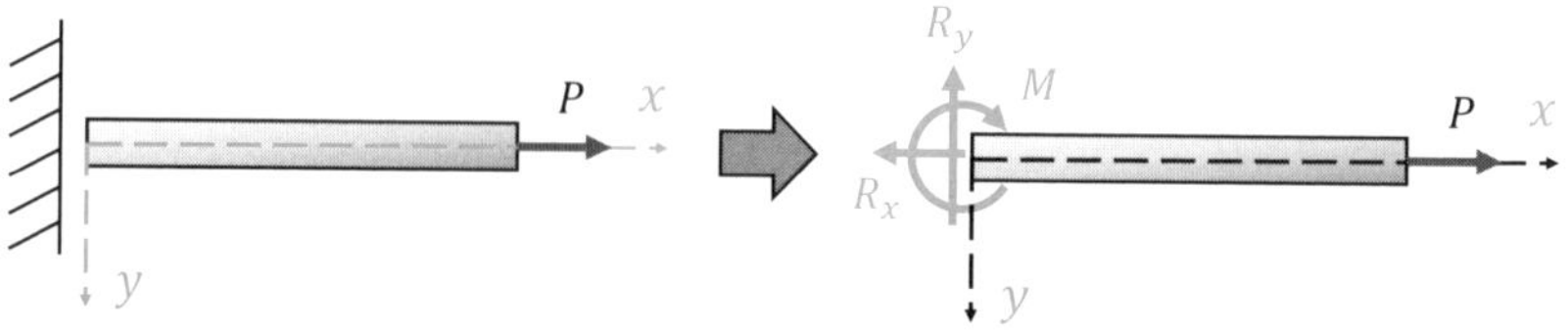

図1-11　自由体図

図より力のつり合いの式は，

$$\rightarrow \sum X : \ +P - R_x = 0 \quad \downarrow \sum Y : \ -R_y = 0 \tag{1.1}$$

また，モーメントのつり合いの式は，

$$\circlearrowright \sum M : \ +M = 0 \tag{1.2}$$

よって，点 A での反力と反モーメントは，

$$R_x = P,\ \ R_y = 0,\ \ M = 0 \tag{1.3}$$

これにより，棒の固定端では集中荷重Pに等しい荷重が反力として働く．このことは，作用・反作用の法則からも理解できるであろう．

演習問題 1-2

図 1-12 に示すような剛体壁に固定された棒について考える．この棒の左端を点 A，右端を点 B とする．図のように点 B に集中荷重Pが鉛直下向きに作用するとき，点 A における反力と反モーメントをそれぞれ求めよ．

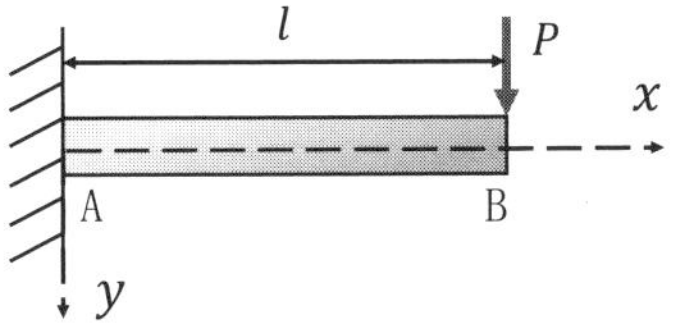

図1-12　横向きに集中荷重を受ける棒

解答　固定支持での反力と反モーメントは，

$$R_x = 0\ ,\ R_y = P\ ,\ M = -Pl \tag{1.4}$$

となる．

演習問題 1-3

図 1-13 に示すような両端が回転支持と移動支持によって固定された棒について考える．この棒の左端を点 A，右端を点 B とする．図に示すように左端から距離aの点 C に集中荷重Pが作用するとき，点 A と B における反力をそれぞれ求めよ．

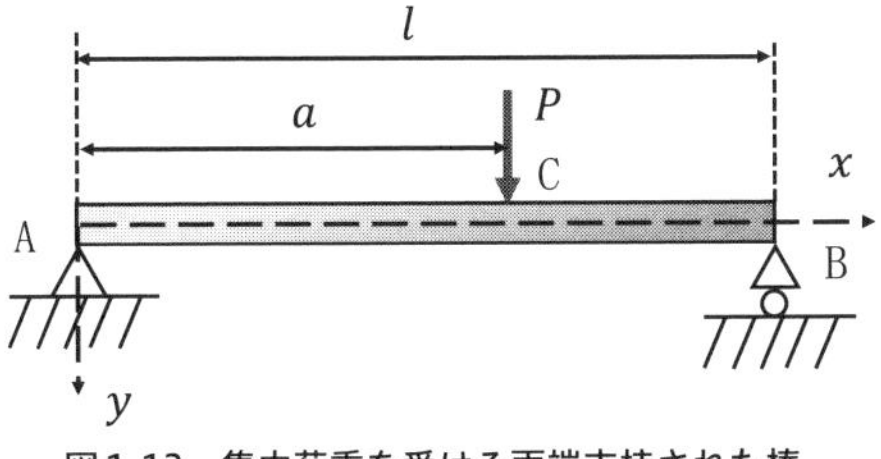

図1-13　集中荷重を受ける両端支持された棒

解答　点Aでのx方向，y方向の反力をR_{xA}，R_{yA}，点Bでのy方向の反力をR_{yB}とすれば，回転支持と移動支持での反力はそれぞれ，

$$R_{xA} = 0,\ R_{yA} = P\left(\frac{l-a}{l}\right),\ R_{yB} = P\left(\frac{a}{l}\right) \tag{1.5}$$

となる．

演習問題 1-4

図1-14に示すような剛体壁に固定されたL形棒について考える．この棒の固定端を点A，自由端を点Bとする．図に示すように自由端に集中荷重Pが水平方向に作用するとき，点Aにおける反力と反モーメントをそれぞれ求めよ．

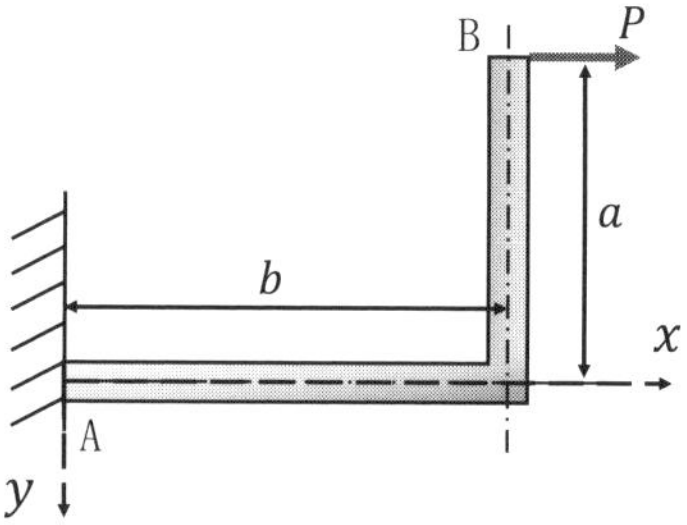

図1-14　集中荷重を受けるL形棒

解答　点Aにおける反力をR_x, R_y，反モーメントをMとすれば，

$$R_x = P,\ R_y = 0,\ M = -Pa \tag{1.6}$$

となる．

Column　座標系の重要性

これから材料力学を学ぶに際して，座標系の取り方について繰り返し強調していくであろう．それは，力のつり合いの式をたてるうえで必要となる正方向を決定するからである．高校物理では座標系についてベクトルの説明で少し登場しただけであまり詳しくは説明されていなかったと思う．大学ではまず問題を解くときにどのように座標系をおいたのか，示さなければならない．

Chapter 2

応力とひずみ

本章での学び

第1章では，物体が外力の作用を受けるとき，物体の支持部でどのような反力や反モーメントが発生するのかについて学んだ．ところで，物体内部においても外力に抵抗するような力，すなわち内力が発生している．そこで，本章では物体内部で発生している内力について学ぶ．さらに，この内力を断面積で割った応力や単位長さ当たりの伸び率として定義されるひずみについて学ぶことになる．とりわけ応力は物体の強さを判断するうえで重要な物理量であるから，確実に理解してほしい．

2-1 仮想切断面と内力

第 1 章では，物体にはどのような外力が作用するのか，そして外力を受けて変形した物体はどのように支えられるのか，について学習した．また，力のつり合いの式，モーメントのつり合いの式により，支持部で発生している反力や反モーメントの求め方を学んだ．

ところで外力は物体を支えている支持部で反力，反モーメントを発生させるだけではなく，物体の内部でも抵抗力を発生させることになる．このことを図 2-1 により理解してみよう．

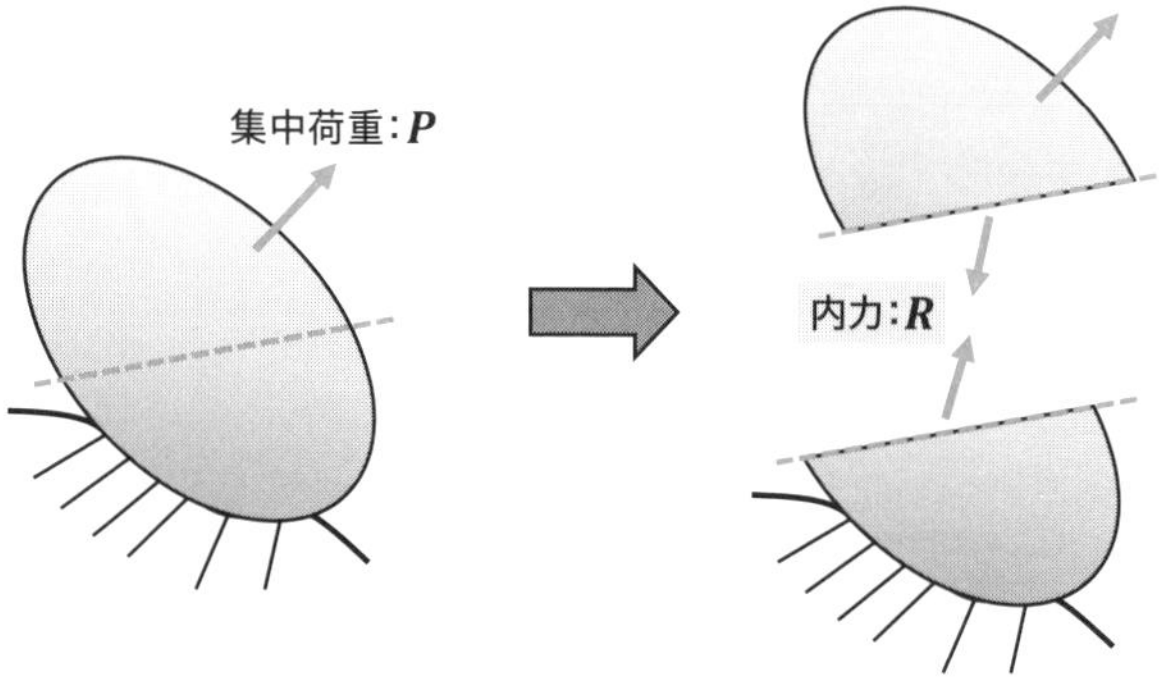

図 2-1　物体の内部で発生する内力

図 2-1 は，物体が固定支持されており，その表面には集中荷重が作用している様子を示している．すでに学んでいるように，集中荷重に抵抗するように固定支持では反力や反モーメントが発生する．ところで，物体は原子から構成され，原子と原子は相互にばねのように結合している．よって，ひとつひとつの原子を結びつけているばねを通じて集中荷重が物体内部へと伝わっていくこととなる．そして，これが固定支持にまで伝わった結果として反力，反モーメントが発生した，と考える．物体内部での力の伝わり方を調べるために，物体の一部を図に示すように仮想的に切断してみる．破線で描かれた切断面は**仮想切断面**（Imaginary cut plane）と呼ばれる．そして，この仮想切断面を介して物体をふたつに分離する．ここで，切り離された物体は集中荷重により作用線に沿って移動することになるが，実際にはそのようなことは発生しない．なぜならば仮想切断面を横切って原子同士が引き合っているからである．もしそのようなことが起きれば，物体は**破壊**（Fracture）したことになる．原子同士が仮想切断面を介して引き合う力が物体内部で発生した抵抗力であり，これは**内力**（Internal force）と呼ばれる．

物体を仮想的に切断する（仮想切断面）ことで物体内の内力を知ることができる．

内力の理解を深めるためにいくつかの問題を解いてみることにしよう．

演習問題 2-1

図 2-2 に示すような剛体壁に固定支持された棒について考える．この棒の右端に集中荷重Pが図のように作用するとき，棒の内力を求めなさい．

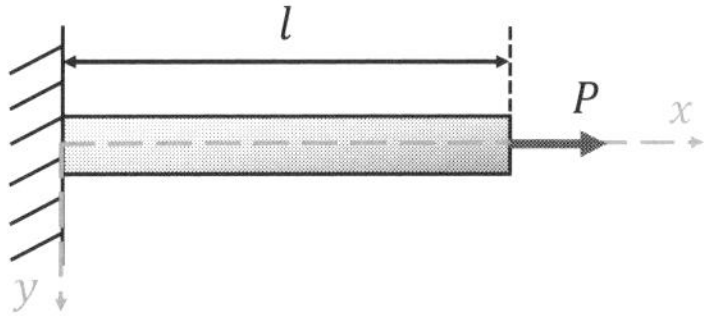

図 2-2　集中荷重を受ける棒

解答　棒の内力を知るために，棒の任意の位置を仮想的に切断し，その様子を自由体図として作図すると図 2-3 のようになる．

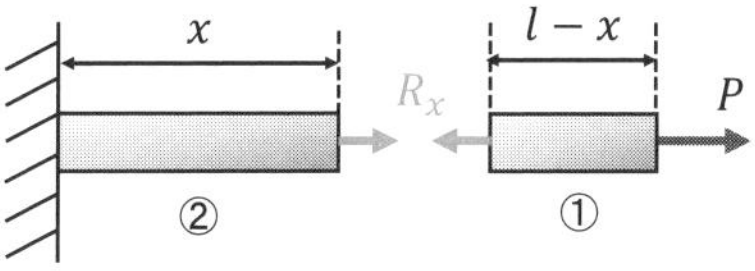

図 2-3　仮想切断面で切断された棒の自由体図

図において棒①に対して力のつり合いの式をたてると，

$$\rightarrow \sum X:\ +P - R_x = 0 \tag{2.1}$$

よって，仮想切断面に生じている内力は，

$$\boldsymbol{R_x = P} \tag{2.2}$$

この結果に基づいて**内力の分布**を作図すると図 2-4 のようになる．図より，この棒のどの位置を仮想的に切断したとしてもその面には集中荷重Pに等しい内力が発生していることがわかる．これは，**作用・反作用の法則**からも理解できるであろう．

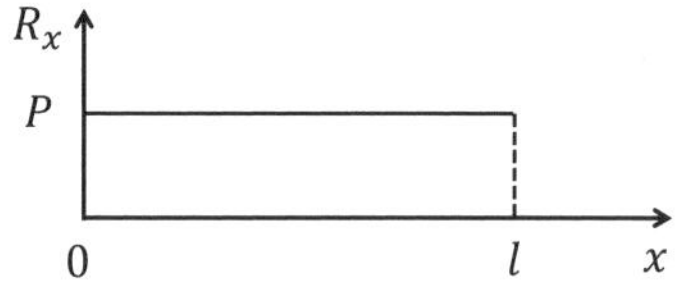

図 2-4　内力の分布図

内力の分布図を作図することで，物体内で内力がどのように分布しているのか理解できる．

演習問題 2-2

図 2-5 に示すような剛体壁に固定支持された棒について考える．この棒の右端に鉛直下向き方向に集中荷重Pが図のように作用するとき，棒の内力を求めなさい．

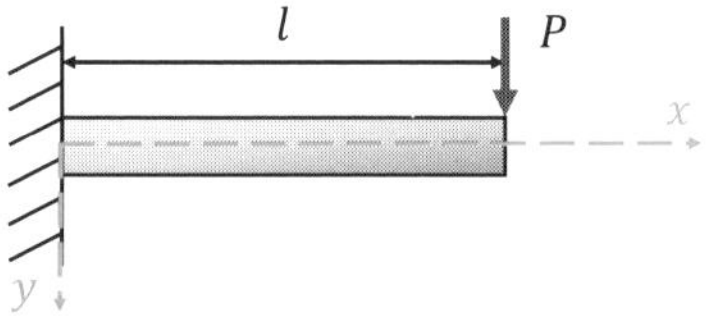

図 2-5　鉛直下向き方向に集中荷重を受ける棒

解答　棒の内力を知るために，棒の任意の位置を仮想的に切断し，その様子を自由体図として作図すると図 2-6 のようになる．ここで，自明のため内力R_xは無視した．

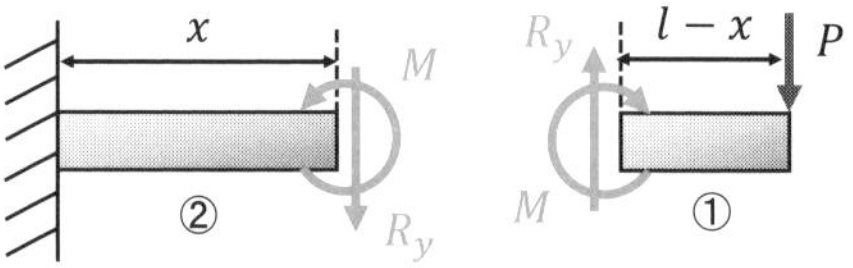

図 2-6　仮想切断面で切断された棒の自由体図

図 2-6 において，棒①に対して力のつり合いの式をたてると，

$$\downarrow \sum Y:\ -R_y + P = 0 \tag{2.3}$$

また，棒①の左端に回転中心をとってモーメントのつり合いの式をたてると，

$$\circlearrowleft \sum M:\ +M + P(l - x) = 0 \tag{2.4}$$

となる．よって，仮想切断面で発生している内力とモーメントは，

$$R_y = P,\ M = -P(l - x) \tag{2.5}$$

ここで，R_yは仮想切断面に平行な内力であり，これはせん断力（Shear force）とも呼ばれる．この力は，面と面を相互に滑らせるような様子を想像してもらうと理解しやすい．また，Mは曲げモーメント（Bending moment）とも呼ばれる．

これらの結果に基づいて，せん断力と曲げモーメントの分布を作図すると図2-7のようになる．図より，棒には集中荷重に等しくそれと反対向きにせん断力が発生すること，棒の固定支持で最も曲げモーメントが大きいことがわかる．また，曲げモーメントの分布図から棒が横荷重を受けると固定支持で棒が破壊しやすいことも容易に理解できる．

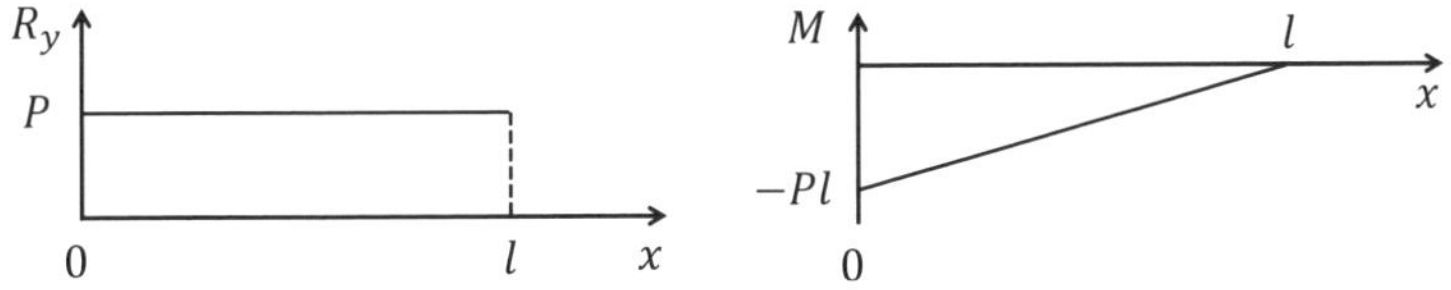

図2-7　せん断力R_yと曲げモーメントMの分布図

2-2 応力

外力が作用することで棒に発生する内力やせん断力，すなわち抵抗力について学んできた．その際，これらの抵抗力は，棒の断面形状とは無関係に力のつり合いの式やモーメントのつり合いの式から求められることを学んだ．そこで，以下では棒の断面積と抵抗力の関係について考えてみよう．

図2-8に断面積が異なる長さの等しい丸棒が等しい集中荷重Pを受けている様子を示す．ここで，棒Aの断面積に比べて棒Bのそれのほうが大きいものとする．これまでに学んできたように，棒の断面積が異なっていたとしても，いずれの棒においても内力は集中荷重Pに等しい．しかし，実際には小さい断面積の棒Aのほうが破損しやすいことは容易に想像できるであろう．このように物体が強いか，弱いかを判断するのに，抵抗力よりも単位面積当たりの抵抗力で定義された応力で比較するとよい．

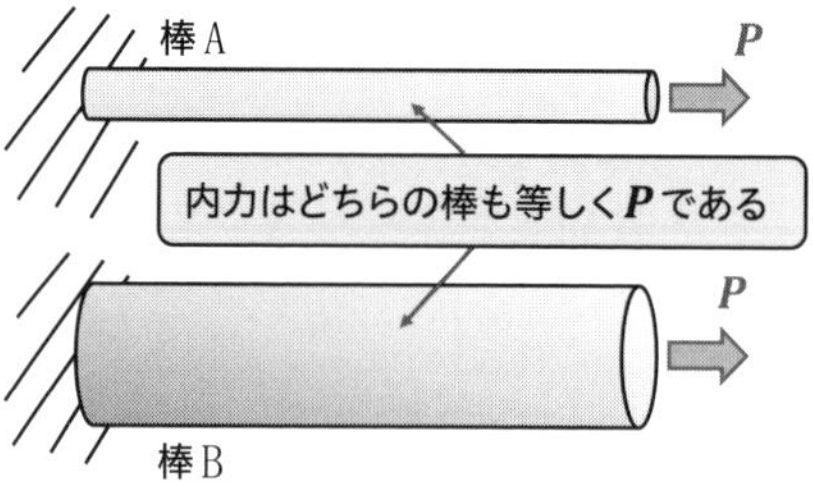

図2-8 断面積が異なる丸棒の引張り

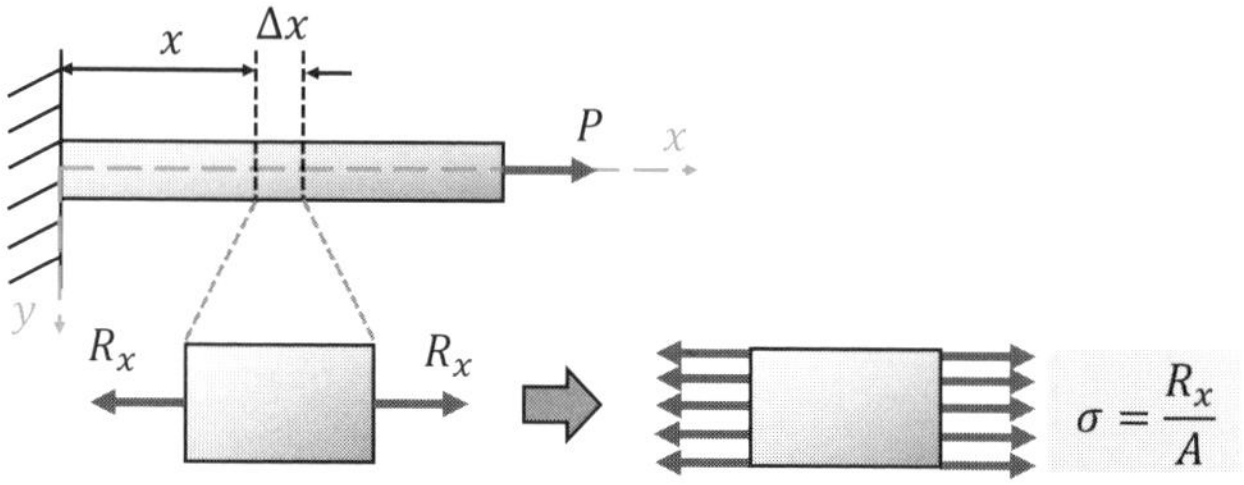

図2-9 集中荷重を受ける棒の仮想切断面に発生している内力

仮想切断面に対して抵抗力が作用する方向によってつぎのようなふたつの応力に区別される．図2-9に示すような剛体壁に固定支持された棒が集中荷重を受けているとき，棒の任意の位置(x)におかれた仮想切断面とそこから少し離れた位置$(x + \Delta x)$に別の仮想切断面をおく．そしてこれらの仮想切断面で挟まれた部分を切り出したとき，仮想切断面には図のような内力R_xが，大きさが等しく反対向きに発生する．そこで，このような内力に対してつぎのような垂直応力（Normal stress）を定義する．

$$\boldsymbol{\sigma = \frac{R_x}{A}} \tag{2.6}$$

ここで，Aは断面積である．図に示すように切り出された部分が引張られるように内力が作用する方向を垂直応力の正の方向と定義し，これは引張応力（Tensile stress）と呼ばれる．一方，この部分が縮むように内力が作用する方向を負の方向と定義し，これは圧縮応力（Compressive stress）と呼ばれる．

つぎに図2-10に示すような剛体壁に固定支持された棒が横荷重を受けているとき，棒の任意の位置(x)におかれた仮想切断面とそこから少し離れた位置$(x + \Delta x)$に別の仮想切断面で挟まれた部分を切り出す．すると，これらの仮想切断面には図のようなせん断力R_yが，大きさが等しく反対向きに発生する．そこで，このようなせん断力に対してつぎのようなせん断応力（Shear stress）を定義する．

$$\tau = \frac{R_y}{A} \tag{2.7}$$

図に示すように，切り出された右側の部分が下にずれるようにせん断力が作用する方向をせん断応力の正の方向と定義する．

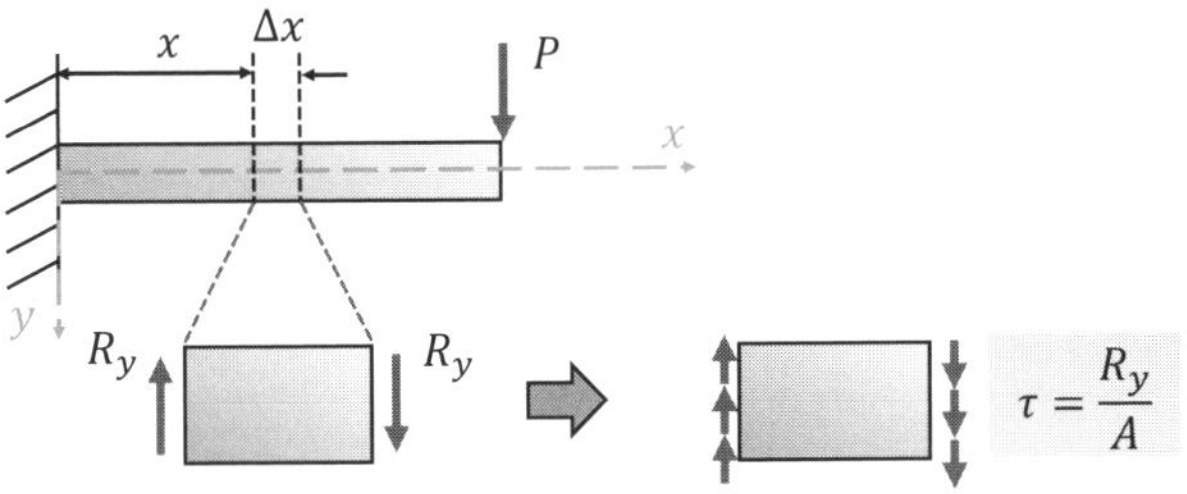

図2-10　横荷重を受ける棒の仮想切断面に発生しているせん断力

垂直応力とせん断応力の単位は，抵抗力〔N〕を断面積〔m^2〕で割ることから〔N/m^2〕である．あるいは，通常，パスカル〔Pa〕という記号が用いられる．金属材料ではこれらの応力の大きさは 100,000,000 Pa 程度になる．このため，つぎのように大きさをまとめることがよくなされる．

1,000,000 Pa=10^6 Pa=1 MPa　メガパスカル
1,000,000,000 Pa=10^9 Pa=1 GPa　ギガパスカル

応力測定を行うとき，上述した Pa のような SI 単位系でなく，工学単位系が用いられる．つまり，抵抗力は〔kgf〕，断面積は〔mm^2〕となり，このときの応力の単位は〔kgf/mm^2〕となる．よって，1 kgf=9.8 N の換算に注意しながら工学単位系と SI 単位系を相互に変換できるようしっかりとトレーニングしてほしい．

2-3　ひずみ

物体は外力を受けることで変形する．このとき，物体の形状がどのように変形するのかを理解するために，図 2-9 や図 2-10 で説明したような剛体壁に固定支持された棒の問題についてふたたび取り上げてみる．

図 2-9 に示すように仮想切断面によって切り離された部分が垂直応力を受けて変形したとする．その様子を図 2-11 に示す．その元長さをlとおいて，これが垂直応力σを受けてδだけ伸びたとすると，

$$\varepsilon = \frac{\delta}{l} \tag{2.8}$$

と定義して，これは垂直ひずみ（Normal strain）と呼ばれる．垂直ひずみの単位は，伸び〔mm〕を元長さ〔mm〕で割ることから〔-〕で無次元である．あるいは，百分率〔%〕で表されることがある．

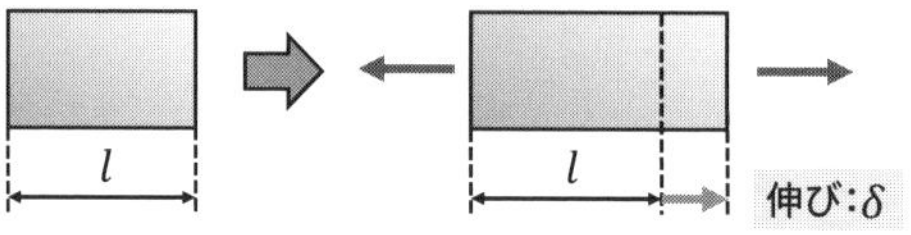

図 2-11　垂直ひずみ

つぎに図 2-10 に示すように仮想切断面によって切り離された部分がせん断応力を受けて変形したとする．その様子を図 2-12 に示す．その横長さをlとおいて，これがせん断応力τを受けてλだけ仮想切断面に沿って変位したとすると，

$$\gamma = \frac{\lambda}{l} \tag{2.9}$$

と定義して，これはせん断ひずみ（Shear strain）と呼ばれる．ここで，変位が非常に小さいものとすれば，

$$\gamma \cong \tan\gamma \tag{2.10}$$

となるから，せん断ひずみγは仮想切断面に沿ってひずんだ角度γであることがわかる．せん断ひずみの単位も〔-〕で無次元あり，通常，その値は弧度法で表される．ここで，$1^\circ = \pi/180$ rad，$a^\circ = a \times \pi/180$rad である．

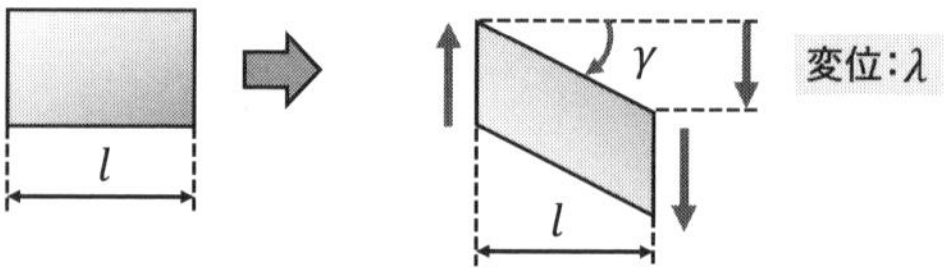

図 2-12　せん断ひずみ

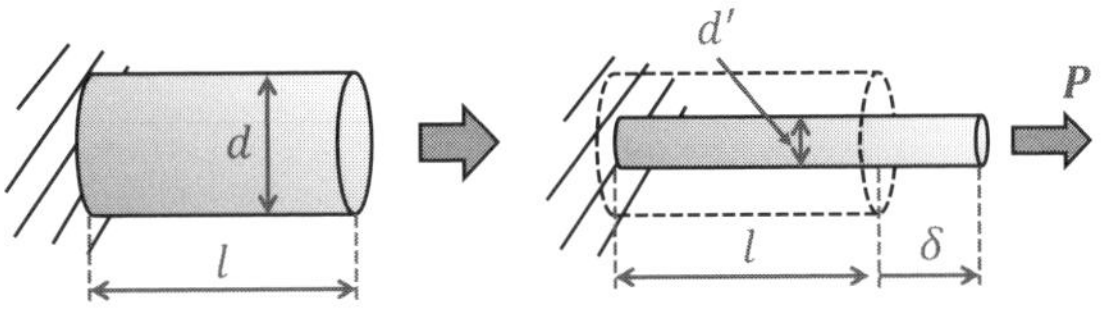

図 2-13　引張りを受けることで丸棒が変形した様子

最後に円形状の断面の丸棒が引張られている様子を図 2-13 に示す．棒の軸に沿って引張応力を受けることで丸棒は図のように伸びる一方，断面積は縮む．そこで，断面形状の縮みに対して，元の直径をd，縮んだあとの直径をd'として，

$$\varepsilon' = \frac{d' - d}{d} \ (< 0) \tag{2.11}$$

のように垂直ひずみを定義する．このひずみは**横ひずみ**と呼ばれる．このとき，この言葉に対応するように垂直ひずみεは**縦ひずみ**とも呼ばれるときがある．そこで，引張応力が作用する方向の垂直ひずみεとそれとは垂直方向に縮む方向のひずみε'の比率，

$$\boldsymbol{\nu} = -\left(\frac{\boldsymbol{\varepsilon}'}{\boldsymbol{\varepsilon}}\right) \ (> 0) \tag{2.12}$$

を定義し，これは**ポアソン比**（Poisson's ratio）と呼ばれる．ここで，横ひずみがマイナスとなるから，ポアソン比を正にするために式 (2.12) の右辺にはマイナスの記号がついていることに注意してほしい．また，金属材料では，$\nu = 0.3$程度であることも覚えておくとよい．

2-4 応力 - ひずみ関係

ばね定数kのコイルばねに荷重Pが作用するとき，ばねに生じる伸びδについて考えてみる．**フックの法則**（Hooke's law）により，ばねに作用する荷重とそれによって生じた伸びの間には，

$$P = k\delta \tag{2.13}$$

が成立することが知られる．これと同様の関係は応力とひずみの間でも成り立つことが知られる．すなわち，垂直応力σと垂直ひずみε，せん断応力 τ とせん断ひずみγに

関して，

$$\sigma = E\varepsilon \tag{2.14}$$

$$\tau = G\gamma \tag{2.15}$$

のようになる．この応力とひずみの関係式もまたフックの法則と呼ばれる．ここで，比例定数Eは縦弾性係数（あるいはヤング率，Young's modulus, Longitudinal elastic modulus)，Gは横弾性係数（Modulus of rigidity, Transverse elastic modulus）と呼ばれる．縦弾性係数と横弾性係数の単位は応力に等しくPaである．金属では，これらの値は大きいため，通常，GPaで表される．

また，縦弾性係数と横弾性係数の間にはつぎの関係が成立することが知られている．

$$G = \frac{E}{2(1+\nu)} \tag{2.16}$$

演習問題 2-3

図2-2に示すような剛体壁に固定支持された棒について考える．この棒の右端に集中荷重Pが図のように作用するとき，棒の伸びを求めなさい．ここで，棒の断面積はA，長さはl，縦弾性係数はEとする．

解答　【演習問題2-1】で知ったように棒の内力は一様に分布しており，その大きさは$R_x = P$である．よって，棒に生じている垂直応力は，式(2.6)により，

$$\sigma = \frac{P}{A} \tag{2.17}$$

である．フックの法則（式(2.14)）により，棒に生じる垂直ひずみは，

$$\varepsilon = \frac{\sigma}{E} \tag{2.18}$$

これに式(2.17)を代入すると，

$$\varepsilon = \frac{P}{EA} \tag{2.19}$$

よって，棒に生じる伸びδは，式(2.8)より，

$$\delta = \frac{Pl}{EA} \tag{2.20}$$

となる．式 (2.20) は棒の伸びの公式として覚えておくとよい．

演習問題2-4

縦弾性係数E =205 GPa, 直径d =2.0 cm, 長さL =50 cm の丸棒を軸方向に引張った．そのときの荷重をP =15 kN とする．この棒に生じる垂直応力σ, 垂直ひずみε, 棒に生じる伸びδをそれぞれ求めよ．

解答　式 (2.17) より垂直応力は,

$$\sigma = \frac{P}{A} = \frac{4P}{\pi d^2} = \frac{4 \cdot 15 \times 10^3}{\pi \left(2 \times 10^{-2}\right)^2} = 47.77 \times 10^6 \ \frac{\mathrm{N}}{\mathrm{m}^2} (= \mathrm{Pa})$$

より，σ =47.77 MPa となる．式 (2.18) より垂直ひずみは,

$$\varepsilon = \frac{\sigma}{E} = \frac{47.77 \times 10^6}{205 \times 10^9} = 0.000233$$

より，ε =0.023 % となる．式 (2.8) より棒に生じる伸びは,

$$\delta = \varepsilon L = 0.000233 \cdot 50 \times 10^{-2} = 0.0001165 \ \mathrm{m}$$

より，δ =0.117 mm となる．

いきなり計算して答えを求めるのではなく，式をしっかりと導出し，その式に数値を代入していくとほとんどのミスを防止できる．

演習問題2-5

【演習問題 2-4】と等しい縦弾性係数と長さを有する丸棒を軸方向に引張った．ただし，棒に用いる素材のコストを下げるために棒の内側を空洞にして外径 2.0 cm，内径 1.0 cm の中空断面にした．この棒に引張荷重P =100 kgf が作用したとき，棒に生じる垂直応力σ，垂直ひずみε，棒に生じる伸びδをそれぞれ求めよ．

解答　中空断面の外径をd_o，内径をd_iとおく．これにより棒に生じる垂直応力は,

$$\sigma = \frac{P}{A} = \frac{4P}{\pi\left\{d_o^2 - d_i^2\right\}} = \frac{4 \cdot 100 \cdot 9.8}{\pi\left\{\left(2\times10^{-2}\right)^2 - \left(1\times10^{-2}\right)^2\right\}} = 416.1\times10^4\ \frac{\mathrm{N}}{\mathrm{m}^2}(=\mathrm{Pa})$$

より，σ =4.16 MPa となる．垂直ひずみは，

$$\varepsilon = \frac{\sigma}{E} = \frac{416.1\times10^4}{205\times10^9} = 2.029\times10^{-5}$$

より，ε =0.002 % となる．棒に生じる伸びは，

$$\delta = \varepsilon L = 2.029\times10^{-5}\cdot 50\times10^{-2} = 101.45\times10^{-7}\ \mathrm{m}$$

より，δ =0.010 mm となる．

演習問題 2-6

長さL =1 m，直径d =3 cm の軟鋼（E =205 GPa）の丸棒が，引張荷重P =50 kN を受けている．ポアソン比を 0.3 としたとき，棒に生じる伸びδ，断面の直径の縮み量をそれぞれ求めよ．

解答　垂直応力は，

$$\sigma = \frac{P}{A} = \frac{4P}{\pi d^2}$$

であり，これにより垂直ひずみは，

$$\varepsilon = \frac{\sigma}{E} = \frac{4P}{\pi d^2 E}$$

よって，棒に生じる伸びは，

$$\delta = \varepsilon L = \frac{4PL}{\pi d^2 E} = \frac{4\cdot 50\times10^3\cdot 1}{\pi\left(3\times10^{-2}\right)^2\cdot 205\times10^9} = 0.345\times10^{-3}\ \mathrm{m}$$

より，棒の伸びは 0.345 mm となる．

また，断面の直径の縮み量を求めるために，横ひずみを計算する．すると，

$$\varepsilon' = -\nu\varepsilon = -\nu\frac{4P}{\pi d^2 E}$$

よって,

$$d' - d = \varepsilon' d = -\nu \frac{4Pd}{\pi d^2 E} = -0.3 \cdot \frac{4 \cdot 50 \times 10^3}{\pi \cdot 3 \times 10^{-2} \cdot 205 \times 10^9} = -0.003 \times 10^{-3}\ \mathrm{m}$$

これにより断面の直径の縮み量は 0.003 mm となる.

演習問題 2-7

長方形板にせん断力が作用して，辺のなす角が 89.95° になった．この板に生じているせん断ひずみを求めよ.

解答　せん断ひずみγは,

$$\gamma = (90^\circ - 89.95^\circ) \times \frac{\pi}{180^\circ} = 0.0008722$$

よって，γ =0.087% となる.

演習問題 2-8

縦弾性係数E =206 GPa，ポアソン比 0.3 のときに横弾性係数Gがいくらになるか求めよ.

解答

$$G = \frac{E}{2(1+\nu)} = \frac{206}{2 \cdot (1+0.3)} = 79.23\ \mathrm{GPa}$$

Column　SI単位系と工学単位系

高校物理では，力の単位はN，圧力の単位はPa，長さの単位はmであると教えられてきた．これらの単位は国際単位系（SI単位系）と呼ばれ，世界で取り決められた共通の単位系である．ところが，実験室で計測される単位では，力はkgf（キログラム重），圧力の単位はkgf/mm^{2}あるいはkgf/cm^2，長さはmmあるいはmである．これらの単位系は，測定原理によっている．我々は重力場のなかで生活しているから，測定される値の単位はすべてkgfである．皆さんの体重を考えてみると理解しやすい．長さはマイクロメータ，ノギスで測定されるからmmである．これらの単位系は重力単位系，あるいは工学単位系と呼ばれる．一方，国際間での取り決めにより「報告書，論文などに使用すべき単位はSI単位系にすること」と約束されている．このため，工学単位系からSI単位系に換算しなければならない．よって，材料力学の授業で「単位換算の重要性」を繰り返し説明している．

Chapter 3

棒の静定問題

本章での学び

本章では，棒の静定問題を解くための解法について詳しく説明する．静定問題（Statically determinate problem）とは，力のつり合いの式とモーメントのつり合いの式により棒に生じている垂直応力や伸びが求められる問題をいう．

3-1 棒の静定問題のステップ解法

棒の静定問題のステップ解法

ステップ1　問題を解くための準備をする

与えられた静定問題に対して自由体図を作図する．作図した自由体図に外力，座標軸を記入する．これにより静定問題を解くための準備が完了する．

ステップ2　仮想切断面により内力の分布を求める

棒に発生している内力を求める．このため，ステップ1で作図した自由体図を仮想的に切断し，この仮想切断面に内力を記入する．そして，力のつり合いの式から内力を求める．さらに，内力の分布図を作図する．

ステップ3　垂直応力の分布を求める

ステップ2で得られた内力を断面積で割ることで垂直応力を求める．さらに垂直応力の分布図を作図する．

ステップ4　垂直ひずみの分布を求める

ステップ3で得られた垂直応力から，フックの法則により垂直ひずみを求める．さらに，垂直ひずみの分布図を作図する．

ステップ5　伸びを求める

ステップ4で作図した垂直ひずみの分布図の面積を計算することで棒の伸びを求める．

ステップ3から垂直応力が，ステップ5から棒の伸びが求められることになる．それでは，演習問題を通じてステップ解法を理解していくことにしよう．

演習問題3-1

断面積A，縦弾性係数E，長さlの棒の両端を荷重Pで引張った．この棒に生じる垂直応力σ，伸びδを求めよ．

解答

ステップ1　問題を解くための準備をする

本問題の自由体図を作図する．自由体図には荷重を，また棒の左端を原点にx軸を記入する．これにより静定問題を解くための準備が完了する．

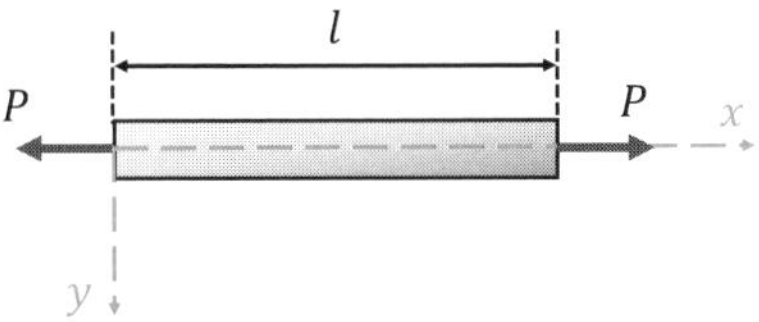

図3-1　引張荷重を受ける棒の自由体図

ステップ 2　仮想切断面により内力の分布を求める

棒に発生している内力を求める．このため，ステップ1で作図した自由体図を仮想的に切断し，この仮想切断面に内力を記入する．なお，仮想切断面の右側の棒を①，左側のそれを②とする．

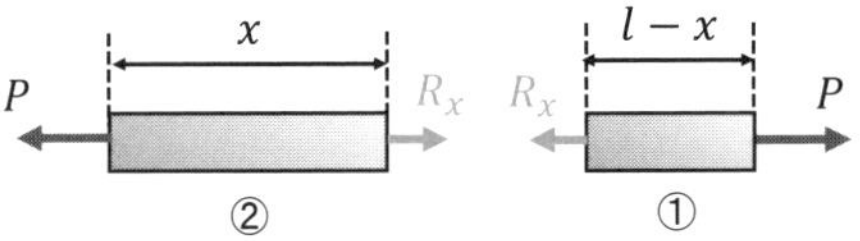

図3-2　仮想切断された棒の自由体図

本問題では，棒①に対して力のつり合いの式をたてる．

$$\rightarrow \sum X:\ +P - R_x = 0 \tag{3.1}$$

これにより内力は，

$$R_x = P \tag{3.2}$$

式(3.2)により内力の分布図を作図すると図3-3のようになる．図より，この棒のどの位置を仮想的に切断したとしてもその面には荷重Pに等しい内力が発生していることがわかる．これは，作用・反作用の法則からも理解できるであろう．

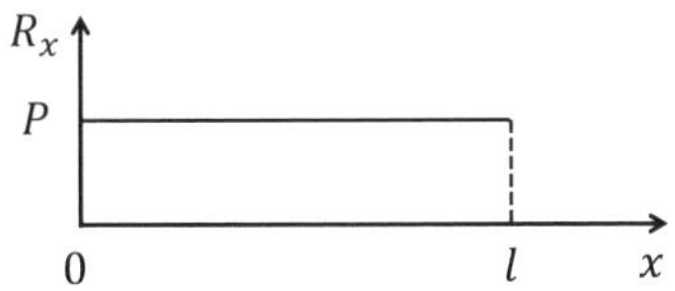

図3-3　内力の分布図

ステップ 3　垂直応力の分布を求める

ステップ2で得られた内力を断面積で割ることで垂直応力を求める．そして，垂直応力の分布図を作図する（図3-4）．

ステップ 4　垂直ひずみの分布を求める

ステップ 3 で得られた垂直応力から，フックの法則により垂直ひずみを求める．そして，垂直ひずみの分布図を作図する（図 3-5）．

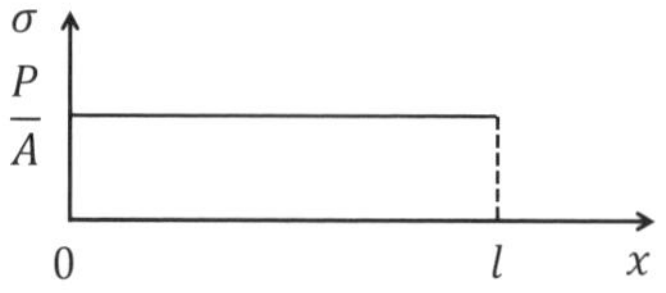

図3-4　垂直応力の分布図

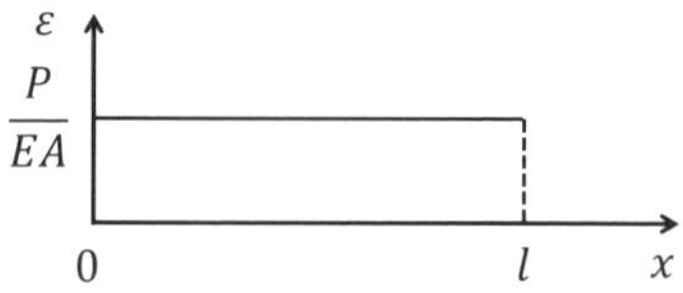

図3-5　垂直ひずみの分布図

ステップ 5　伸びを求める

ステップ 4 で作図した垂直ひずみの分布図の面積を計算することで棒の伸びを求める．この結果は式 (2.20) に一致する．

$$\delta = \frac{\boldsymbol{Pl}}{\boldsymbol{EA}} \tag{3.3}$$

垂直応力は，すでに作図している垂直応力の分布図から，

$$\sigma = \frac{P}{A} \quad (0 \leq x \leq l) \tag{3.4}$$

3-2　さまざまな棒の静定問題

棒の静定問題のステップ解法をさらに理解するために，さまざまな問題について説明する．

演習問題 3-2

縦弾性係数Eの丸棒素材から機械加工された図 3-6 に示すような形状の段付丸棒について考える．丸棒の外径と長さは図に示す通りである．この段付丸棒に軸方向に引張荷重Pが作用するとき，この棒の各部に生じる垂直応力σと棒全体の伸びδを求めよ．

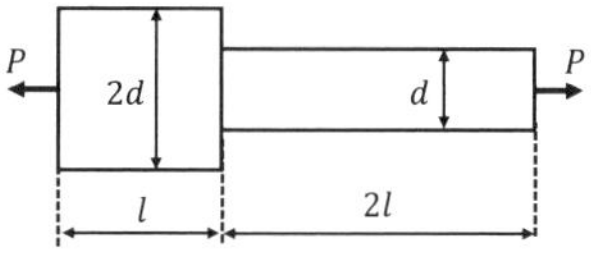

図3-6　引張荷重を受ける段付丸棒

解答

ステップ 1　問題を解くための準備をする

このステップの詳細については省略するが，図 3-6 に棒の左端を原点にx軸を記入する．

ステップ 2　仮想切断面により内力の分布を求める

このステップの説明は省略する．各自，内力の分布図を作図してほしい．

ステップ 3　垂直応力の分布を求める

垂直応力の分布図を図 3-7 に示す．

ステップ 4　垂直ひずみの分布を求める

垂直ひずみの分布図を図 3-8 に示す．

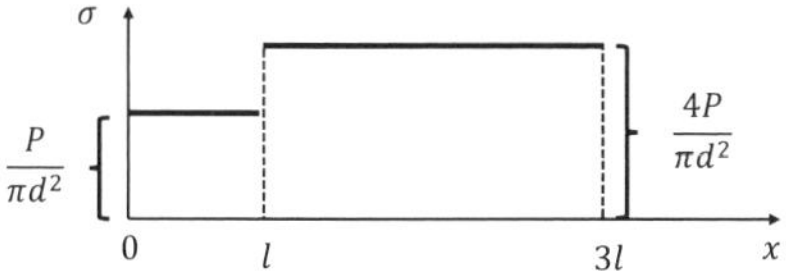

図3-7　垂直応力の分布図

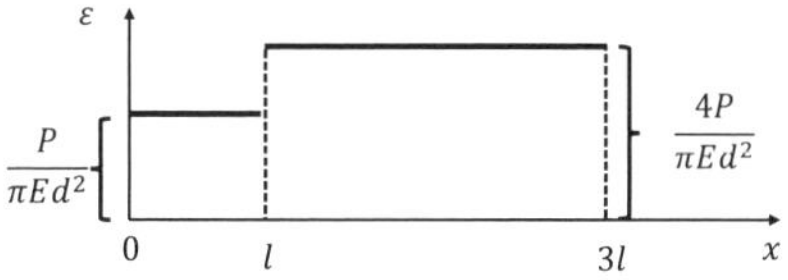

図3-8　垂直ひずみの分布図

ステップ 5　伸びを求める

垂直ひずみの分布図の面積から段付丸棒全体に生じている伸びδは，

$$\delta = \frac{P}{\pi E d^2} \cdot l + \frac{4P}{\pi E d^2} \cdot 2l = \frac{9Pl}{\pi E d^2} \tag{3.5}$$

垂直応力は，

① $0 \leq x < l$

$$\sigma = \frac{P}{\pi d^2} \tag{3.6}$$

② $l < x \leq 3l$

$$\sigma = \frac{4P}{\pi d^2} \tag{3.7}$$

演習問題3-3

図3-9に示すような断面積A，縦弾性係数Eの棒の左端を固定支持し，右端を荷重Pで引張った．さらにこの棒の内部でも図に示す位置で荷重Qが作用しているものとする．この棒の各部に生じる垂直応力σと棒全体の伸びδを求めよ．

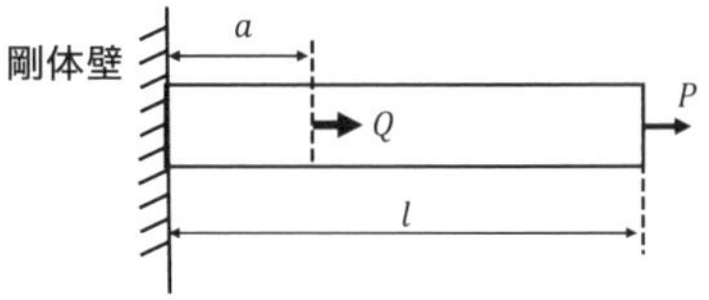

図3-9　ふたつの集中荷重を受ける棒

解答

ステップ 1　問題を解くための準備をする

このステップの詳細については省略するが，図3-9に棒の左端を原点にx軸を記入する．

ステップ 2　仮想切断面により内力の分布を求める

本問題では，棒の内部に作用している荷重Qを境に左側（①）と右側（②）に仮想切断面をおく．そして，ふたつの仮想切断面からそれぞれ切り離された右側部分を自由体図として作図する．さらに仮想切断面には正の方向の内力を記入する．図3-10より，力のつり合いの式は以下のようになる．

① $0 \leq x < a$ ：　$$\longrightarrow \sum X : P + Q - R_x = 0 \tag{3.8}$$

② $a < x \leq l$ ：　$$\longrightarrow \sum X : P - R_x = 0 \tag{3.9}$$

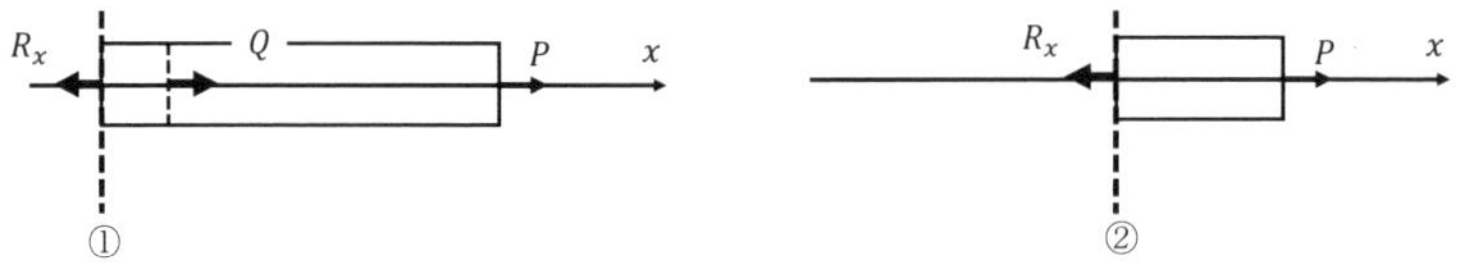

①$0 \leq x < a$　　②$a < x \leq l$

図3-10　仮想切断された棒の自由体図

ここで，仮想切断面の右側部分に注目した理由は棒の右端に外力（集中荷重）が作用しているからである．以上により内力は，

① $0 \leq x < a$:
$$R_x = P + Q \tag{3.10}$$

② $a < x \leq l$:
$$R_x = P \tag{3.11}$$

この結果を用いて，内力の分布図を作図すると図 3-11 のようになる．

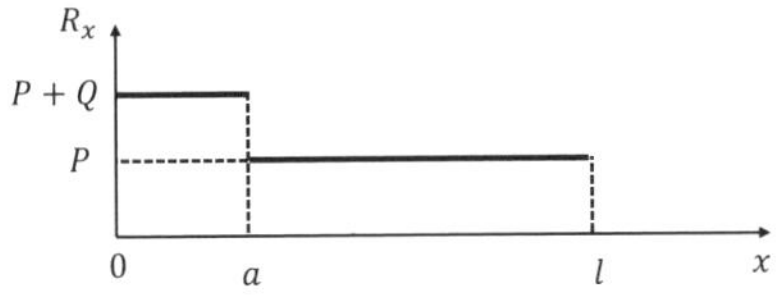

図 3-11　内力の分布図

ステップ 3　垂直応力の分布を求める

垂直応力の分布図を図 3-12 に示す．

ステップ 4　垂直ひずみの分布を求める

垂直ひずみの分布図を図 3-13 に示す．

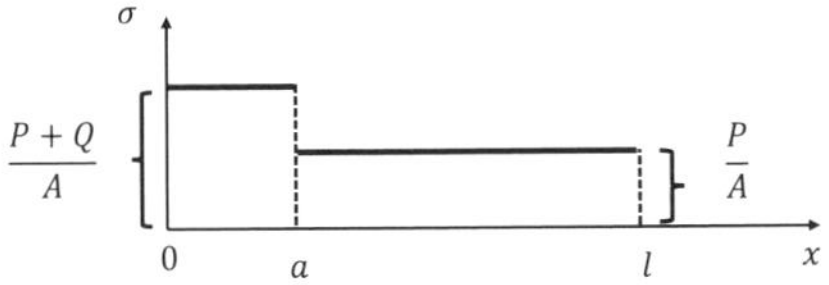

図 3-12　垂直応力の分布図

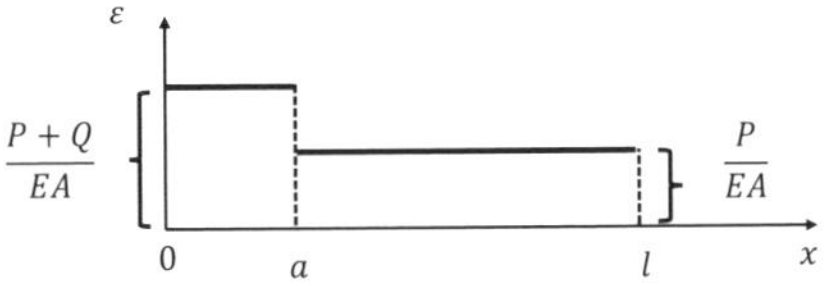

図 3-13　垂直ひずみの分布図

ステップ 5　伸びを求める

垂直ひずみの分布図の面積から棒全体に生じている伸びδを求めると，

$$\delta = \frac{P+Q}{EA} \cdot a + \frac{P}{EA} \cdot (l - a) = \frac{Pl + Qa}{EA} \tag{3.12}$$

垂直応力はステップ 3 より，

① $0 \leq x < a$:
$$\sigma = \frac{P+Q}{A} \tag{3.13}$$

② $a < x \leq l$:
$$\sigma = \frac{P}{A} \tag{3.14}$$

演習問題3-4

図3-14に示すような断面積A，縦弾性係数Eの棒の両端面を荷重Pで引張った．さらにこの棒の内部において図に示される位置に向かい合ったふたつの等しい荷重$Q(< P)$が同時に作用しているものとする．この棒に生じる各部の垂直応力σと棒全体の伸びδを求めよ．

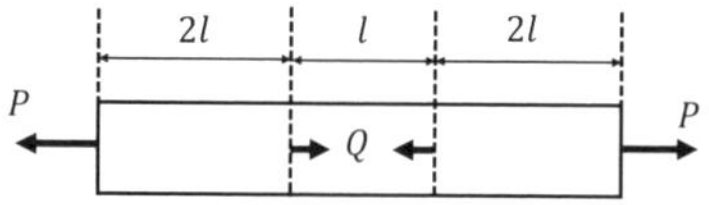

図3-14　対向する集中荷重を受ける棒

解答　以下，略解のみ．

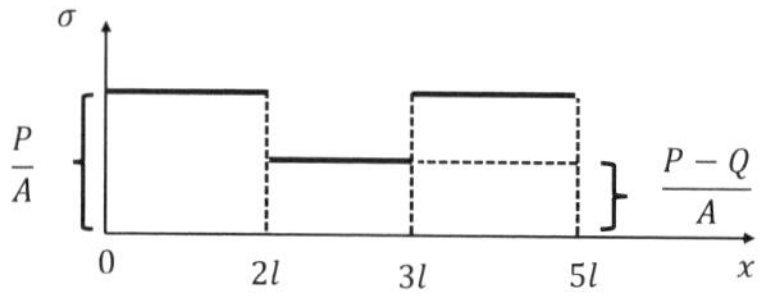

図3-15　垂直応力の分布図

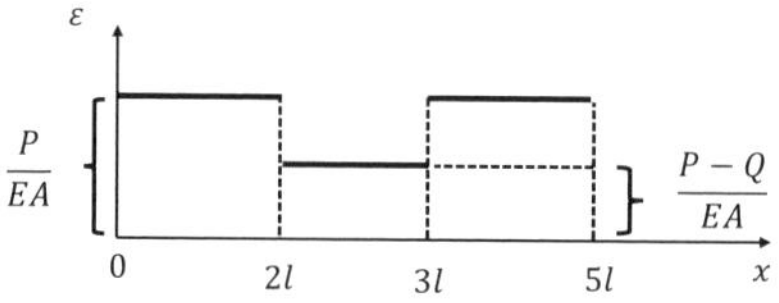

図3-16　垂直ひずみの分布図

棒全体の伸びと垂直応力は，

$$\delta = \frac{P}{EA} \cdot 2l + \frac{P-Q}{EA} \cdot l + \frac{P}{EA} \cdot 2l = \frac{5P-Q}{EA} l \tag{3.15}$$

① $0 \leq x < 2l$:
$$\sigma = \frac{P}{A} \tag{3.16}$$

② $2l < x < 3l$:
$$\sigma = \frac{P-Q}{A} \tag{3.17}$$

③ $3l < x \leq 5l$:
$$\sigma = \frac{P}{A} \tag{3.18}$$

演習問題3-5

図3-17に示すような形状の台形板の両端を荷重Pで引張った．この台形板に生じる垂直応力σと伸びδを求めよ．なお，板の縦弾性係数をEとし，板厚をtとする．

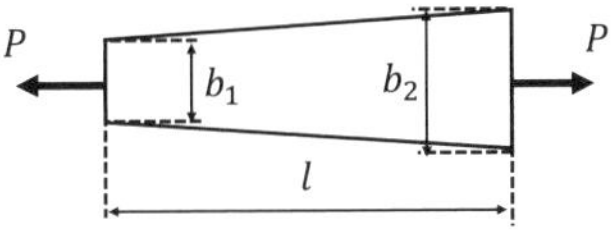

図3-17　引張荷重を受ける台形板

解答　以下，略答のみ．

$$\sigma(x) = \frac{P}{\left(\frac{b_2 - b_1}{l}x + b_1\right)t}$$

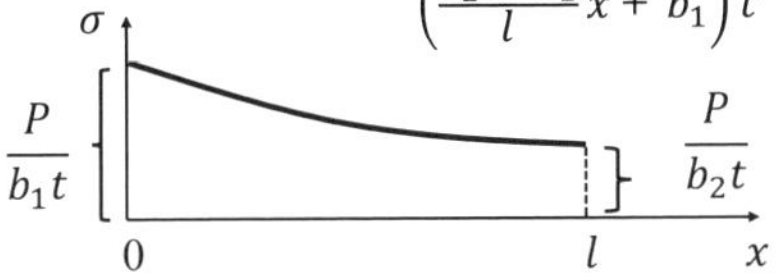

図3-18　垂直応力の分布図

$$\varepsilon(x) = \frac{P}{E\left(\frac{b_2 - b_1}{l}x + b_1\right)t}$$

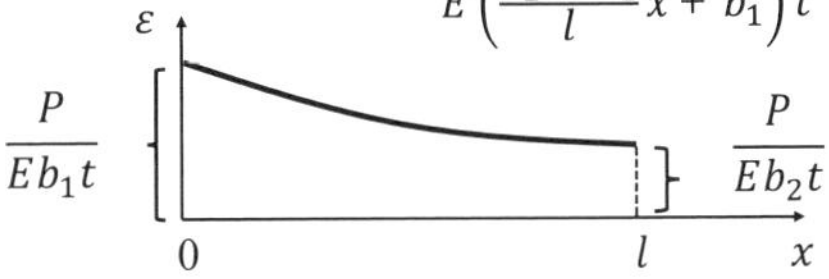

図3-19　垂直ひずみの分布図

板全体の伸びと垂直応力は，

$$\delta = \int_0^l \frac{P}{E\left(\frac{b_2-b_1}{l}x + b_1\right)t}dx = \frac{Pl}{Et\,(b_2 - b_1)}\ln\left(\frac{b_2}{b_1}\right) \tag{3.19}$$

$$\sigma = \frac{P}{\left(\frac{b_2-b_1}{l}x + b_1\right)t} \tag{3.20}$$

演習問題3-6

一様な断面積A，長さlの円柱棒が天井からつり下げられている．この棒は荷重が作用せず，自重だけで伸びているものとする．このとき，この棒に生じる垂直応力σと伸びδを求めよ．ただし，棒の密度はρ，縦弾性係数はE，重力加速度はgとする．

解答

ステップ1　問題を解くための準備をする

固定端を原点に棒の軸に沿って鉛直下向きにy軸をおく．

ステップ2　仮想切断面により内力の分布を求める

円柱棒には自重が分布するため，厚さdyの薄片の質量$(\rho A dy)$に注目する．この薄片の自重$(\rho A dy)g$をyからlまで積分することより，位置yにおいた仮想切断面での内力R_yが求められる．ここでは，内力の分布図は省略する．

$$R_y = \int_y^l (\rho A dy) g = \int_y^l \rho A g dy = \rho A g (l - y) \tag{3.21}$$

ステップ 3　垂直応力の分布を求める

垂直応力の分布図を図 3-20 に示す.

ステップ 4　垂直ひずみの分布を求める

垂直ひずみの分布図を図 3-21 に示す.

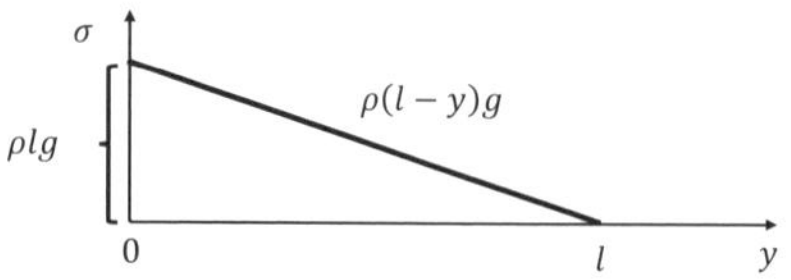

図3-20　垂直応力の分布図

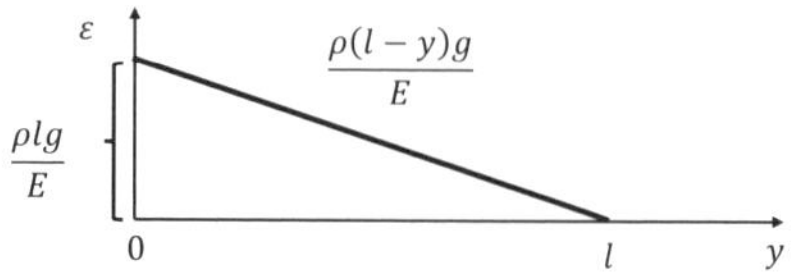

図3-21　垂直ひずみの分布図

ステップ 5　伸びを求める

垂直ひずみの分布図から伸びは,

$$\delta = \frac{1}{2} \times l \times \frac{\rho l g}{E} = \frac{\rho g l^2}{2E} \tag{3.22}$$

垂直応力は,

$$\sigma = \rho (l - y) g \tag{3.23}$$

演習問題 3-7

底面の直径がd, 長さがlの円錐形状の棒が, 底面を固定端とし天井からつり下げられている. この棒は荷重が作用せず, 自重だけで伸びているものとする. このとき, 円錐形状の棒に生じる垂直応力σと伸びδを求めよ. ただし, 棒の密度はρ, 縦弾性係数はE, 重力加速度はgとする.

解答

ステップ 1　問題を解くための準備をする

固定端を原点に棒の軸に沿って鉛直下向きにy軸をおく. 位置yでの円錐形状の棒の直径d_yは,

$$d_y = \frac{d}{l}(l - y) \tag{3.24}$$

ステップ 2　仮想切断面により内力の分布を求める

棒中を自重が分布するため，厚さdyの円柱で近似した薄片の質量$\left(\rho\frac{1}{4}\pi d_y^2 dy\right)$に注目する．この薄片の自重$\left(\rho\frac{1}{4}\pi d_y^2 dy\right)g$を$y$から$l$まで積分することより，位置$y$においた仮想切断面での内力$R_y$が求められる．

$$R_y = \int_y^l \left(\rho\frac{1}{4}\pi d_y^2 dy\right) g = \int_y^l \frac{1}{4}\pi\rho g\left(\frac{d}{l}\right)^2 (l-y)^2\, dy$$

$$= \frac{1}{12}\pi\rho g d^2 l\left(1-\frac{y}{l}\right)^3 \tag{3.25}$$

ステップ 3　垂直応力の分布を求める

垂直応力の分布図を図 3-22 に示す

ステップ 4　垂直ひずみの分布を求める

垂直ひずみの分布図を図 3-23 に示す．

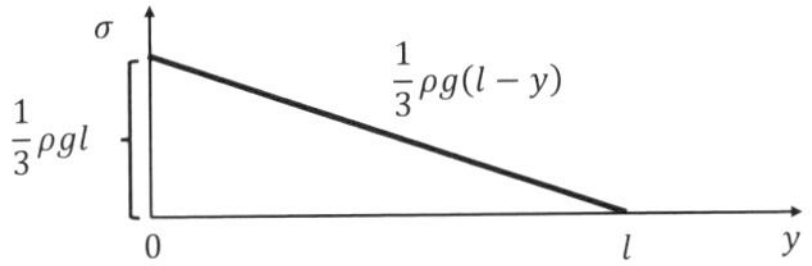

図 3-22　垂直応力の分布図

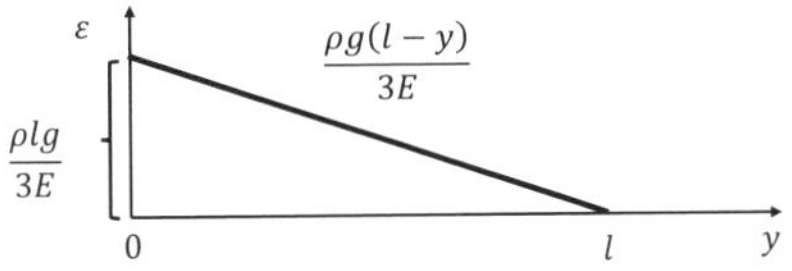

図 3-23　垂直ひずみの分布図

ステップ 5　伸びを求める

垂直ひずみの分布図から，

$$\delta = \frac{1}{2}\times l\times\left(\frac{1}{3E}\rho gl\right) = \frac{\rho gl^2}{6E} \tag{3.26}$$

垂直応力は，

$$\sigma = \frac{1}{3}\rho g\,(l-y) \tag{3.27}$$

演習問題 3-8

一様な断面積A，長さlの円柱棒の端部が自由に回転でき，この回転部にモーターが取り付けられている．モーターのスイッチを入れると棒は一定の角速度ωで回転しはじめた．このとき，遠心力のみによりこの棒に生じる垂直応力σと棒全体の伸びδを求めよ．ただし，棒の密度はρ，縦弾性係数はEとする．

解答

ステップ 1　問題を解くための準備をする

回転中心を原点に棒の軸に沿ってr軸をおく．

ステップ 2　仮想切断面により内力の分布を求める

円柱棒中に遠心力が分布する．このため，厚さdrの薄片の質量(ρAdr)に注目し，この遠心力$(\rho Adr)\,r\omega^2$をrからlまで積分することにより，回転中心から位置rにおいた仮想切断面での内力R_rが求められる．

$$R_r = \int_r^l (\rho Adr)\,r\omega^2 = \frac{1}{2}\rho A\left(l^2 - r^2\right)\omega^2 \tag{3.28}$$

ステップ 3　垂直応力の分布を求める

垂直応力の分布図を図 3-24 に示す．

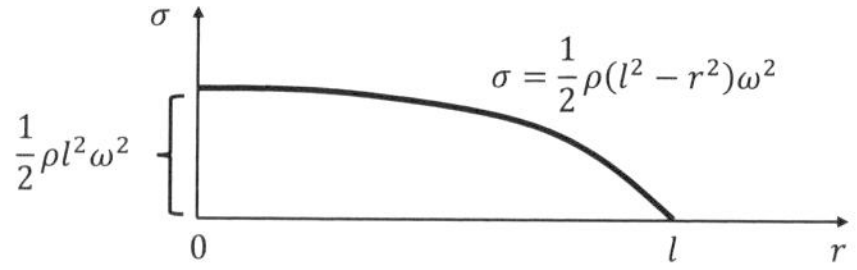

図3-24　垂直応力の分布図

ステップ 4　垂直ひずみの分布を求める

垂直ひずみの分布図を図 3-25 に示す．

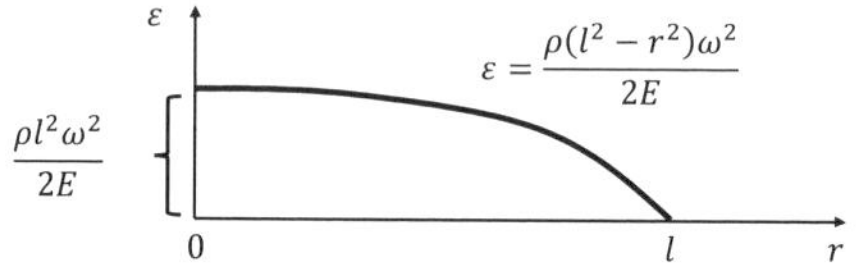

図3-25　垂直ひずみの分布図

ステップ 5　伸びを求める

垂直ひずみの分布図から，

$$\delta = \int_0^l \frac{1}{2E}\rho\left(l^2 - r^2\right)\omega^2 dr = \frac{\rho l^3\omega^2}{3E} \tag{3.29}$$

垂直応力は，

$$\sigma = \frac{1}{2}\rho\left(l^2 - r^2\right)\omega^2 \tag{3.30}$$

Column　垂直ひずみと伸びの関係

垂直ひずみの分布図の面積から伸びが求められる．このことをさらに詳しく説明しておこう．図 3-A のような垂直ひずみの分布において，軸方向に細かくスライスし，その厚さをΔxとする．このスライスされた部分に生じている垂直ひずみをεとすれば，伸びは垂直ひずみと元長さを掛けることで得られるから，それは$\Delta\delta = \varepsilon\Delta x$となる．よって，長さ$l$の部品全体に生じる伸びは，$\delta = \sum\Delta\delta$となる．ここで，スライス厚さを無限小$\Delta x \to 0$にすると，

$$\delta = \lim_{\Delta x \to 0}\sum\Delta\delta$$

これは積分の定義であるから，

$$\delta = \int_0^l d\delta = \int_0^l \varepsilon dx$$

これにより，垂直ひずみの面積が部品に生じた伸びに一致することが理解できたと思う．

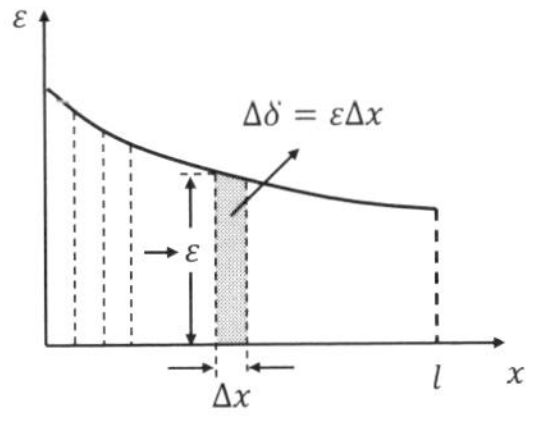

図 3-A　垂直ひずみの分布図

Column　材料力学の天才その1　フックの法則

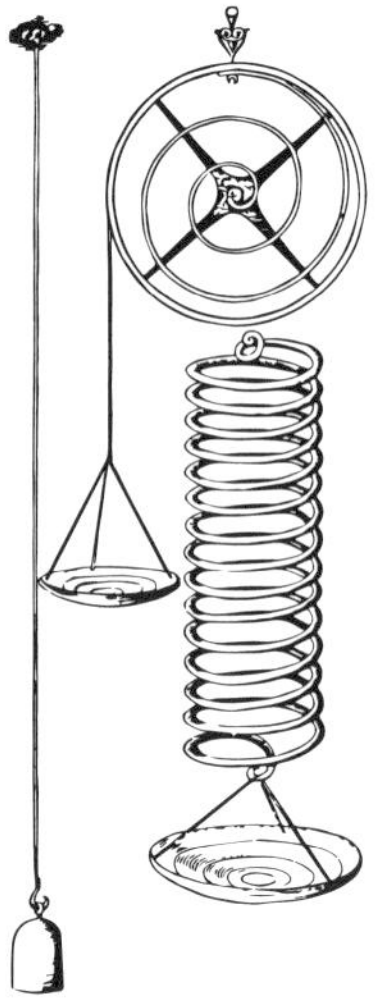

フックの実験に使われたらせんバネ

フックの法則にその名が知られるロバート・フック（1635～1703）を紹介しよう．イングランドのワイド島で1635年に生まれた．ちなみにこのとき日本は寛永12年であり，江戸幕府三代将軍徳川家光の時代である．幼いころから天才的に絵がうまく，手先が器用で，物覚えがよく勉強好きだったと言われる．この才能は後に結実し，顕微鏡を用いてさまざまな生物を模写し，数多くの実験装置や機械を考案した．1678年に，「ばねについて」を発表した．そこでは，「らせんバネを伸ばしたり縮めたりすると，自然状態からの変位は作用させた力の大きさに比例する．この性質は，金属，木，石，レンガ，毛髪，角，絹，骨，筋肉，ガラスなどのあらゆる物体に言えることである（著者意訳）.」とある。これが後にフックの法則と言われるようになったゆえんである．フックは，公開実験，講義などで自分の発見を口頭で公表するスタイルを好んだ．一方，ほぼ同時代を生きたニュートンは，フックとは対照的に寡黙な人間であり，あらゆる発見を論文として公開した．さまざまな発見を巡って両者の間で行われた論争を経て，フックの死後，彼の遺品がニュートンによってすべて廃棄された．あらゆる発見はニュートンによってなされた，と歴史に残したかったのであろう．このためにフックの名前はほとんど忘れ去られることになったが，数百年も経ってから科学史研究家の手によってフックの偉業が掘り起こされ，このときに弾性の性質がフックの法則と呼ばれるようになった．

参考文献

1）中島秀人『科学史ライブラリー　ロバート・フック』朝倉書店（1997年）

2）鬼塚史郎 “フックとニュートン—研究には何が必要か—”，物理教育，第42巻，第3号（1994年），pp. 331-338.

Chapter 4

棒の不静定問題

本章での学び

第3章では引張荷重や圧縮荷重を受ける棒の静定問題について学んできた．静定問題では，力のつり合いの式のみで棒の問題を解くことができた．しかし，棒の途中で固定，回転あるいは移動支持されているとき，その条件も考慮しなければならない．このような問題は不静定問題（Statically indeterminate problem）と呼ばれる．そこで，ここでは不静定問題の解法について説明していく．

4-1 棒の不静定問題のステップ解法

棒の不静定問題のステップ解法

ステップ1　問題を解くための準備をする

与えられた不静定問題に対して，自由体図を作図する．自由体図に座標軸，反力と外力を記入し，力のつり合いの式，モーメントのつり合いの式をたてる．

↓

ステップ2　仮想切断面により内力の分布を求める

棒に発生している内力を求める．このため，ステップ1で作図した自由体図を仮想的に切断し，この仮想切断面に内力を記入する．そして，力のつり合いの式から内力を求める．さらに，内力の分布図を作図する．

↓

ステップ3　垂直応力の分布を求める

ステップ2で得られた内力を断面積で割ることで垂直応力を求める．さらに，垂直応力の分布図を作図する．

↓

ステップ4　垂直ひずみの分布を求める

ステップ3で得られた垂直応力から，フックの法則により垂直ひずみを求める．さらに，垂直ひずみの分布図を作図する．

↓

ステップ5　伸びを求める

ステップ4で作図した垂直ひずみの分布図の面積を計算することで棒の伸びを求める．

↓

ステップ6　不静定条件により反力を求める．棒に生じた垂直応力を求める

ステップ1で導いたつり合いの式と不静定条件を連立することで反力を求める．この反力をステップ3に代入して垂直応力を求める．

それでは，以下に演習問題を通じて不静定問題のステップ解法を具体的に学んでいくことにしよう．

演習問題4-1

図4-1に示すような一様な断面積A，縦弾性係数E，長さlの棒が剛体壁の間に固定支持されている．図に示す位置で荷重Pが作用するとき，この棒の各部に生じる垂直

応力σを求めよ．

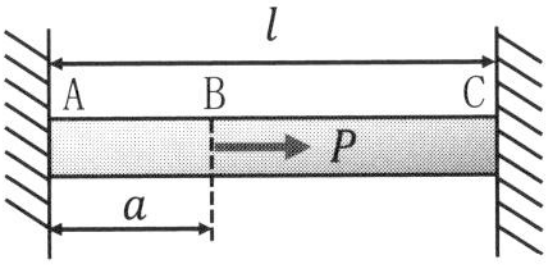

図4-1　内部で集中荷重を受ける棒

解答

ステップ1　問題を解くための準備をする

剛体壁から棒を切り離し，棒の自由体図を作図する．その際，棒の点Aと点Cに反力R_AとR_Cを正の方向に記入する．つぎにこの自由体図に対して，棒断面の図心を通り，棒の軸線に沿う右向き方向にx軸をおく．

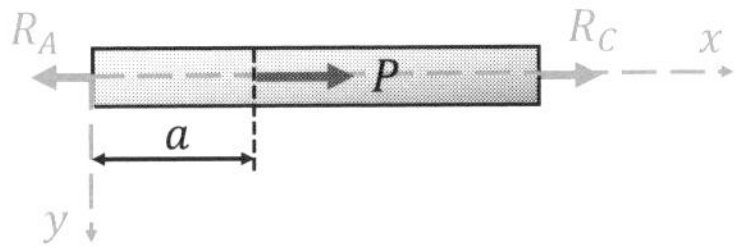

図4-2　内部で集中荷重を受ける棒の自由体図

この自由体図は以下の力のつり合いの式を満足していなければならない．

$$\longrightarrow \sum X : R_C + P - R_A = 0 \tag{4.1}$$

ステップ2　仮想切断面により内力の分布を求める

本問題では，棒の内部に荷重Pが作用しているから，この点を境に内力が異なることが予想される．そのため，荷重Pが作用している点を境に左側と右側に仮想切断面をおく．そして，ふたつの仮想切断面からそれぞれ切り離された右側部分を自由体図として作図する．また，仮想切断面には正の方向の内力を記入する．ここでは，自明のためモーメントについては考えない．

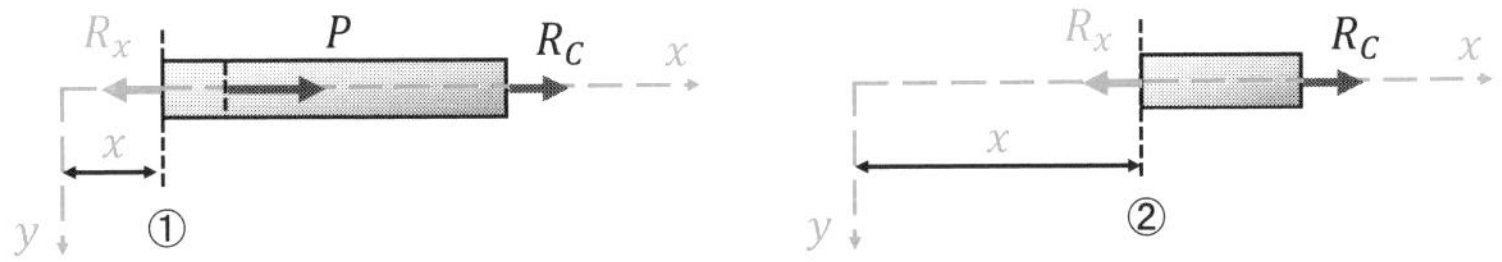

①$0 \leq x < a$　　②$a < x \leq l$

図4-3　仮想切断された棒の自由体図

これらの図より力のつり合いの式は以下のようになる.

$$①\ 0 \le x < a: \qquad \longrightarrow \sum X : R_C + P - R_x = 0 \tag{4.2}$$

$$②\ a < x \le l: \qquad \longrightarrow \sum X : R_C - R_x = 0 \tag{4.3}$$

以上により内力は,

$$①\ 0 \le x < a: \qquad R_x = R_C + P \tag{4.4}$$

$$②\ a < x \le l: \qquad R_x = R_C \tag{4.5}$$

これにより内力の分布図を作図する.

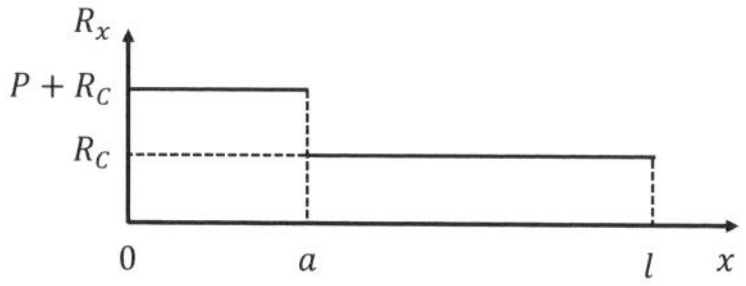

図4-4　内力の分布図

ステップ 3　垂直応力の分布を求める

垂直応力の分布図を図 4-5 に示す.

ステップ 4　垂直ひずみの分布を求める

垂直ひずみの分布図を図 4-6 に示す.

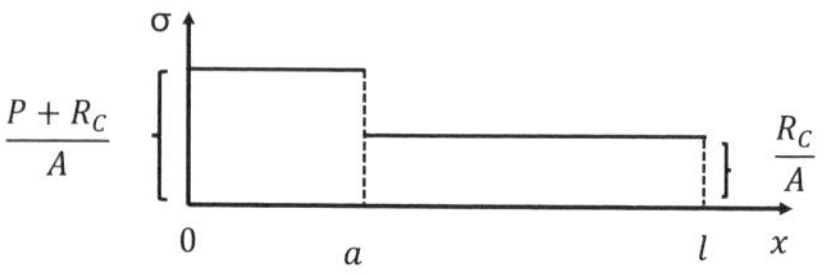

図4-5　垂直応力の分布図

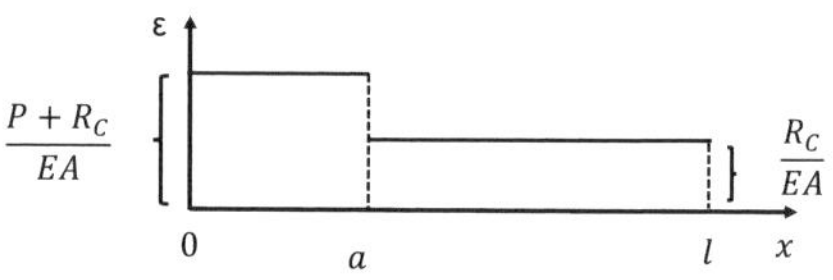

図4-6　垂直ひずみの分布図

ステップ 5　伸びを求める

垂直ひずみの分布図の面積から棒に生じている伸びδが求められ,

$$\delta = \frac{P + R_C}{EA} \cdot a + \frac{R_C}{EA} \cdot (l - a) \tag{4.6}$$

ステップ 6　不静定条件により反力を求める．棒に生じた垂直応力を求める

この問題では，棒が剛体壁に挟まれているので棒全体の伸びはゼロ（$\delta = 0$）でなければならない．これが本問題の不静定条件となる．

$$\frac{P + R_C}{EA} \cdot a + \frac{R_C}{EA} \cdot (l - a) = 0 \tag{4.7}$$

最後に式 (4.1) と式 (4.7) から反力R_AとR_Cを求める．

$$R_A = \frac{l - a}{l} P,\ R_C = -\frac{a}{l} P \tag{4.8}$$

そして，求められた反力をステップ 3 に代入して，垂直応力を求める．

① $0 \le x < a$：
$$\sigma = \left(\frac{R_C + P}{A} \right) = \frac{l - a}{l} \left(\frac{P}{A} \right) \tag{4.9}$$

② $a < x \le l$：
$$\sigma = \left(\frac{R_C}{A} \right) = -\frac{a}{l} \left(\frac{P}{A} \right) \tag{4.10}$$

演習問題 4-2

図 4-7 に示すような一様断面積A，縦弾性係数E，長さlの棒が剛体壁の間に固定支持されている．図に示す位置$x = a_1$に荷重P_1，位置$x = a_1 + a_2$に荷重P_2，……，位置$x = \sum_{i=1}^{n} a_i$に荷重P_nが作用するとき，この棒に生じる垂直応力σを求めよ．ここでは簡単のため$n = 3$について考えよ．

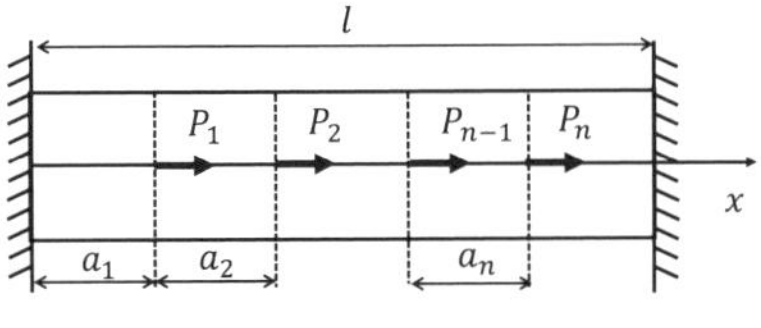

図 4-7　内部で複数の集中荷重を受ける棒

解答

ステップ 1　問題を解くための準備をする

剛体壁から棒を切り離し，棒の自由体図を作図する．その際，棒の点 A と点 B に反力R_AとR_Bを正の方向に記入する．つぎに自由体図に対して，棒断面の図心を通り，

軸線に沿って右向き方向にx軸をおく.

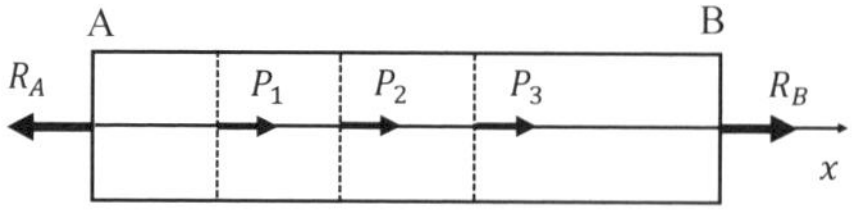

図4-8　棒の自由体図

図4-8より力のつり合いの式は以下のようになる.

$$\longrightarrow \sum X : R_B + P_1 + P_2 + P_3 - R_A = 0 \tag{4.11}$$

ステップ 2　仮想切断面により内力の分布を求める

自由体図に仮想切断面をおく．そして，仮想切断面からそれぞれ切り離された右側部分を自由体図として作図する．その際，仮想切断面には正の方向の内力を記入する．この結果を用いて，図4-9のように内力の分布図を作図する.

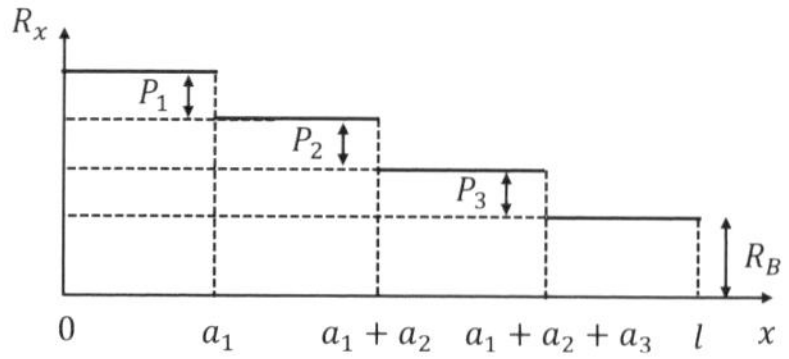

図4-9　内力の分布図

ステップ 3　垂直応力の分布を求める

垂直応力の分布図を図4-10に示す.

ステップ 4　垂直ひずみの分布を求める

垂直ひずみの分布図を図4-11に示す.

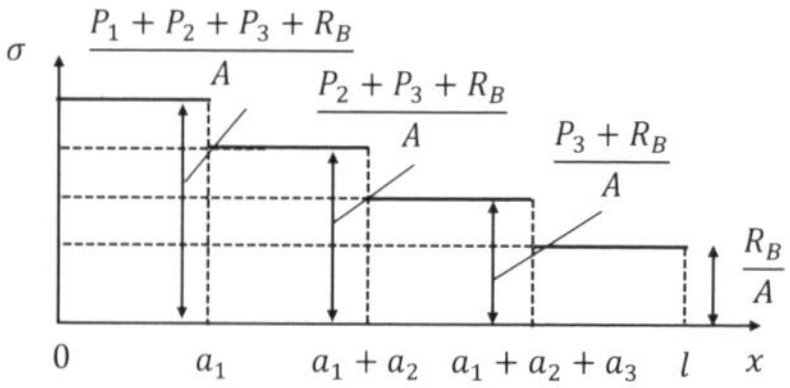

図4-10　垂直応力の分布図

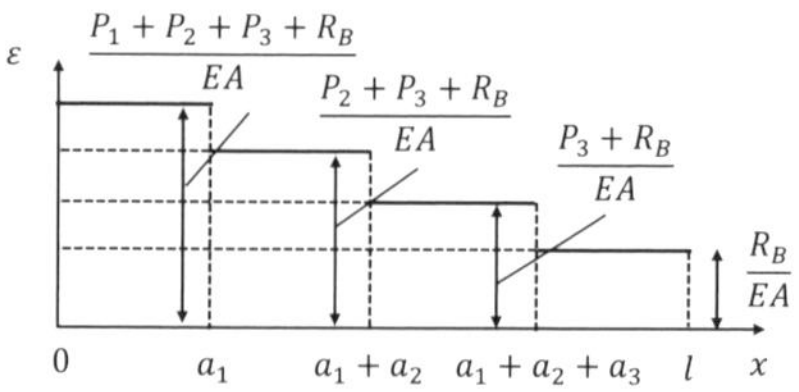

図4-11　垂直ひずみの分布図

ステップ 5 伸びを求める

垂直ひずみの分布図の面積から棒に生じている伸びδが求められ，

$$\delta = \frac{P_1 + P_2 + P_3 + R_B}{EA} \cdot a_1 + \frac{P_2 + P_3 + R_B}{EA} \cdot a_2 + \frac{P_3 + R_B}{EA} \cdot a_3 + \frac{R_B}{EA} \cdot (l - a_1 - a_2 - a_3) \tag{4.12}$$

ステップ 6 不静定条件により反力を求める．棒に生じた垂直応力を求める

この問題の不静定条件として，棒が剛体壁に挟まれているので，棒全体の伸びはゼロ（$\delta = 0$）でなければならない．よって，

$$\frac{P_1 + P_2 + P_3 + R_B}{EA} \cdot a_1 + \frac{P_2 + P_3 + R_B}{EA} \cdot a_2 + \frac{P_3 + R_B}{EA} \cdot a_3 + \frac{R_B}{EA} \cdot (l - a_1 - a_2 - a_3) = 0 \tag{4.13}$$

力のつり合いの式 (4.11) と不静定条件式 (4.13) から反力を求める．

$$\begin{aligned} R_A &= \frac{1}{l}\left\{P_1\left(l - a_1\right) + P_2\left(l - a_1 - a_2\right) + P_3\left(l - a_1 - a_2 - a_3\right)\right\} \\ R_B &= -\frac{1}{l}\left\{P_1 a_1 + P_2\left(a_1 + a_2\right) + P_3\left(a_1 + a_2 + a_3\right)\right\} \end{aligned} \tag{4.14}$$

求められた反力から垂直応力は，

$$①\ 0 \leq x < a_1 : \sigma = \frac{R_B + \sum_{i=1}^{3} P_i}{A} = \frac{P_1(l - a_1) + P_2(l - a_1 - a_2) + P_3(l - a_1 - a_2 - a_3)}{lA} \tag{4.15}$$

$$②\ a_1 < x < a_1 + a_2 : \sigma = \frac{R_B + \sum_{i=2}^{3} P_i}{A} = \frac{-P_1 a_1 + P_2(l - a_1 - a_2) + P_3(l - a_1 - a_2 - a_3)}{lA} \tag{4.16}$$

$$③\ a_1 + a_2 < x < a_1 + a_2 + a_3 : \sigma = \frac{R_B + P_3}{A} = \frac{-P_1 a_1 - P_2(a_1 + a_2) + P_3(l - a_1 - a_2 - a_3)}{lA} \tag{4.17}$$

$$④\ a_1 + a_2 + a_3 < x \leq l : \sigma = \frac{R_B}{A} = \frac{-P_1 a_1 - P_2 (a_1 + a_2) - P_3 (a_1 + a_2 + a_3)}{lA} \tag{4.18}$$

演習問題4-3

図4-12に示すような断面積A，長さlが等しく，縦弾性係数が異なる（E_1，$E_2 (> E_1)$）ふたつの棒を直列に連結し，これを剛体壁の間に固定支持した．さらに左端から距離βlに集中荷重Pが作用するとき，この棒の各部に生じる垂直応力σを求めよ．ただし，$0 < \beta < 1$とする．

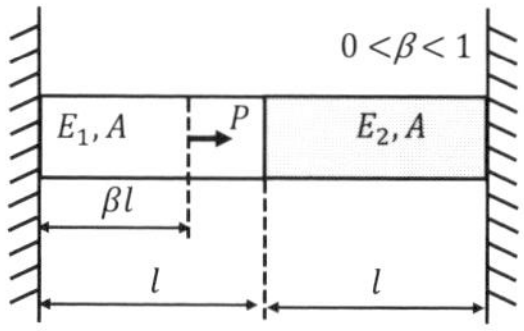

図4-12　内部で集中荷重を受ける直列棒

解答

ステップ 1　問題を解くための準備をする

剛体壁から棒を切り離し，棒の自由体図を作図する．その際，棒の左端面を点A，右端面を点Bとおいて，各端面に反力R_AとR_Bを正の方向に記入する．つぎに自由体図に対して棒断面の図心を通り軸線に沿う右向き方向にx軸をおく．

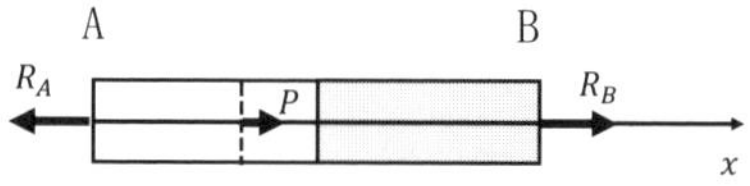

図4-13　棒の自由体図

図4-13より力のつり合いの式は以下のようになる．

$$\longrightarrow \sum X : R_B + P - R_A = 0 \tag{4.19}$$

ステップ 2　仮想切断面により内力の分布を求める

自由体図に仮想切断面をおく．そして，仮想切断面からそれぞれ切り離された右側部分を自由体図として作図する．その際，仮想切断面には正の方向の内力を記入する．

この結果を用いて，内力の分布図を作図する．

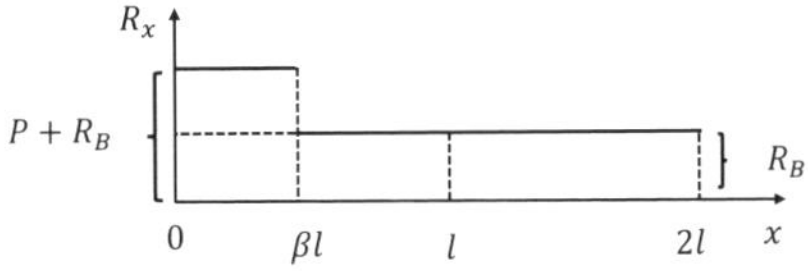

図4-14　内力の分布図

ステップ 3　垂直応力の分布を求める

垂直応力の分布図を図 4-15 に示す．

ステップ 4　垂直ひずみの分布を求める

垂直ひずみの分布図を図 4-16 に示す．

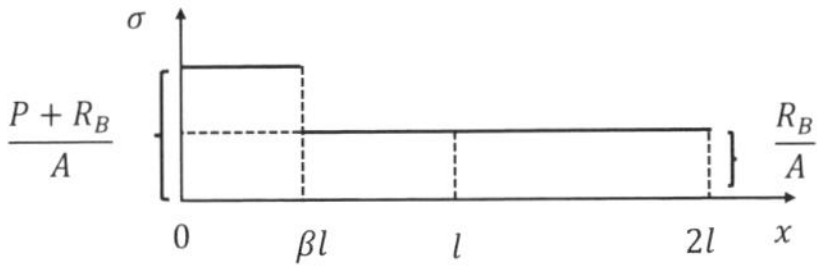

図4-15　垂直応力の分布図

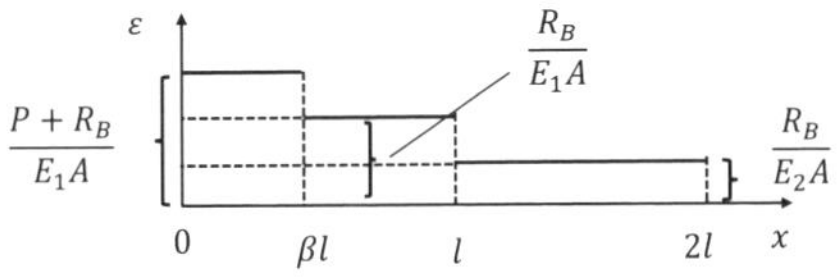

図4-16　垂直ひずみの分布図

ステップ 5　伸びを求める

垂直ひずみの分布図の面積から棒全体の伸びδが求める．

$$\delta = \frac{P + R_B}{E_1 A} \cdot \beta l + \frac{R_B}{E_1 A} \cdot (l - \beta l) + \frac{R_B}{E_2 A} \cdot l$$

ステップ 6　不静定条件により反力を求める．棒に生じた垂直応力を求める

この問題の不静定条件として，棒が剛体壁に挟まれているので，棒全体の伸びはゼロ（$\delta = 0$）でなければならない．よって，

$$\frac{P + R_B}{E_1 A} \cdot \beta l + \frac{R_B}{E_1 A} \cdot (l - \beta l) + \frac{R_B}{E_2 A} \cdot l = 0 \tag{4.20}$$

式 (4.19) と式 (4.20) から反力を求める．

$$R_A = \frac{E_1 + (1 - \beta) E_2}{E_1 + E_2} P, \ R_B = \frac{-\beta E_2}{E_1 + E_2} P \tag{4.21}$$

これにより垂直応力は，

① $0 \leq x < \beta l$:
$$\sigma = \frac{E_1 + (1-\beta)E_2}{E_1 + E_2}\left(\frac{P}{A}\right) \tag{4.22}$$

② $\beta l < x \leq l$:
$$\sigma = \frac{-\beta E_2}{E_1 + E_2}\left(\frac{P}{A}\right) \tag{4.23}$$

③ $l \leq x \leq 2l$:
$$\sigma = \frac{-\beta E_2}{E_1 + E_2}\left(\frac{P}{A}\right) \tag{4.24}$$

演習問題4-4

図4-17に示すような長さが等しく，材質と断面積が異なるふたつの棒を並列に剛体壁に固定支持した．さらに反対側の端面を剛体ブロックに固定し，これを荷重Pで引張った．このとき，各棒に生じる垂直応力σと剛体ブロックの変位δを求めよ．

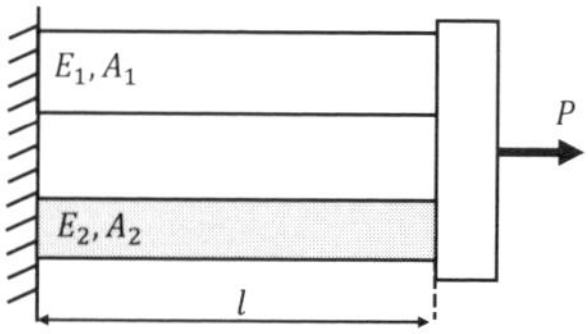

図4-17　剛体壁に並列に連結された棒

解答　棒が引張荷重を受けることで生じた伸びの解（【演習問題3-1】の式(3.3)を参照）を利用する．

$$\delta = \frac{Pl}{EA} \tag{4.25}$$

ステップ1　問題を解くための準備をする

剛体壁と剛体ブロックから切り離した棒の自由体図を作図する．その際，それぞれの棒の端面に反力R_1とR_2を正の方向に記入する．ここで，ひとつの棒の両端に生じる反力は，作用・反作用の法則により等しいことをあらかじめ考慮した．つぎに自由体図に対して，棒の軸線に沿う右向き方向にx軸をおく．

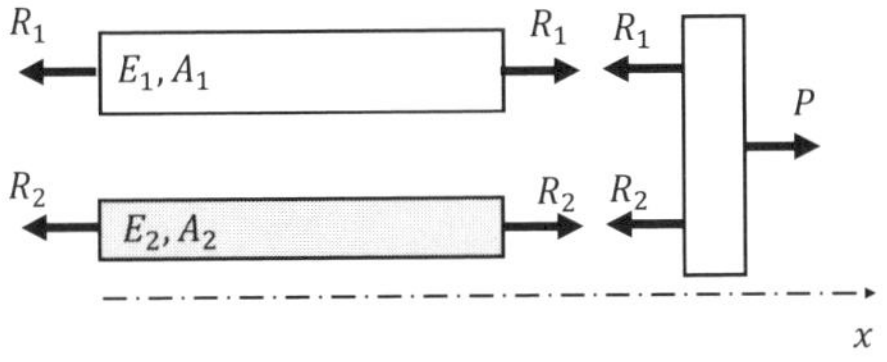

図4-18　棒の自由体図

剛体ブロックでは以下の力のつり合いの式を満足していなければならない．

$$\longrightarrow \sum X : P - R_1 - R_2 = 0 \tag{4.26}$$

ステップ 5　伸びを求める

ステップ 2 ～ 4 を飛ばし，式 (4.25) を利用して各棒に生じる伸びを計算する．

$$\delta_1 = \frac{R_1 l}{E_1 A_1}\ ,\ \delta_2 = \frac{R_2 l}{E_2 A_2} \tag{4.27}$$

ステップ 6　不静定条件により反力を求める．棒に生じた垂直応力を求める

この問題の不静定条件は，それぞれの棒の伸びは等しく，$\delta_1 = \delta_2$である．よって，

$$\frac{R_1 l}{E_1 A_1} = \frac{R_2 l}{E_2 A_2} \tag{4.28}$$

式 (4.26) と式 (4.28) から反力R_1とR_2を求める．

$$R_1 = \frac{E_1 A_1}{E_1 A_1 + E_2 A_2} P\ ,\ \ R_2 = \frac{E_2 A_2}{E_1 A_1 + E_2 A_2} P \tag{4.29}$$

これにより垂直応力と伸びをそれぞれ求める．

$$\sigma_1 = \frac{E_1}{E_1 A_1 + E_2 A_2} P,\ \ \sigma_2 = \frac{E_2}{E_1 A_1 + E_2 A_2} P \tag{4.30}$$

$$\delta = \delta_1 = \delta_2 = \frac{Pl}{E_1 A_1 + E_2 A_2} \tag{4.31}$$

演習問題4-5

図 4-19 に示すような外径d_1，内径d_2の中空円柱の内部に材質が異なる外径d_2の中実円柱を挿入した．ここで円柱の長さは等しくlとする．この組み合せ円柱体の両端面

を剛体ブロックに固定し，荷重Pで引張った．中空円柱と中実円柱に生じる垂直応力σ_1, σ_2と剛体ブロック間に生じる変位δをそれぞれ求めよ．ここで，中空円柱の縦弾性係数をE_1，中実円柱の縦弾性係数をE_2とする．

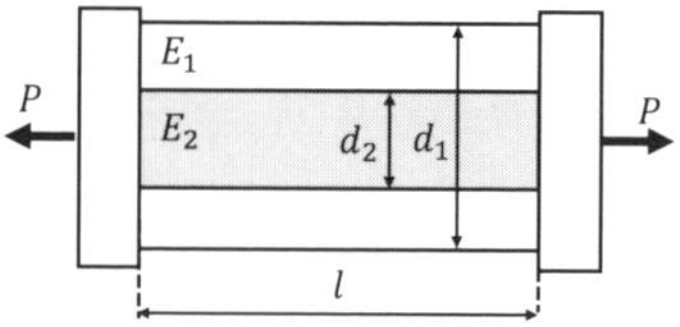

図4-19　剛体ブロックで挟まれた組合せ円柱体

解答　それぞれの部品に生じる垂直応力は，式(4.30)をそのまま利用すればよく，

$$\sigma_1 = \frac{E_1}{E_1 A_1 + E_2 A_2} P,\ \sigma_2 = \frac{E_2}{E_1 A_1 + E_2 A_2} P \tag{4.32}$$

剛体ブロックでの伸びは，式(4.31)から，

$$\delta = \delta_1 = \delta_2 = \frac{Pl}{E_1 A_1 + E_2 A_2} \tag{4.33}$$

ここで，$A_1 = \frac{\pi}{4}\left(d_1^2 - d_2^2\right)$，$A_2 = \frac{\pi}{4} d_2^2$である．

4-2 熱応力問題のステップ解法

温度が変化すると棒の寸法も変化する．例えば，基準温度T_0にて元長さlの棒が温度T_Hまで加熱されることで図4-20のように，

$$\boldsymbol{\delta_T = \alpha (T_H - T_0)\, l} \tag{4.34}$$

だけ伸びる．ここで，δ_Tは熱伸び（単位:〔m〕），αは熱膨張係数（あるいは線膨張係数，単位：〔1/K〕，Coefficient of thermal expansion）と呼ばれる．

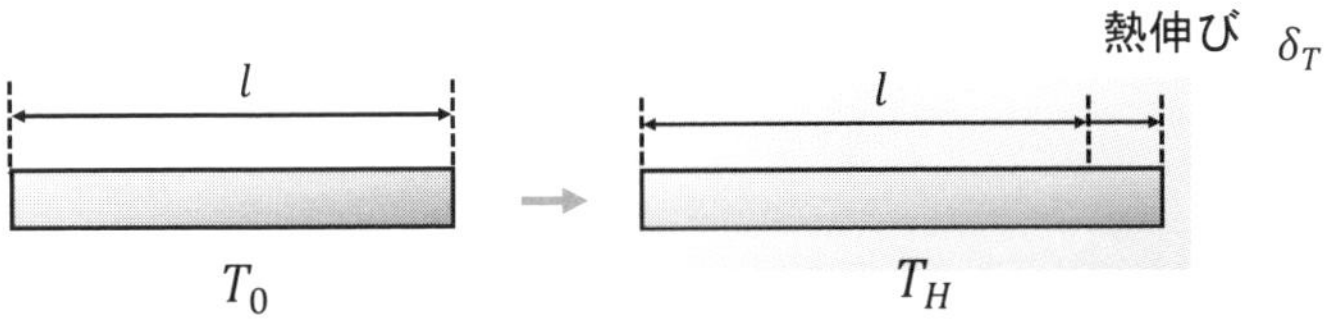

図4-20　温度変化を受けた棒の熱伸びの様子

熱伸びにより棒に生じたひずみは**熱ひずみ**（Thermal strain）と呼ばれ，元長さlで熱伸びδ_Tを除して得られる．

$$\boldsymbol{\varepsilon_T} = \frac{\delta_T}{l} = \alpha\,(\boldsymbol{T_H} - \boldsymbol{T_0}) \tag{4.35}$$

以下に熱応力問題のステップ解法について説明する．

演習問題4-6

図 4-21 に示すような剛体壁の間に挟まれた棒について考える．この棒の縦弾性係数をE，熱膨張係数をα，断面積をAとする．基準温度をT_0とし，この状態から温度$T_H\ (> T_0)$まで棒を一様に加熱したとき，この棒に生じる垂直応力を求めなさい．

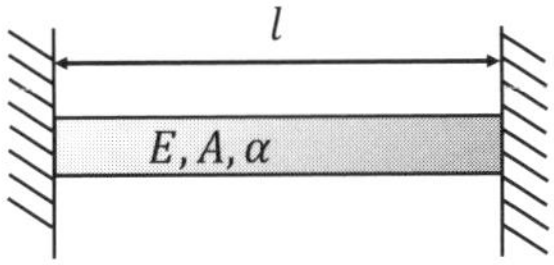

図4-21　剛体壁に挟まれた棒に生じる熱応力

解答

ステップ 1　問題を解くための準備をする

剛体壁から棒を切り離し，棒の自由体図を作図する．その際，棒の端面点 A と点 B に反力R_AとR_Bを正の方向に記入する．つぎに自由体図に対して，棒断面の図心を通り，軸線に沿う右向き方向にx軸をおく．なお，本問題では，作用・反作用の法則をあらかじめ考慮せず棒の両端に生じる反力は異なっているものとした．

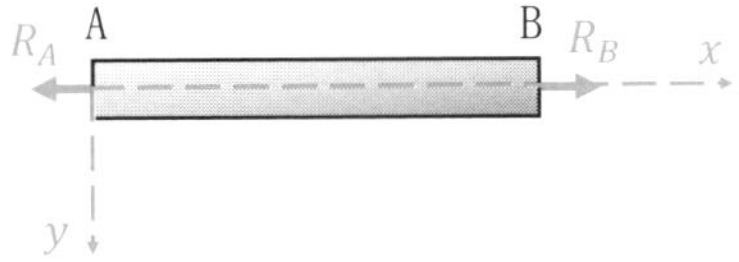

図4-22　剛体壁から取り外された棒の自由体図

図 4-22 は以下の力のつり合いの式を満足していなければならない.

$$\longrightarrow \sum X : R_B - R_A = 0 \tag{4.36}$$

ステップ 2　仮想切断面により内力の分布を求める

棒の適当な位置に仮想切断面をおく．そして，仮想切断面から切り離された右側部分を作図する．その際，仮想切断面に正の方向の内力を記入する.

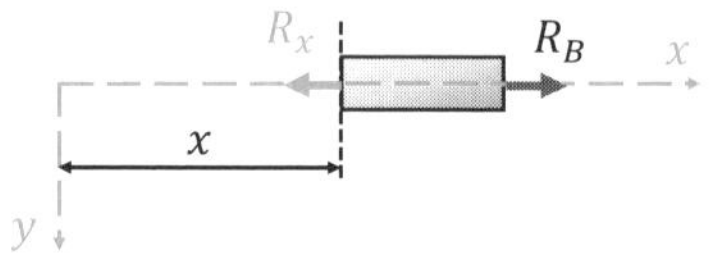

図 4-23　仮想切断された棒の自由体図

図 4-23 より力のつり合いの式は,

$$\longrightarrow \sum X : R_B - R_x = 0 \tag{4.37}$$

以上により内力は,

$$R_x = R_B \tag{4.38}$$

これにより，内力の分布図を作図する.

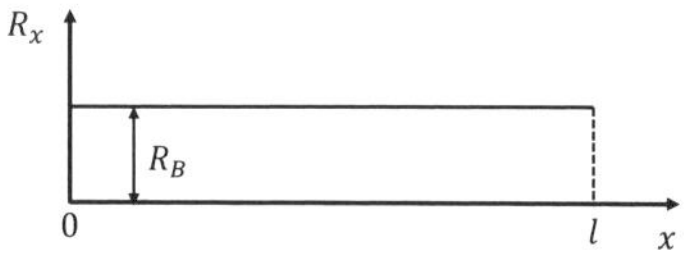

図 4-24　内力の分布図

ステップ 3　垂直応力の分布を求める

垂直応力の分布図を図 4-25 に示す.

ステップ 4　垂直ひずみの分布を求める

垂直ひずみの分布図を図 4-26 に示す．ここで，垂直ひずみの分布図において，縦軸の垂直ひずみには熱ひずみと区別するために下添字 M を付けた．この M は mechanical の頭文字である.

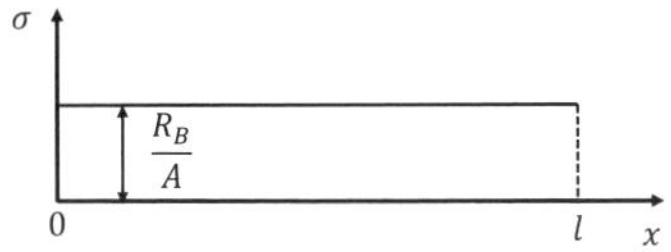

図4-25　垂直応力の分布図

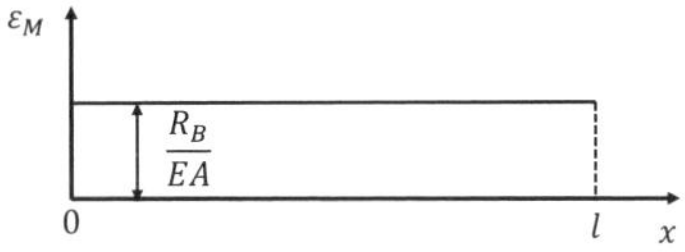

図4-26　垂直ひずみの分布図

温度分布によって棒に生じた熱ひずみの分布図を作図する．縦軸の熱ひずみは，加熱された温度と基準温度の差に熱膨張係数を掛けることで得られる．

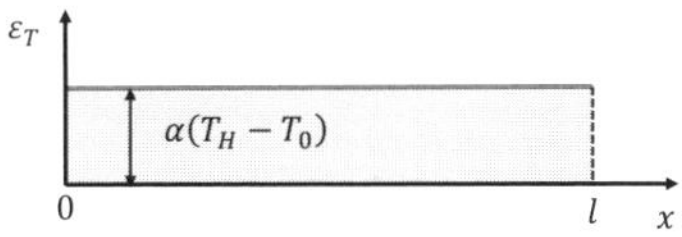

図4-27　熱ひずみの分布図

最後に全ひずみの分布図を描く．縦軸の全ひずみは垂直ひずみ（ε_M）の分布図と熱ひずみ（ε_T）の分布図を加えることで得られる．

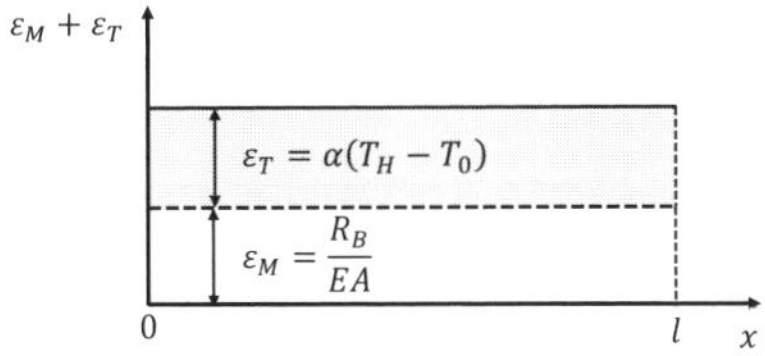

図4-28　全ひずみの分布図

ステップ 5　伸びを求める

全ひずみの分布図の面積から棒全体の伸びδが得られる．

$$\delta = \frac{R_B}{EA} \cdot l + \alpha \left(T_H - T_0 \right) \cdot l \tag{4.39}$$

ステップ 6　不静定条件により反力を求める．棒に生じた垂直応力を求める

この問題の不静定条件として，棒が剛体壁に挟まれているので，棒全体の伸びはゼロ（$\delta = 0$）でなければならない．よって，

$$\frac{R_B}{EA} \cdot l + \alpha \left(T_H - T_0 \right) \cdot l = 0 \tag{4.40}$$

式 (4.36) と式 (4.40) から反力R_AとR_Bを求める．

$$R_B = -EA\alpha\,(T_H - T_0)\ ,\quad R_A = R_B \tag{4.41}$$

求められた内力をステップ3に代入して，垂直応力を求める．

$$\sigma = \frac{R_B}{A} = -E\alpha\,(T_H - T_0) \tag{4.42}$$

これは熱応力（Thermal stress）と呼ばれる．ここで，ステップ3で求めた垂直応力が棒に生じた応力であることに注意する．混乱しないこと！

演習問題4-7

図4-29に示すような剛体壁の間に挟まれた棒について考える．この棒の縦弾性係数をE，熱膨張係数をα，断面積をAとする．基準温度をT_0とし，この状態から温度$T_H\ (> T_0)$まで棒の左端を加熱したとき，右端での温度が$T_L\ (< T_H)$となった．このとき，この棒に生じる垂直応力を求めなさい．

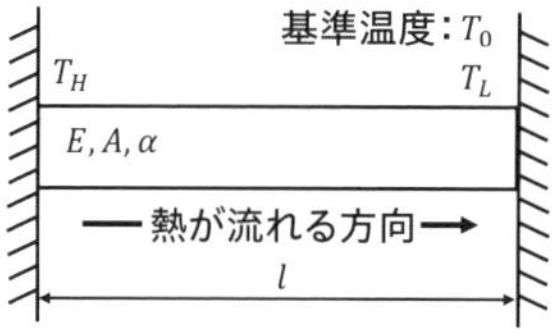

図4-29　直線の温度分布を受ける真直棒

解答

ステップ1　**問題を解くための準備をする**

剛体壁から棒を切り離し，棒の自由体図を作図する．その際，棒の端面点Aと点Bに反力R_AとR_Bを正の方向に記入する．つぎに自由体図に対して，棒断面の図心を通り，軸線に沿う右向き方向にx軸をおく．

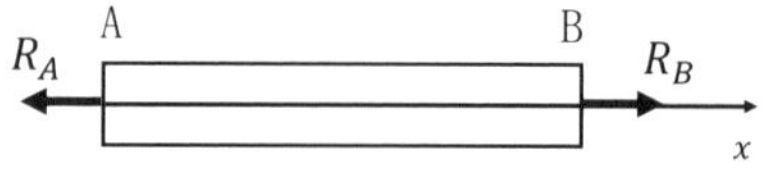

図4-30　剛体壁から取り外された棒の自由体図

自由体図より，力のつり合いの式は以下のようになる．

$$\longrightarrow \sum X : R_B - R_A = 0 \tag{4.43}$$

ステップ 2　仮想切断面により内力の分布を求める

内力の分布図を作図すると図 4-31 のようになる.

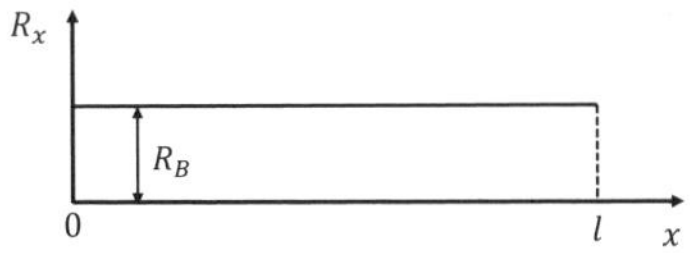

図4-31　内力の分布図

ステップ 3　垂直応力の分布を求める

垂直応力の分布図を図 4-32 に示す.

ステップ 4　垂直ひずみの分布を求める

垂直ひずみの分布図を図 4-33 に示す．また，熱ひずみの分布図を図 4-34 に示す.

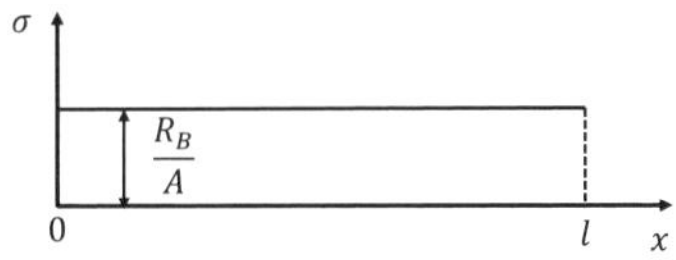

図4-32　垂直応力の分布図

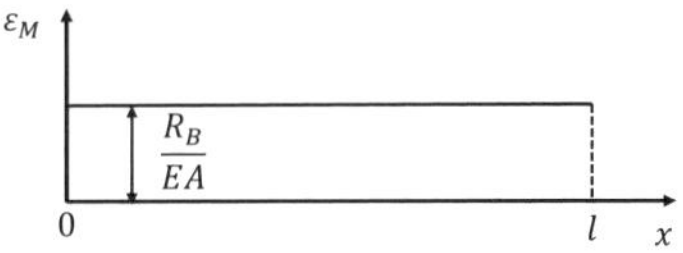

図4-33　垂直ひずみの分布図

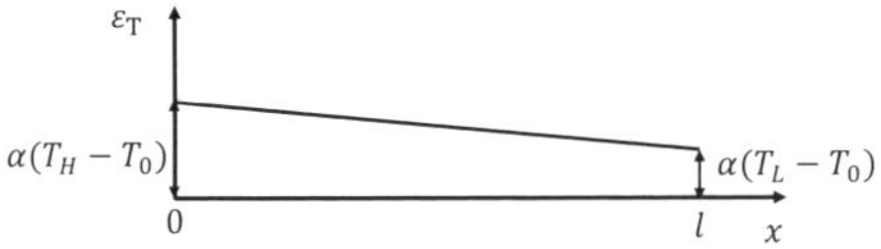

図4-34　熱ひずみの分布図

最後に全ひずみの分布図を描く．縦軸の全ひずみは垂直ひずみ（ε_M）の分布図と熱ひずみ（ε_T）の分布図を加えることで得られる.

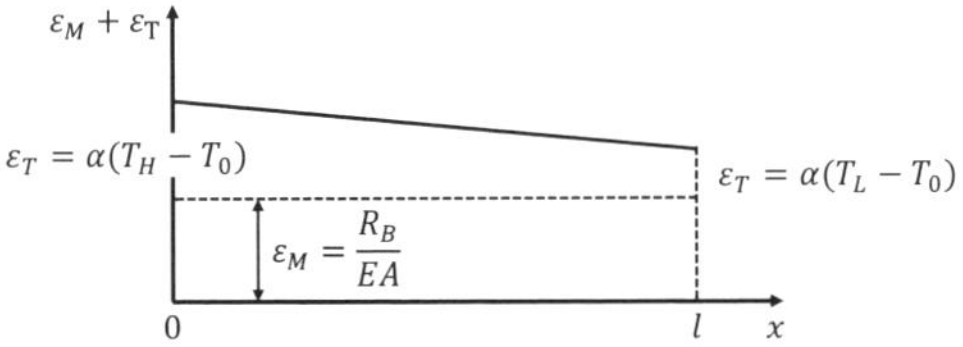

図4-35　全ひずみの分布図

ステップ 5　伸びを求める

全ひずみの分布図の面積から棒全体の伸びを計算する.

$$\delta = \frac{R_B}{EA} \cdot l + \frac{1}{2} \left[\alpha \left(T_H - T_0 \right) + \alpha \left(T_L - T_0 \right) \right] \cdot l \tag{4.44}$$

ステップ 6　不静定条件により反力を求める．棒に生じた垂直応力を求める

この問題における不静定条件から，

$$\frac{R_B}{EA} \cdot l + \frac{1}{2} \left[\alpha \left(T_H - T_0 \right) + \alpha \left(T_L - T_0 \right) \right] \cdot l = 0 \tag{4.45}$$

力のつり合いの式 (4.43) と不静定条件式 (4.45) から反力R_A ,R_B を求める．

$$R_B = -EA\alpha \left(\frac{T_H + T_L}{2} - T_0 \right) \text{ , } R_A = R_B \tag{4.46}$$

これらの反力をステップ 3 に代入して，垂直応力（熱応力）を求める．

$$\sigma = \frac{R_B}{A} = -E\alpha \left(\frac{T_H + T_L}{2} - T_0 \right) \tag{4.47}$$

演習問題 4-8

図 4-36 に示すように基準温度T_0のときに棒を剛体壁の間に固定支持した．その後，棒の中央部を温度T_Hで加熱したら両端面がT_L ($< T_H$) となった．棒に生じる熱応力を求めよ．なお，棒の縦弾性係数はE，熱膨張係数はα，断面積はA，棒の長さはlとする．

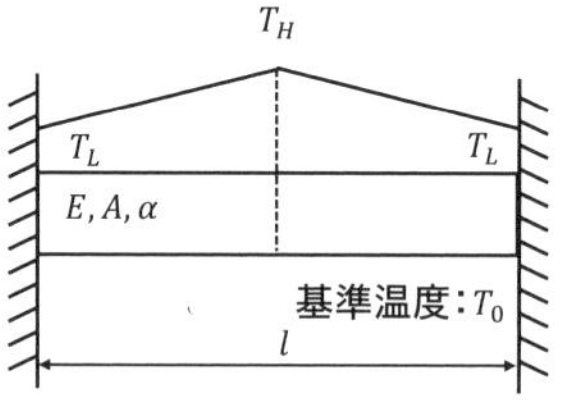

図 4-36　対称温度分布を受ける棒

解答　垂直応力（熱応力）は，

$$\sigma = -E\alpha \left(\frac{T_H + T_L}{2} - T_0 \right) \tag{4.48}$$

演習問題4-9

図 4-37 に示すように基準温度T_0のときに棒を剛体壁の間に固定支持した．その後，温度Tになるまで棒を一様に加熱した．同時に，左端から距離aで集中荷重Pも作用させた．このとき，この棒に生じる垂直応力を求めよ．なお，棒のヤング率はE，熱膨張係数はα，断面積はA，棒の長さは$l(= a + b)$とする．

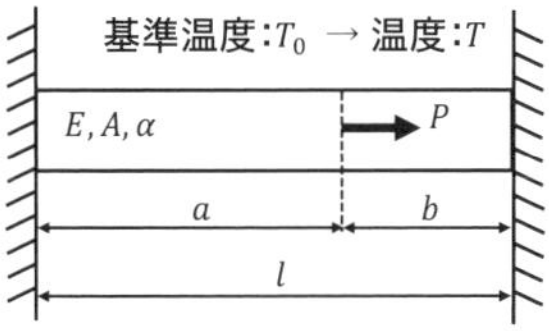

図4-37　内部で集中荷重を受ける棒の熱応力

解答　垂直応力（熱応力）は，

① $0 \leq x < a$:
$$\sigma = -E\alpha(T - T_0) + \frac{Pb}{Al} \tag{4.49}$$

② $a < x \leq l$:
$$\sigma = -E\alpha(T - T_0) - \frac{Pa}{Al} \tag{4.50}$$

演習問題4-10

図 4-38 に示すように棒の左端面を剛体壁に固定支持し，右端面にはばね定数kのばねを取り付け，この右端をさらに剛体壁に固定した．このときの基準温度をT_0とする．その後，棒のみを一様温度$T(> T_0)$になるまで加熱した．このとき，棒に生じる熱応力を求めよ．なお，棒の熱はばねには伝わらないものとする．また，棒の断面積はA，縦弾性係数はE，熱膨張係数はα，長さはlとする．

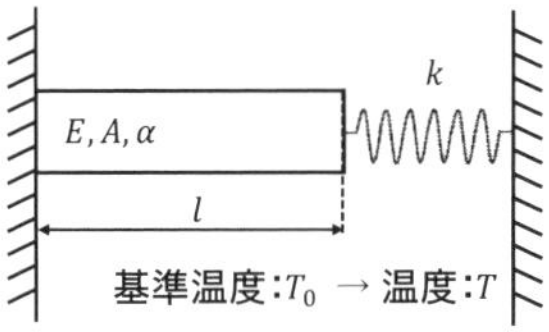

図4-38　直列に接続されたばねと棒

解答

ステップ 1　問題を解くための準備をする

剛体壁から棒を切り離し，棒の自由体図を作図する．その際，棒の端面点 A とばねの点 B に反力R_AとR_Bを正の方向に記入する．つぎに自由体図に対して，棒断面の図心を通り，軸線に沿う右向き方向にx軸をおく．

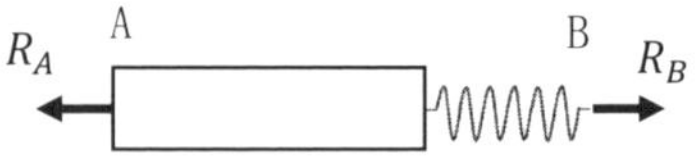

図4-39　剛体壁から取り外された棒の自由体図

自由体図より力のつり合いの式は以下のようになる．

$$\longrightarrow \sum X : R_B - R_A = 0 \tag{4.51}$$

よって，$R_B = R_A$であり，これをRとおいておく．

ステップ 2　仮想切断面により内力の分布を求める

内力の分布図の作図については省略するが，棒内では内力が一定であり，その大きさはRである．

ステップ 3　垂直応力の分布を求める

垂直応力の分布図の作図については省略するが，内力の分布図から棒内に生じる垂直応力の分布図を作図する．これにより垂直応力は一定であり，

$$\sigma = \frac{R}{A} \tag{4.52}$$

ステップ 4　垂直ひずみの分布を求める

さらに垂直応力の分布図から垂直ひずみの分布図を作図する．分布図については省略するが，その大きさは棒中で一定であり，

$$\varepsilon = \frac{R}{EA} \tag{4.53}$$

ステップ 5　伸びを求める

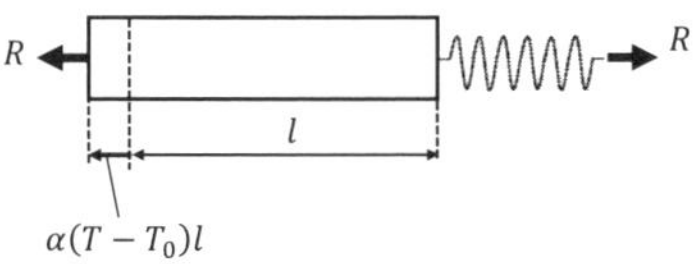

図4-40　棒の熱伸びの様子

図 4-40 によりばねが連結された棒に生じる全体の伸びを計算する.

$$\delta = \frac{Rl}{AE} + \alpha\,(T - T_0)\,l + \frac{R}{k} \tag{4.54}$$

ここで，右辺第 1 項は反力Rによる棒の伸び，第 2 項は棒の熱伸び，第 3 項はばねの伸びであり，これらの和が問題全体に生じた伸びとなる.

ステップ 6　不静定条件により反力を求める．棒に生じた垂直応力を求める

ばねが連結された棒が剛体壁で固定されているから，本問題の不静定条件は$\delta = 0$となる．よって，

$$\frac{Rl}{AE} + \alpha\,(T - T_0)\,l + \frac{R}{k} = 0 \tag{4.55}$$

反力Rを計算すると，

$$R = -\frac{EAk\alpha\,(T - T_0)\,l}{kl + AE} \tag{4.56}$$

最後に熱応力を計算する.

$$\sigma = \frac{R}{A} = -\frac{Ek\alpha\,(T - T_0)\,l}{kl + AE} \tag{4.57}$$

Column　材料力学の天才その2　エコール・ポリテクニークの天才たち

フランス革命の最中，熱力学で有名なカルノー，微分幾何学ならびに近代の製図法を創案したモンジュによってパリ市内にエコール・ポリテクニーク（理工科学校）が設立された．初代校長は，解析力学の創始者であるラグランジュである．優れた教授陣を採用するのみならず，特権階級からの入試制度を廃止して試験により優れた学生を入学できるようにした．授業科目も，数学，物理，化学を低学年でしっかりと教え，高学年になって専門科目を指導した．これはそのまま近代の大学教育に引き継がれている．非常に多くの研究者や技術者を輩出したが，ここでは材料力学の発展にかかわったオーギュスタン・コーシー（1789～1857）を紹介しよう．当時の材料力学では，外力が作用すると部材内部で分子間同士に引力が発生し，これが部品の壊れない原因であると考えられ，これは抵抗力と呼ばれていた．一方，コーシーは物体内部に仮想切断面を想定し，この面に作用する圧力を考えればよいとした．これは，我々が知っている応力に相当する．このため，応力はコーシー応力と呼ばれるときがある．彼は，その後の弾性力学につながるような基礎的な方程式（応力の平衡方程式など）を正確に導いた．なお，ポアソン比で知られるシメオン・ポアソン（1781～1840）もエコール・ポリテクニークの出身であり，物体中を伝播する粒子の運動を研究しているときにポアソン比を発見した．

参考文献

1）チモシェンコ著（最上 武雄，川口 昌宏訳）『材料力学史』鹿島出版（1975年）

Chapter 5

実用的問題

本章での学び

本章では，材料の機械的な性質について説明する．そのため，はじめに材料試験で得られる応力―ひずみ曲線について示す．つぎに応力―ひずみ曲線に基づいて部品に不具合が生じないための判断基準について説明する．これは機械設計でよく利用される考え方であり，重要である．最後に機械設計で重要な問題として，部品同士の接合問題や簡単な構造物の問題を取り上げ，それらの解き方について詳しく説明する．

5-1 応力-ひずみ曲線

部品に使用されている材料の縦弾性係数やその強さを知るために引張試験（Tensile test）が行われる．引張試験には図 5-1 に示すような引張試験片（Tensile specimen）が用いられる．この図は断面形状が円であるが，長方形のものも用いられることもある．引張試験片においては，その両端が中央部に比べて断面積が大きい．この部分は掴み部と呼ばれる．この掴み部を引張試験機（Tensile testing machine）に固定し，荷重Pを作用させる．このとき，試験片の平行部に生じた伸びをδとする．試験片中央部の断面積をA，平行部の長さをlとすれば，試験片に生じる垂直応力σと垂直ひずみεはつぎのようになる．

$$\sigma = \frac{P}{A},\ \varepsilon = \frac{\delta}{l} \tag{5.1}$$

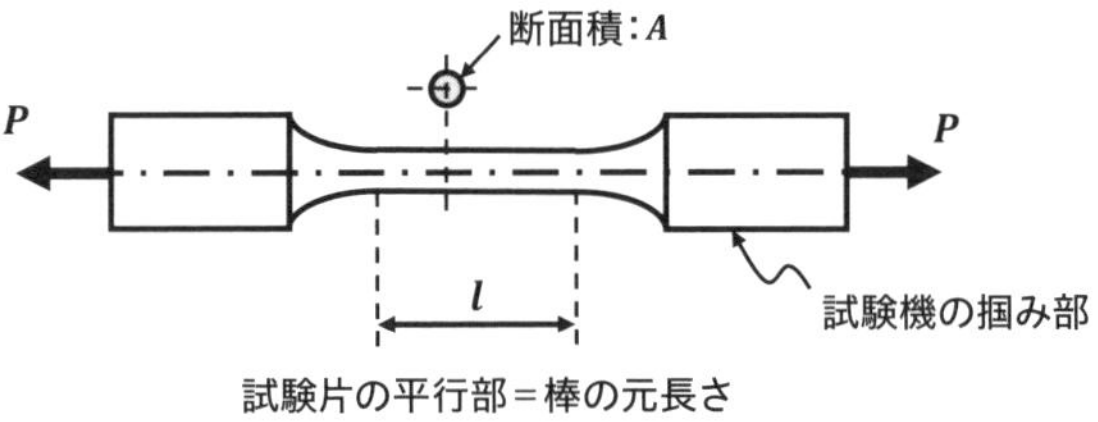

図5-1　引張試験片

引張試験で測定された荷重と伸びに基づいて垂直応力と垂直ひずみをプロットすると図 5-2 のようになる．この図は応力—ひずみ曲線（Stress-strain curve）と呼ばれる．引張試験片に荷重が作用し始めると垂直ひずみとともに垂直応力は線形に増加する．この傾きが縦弾性係数（E）である．ある応力から次第に垂直ひずみに対する垂直応力の変化が緩やかになる．このときの応力は降伏応力（Yield stress: σ_y）と呼ばれる．降伏応力まで材料の変形はフックの法則に従うことになる．このため，降伏応力は機械設計において重要な材料定数である．垂直ひずみに伴い垂直応力は増加し続けるが，これが最大値に達した後に垂直応力が低下するようになる．このとき，垂直応力の最大値は引張強さ（Tensile strength: σ_B）と呼ばれる．最後に試験片は破断する．

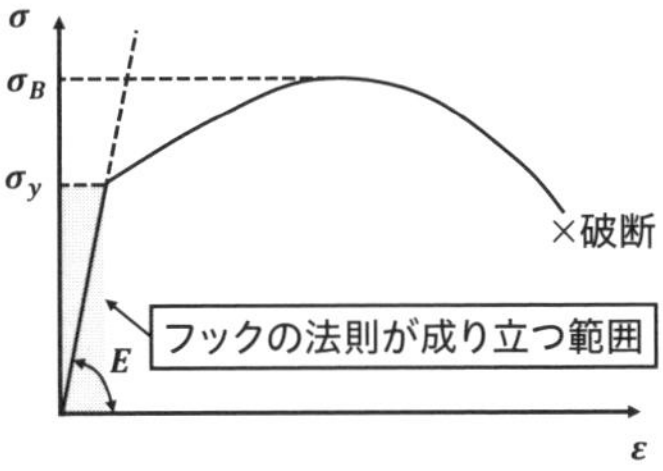

図5-2　応力—ひずみ曲線

5-2 許容応力と安全率

機械設計においては，材料力学に基づいて部品に用いる材料とその形状を決定しなければならない．材料力学の役割は，部品を棒におきかえて棒に生じる応力を計算することにある．この結果，計算された応力（作用応力：σ）により部品に不具合が起きないかどうか判断する．その判断基準として以下が用いられる．

$$\sigma < \sigma_a \tag{5.2}$$

判断基準の右辺は，許容応力（Allowable stress: σ_a）と呼ばれる．さらに許容応力は，

$$\sigma_a = \frac{\sigma_s}{f} \tag{5.3}$$

のように定義される．ここで，σ_sは基準応力（Failure stress）と呼ばれ，部品に作用する荷重の種類によって定められる材料の強さの目安である．通常，基準応力には降伏応力が用いられる．fは安全率（Safety factor）と呼ばれ，材料のもつばらつきや作用応力の予測の不完全さを考慮するために設けられた係数である．

5-3 部品の接合と締結

さまざまな部品同士を接合あるいは締結することで機械が構成されている．この方法には，以下の3種類がある．

1) 溶接 (Welding)：部品と部品の接合面を高温で溶融することで部品同士を接合する方法である．部品と部品の接合方法には図 5-3 のようなものがある．

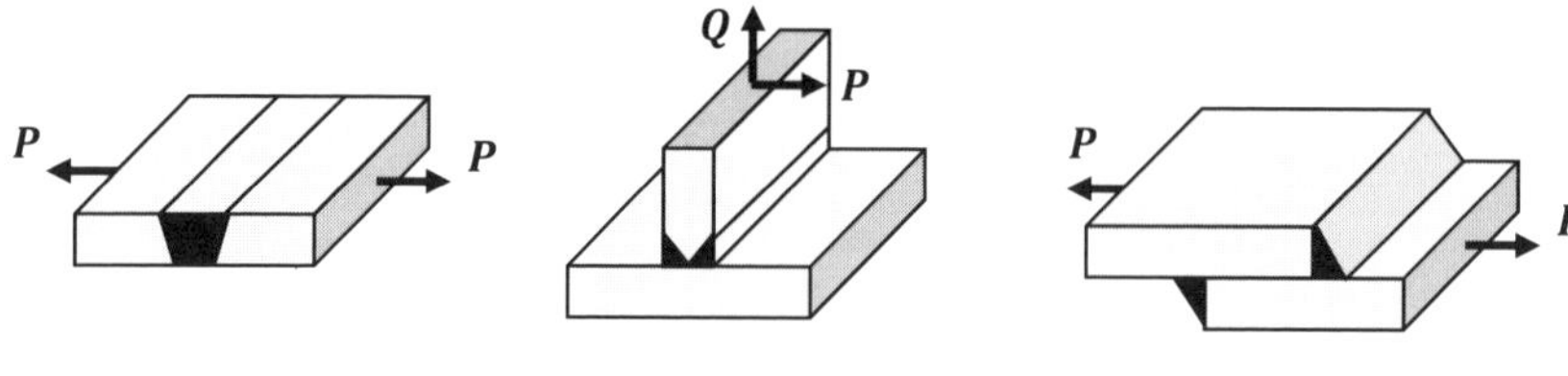

(a)突合せ溶接　(b)T継手　(c)重ね溶接

図5-3　溶接による接合方法

2) リベット (Rivet)：部品と部品を重ね合わせ，図 5-4 に示すようなピンを孔に挿入し，突出したピンの端面を潰すことで部品同士を締結する方法である．

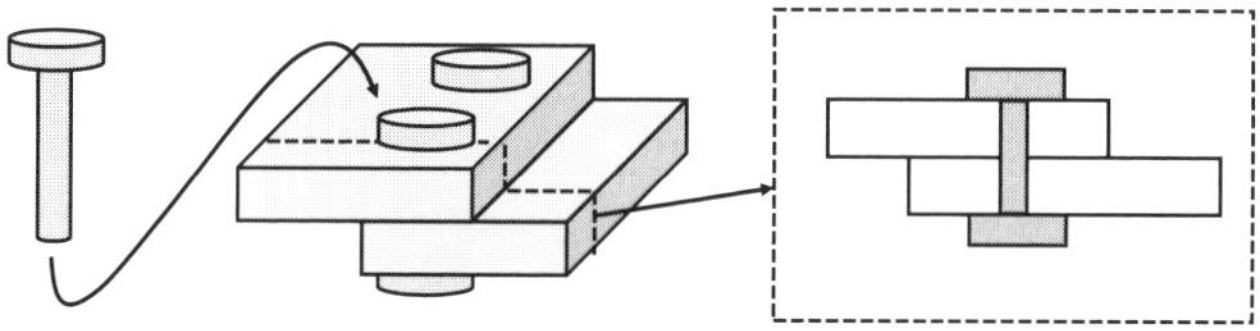

図5-4　リベットによる締結

3) ボルト - ナット (Bolt-nut)：部品と部品を重ね合わせ，図 5-5 に示すようにボルトを孔に挿入し，突出したボルトのネジ部をナットで締め付けることで部品同士を締結する方法である．この方法はさまざまな締結方法のなかで最も利用されている．

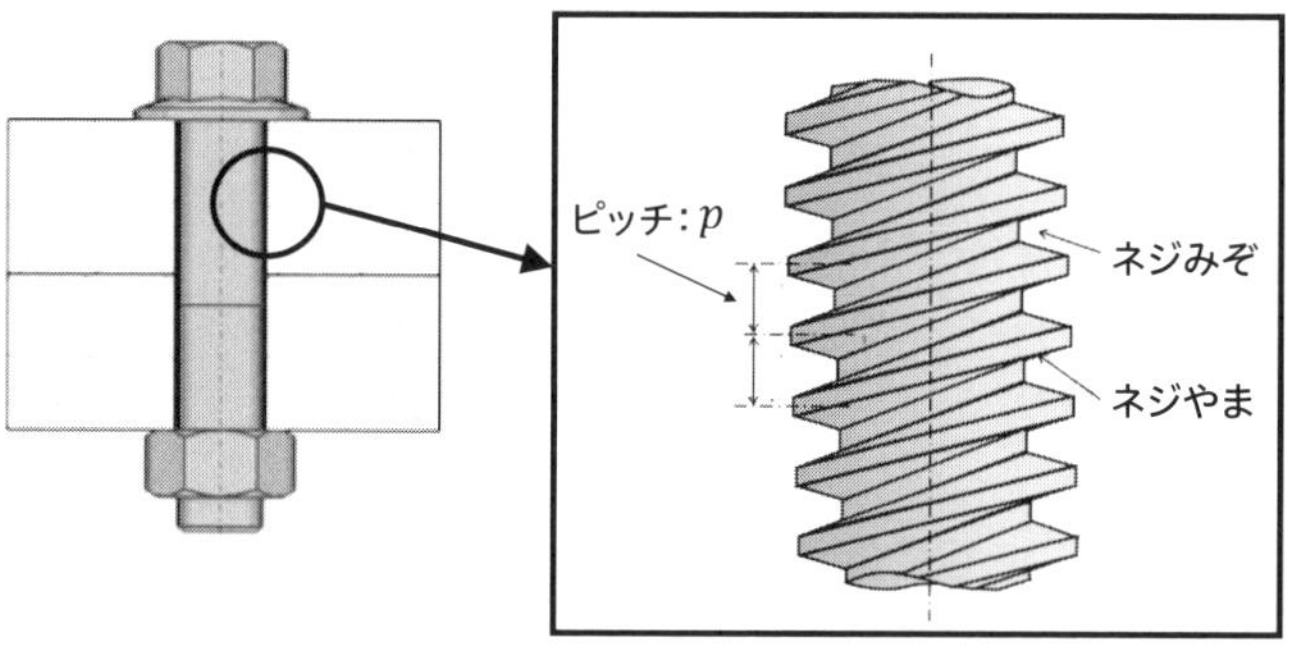

図5-5　ボルトとナットによる締結

図 5-5 において，ピッチ p とは “ネジやま” と “ネジやま” の間の距離をいう．ナッ

トを１回転すると１ピッチ分だけナットが軸方向に移動する．

5-4 簡単な構造物

たとえば，自動車の設計について考えてみる．自動車の車体設計はいくつかの手順を踏んで行われるが，はじめに車体を組み合わされた棒によりモデル化する．これにより，車体全体の変形量を確認し，またどの部分で大きな応力が発生するのかも調べる．そのため，このステップは一次設計とも呼ばれる．一次設計を経て，車体の詳細設計（二次設計）に入っていくことになるから，組み合わされた棒でモデル化された構造物の変形と応力を正確に計算することは非常に重要である．そこで，棒で組み立てられた簡単な構造物の問題について考えてみる．

複数の棒から組み合わされたものを骨組構造（Frame structure）という．そして，骨組構造にはトラス構造（Truss structure）とラーメン構造（Rahmen structure）がある．トラス構造（図 5-6(a)）とは，棒同士がピンで締結されているものを示す．また，ラーメン構造（図 5-6(b)）とは，棒同士が溶接により締結されているものを示す．トラス構造ではピンで部品が締結され部品同士が自由に回転できるため，反モーメントは発生しない．ラーメン構造では溶接により部品が締結されているため，締結部では反力と反モーメントが同時に発生することになる．本節では，比較的容易に解くことができるトラス構造の問題に限定して説明していく．

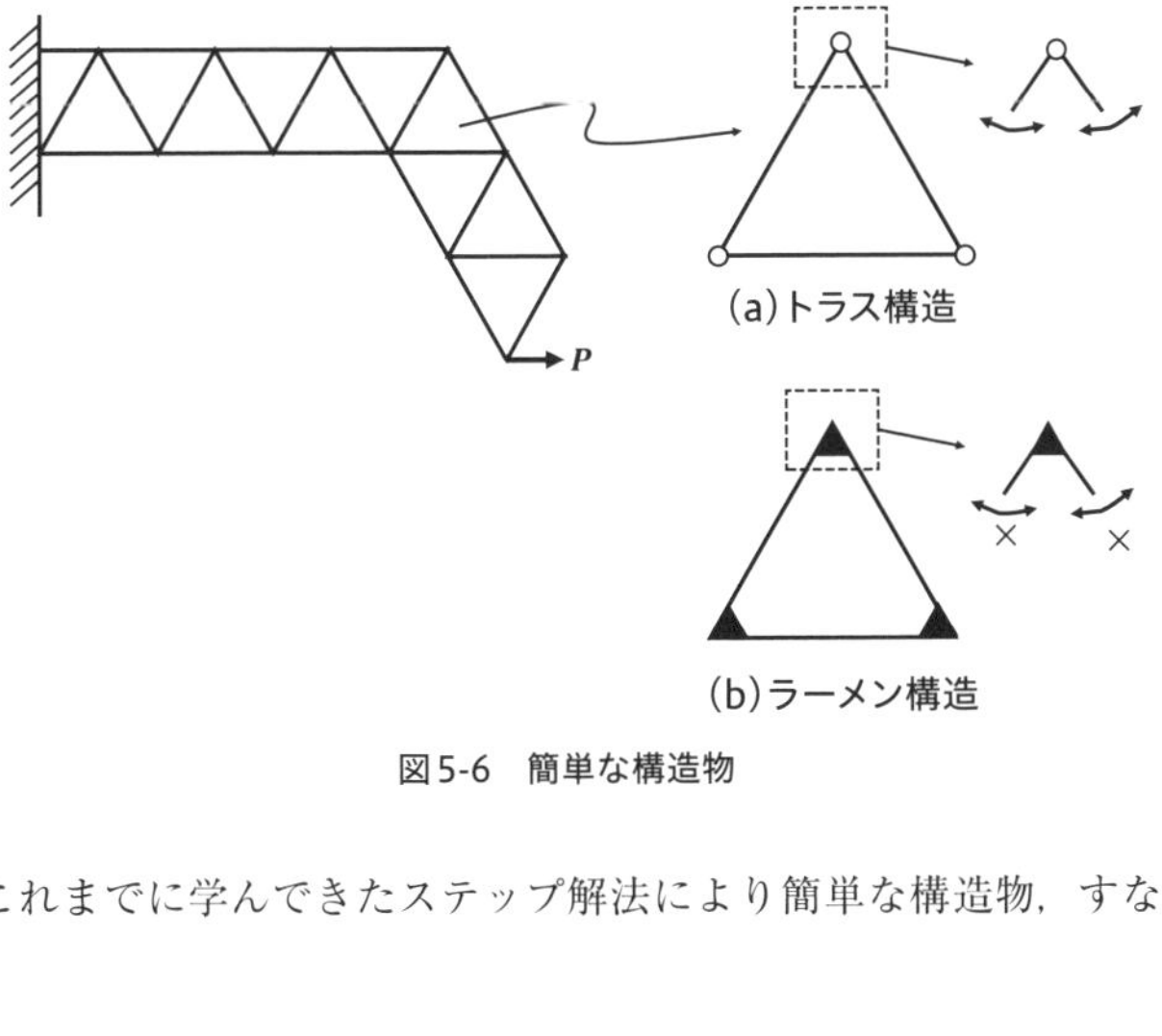

図5-6　簡単な構造物

それではこれまでに学んできたステップ解法により簡単な構造物，すなわちトラス構造物の問題をどのように解いていくのかみていく．

演習問題 5-1

図 5-7 に示すように断面積A，縦弾性係数E，長さが等しくlの弾性ワイヤを剛体天井にピンで結合してぶら下げた．また，弾性ワイヤのもう一方の先端を相互にピンで締結し，鉛直下向き方向に集中荷重Pを作用させた．このとき，弾性ワイヤに生じる垂直応力σ，作用点での鉛直下向き変位λをそれぞれ求めよ．

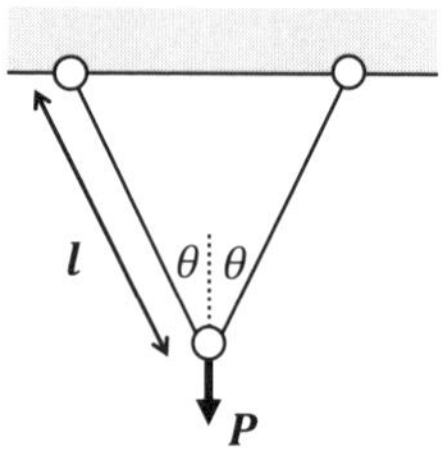

図 5-7　弾性ワイヤの伸び

解答

ステップ 1　問題を解くための準備をする

弾性ワイヤを剛体天井から取り外した自由体図を作図する．このとき，弾性ワイヤのみならず，ワイヤを結合している結合ピンについても自由体図を作図する．これらの自由体図に対して，右向き水平方向にx軸，鉛直下向き方向にy軸をおく．また，弾性ワイヤの両端と結合ピンに対して，それぞれ反力R_1，R_2と集中荷重Pを記入する．内力は正の方向に記入すること．

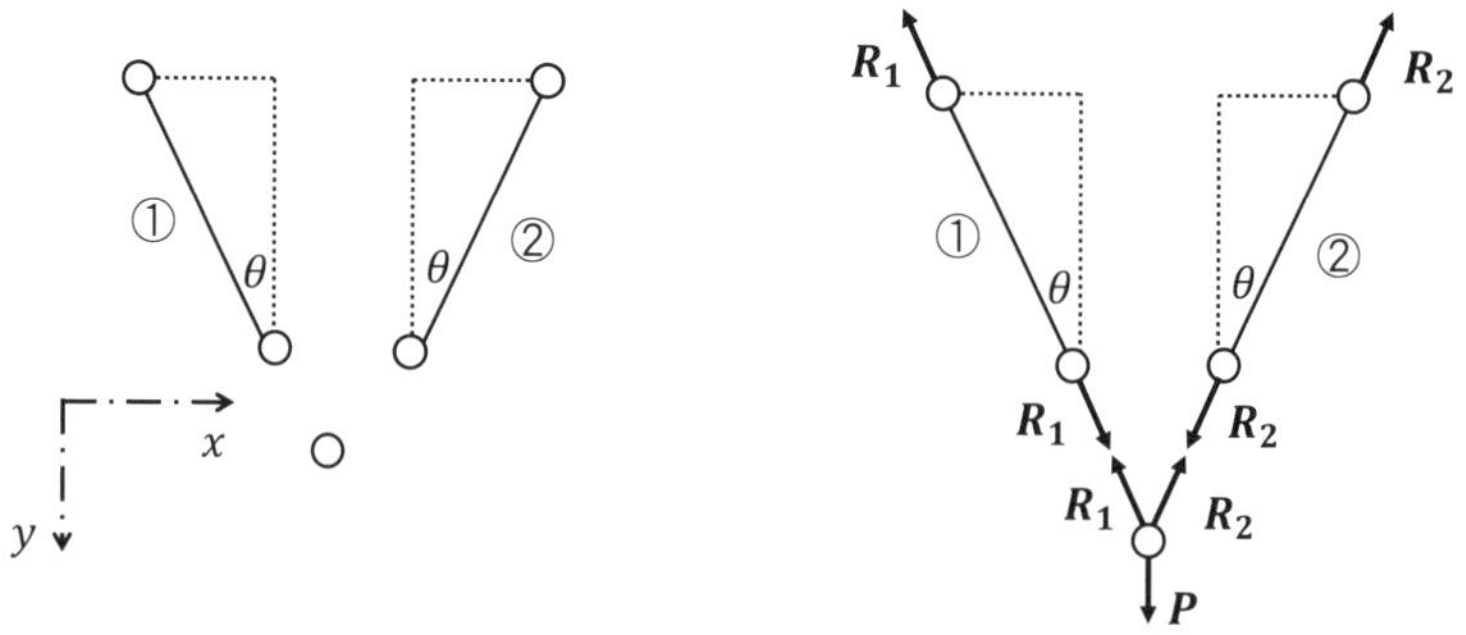

図 5-8　自由体図と反力・集中荷重の記入

結合ピンに対して力のつり合いの式をたてると，

$$\rightarrow \sum X : R_2 \sin\theta - R_1 \sin\theta = 0 \tag{5.4}$$

$$\downarrow \sum Y : P - R_1 \cos\theta - R_2 \cos\theta = 0 \tag{5.5}$$

式 (5.4) と式 (5.5) から反力を求める．

$$R_1 = R_2 \equiv R = \frac{P}{2\cos\theta} \tag{5.6}$$

ステップ 3　垂直応力を求める

式 (5.6) から弾性ワイヤに生じる垂直応力が求められる．

$$\sigma = \frac{P}{2A\cos\theta} \tag{5.7}$$

ステップ 5　伸びを求める

反力により弾性ワイヤに生じる伸びを求める．

$$\lambda_1 = \frac{R_1 l}{AE} = \frac{Rl}{AE}, \quad \lambda_2 = \frac{R_2 l}{AE} = \frac{Rl}{AE} \tag{5.8}$$

ステップ 6　不静定条件から伸びを求める

不静定条件について考える．このために弾性ワイヤ先端を固定している結合ピンをはずし，弾性ワイヤの元長さに伸び式 (5.8) を加えた長さのワイヤ先端部を，剛体天井の結合ピンを中心に回転させる．この先端部の軌跡が図 5-9 に破線で示されている．ここで，伸びはやや誇張して作図するとよい．そして，ふたつの弾性ワイヤの先端部が描く円弧の交点が，集中荷重を受けて変位した結合ピンの位置となる．すなわち，元の結合ピンから円弧の交点までが変位λとなる．ここでは伸びが小さいものとして，円弧に対して接線を描き，図のような直角三角形の斜辺の長さから伸びλを計算することにする．これにより，簡単に結合ピンの変位を計算できる．

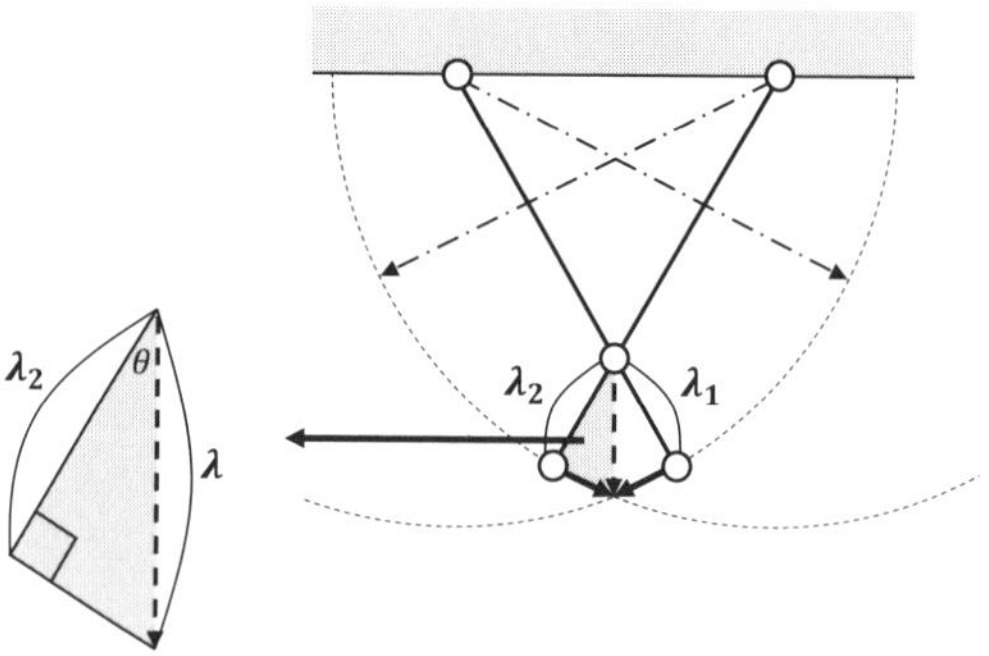

図5-9　不静定条件

図 5-9 より，$\lambda\cos\theta = \lambda_1 = \lambda_2$であるから，

$$\lambda = \frac{\lambda_1}{\cos\theta} = \frac{1}{\cos\theta} \times \frac{Rl}{AE} \tag{5.9}$$

よって，求めるべき鉛直下向き変位λは，

$$\lambda = \frac{Pl}{2AE\cos^2\theta} \tag{5.10}$$

5-5 さまざまな実用的問題

演習問題 5-2

図 5-10 に示すように圧力容器に圧力pの高圧ガスを鏡板で封じ込めた．圧力容器のフランジに鏡板を 8 本のボルトで固定したとき，ボルトの直径dをいくら以上にしたらよいか．ここで圧力容器の内径をD，ボルトの降伏応力をσ_yとする．また，基準応力には降伏応力を採用し，簡単のために安全率を 1 におくものとする．

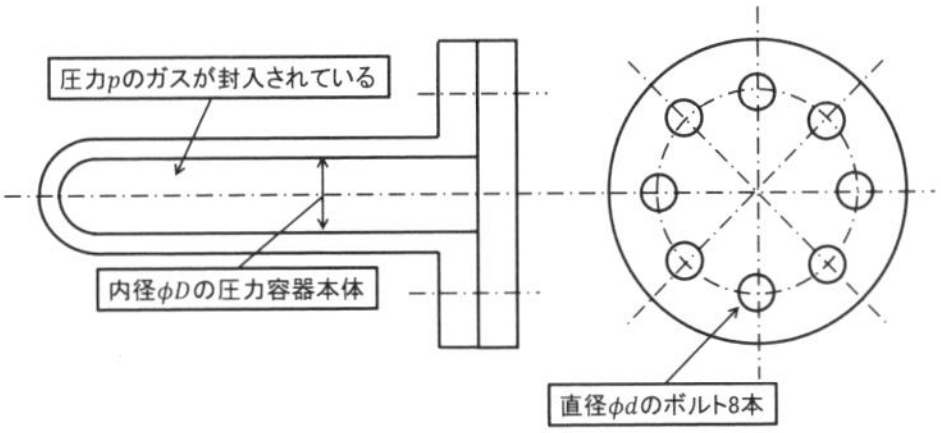

図5-10　ボルトにより鏡板が固定された圧力容器

解答

ステップ 1　問題を解くための準備をする

鏡板のみ自由体図を作図する．さらに同部品に作用する荷重P（圧力）と反力R（ボルトによる反力）も記入する（図5-11）．自由体図より，力のつり合いの式は，

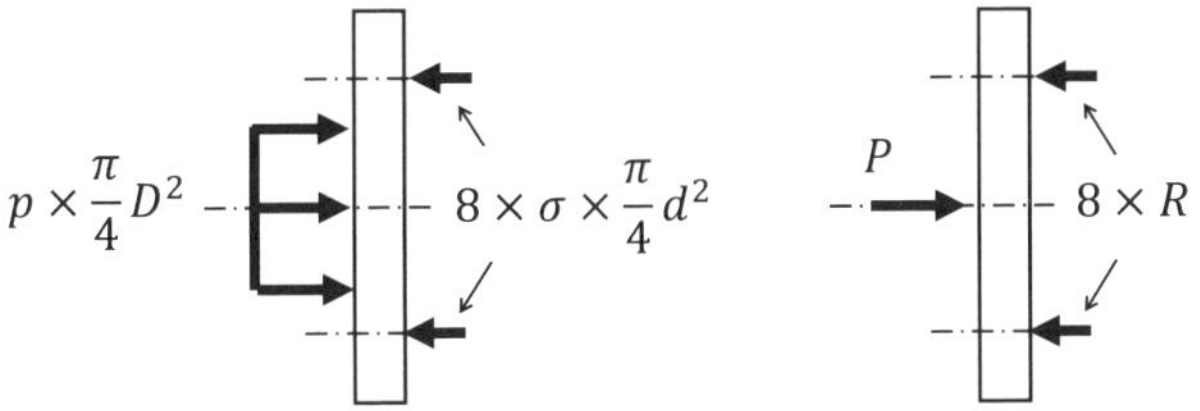

図5-11　鏡板の自由体図

$$\rightarrow \sum X : P - 8R = 0 \tag{5.11}$$

これを解くと，

$$P = 8R \tag{5.12}$$

ステップ 3　垂直応力を求める

鏡板に作用する荷重Pは，図5-11に示すように圧力容器に作用する圧力pから，

$$P = p\frac{\pi}{4}D^2 \tag{5.13}$$

また，ボルトによる反力は，ボルトに生じる垂直応力をσとすれば，

$$R = \sigma\frac{\pi}{4}d^2 \tag{5.14}$$

式 (5.13) と式 (5.14) を式 (5.12) に代入して作用応力σを求めると,

$$\sigma = \frac{p}{8}\left(\frac{D}{d}\right)^2 \tag{5.15}$$

ボルトに作用する作用応力が許容応力σ_aを超えないようにしなければならない. よって,

$$\sigma_y > \frac{p}{8}\left(\frac{D}{d}\right)^2 \tag{5.16}$$

これによりボルトの直径は, 以下の条件を満足しなければならない.

$$d > \frac{D}{2}\sqrt{\frac{p}{2\sigma_y}} \tag{5.17}$$

演習問題 5-3

図 5-12 に示すように円筒の両端に剛体板をあて, ボルトで剛体板を締め付ける. 剛体板が円筒に接してからさらにナットをN回転させて締め付けるとき, ボルトと円筒に生じる垂直応力をそれぞれ求めよ. なお, 剛体板の厚さは円筒体のそれに比べて薄く, 無視できるものとする. ここで, ボルトの断面積はA_1, 縦弾性係数はE_1, 円筒の断面積はA_2, 縦弾性係数はE_2, 長さはlである. また, ボルトのピッチ (ナット 1 回転で移動する距離) をpとする.

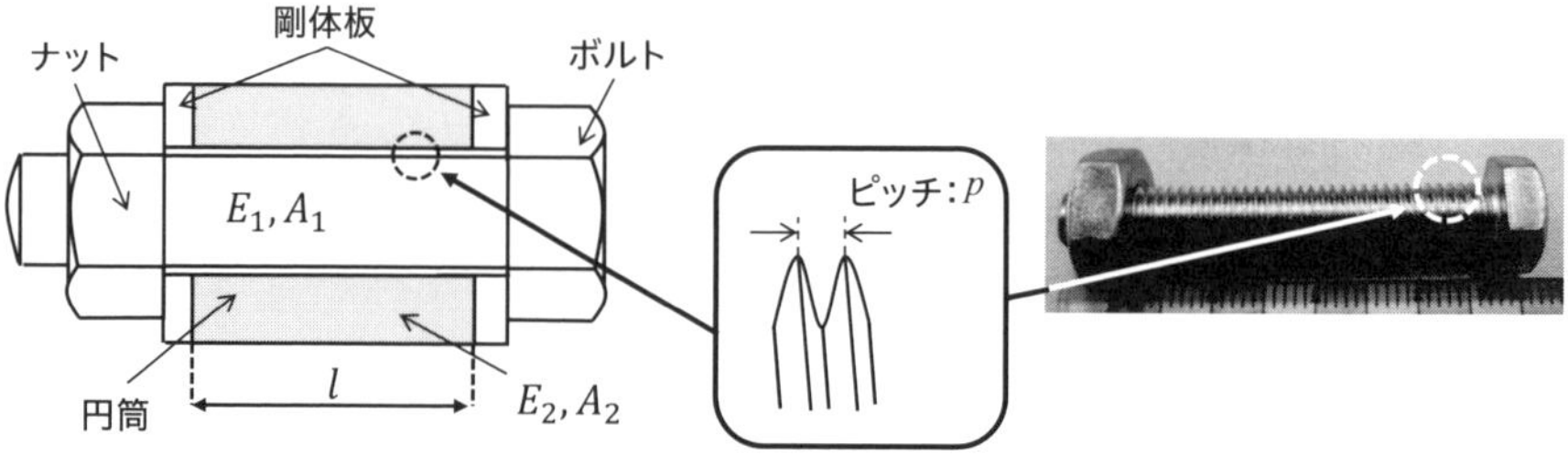

図 5-12　ボルト - ナットによる締め付け

解答

ステップ 1　問題を解くための準備をする

ボルトとナットから円筒を切り離した自由体図を作図する (図 5-13). つぎに自由体図上でナットを仮想的にN回転させる. これにより, 剛体板間の距離に対してボル

ト - ナット間の距離はpNだけ短くなる．この様子を作図すると図 5-14 のようになる．

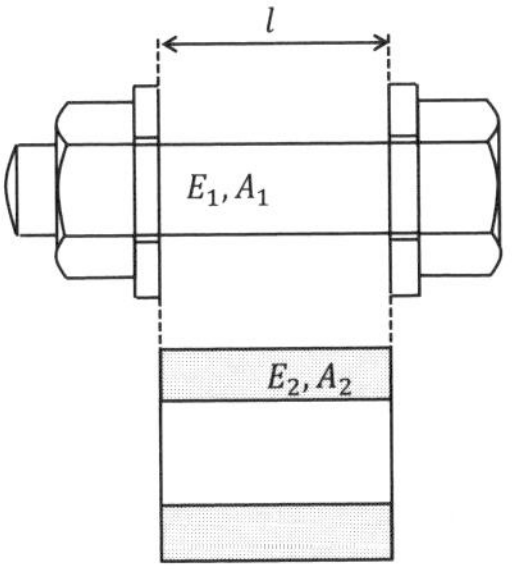

図 5-13　部品分解した自由体図

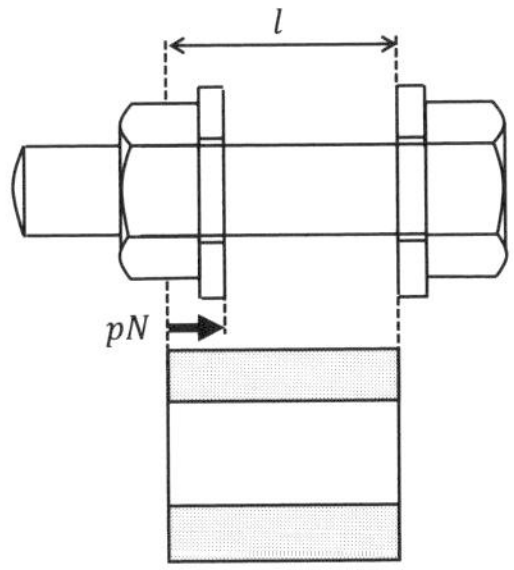

図 5-14　ナットの回転を考慮した自由体図

さらに棒を用いて自由体図を作図し直す（図 5-15）．ナットがN回転締められた後，剛体板によって円筒が拘束されるので，ボルトと円筒の長さは等しくなければならない．このためには，図 5-15 の左端面で長さが等しくなるよう反力R_1とR_2を強制的に作用させればよい．この様子を作図したものを図 5-16 に示す．なお，ボルトは引き伸ばされるように，円筒は縮まるように反力が作用すると考えられるが，ここでは**反力が正の方向**（これは引張応力に対応する）**となるように記入する**ことに注意する．

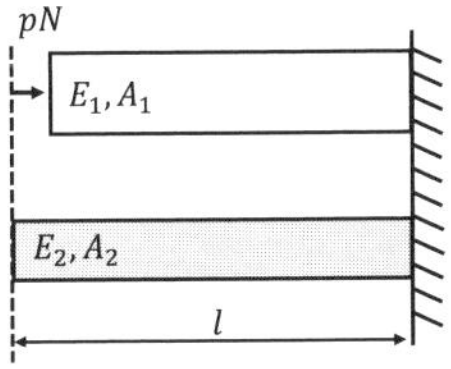

図 5-15　棒の問題へのおきかえ

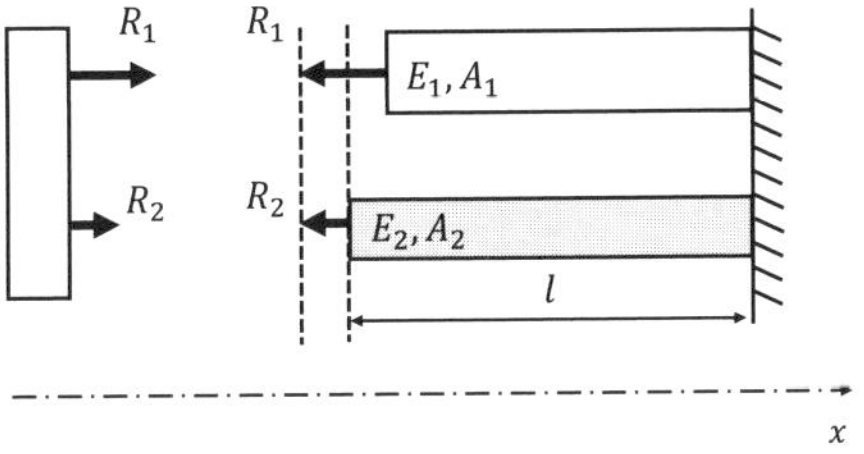

図 5-16　反力の記入

剛体板に対して力のつり合いの式は以下のようになる．

$$\rightarrow \sum X : R_1 + R_2 = 0 \tag{5.18}$$

ステップ 5　伸びを求める（ステップ 2 から 4 はスキップする）

強制的に作用させた反力によって生じた各棒の伸びを求める．

$$\delta_1 = \frac{R_1 l}{A_1 E_1}, \quad \delta_2 = \frac{R_2 l}{A_2 E_2} \tag{5.19}$$

ここで，棒1（ボルト）の長さは$l - pN$であるが，伸びの計算においてpNはlに比べて小さな量とみなして無視する．

ステップ6　不静定条件により反力を求める．棒に生じた垂直応力を求める

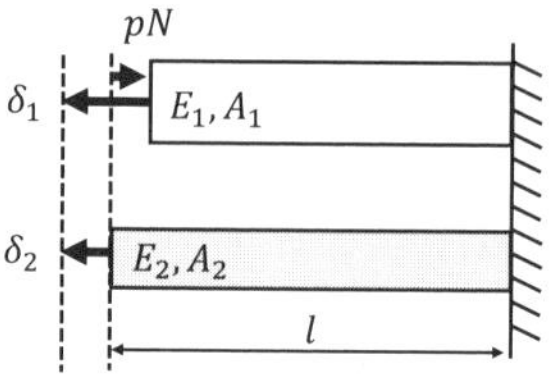

図5-17　不静定条件

不静定条件を考える．ここでは，pNを無視してはいけない．よって，

$$l + \delta_2 = (l - pN) + \delta_1 \tag{5.20}$$

式(5.20)に先ほど求めた伸び式(5.19)を代入して，

$$l + \frac{R_2 l}{A_2 E_2} = l - pN + \frac{R_1 l}{A_1 E_1} \tag{5.21}$$

式(5.18)と式(5.21)に関して反力について連立方程式を解く．

$$R_1 = -R_2 = \frac{A_1 E_1 A_2 E_2}{A_1 E_1 + A_2 E_2}\left(\frac{pN}{l}\right) \tag{5.22}$$

よって，ボルトに生じる垂直応力は，

$$\sigma_1 = \frac{R_1}{A_1} = \frac{E_1 A_2 E_2}{A_1 E_1 + A_2 E_2}\left(\frac{pN}{l}\right) \tag{5.23}$$

また，円筒に生じる垂直応力は，

$$\sigma_2 = \frac{R_2}{A_2} = -\frac{A_1 E_1 E_2}{A_1 E_1 + A_2 E_2}\left(\frac{pN}{l}\right) \tag{5.24}$$

演習問題5-4

ボルトとナットの締め付けにおいて，基準温度T_0にてナットとボルトの底が剛体板

にちょうど接触する程度に締め付けておく．この状態から一様に温度$T(> T_0)$になるまで加熱した．このときボルトと円筒に生じる熱応力を求めよ．ただし，ボルトと円筒の熱膨張係数をそれぞれα_1とα_2とし，$\alpha_2 > \alpha_1$とする．

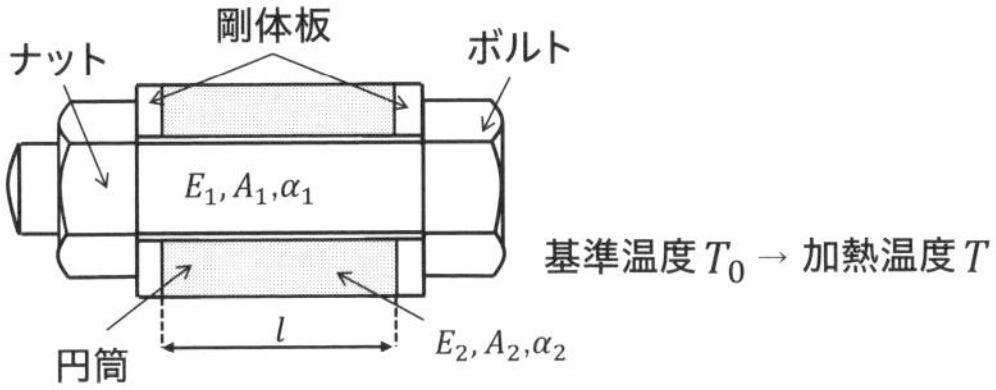

図5-18　加熱されたボルトナット締結体

解答

ステップ 1　**問題を解くための準備をする：**　図5-13と同じである．

ステップ 5　**伸びを求める．（ステップ2から4はスキップする）**

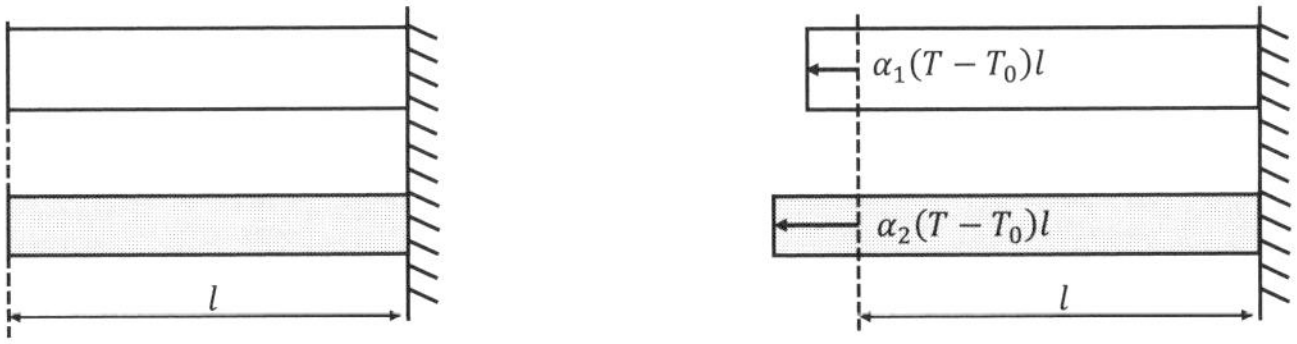

(a)加熱されていないときの棒の状態　(b)加熱されたとき棒に生じた熱膨張

図5-19　棒の問題へのおきかえ

図5-19(a)に示すように加熱されていないとき，棒の長さは等しい．これに対して棒が加熱されることで図5-19(b)のように熱膨張する．このため，両棒の長さを等しくするために図5-20のように左端面に反力を強制的に作用させる．

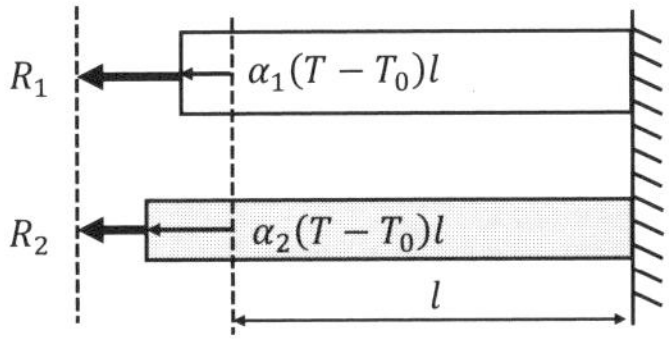

図5-20　反力が作用している棒の状態

強制的に作用させた反力によって生じた各棒の伸びを求める．

5

$$\delta_1 = \frac{R_1 l}{A_1 E_1},\quad \delta_2 = \frac{R_2 l}{A_2 E_2} \tag{5.25}$$

ステップ 6　不静定条件により反力を求める．棒に生じた垂直応力を求める

不静定条件は，

$$l + \alpha_2 (T - T_0)\, l + \delta_2 = l + \alpha_1 (T - T_0)\, l + \delta_1 \tag{5.26}$$

となる．ここで，両辺の第 1 項は棒の元長さ，第 2 項目は熱伸び，第 3 項目は強制的に作用させた反力による伸びである．この式に先ほど求めた反力により生じた伸び式 (5.25) を代入して，

$$l + \alpha_2 (T - T_0)\, l + \frac{R_2 l}{A_2 E_2} = l + \alpha_1 (T - T_0)\, l + \frac{R_1 l}{A_1 E_1} \tag{5.27}$$

式 (5.18) と式 (5.27) に関して連立方程式を解く．

$$R_1 = -R_2 = \frac{A_1 E_1 A_2 E_2}{A_1 E_1 + A_2 E_2} (\alpha_2 - \alpha_1)(T - T_0) \tag{5.28}$$

よって，ボルトに生じる熱応力は，

$$\sigma_1 = \frac{R_1}{A_1} = \frac{E_1 A_2 E_2}{A_1 E_1 + A_2 E_2} (\alpha_2 - \alpha_1)(T - T_0) \tag{5.29}$$

また，円筒に生じる熱応力は，

$$\sigma_2 = \frac{R_2}{A_2} = -\frac{A_1 E_1 E_2}{A_1 E_1 + A_2 E_2} (\alpha_2 - \alpha_1)(T - T_0) \tag{5.30}$$

演習問題 5-5

図 5-21 に示すように縦弾性係数が等しくE，長さがlで直径の異なる弾性ワイヤを剛体天井にピン締結してぶら下げた．この弾性ワイヤのもう一方の先端に剛体ブロックが水平となるようにピン締結し，図に示す位置に鉛直下向き方向に集中荷重Pを作用させた．この剛体ブロックが水平を保つよう集中荷重を作用させるための距離の比率$a : b$を求めよ．ただし，左側のワイヤの直径をd_1，右側のそれをd_2とする．

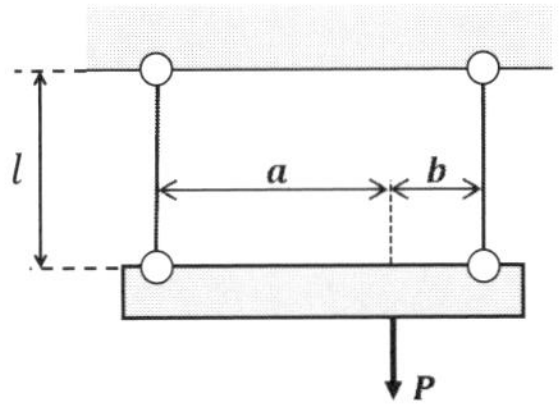

図5-21　弾性ワイヤにより吊り下げられた剛体ブロック

解答

ステップ 1　問題を解くための準備をする

図5-22に示すように弾性ワイヤと剛体ブロックを分離した自由体図を作図する．座標軸は，鉛直下向きにy軸をおく．そして，図5-23に示すように弾性ワイヤの両端と剛体ブロックに反力と集中荷重を記入する．

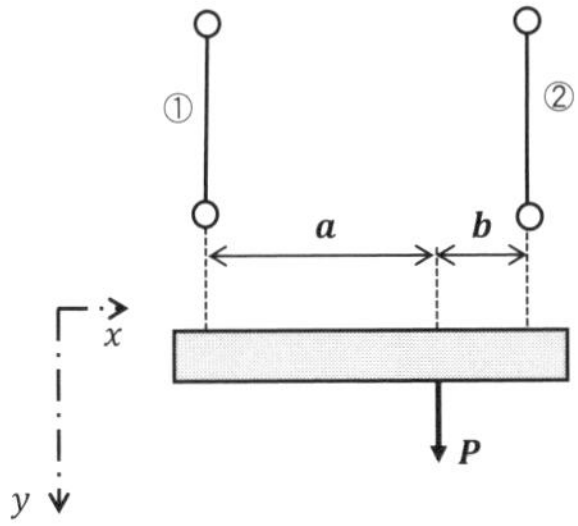

図5-22　自由体図

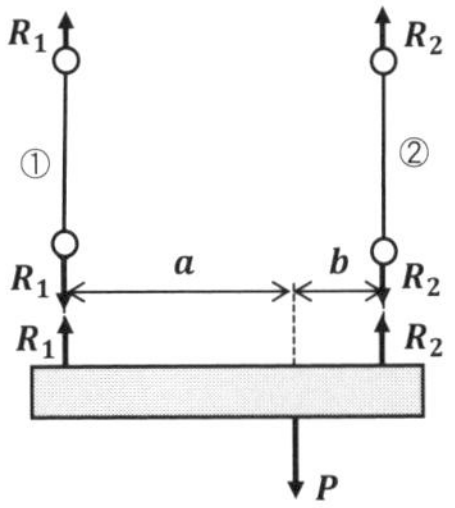

図5-23　反力と集中荷重

剛体ブロックに対する力のつり合いの式とモーメントのつり合いの式は以下のようになる．

$$\downarrow \sum Y : P - R_1 - R_2 = 0 \tag{5.31}$$

$$\circlearrowright \sum M : -R_2 (a + b) + Pa = 0 \tag{5.32}$$

モーメントのつり合いの式において，回転中心は弾性ワイヤが剛体ブロックにピン締結されている位置のうちいずれにとってもよいが，ここでは左側のワイヤのピン締結部を回転中心とした．

式(5.31)と式(5.32)を反力について解くと，

$$R_1 = \frac{b}{a + b}P,\ R_2 = \frac{a}{a + b}P \tag{5.33}$$

ステップ 3　垂直応力を求める

弾性ワイヤに生じる垂直応力は，

$$\sigma_1 = \frac{b}{a+b}\left(\frac{P}{A_1}\right),\ \sigma_2 = \frac{a}{a+b}\left(\frac{P}{A_2}\right) \tag{5.34}$$

ここで，$A_1 = \frac{\pi}{4}d_1^2$，$A_2 = \frac{\pi}{4}d_2^2$である．

ステップ 5　伸びを求める

式 (5.33) の反力から弾性ワイヤに生じる伸びは，

$$\lambda_1 = \frac{R_1 l}{A_1 E} = \frac{bl}{(a+b)E}\left(\frac{P}{A_1}\right),\ \lambda_2 = \frac{R_2 l}{A_2 E} = \frac{al}{(a+b)E}\left(\frac{P}{A_2}\right) \tag{5.35}$$

ステップ 6　不静定条件から伸びを求める

不静定条件について考える．この問題では，

$$\lambda_1 = \lambda_2 \tag{5.36}$$

式 (5.36) に伸び式 (5.35) を代入すると，

$$\left(\frac{b}{A_1}\right) = \left(\frac{a}{A_2}\right) \tag{5.37}$$

よって比率$a:b$は，

$$a : b = d_2^2 : d_1^2 \tag{5.38}$$

演習問題 5-6

図 5-24 に示すように剛体壁に長さl_1の弾性棒 AC と長さlの弾性棒 BC がピン締結されている．そして，これらの棒が点 C で相互にピン締結されており，この点に鉛直下向き方向に集中荷重Pが作用したとき，点 C での水平方向の変位λ_Hと鉛直方向の変位λ_Vをそれぞれ求めよ．ただし，ふたつの棒の縦弾性係数と断面積は等しくEとAとする．

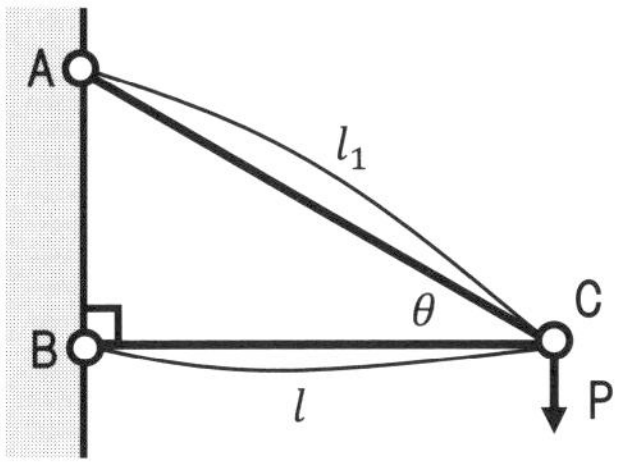

図 5-24　先端に集中荷重を受けるトラス

解答

ステップ 1　問題を解くための準備をする

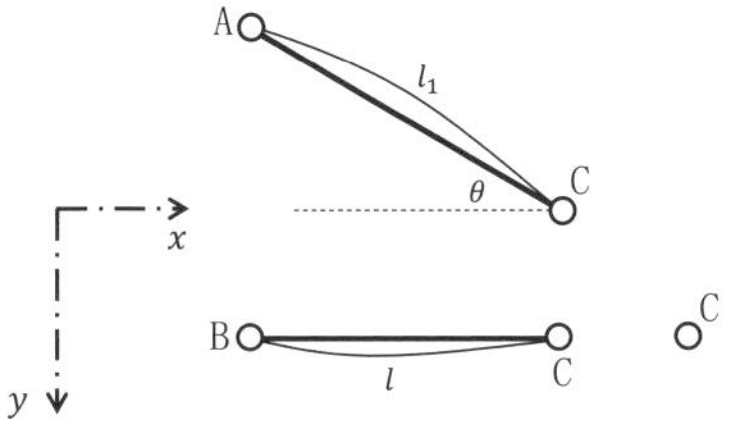

図 5-25　自由体図

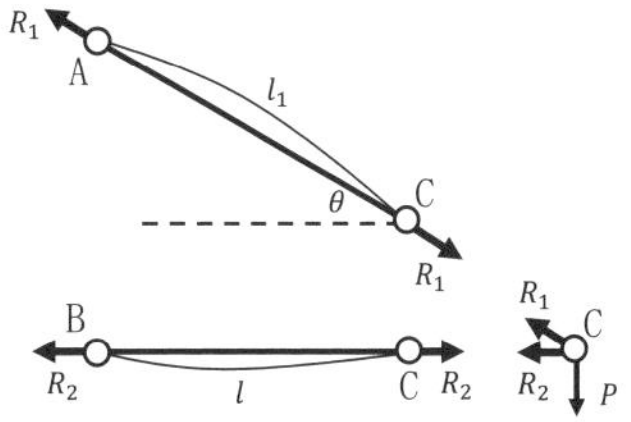

図 5-26　反力と集中荷重

図 5-25 に示すような自由体図を作図する．右向き水平方向にx軸を，鉛直下向きにy軸をおく．つぎに図 5-26 に示すように集中荷重ならびに正の方向の反力を記入する．

点 C での力のつり合いの式は，

$$\rightarrow \sum X : -R_1 \cos\theta - R_2 = 0 \tag{5.39}$$

$$\downarrow \sum Y : P - R_1 \sin\theta = 0 \tag{5.40}$$

式 (5.39) と式 (5.40) を連立し，これを解くと反力は，

$$R_1 = \frac{P}{\sin\theta},\ R_2 = -\frac{P}{\tan\theta} \tag{5.41}$$

ステップ 5　伸びを求める

反力R_1とR_2からそれぞれの棒に生じる伸びλ_1とλ_2を求める．

$$\lambda_1 = \frac{R_1 l_1}{AE} = \frac{P l_1}{AE \sin\theta} \tag{5.42}$$

$$\lambda_2 = \frac{R_2 l}{AE} = -\frac{Pl}{AE\tan\theta} \tag{5.43}$$

ステップ 6　不静定条件から伸びを求める

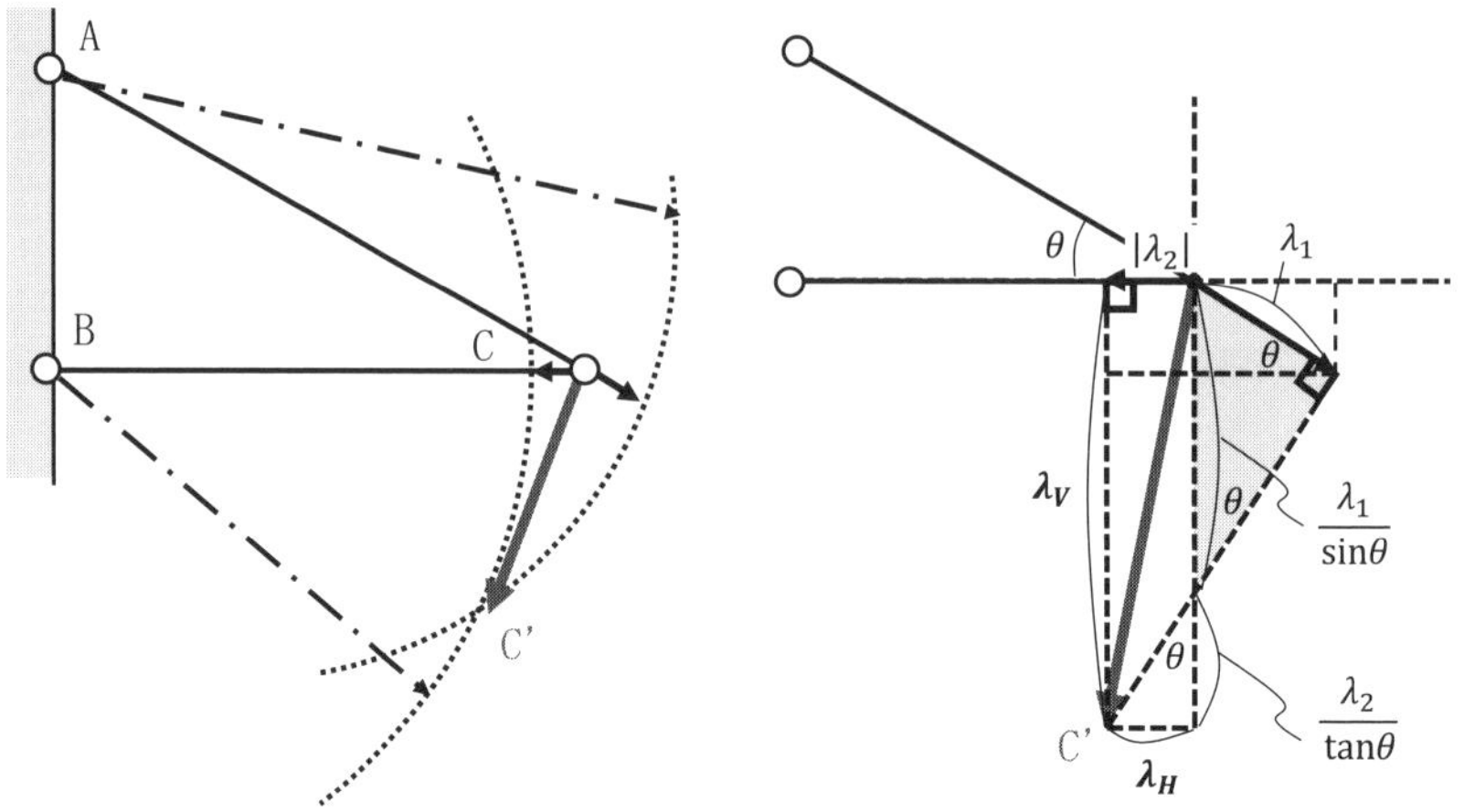

図5-27　不静定条件

不静定条件について考える．このため，点Cでピンを外す．つぎにそれぞれの弾性棒の元長さに先に求めた伸びを加えた弾性棒の全長を図5-27に示すように作図する．そして，点Aと点Bを中心にそれぞれの弾性棒の先端部を回転させ，先端部の軌跡を作図する．図には軌跡が破線で示されている．ふたつの軌跡の交点C'が点Cの最終的に変位した位置となる．ただし，変位は小さいことを考慮して，近似により右図のように円弧の接線の交点を変位した位置とみなす．すると，直角三角形の辺の長さから，

$$\lambda_H = \lambda_2 = -\frac{Pl}{AE\tan\theta} \tag{5.44}$$

$$\lambda_V = \frac{\lambda_1}{\sin\theta} + \frac{|\lambda_2|}{\tan\theta} = \frac{P}{AE}\left(\frac{l_1}{\sin^2\theta} + \frac{l}{\tan^2\theta}\right) \tag{5.45}$$

となる．以上により，点Cの変位は，

$$\lambda_H = -\frac{Pl}{AE\tan\theta}, \lambda_V = \frac{P}{AE}\left(\frac{l_1}{\sin^2\theta} + \frac{l}{\tan^2\theta}\right) \tag{5.46}$$

演習問題 5-7

図 5-28 に示すように長さ$2l$の剛体レバー AB の一端点 A を剛体壁にピン締結し，他端点 B および中央点 C を同一材料，同一太さの 2 本の弾性ワイヤ BD，CD で壁面の点 D にピン締結し，剛体レバーを水平に保った．この剛体レバーの先端点 B に鉛直下向きに集中荷重Pを作用させたとき，弾性ワイヤ BD と CD に生じる内力をそれぞれ求めよ．ただし，ワイヤ BD の長さをl_1，ワイヤ CD の長さをl_2とする．

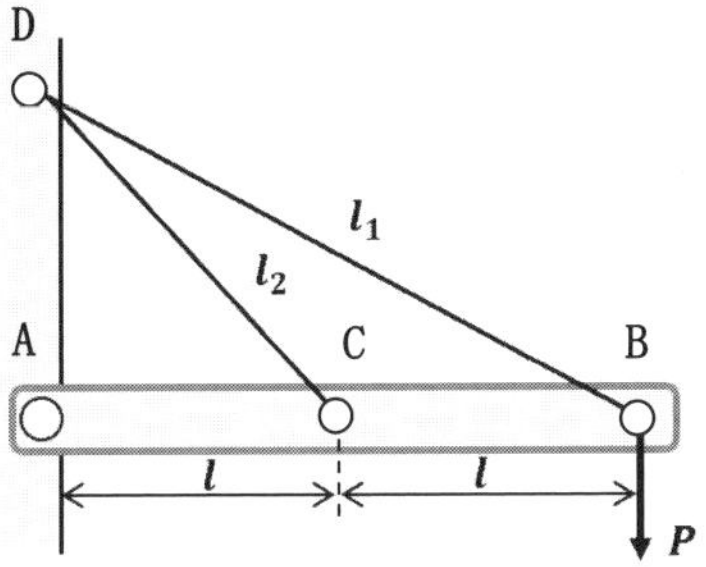

図 5-28　弾性ワイヤにより吊り下げられた剛体レバー

解答

ステップ 1　問題を解くための準備をする

図 5-29 に示すような弾性ワイヤと剛体レバーを分離した自由体図を作図する．右向き水平方向にx軸，鉛直下向きにy軸をおく．そして，図 5-30 に示すように弾性ワイヤの両端と剛体レバーに正の方向の反力と集中荷重を記入する．

剛体レバーに対するモーメントのつり合いの式は以下のようになる．ここでは，点 A を回転中心にとった．

$$\circlearrowright \sum M : -R_2 \sin\theta_2 \times l - R_1 \sin\theta_1 \times 2l + P \times 2l = 0 \qquad (5.47)$$

よって，

$$R_2 \sin\theta_2 + 2R_1 \sin\theta_1 - 2P = 0 \qquad (5.48)$$

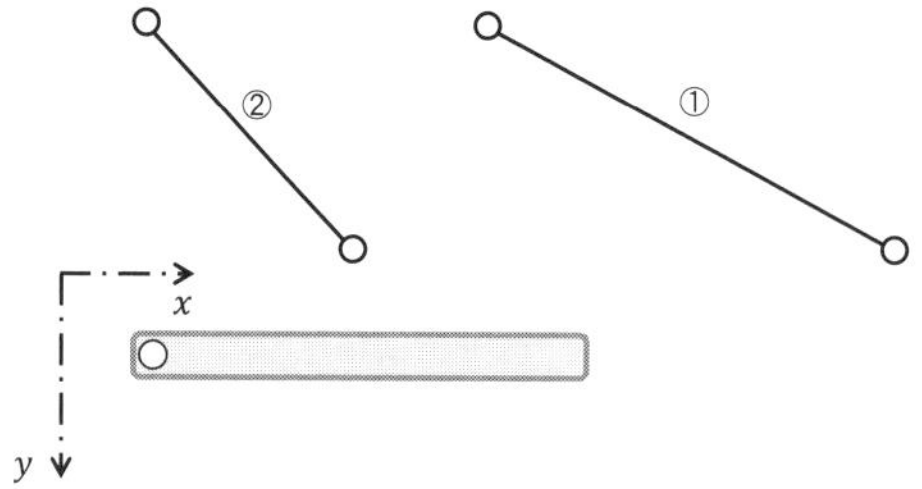

図5-29　自由体図

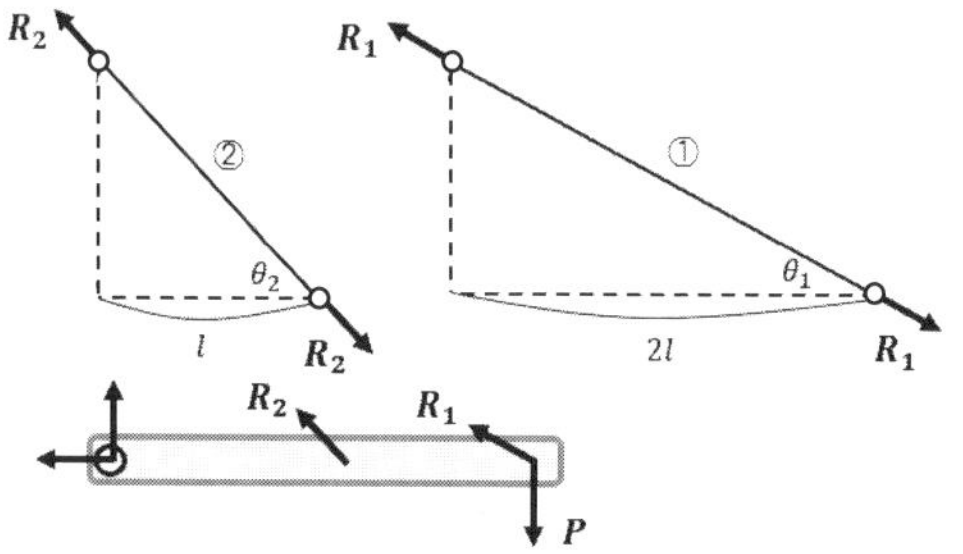

図5-30　反力と集中荷重

ステップ 5　伸びを求める

反力により弾性ワイヤに生じる伸びを求める.

$$\lambda_1 = \frac{R_1 l_1}{AE}, \quad \lambda_2 = \frac{R_2 l_2}{AE} \tag{5.49}$$

ステップ 6　不静定条件から伸びを求める

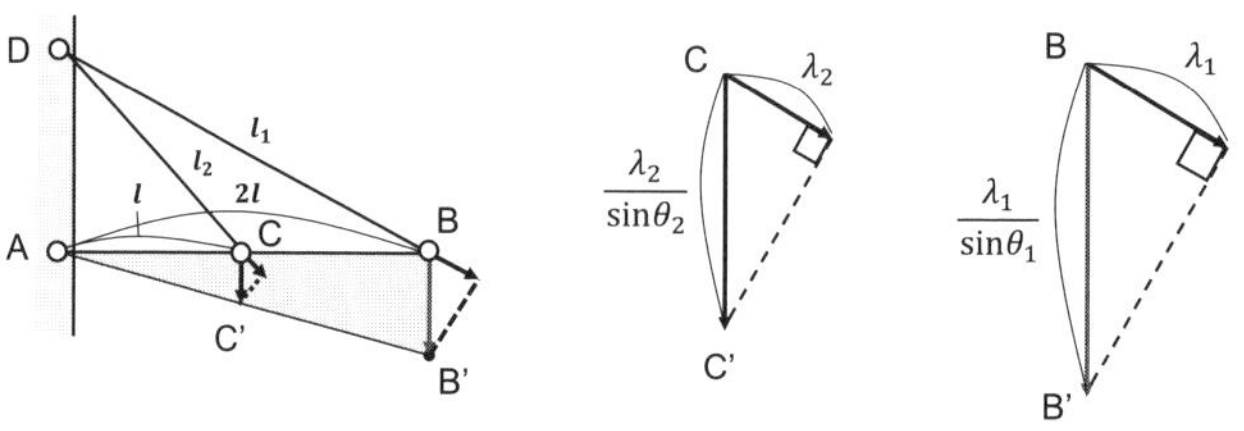

図5-31　不静定条件

不静定条件について考えるため，ふたたび剛体壁に取り付けられた２本のワイヤについて考える．剛体レバーから弾性ワイヤのピンを外し，弾性ワイヤの元長さに伸び

式 (5.49) を加えた弾性ワイヤの全長を図 5-31 のように作図する．点 A と点 D を中心に回転させたワイヤ先端の軌跡の接線と，点 A を中心に回転した剛体レバーとの交点 B' と C' が点 B と点 C の変位した位置となる．剛体レバーの回転角が小さいものと仮定すれば，図における直角三角形の相似を考えてよく，

$$l : 2l = \frac{\lambda_2}{\sin\theta_2} : \frac{\lambda_1}{\sin\theta_1} \tag{5.50}$$

先に求めた伸び式 (5.49) を代入し，整理すると，

$$\frac{2R_2 l_2}{\sin\theta_2} = \frac{R_1 l_1}{\sin\theta_1} \tag{5.51}$$

ここで，三角形 ABD と三角形 ACD についてつぎの関係式

$$\sin\theta_1 = \frac{\sqrt{l_2^2 - l^2}}{l_1},\ \sin\theta_2 = \frac{\sqrt{l_2^2 - l^2}}{l_2} \tag{5.52}$$

を式 (5.51) に代入して，

$$R_2 = \frac{1}{2}\left(\frac{l_1}{l_2}\right)^2 R_1 \tag{5.53}$$

式 (5.48) と式 (5.53) から弾性ワイヤ BD と CD に生じる反力は，

$$R_1 = \frac{4l_1 l_2^3}{\left(l_1^3 + 4l_2^3\right)\sqrt{l_2^2 - l^2}}P,\ R_2 = \frac{2l_1^3 l_2}{\left(l_1^3 + 4l_2^3\right)\sqrt{l_2^2 - l^2}}P \tag{5.54}$$

演習問題 5-8

図 5-32 に示すような正方形トラス構造について考える．この構造物において AA 間および BB 間での変位 λ_{AA}，λ_{BB} をそれぞれ求めよ．なお，断面積，弾性係数，各棒の長さは図に示す通りである．

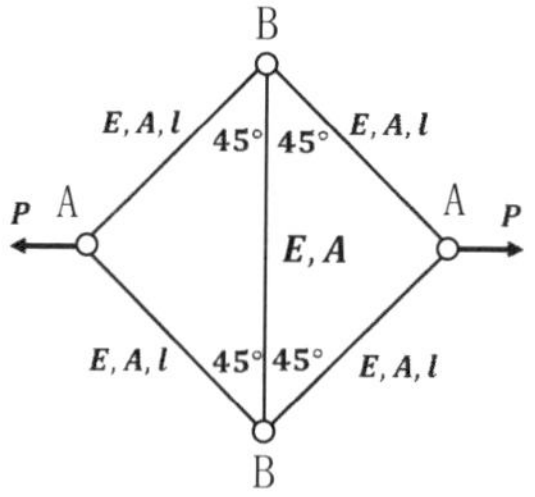

図5-32　弾性棒により組まれたトラス構造物

解答

ステップ 1　問題を解くための準備をする

図 5-33 に示すような自由体図を作図する．なお，トラスの形状と集中荷重が左右対称であることから右側のみ作図する．右向き水平方向にx軸，鉛直下向きにy軸をおく．さらに，図 5-34 に示すように正の方向の反力と集中荷重を記入する．なお，BB 間の反力は，左右対称であることを考慮して$R_1/2$としている点に注意してほしい．

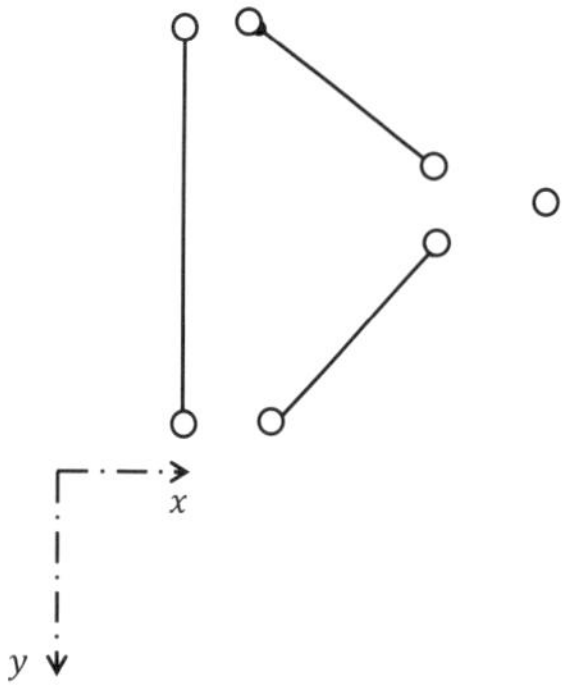

図5-33　自由体図

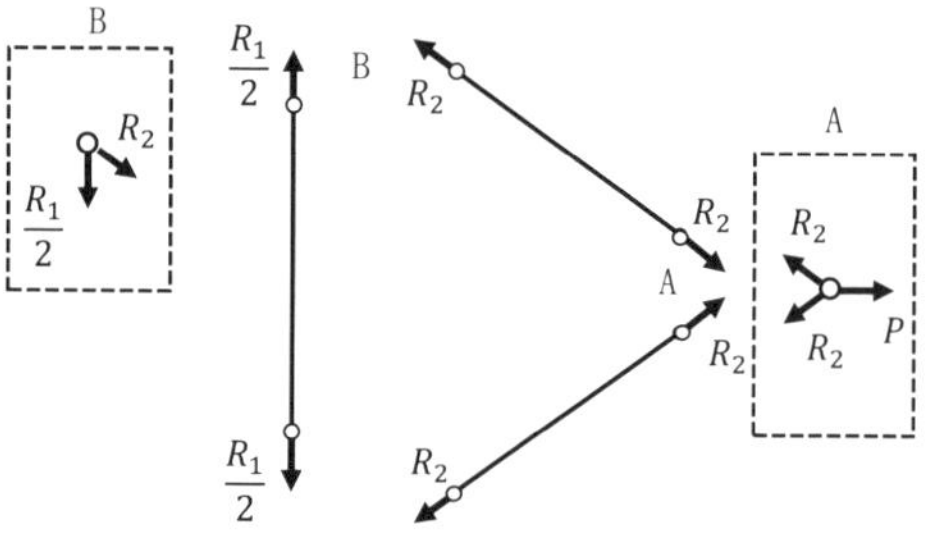

図5-34　反力と集中荷重

点 A での結合ピンの力のつり合いの式は，

$$\rightarrow \sum X : P - 2R_2 \cos 45^\circ = 0 \tag{5.55}$$

上側の点 B での結合ピンの力のつり合いの式は，

$$\downarrow \sum Y : R_2 \cos 45^\circ + \frac{R_1}{2} = 0 \tag{5.56}$$

式 (5.55) と式 (5.56) を連立して，反力は，

$$R_1 = -P,\ R_2 = \frac{P}{\sqrt{2}} \tag{5.57}$$

ステップ 5　伸びを求める

反力R_1とR_2により棒に生じる伸びλ_1とλ_2を求める．

$$\lambda_1 = \frac{R_1\sqrt{2}l}{AE} = -\frac{\sqrt{2}Pl}{AE} \tag{5.58}$$

$$\lambda_2 = \frac{R_2 l}{AE} = \frac{Pl}{\sqrt{2}AE} \tag{5.59}$$

ステップ 6　不静定条件から伸びを求める

不静定条件について考える．このため，図 5-35 の左図にある AB に注目する．図 5-32 において BB は軸に沿って縮むことから，AB は鉛直下向きに一様に変位すると考えてよい．BB の縮む量はλ_1であるから，点 B の鉛直下向き変位は$\lambda_1/2$である．つぎに変位後の点 B を点 B' とおくと，点 A も点 A' のように変位する．つぎに一様変位後の A'B' は内力R_2を受けることで軸に沿ってλ_2だけ伸びる．この結果，点 A' は点 C まで変位する．この様子を作図すると図 5-35 の右図のようになる．点 B' を中心に B'C の円弧を描き，その接線と図中の破線で示される水平線との交点が，図 5-32 の下側の AB での点 A の結合ピンとの結合点となる．なお，変位が小さいものと仮定すれば，点 A は点 C' へ変位したとみなせる．

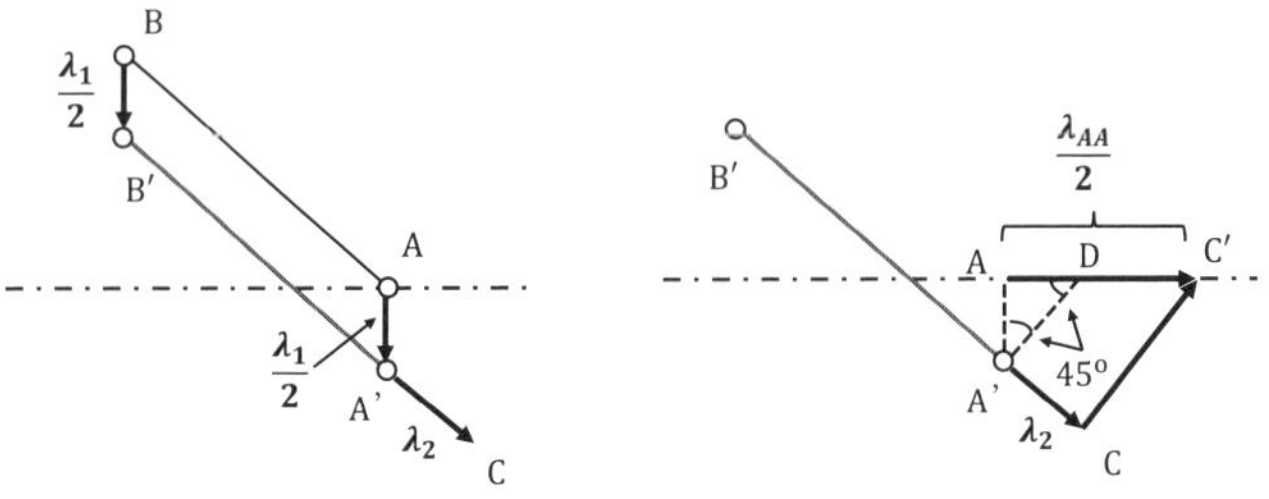

図 5-35　不静定条件

図 5-32 における BB 間での変位λ_{BB}は，

$$\lambda_{BB} = 2 \times \frac{\lambda_1}{2} = \lambda_1 = -\frac{\sqrt{2}Pl}{AE} \tag{5.60}$$

つぎに AA 間での変位λ_{AA}は，図 5-35 において AD と DC' の和の 2 倍に等しい．AD

はAA'Dが二等辺三角形であるから$|\lambda_1|/2$である．なお，λ_1が負値のため絶対値$|\lambda_1|$としている．台形A'CC'Dにおいて角A'CC'が直角，角CC'Dが45°であるから，DC'は$\sqrt{2}\lambda_2$である．よって，

$$\frac{\lambda_{AA}}{2} = \frac{|\lambda_1|}{2} + \sqrt{2}\lambda_2 \tag{5.61}$$

これは，

$$\lambda_{AA} = \frac{\left(\sqrt{2}+2\right)Pl}{AE} \tag{5.62}$$

となる．以上により，求めたい変位は，

$$\lambda_{AA} = \frac{\left(\sqrt{2}+2\right)Pl}{AE}\ ,\ \lambda_{BB} = -\frac{\sqrt{2}Pl}{AE} \tag{5.63}$$

演習問題5-9

図5-36に示すように断面積A，縦弾性係数E，熱膨張係数αが等しい三本の弾性棒が図のように連結されている．荷重が作用せず，基準温度T_0から一様にTだけ全体が加熱されたときに各棒に生じる熱応力を求めよ．

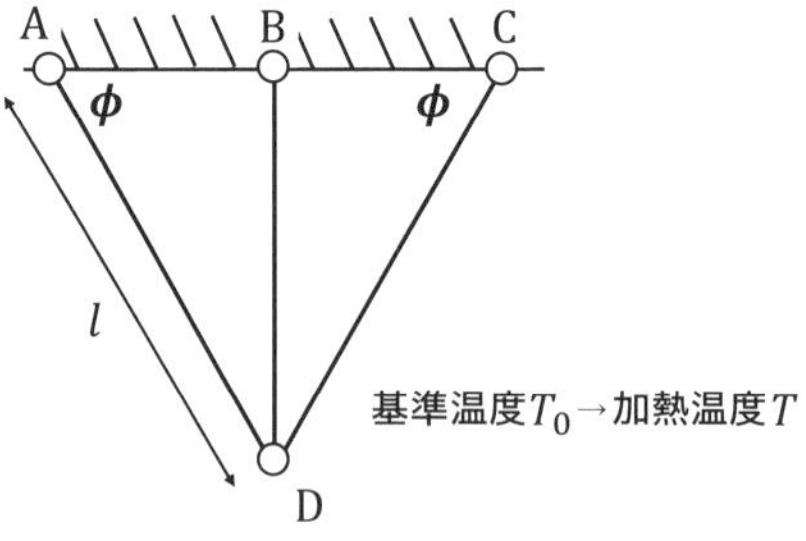

図5-36　トラスの熱膨張

解答

ステップ1　問題を解くための準備をする

図5-37に示すように自由体図を作図する．右向き水平方向にx軸，鉛直下向きにy軸をおく．さらに，図5-38に示すように反力を正の方向に記入する．ピン締結点D

での力のつり合いの式は,

$$\rightarrow \sum X : R_2 \cos\phi - R_1 \cos\phi = 0 \tag{5.64}$$

$$\downarrow \sum Y : -R_3 - R_2 \sin\phi - R_1 \sin\phi = 0 \tag{5.65}$$

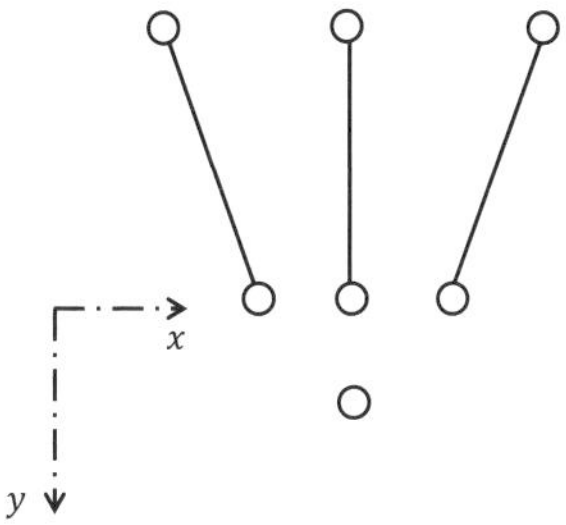

図5-37　自由体図

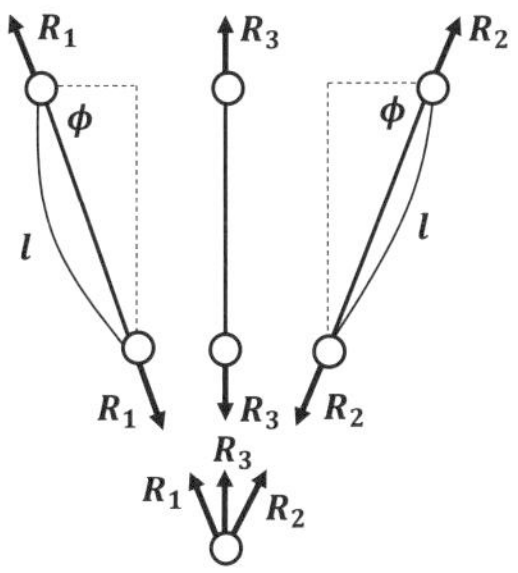

図5-38　反力

式 (5.64) と式 (5.65) を連立し，これを解くと反力は,

$$R_1 = R_2 \equiv R,\ R_3 = -2R\sin\phi \tag{5.66}$$

ステップ5　伸びを求める

反力R_1, R_2, R_3により棒に生じた伸び$\lambda_1, \lambda_2, \lambda_3$を求める.

$$\lambda_1 = \lambda_2 = \frac{Rl}{AE},\ \lambda_3 = \frac{R_3 l \sin\phi}{AE} \tag{5.67}$$

ステップ6　不静定条件から伸びを求める

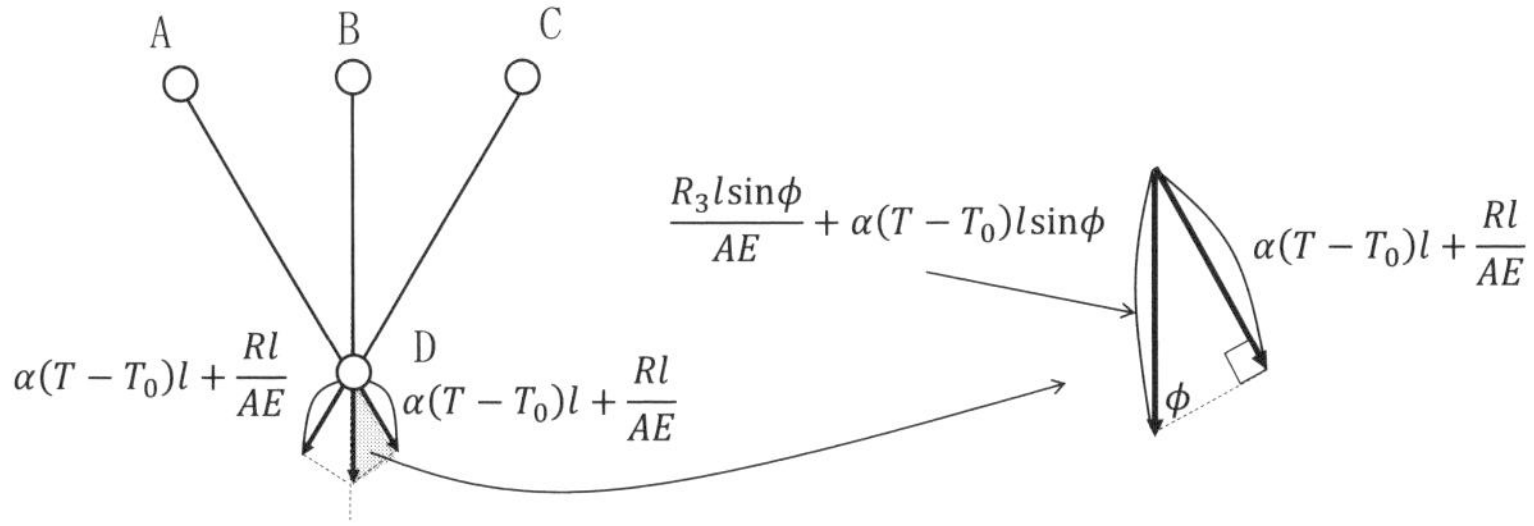

図5-39　不静定条件

不静定条件について考える．ここでの伸びは，熱伸びと反力による伸びの和である．このことを考慮して，結合ピンを外して棒を自由に膨張させる．その後，点Aと点Cを中心にその先端の円弧を描き，それらの交点を求める（図5-39）．よって，この交点が変位の位置となる．ただし，変位は小さいことから，近似により図のような直角三角形を考えて変位を求める．図より，

$$\left[\frac{R_3 l \sin\phi}{AE} + \alpha\,(T - T_0)\,l \sin\phi\right]\sin\phi = \frac{Rl}{AE} + \alpha\,(T - T_0)\,l \tag{5.68}$$

となる．式(5.68)に式(5.66)を代入して，反力は，

$$R = -EA\alpha\,(T - T_0)\,\frac{\cos^2\phi}{2\sin^3\phi + 1} \tag{5.69}$$

よって，式(5.69)から熱応力はつぎのようになる．

$$\sigma_1 = \sigma_2 = \frac{R}{A} = -E\alpha\,(T - T_0)\,\frac{\cos^2\phi}{2\sin^3\phi + 1} \tag{5.70}$$

$$\sigma_3 = \frac{-2R\sin\phi}{A} = 2E\alpha\,(T - T_0)\,\frac{\sin\phi\cos^2\phi}{2\sin^3\phi + 1} \tag{5.71}$$

Column 構造物を支えるラーメン構造とトラス構造

古代ローマ人は，ラーメン構造やトラス構造を屋根や橋に利用していた．三角形の枠を利用して屋根や橋を組むとたわみにくくなることを経験的に知っていたのかもしれない．ルネッサンス時代の建築家もこれらの構造を利用して巨大建設物を建設したことが記録されている．それらは木造であったが，19世紀になると鉄鋼の生産が可能となり，橋梁も多数作られるようになった．1889年に開催されたパリ万博ではエッフェル塔が建設されたが，これもラーメン構造とトラス構造をうまく利用した構造物の一例である．日本では1300年前に法隆寺に五重塔が建てられたが，これも同構造を巧みに利用した例である．話を近代に移してみても，東京ドーム，名古屋ドームの天井，東京スカイツリーや宇宙ステーションにもトラス構造が利用されている．身近な例では，送電線の鉄塔を見てほしい．私たちの暮らしは，どうやらラーメン構造やトラス構造に支えられているらしい．

Chapter 6

はりのせん断力線図・曲げモーメント線図

本章での学び

本章では，横荷重を受けてたわむはりの問題について考えていく．そのために，はじめに力のつり合いの式，モーメントのつり合いの式からはりに生じる内力（せん断力と呼ばれる）とモーメント（曲げモーメントと呼ばれる）を求める方法について学習していく．ただし，本章でのステップ解法はすでに第1章で学習済みである．

6-1 約束事

これまでのところ，荷重が作用している部品を単に棒と呼んできた．しかし，材料力学では，荷重が作用する方向に応じて部品の呼ばれ方がつぎのように区別される．荷重が軸線に沿って作用している部品のことを棒（Bar）という．また，荷重が軸線に対して垂直に作用している部品のことをはり（Beam）という．

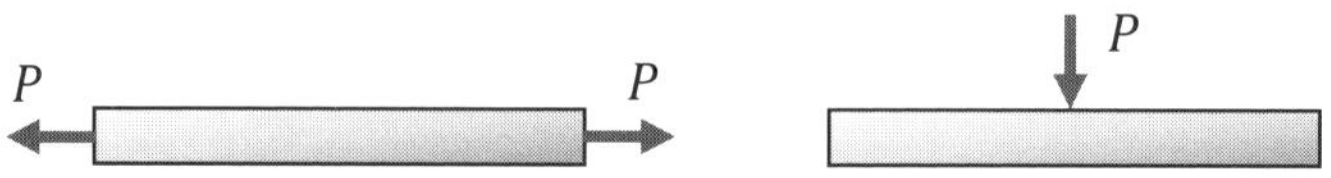

棒　　はり

以下に，はりの問題を解くために必要な約束事を説明する．

1 力のつり合いの式の正方向： 座標軸の正の方向を力のつり合いの式の正方向とする．

2 モーメントのつり合いの式の正の方向： 時計回りの方向をモーメントのつり合いの式の正方向とする．

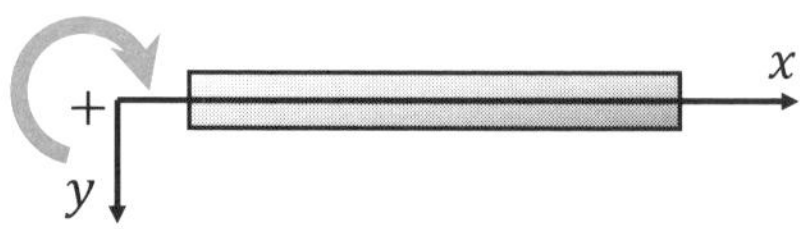

モーメントのつり合いの式における正方向

3 仮想切断面に生じるモーメント（曲げモーメント（Bending moment）と呼ばれる）の正の方向： はりを鉛直下向きにたわませるような曲げモーメントの方向を正とする．

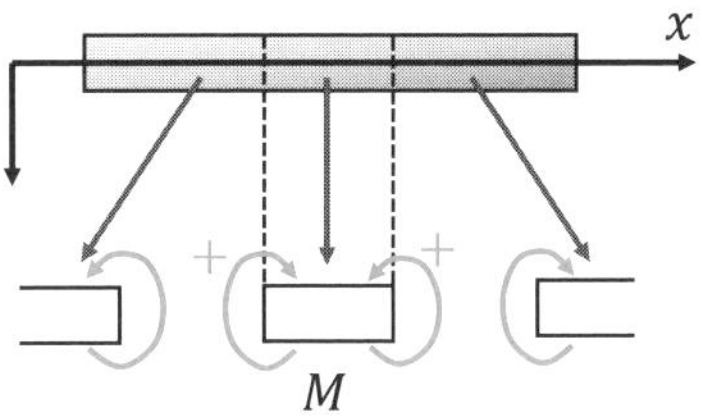

曲げモーメントの正の方向

4 仮想切断面に生じるせん断力（Shear force）の正の方向：仮想切断面の右側においてy軸の正方向をせん断力の正方向とする．

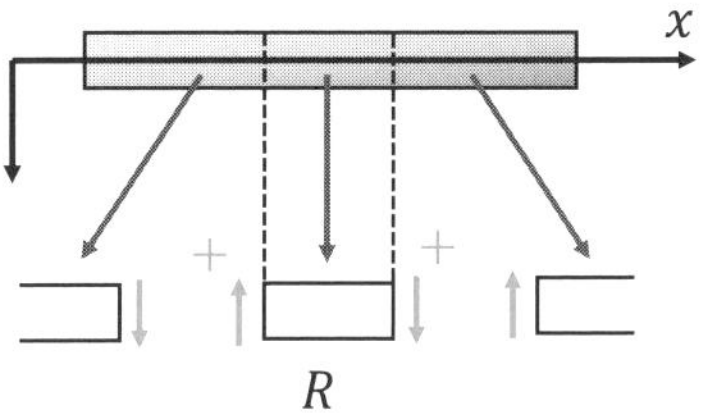

せん断力の正方向

図 6-1 に示すような剛体壁に固定されたはりを片持ちはり（Cantilever beam）という．両端が支持されたはりを両端支持はり（Supported beam）という．

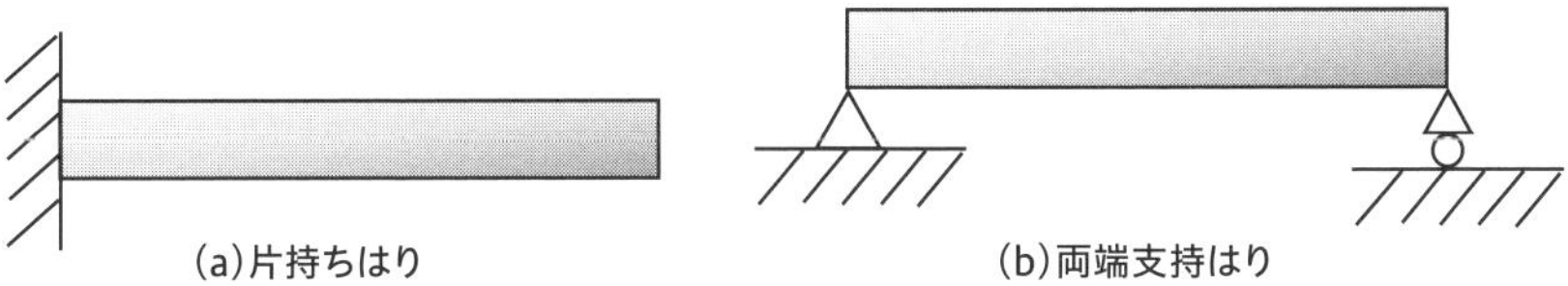

(a)片持ちはり　　(b)両端支持はり

図6-1　はりの支持方法とその呼称

6-2 せん断力線図と曲げモーメント線図

以下にはりのせん断力線図と曲げモーメント線図を作図するためのステップ解法について説明する．このステップは，第３章で示した棒の静定問題のステップ解法において，ステップ２の「仮想切断面により棒の内力の分布を求める」を「仮想切断面によりはりのせん断力線図と曲げモーメント線図を求める」におきかえればよい．

はりのせん断力線図・曲げモーメント線図のステップ解法

ステップ 1　**問題を解くための準備をする**

支持からはりを切り離した自由体図を作図する．座標軸を左端に原点をとって，はりに沿って右向きにx軸，これと鉛直下向きにy軸をおく．

↓

ステップ 2　**仮想切断面によりせん断力と曲げモーメントを求める**

はりの任意の位置に仮想切断面をおく．この仮想切断面に対する自由体図を作図する．仮想切断面に正の方向のせん断力と曲げモーメントを記入する．せん断力線図，曲げモーメント線図を作図する．

演習問題6-1

図6-2に示すような先端に集中荷重Pを受ける片持ちはりに対するせん断力線図，曲げモーメント線図を作図しなさい．

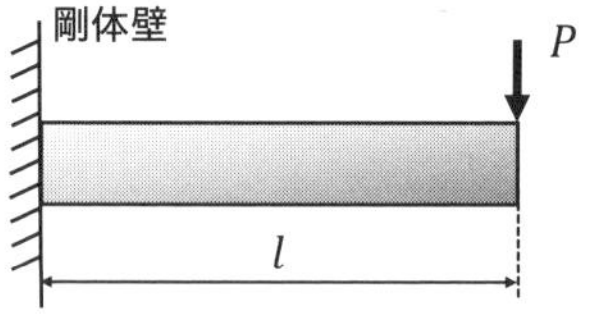

図6-2　先端に集中荷重を受ける片持ちはり

解答

ステップ 1　**問題を解くための準備をする**

固定端からはりを切り離した自由体図を作図する．座標軸を左端に原点をとって，はりに沿って右向きにx軸，これと鉛直下向きにy軸をおく．

ステップ 2　**仮想切断面によりせん断力と曲げモーメントを求める**

図6-3に示すようにはりの任意の位置に仮想切断面をおく．この仮想切断面の右側のはりの自由体図を作図する．仮想切断面の右側のはりに注目する理由は，集中荷重が作用しているからである．そして，図6-4のように仮想切断面に正の方向のせん断力と曲げモーメントを記入する．

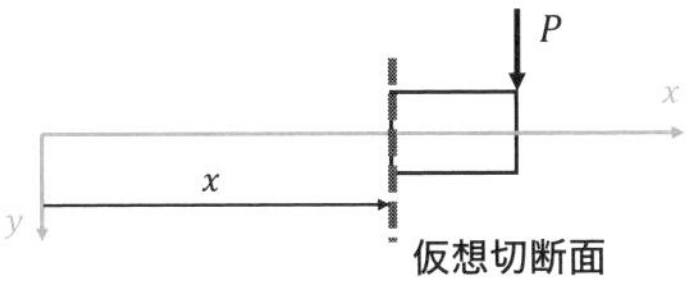

図6-3　仮想切断面

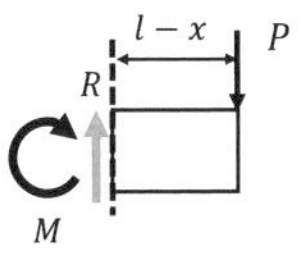

図6-4　せん断力と曲げモーメント

力のつり合いの式，モーメントのつり合いの式は，

$$\downarrow \sum Y : -R + P = 0 \tag{6.1}$$

$$\circlearrowright \sum M : +M + P(l - x) = 0 \tag{6.2}$$

のようになる．よって，

$$R = P,\ M = -P(l - x) \tag{6.3}$$

せん断力線図（棒の問題における内力の分布図に相当している，Shear Force Diagram: S.F.D.），曲げモーメント線図（棒の問題におけるモーメントの分布図に相当している，Bending Moment Diagram: B.M.D.）を作図すると図6-5，図6-6のようになる．

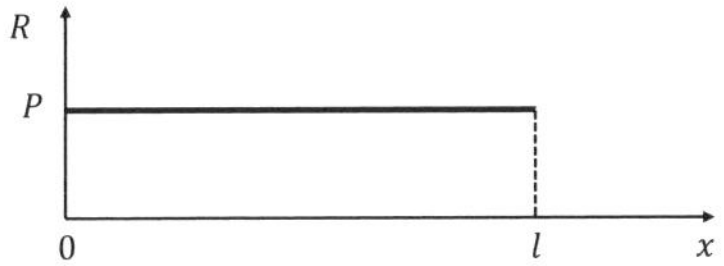

図6-5　せん断力線図（S.F.D.）

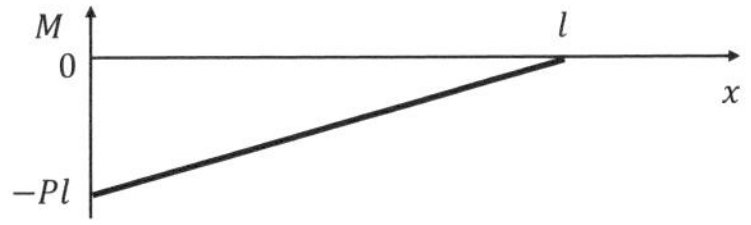

図6-6　曲げモーメント線図（B.M.D.）

演習問題6-2

図6-7に示すような集中荷重を受ける両端支持はりのせん断力線図，曲げモーメント線図を作図しなさい．

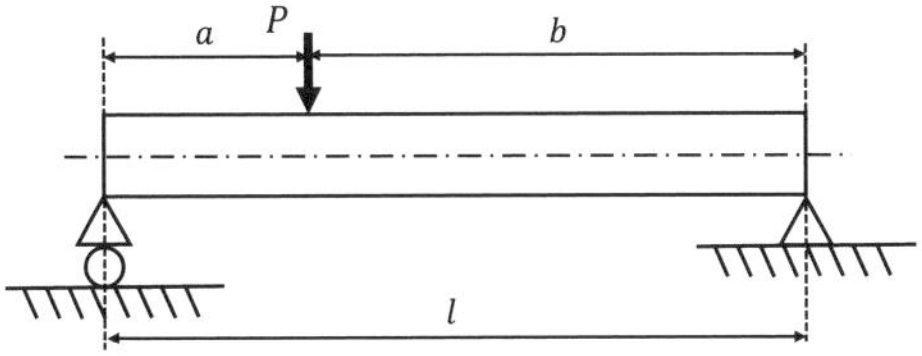

図6-7　集中荷重を受ける両端支持はり

解答

ステップ 1　問題を解くための準備をする

移動支持と回転支持を外した自由体図を作図する．そして，座標軸をおく．さらに集中荷重（P）と反力（R_A，R_B）を記入する．

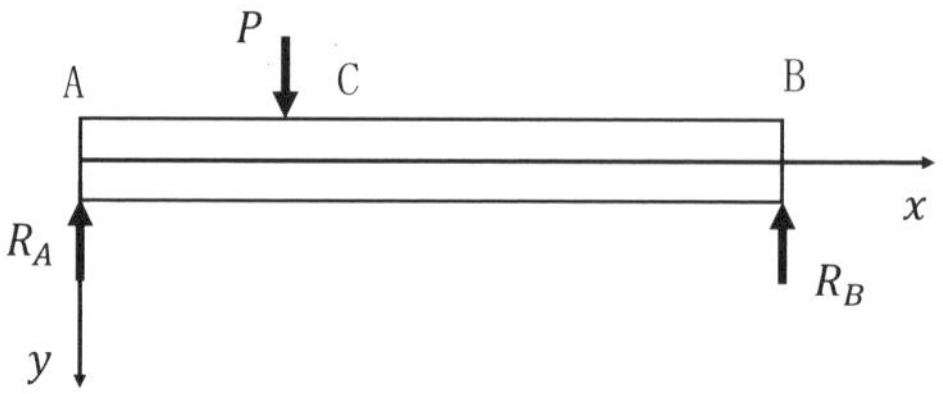

図6-8　両端支持はりの自由体図

力のつり合いの式，モーメントのつり合いの式から点 A と B での反力R_AとR_Bを求める．ここでモーメントの回転中心を点 A においた．

$$\downarrow \sum Y : P - R_A - R_B = 0 \tag{6.4}$$

$$\circlearrowright \sum M : -R_B l + Pa = 0 \tag{6.5}$$

これにより点 A と B での反力は，

$$R_A = \left(\frac{b}{l}\right) P,\ R_B = \left(\frac{a}{l}\right) P \tag{6.6}$$

ステップ 2　仮想切断面によりせん断力と曲げモーメントを求める

本問題では集中荷重を境に図 6-9 のようにふたつの仮想切断面①と②をおく．つぎに仮想切断面の右側の自由体図を作図する．仮想切断面には正の方向のせん断力と曲げモーメントを記入する．

力のつり合いの式，モーメントのつり合いの式をたてる．

① $0 \leq x < a$:

$$\downarrow \sum Y : -R + P - R_B = 0 \tag{6.7}$$

$$\circlearrowright \sum M : +M + P(a - x) - R_B (l - x) = 0 \tag{6.8}$$

② $a < x \leq l$:

$$\downarrow \sum Y : -R - R_B = 0 \tag{6.9}$$

$$\circlearrowright \sum M : +M - R_B\,(l - x) = 0 \tag{6.10}$$

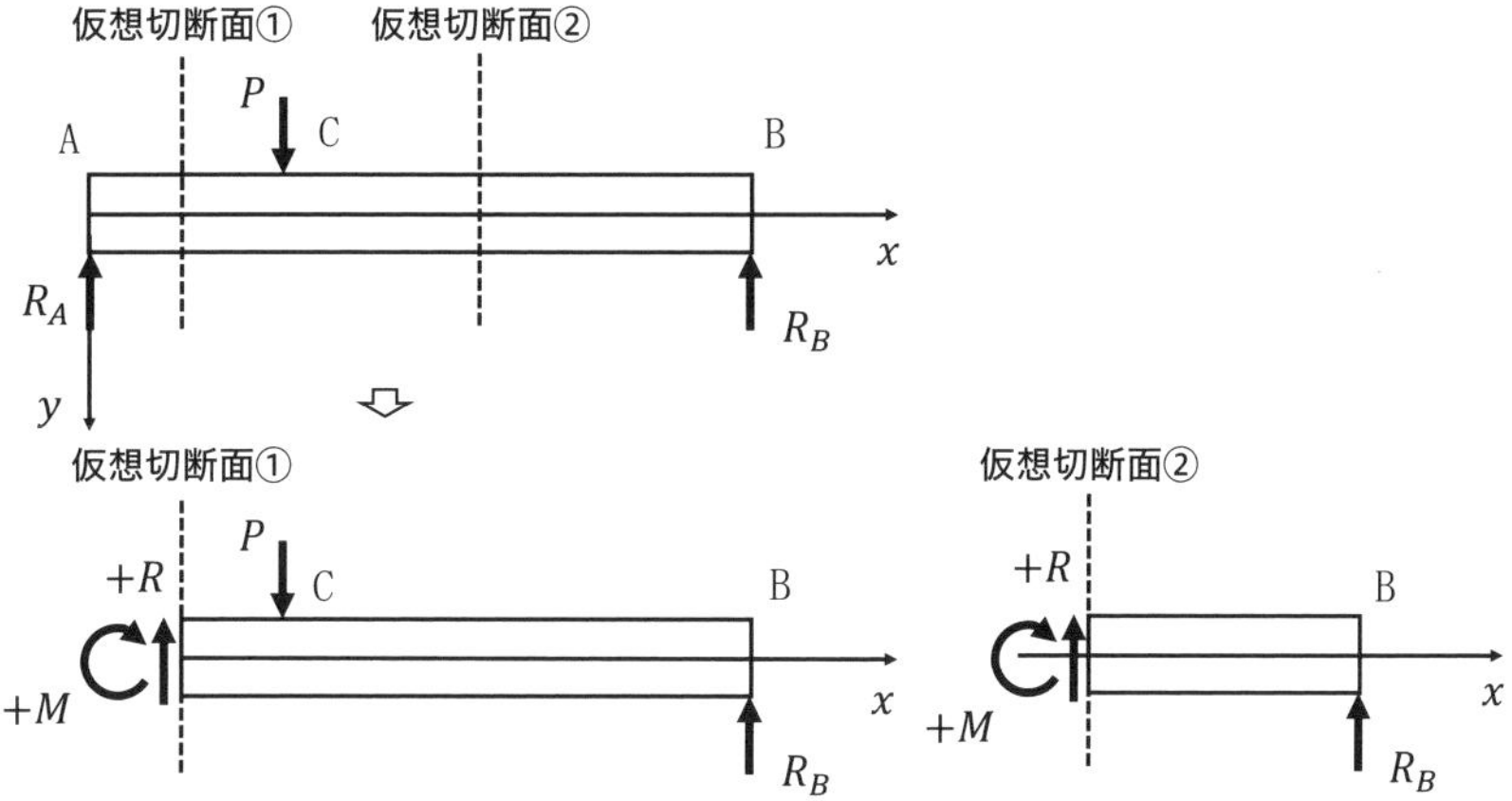

図6-9　ふたつの位置におかれた仮想切断面とせん断力・曲げモーメント

これにより仮想切断面でのせん断力と曲げモーメントは,

$$① \ 0 \le x < a : \qquad R = \left(\frac{b}{l}\right) P,\ \ M = \left(\frac{b}{l}\right) Px \tag{6.11}$$

$$② \ a < x \le l : \qquad R = -\left(\frac{a}{l}\right) P,\ \ M = \left(\frac{a}{l}\right) P\,(l - x) \tag{6.12}$$

式 (6.11) と (6.12) によりせん断力線図，曲げモーメント線図を作図すると図 6-10，図 6-11 のようになる．

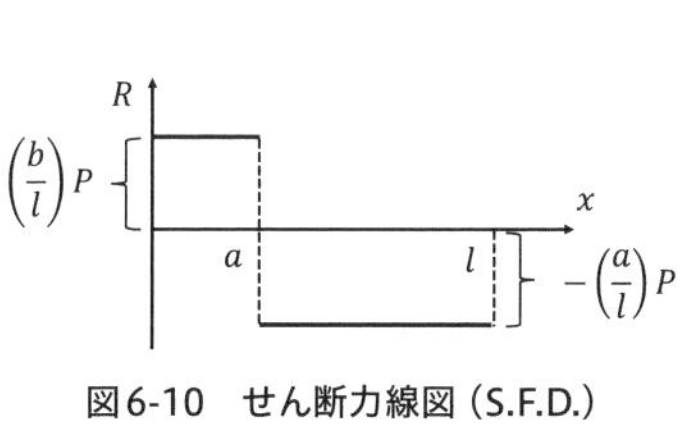

図6-10　せん断力線図 (S.F.D.)

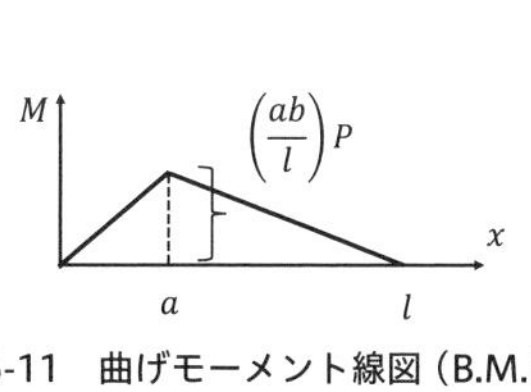

図6-11　曲げモーメント線図 (B.M.D.)

演習問題6-3

図 6-12 に示すような途中で集中荷重Pを受ける片持ちはりのせん断力線図，曲げモーメント線図を作図しなさい．

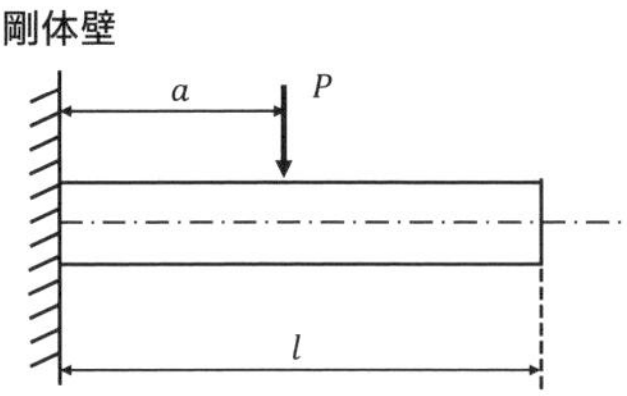

図6-12　途中で集中荷重を受ける片持ちはり

解答　以下，略答のみ.

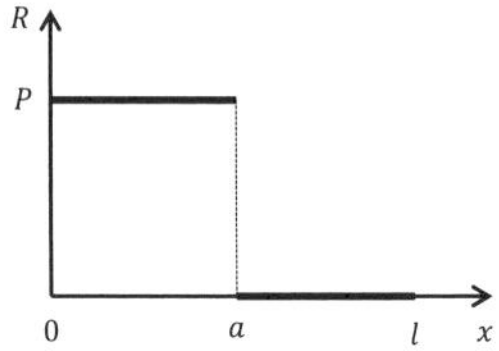

図6-13　せん断力線図（S.F.D.）

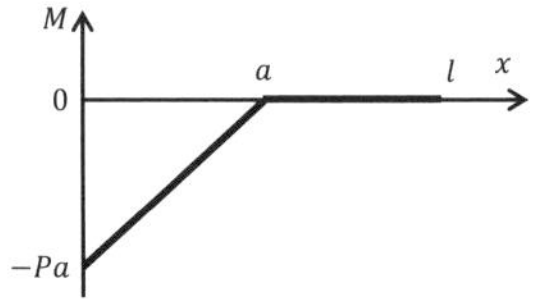

図6-14　曲げモーメント線図（B.M.D.）

演習問題6-4

図6-15に示すような先端で集中モーメントM_0を受ける片持ちはりのせん断力線図，曲げモーメント線図を作図しなさい.

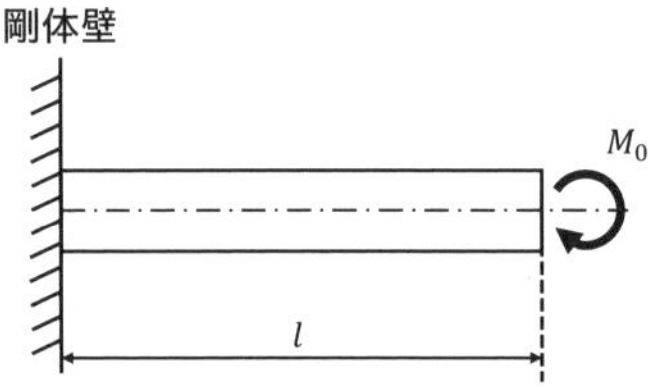

図6-15　先端で集中モーメントを受ける片持ちはり

解答　以下，略答のみ

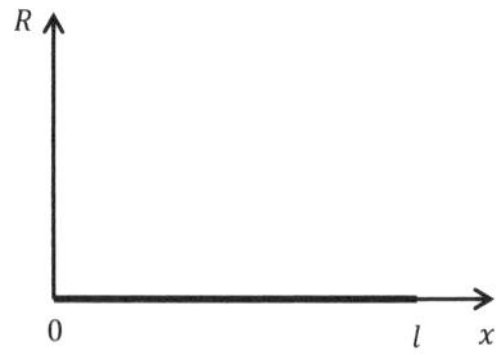

図6-16　せん断力線図（S.F.D.）

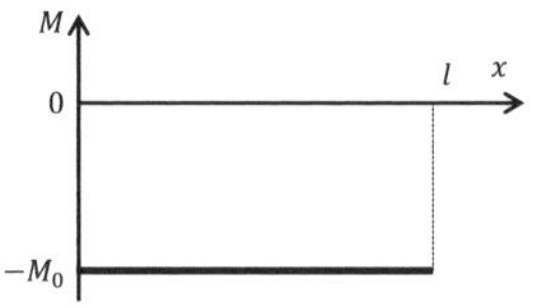

図6-17　曲げモーメント線図（B.M.D.）

演習問題6-5

図6-18に示すような途中で集中モーメントM_0を受ける片持ちはりのせん断力線図，曲げモーメント線図を作図しなさい．

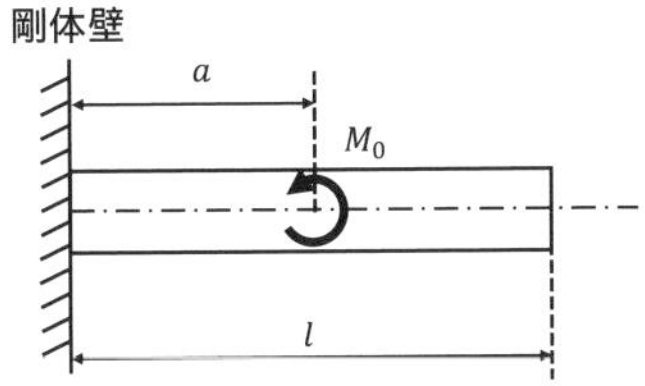

図6-18　途中で集中モーメントを受ける片持ちはり

解答　以下，略答のみ

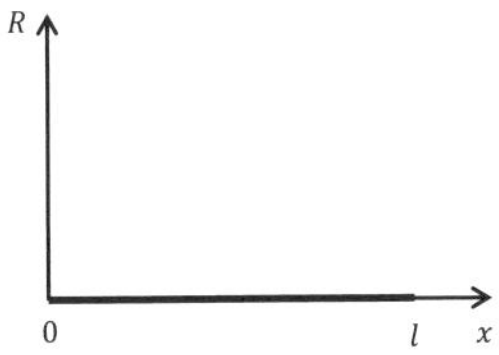

図6-19　せん断力線図（S.F.D.）

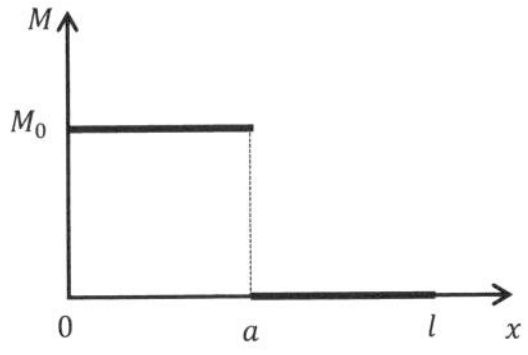

図6-20　曲げモーメント線図（B.M.D.）

演習問題6-6

図6-21に示すような等分布荷重wを受ける片持ちはりのせん断力線図，曲げモーメント線図を作図しなさい．

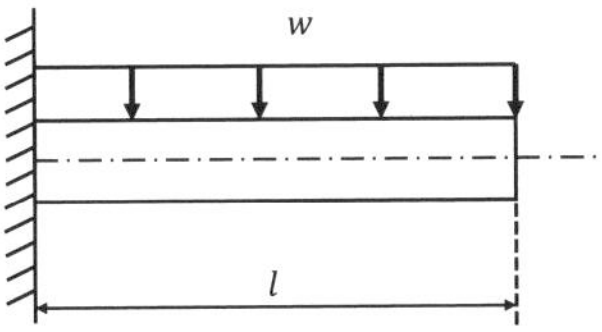

図6-21　等分布荷重を受ける片持ちはり

解答

ステップ1　問題を解くための準備をする

固定端からはりを切り離した自由体図を作図する．座標軸を左端に原点をとって，はりに沿って右向きにx軸，これと鉛直下向きにy軸をおく．

ステップ 2　仮想切断面によりせん断力と曲げモーメントを求める

図 6-22 に示すようにはりの任意の位置に仮想切断面をおく．そして，仮想切断面から切り離された右側のはりの自由体図を作図する．仮想切断面に正の方向のせん断力と曲げモーメントを記入する．ここで，図 6-22 を，図 6-23 のように仮想切断によって切り離された右側のはりの図心に集中荷重が作用している問題におきかえる．集中荷重は，仮想切断面から切り離されたはり上面に作用している分布荷重の面積 $w \times (l-x)$とすればよい．このようにしてよい理由については本章末の説明を参照してほしい．

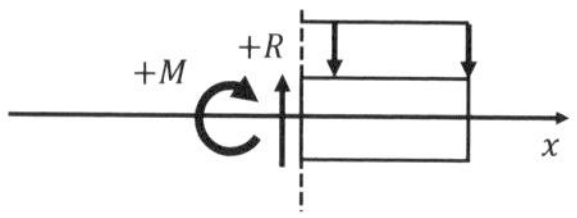

図6-22　せん断力・曲げモーメント

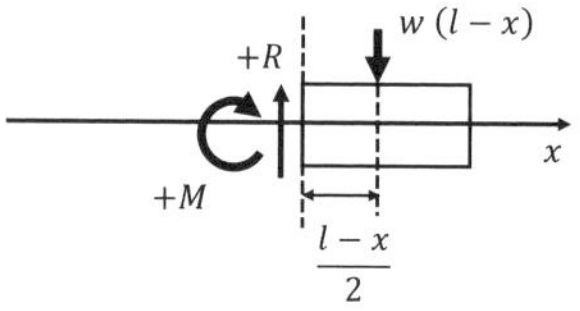

図6-23　等分布荷重から集中荷重へのおきかえ

力のつり合いの式，モーメントのつり合いの式をたてる．

$$\downarrow \sum Y : -R + w\,(l-x) = 0 \tag{6.13}$$

$$\circlearrowleft \sum M : +M + \frac{1}{2} w\,(l-x)^2 = 0 \tag{6.14}$$

これにより，

$$R = w\,(l-x) \tag{6.15}$$

$$M = -\frac{1}{2} w\,(l-x)^2 \tag{6.16}$$

せん断力線図，曲げモーメント線図を作図すると図 6-24，図 6-25 のようになる．

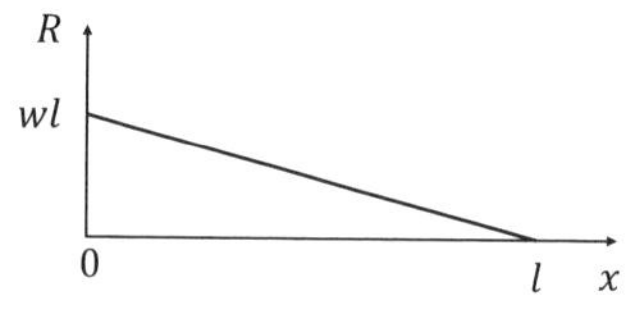

図6-24　せん断力線図 (S.F.D.)

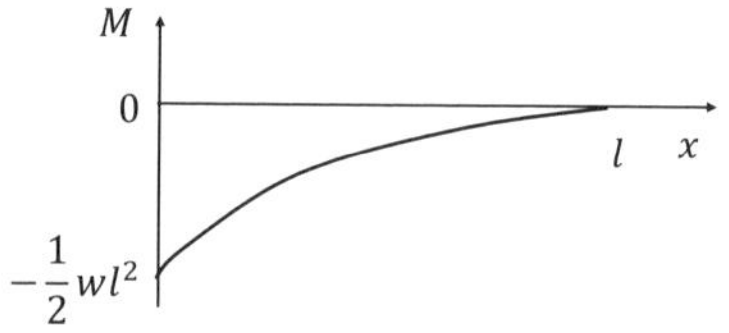

図6-25　曲げモーメント線図 (B.M.D.)

演習問題 6-7

図 6-26 に示すような三角形状分布荷重wを受ける片持ちはりのせん断力線図，曲げモーメント線図を作図しなさい．

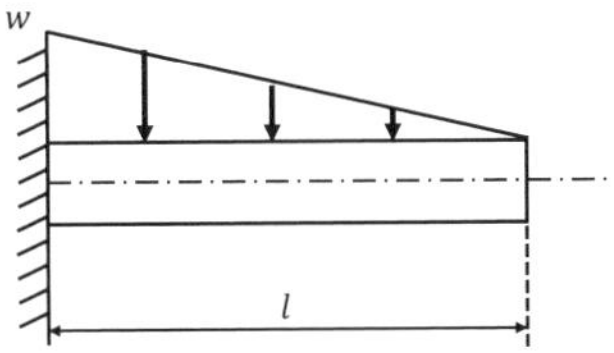

図 6-26　三角形状分布荷重を受ける片持ちはり

解答　以下，略答のみ．三角形の面積を求め，これをその図心に集中荷重として作用させて解けばよい．

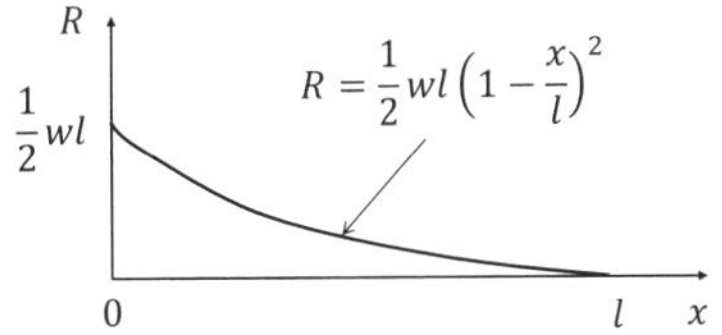

図 6-27　せん断力線図（S.F.D.）

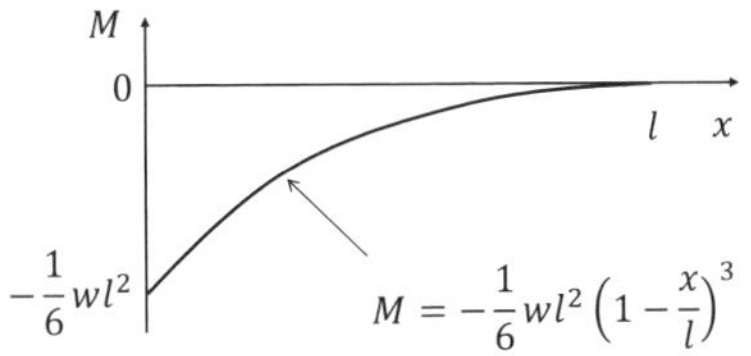

図 6-28　曲げモーメント線図（B.M.D.）

演習問題 6-8

図 6-29 に示すような等分布荷重wを受ける両端支持はりのせん断力線図，曲げモーメント線図を作図しなさい．

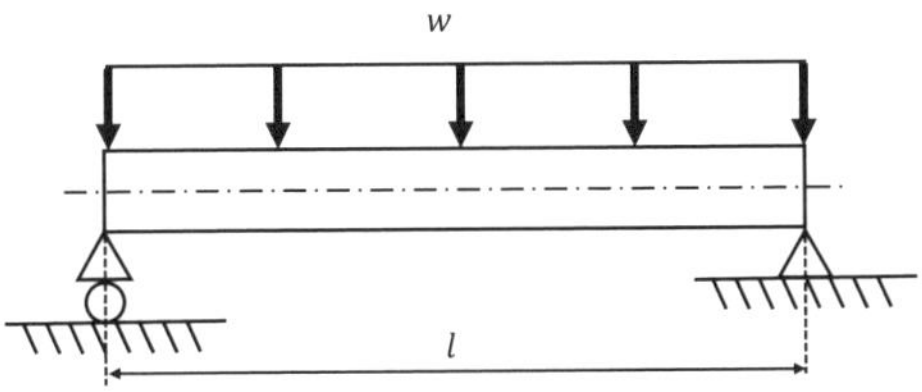

図 6-29　等分布荷重を受ける両端支持はり

解答　以下，略答のみ．はり両端での反力を求めた後，仮想切断面をおいて，力のつり合いの式，モーメントのつり合いの式から求められる．

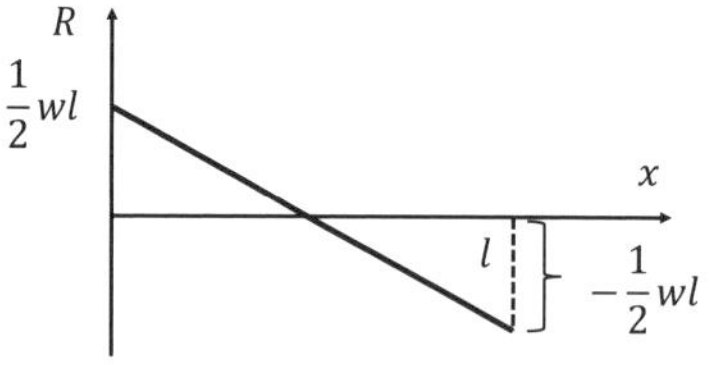

図6-30　せん断力線図（S.F.D.）

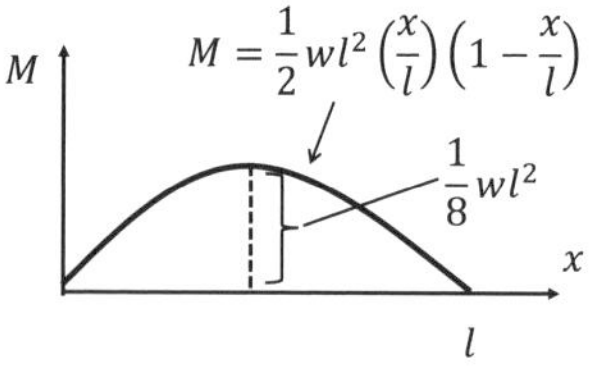

図6-31　曲げモーメント線図（B.M.D.）

演習問題6-9

図6-32に示すような三角形状分布荷重を受ける両端支持はりのせん断力線図，曲げモーメント線図を作図しなさい．

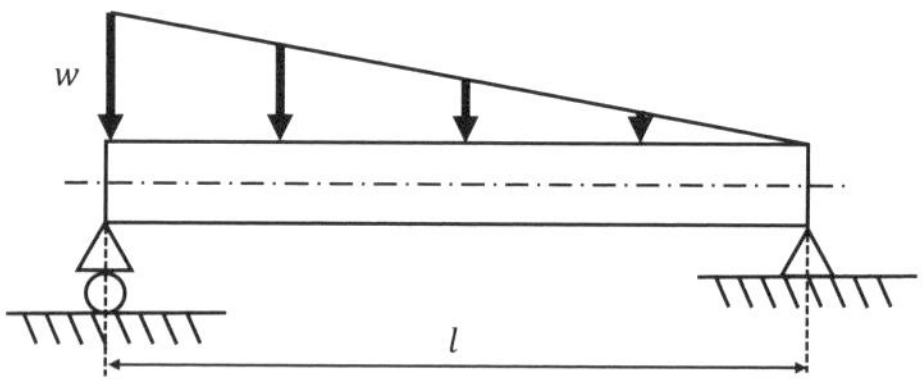

図6-32　三角形状分布荷重を受ける両端支持はり

解答　以下，略答のみ．はり両端での反力を求めた後，仮想切断面をおいて，力のつり合いの式，モーメントのつり合いの式から求められる．

$$R=\frac{1}{2}wl\left\{\frac{2}{3}-2\left(\frac{x}{l}\right)+\left(\frac{x}{l}\right)^2\right\} \tag{6.17}$$

$$M=\frac{1}{6}wl^2\left(1-\frac{x}{l}\right)\left(\frac{x}{l}\right)\left(2-\frac{x}{l}\right) \tag{6.18}$$

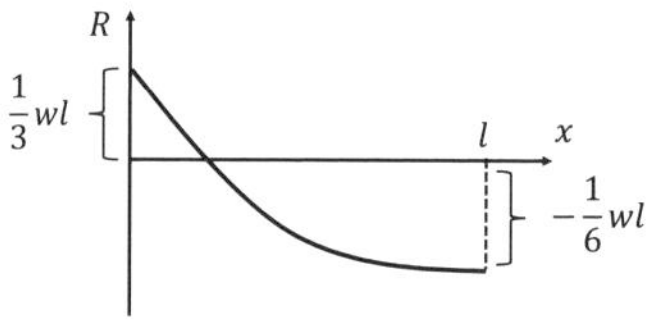

図6-33　せん断力線図（S.F.D.）

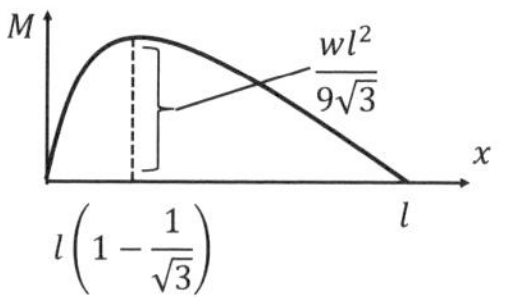

図6-34　曲げモーメント線図（B.M.D.）

演習問題6-10

図 6-35 に示すような両端で集中モーメント M_A と M_B を受ける両端支持はりのせん断力線図，曲げモーメント線図を作図しなさい．ここで，$M_B > M_A$ とする．

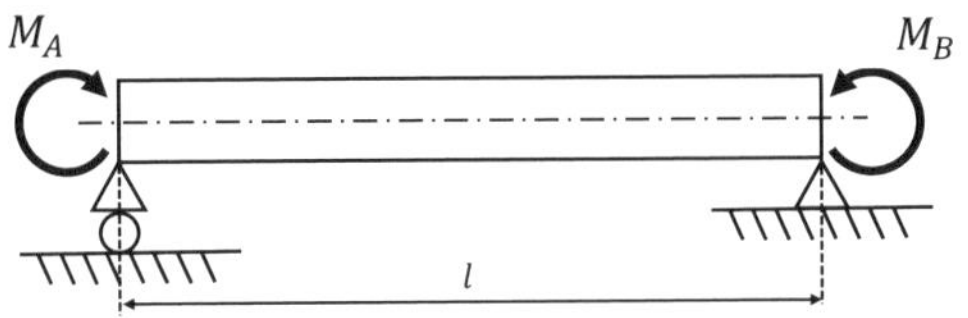

図6-35　両端で集中モーメントを受ける両端支持はり

解答　以下，略答のみ．はりの両端での反力を求めた後，仮想切断面をおいて，力のつり合いの式，モーメントのつり合いの式から求められる．

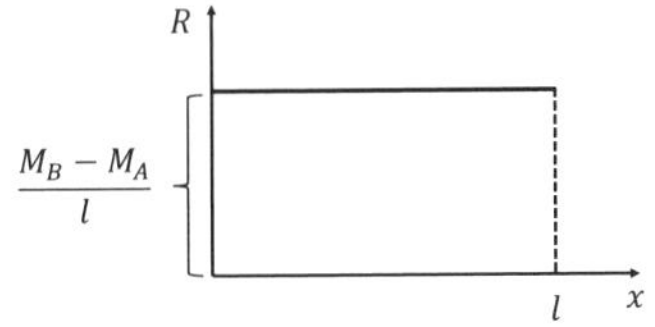

図6-36　せん断力線図（S.F.D.）

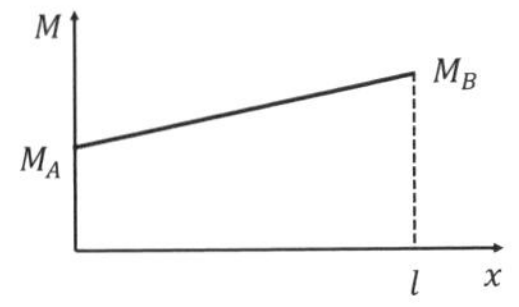

図6-37　曲げモーメント線図（B.M.D.）

演習問題6-11

図 6-38 に示すようなはりの途中で集中モーメント M_0 を受ける両端支持はりのせん断力線図，曲げモーメント線図を作図しなさい．

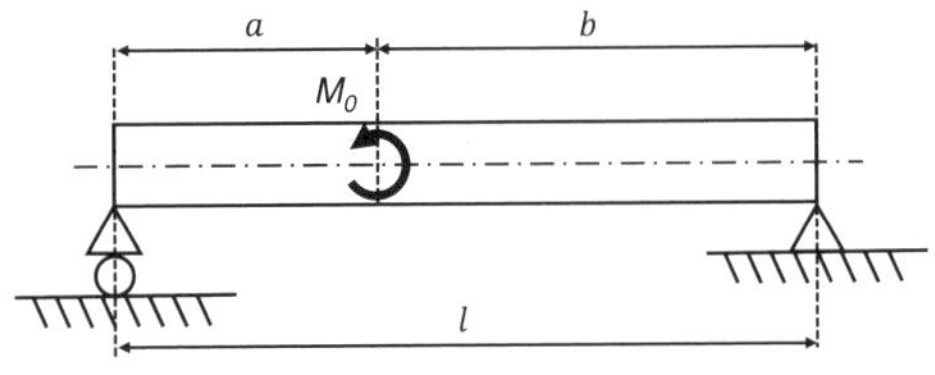

図6-38　途中で集中モーメントを受ける両端支持はり

解答　以下，略答のみ．はりの両端での反力を求めた後，仮想切断面をおいて，力のつり合いの式，モーメントのつり合いの式から求められる．

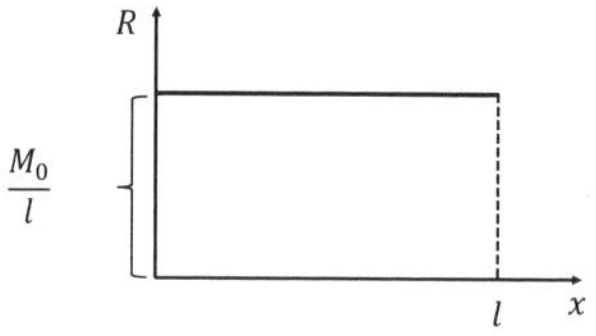

図6-39　せん断力線図（S.F.D.）

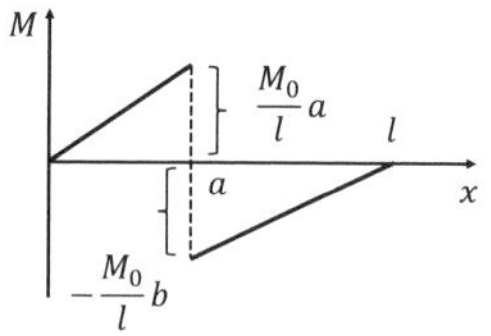

図6-40　曲げモーメント線図（B.M.D.）

以下に任意分布荷重が作用するときにはりに生じるせん断力と曲げモーメントを求める方法を説明する．ここでは，図6-41に示すような分布荷重$w = w(x)$が作用している長さlのはりについて考える．

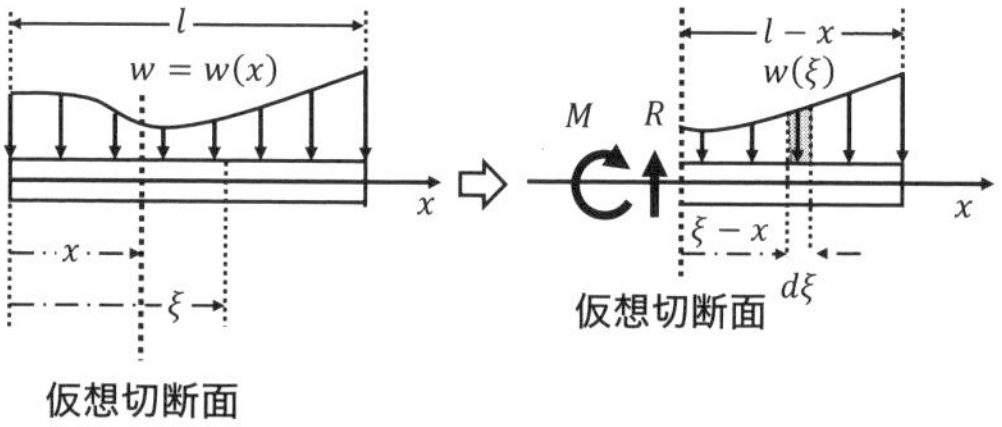

図6-41　任意分布荷重を受けるはりのせん断力と曲げモーメントの求め方

はりの軸線に沿ってx軸をとる．位置xにて仮想切断面をとり，仮想切断面から右側のはりの自由体図を作図する．さらに，x軸の原点に別の座標軸$\xi(0 \leq \xi \leq l)$をとりなおす．位置ξに作用している分布荷重の大きさは$w(\xi)$であるから，微小幅$d\xi$に作用する荷重は$w(\xi)d\xi$となる．

図6-41に対して力のつり合いの式，モーメントのつり合いの式は，

$$\downarrow \sum Y : -R + \int_x^l w(\xi)d\xi = 0 \tag{6.19}$$

$$\circlearrowright \sum M : +M + \int_x^l w(\xi)(\xi - x)\,d\xi = 0 \tag{6.20}$$

よって，位置xでのせん断力$R = R(x)$と曲げモーメント$M = M(x)$は，

$$R(x) = \int_x^l w(\xi) d\xi \tag{6.21}$$

$$M(x) = -\int_x^l w(\xi)(\xi - x) d\xi \tag{6.22}$$

例えば，等分布荷重$w(x) = w$とすれば，式(6.21)，式(6.22)より，

$$R = \int_x^l w d\xi = w(l - x) \tag{6.23}$$

$$M = -\int_x^l w(\xi)(\xi - x) d\xi = -\frac{1}{2} w (l - x)^2 \tag{6.24}$$

となって，式(6.15)，式(6.16)の結果に一致する．通常，はりに作用する分布荷重は，等分布，三角形状分布といった単純な分布が扱われる場合が多い．このような問題では，分布荷重の形状からその図心を求め，分布形状の面積を集中荷重とみなして，これを図心に作用させればよい．この証明は各自にまかせる．

Column　さまざまな内力の発生要因

機械構造物を構成している部品にはさまざまな要因で内力が発生する．荷重だけではない．圧力容器では，容器内に密封している高圧ガスにより膨らむような変形に抵抗する内力が容器壁面に生じる．天井から吊り下げられているクレーンにはその自重により内力が生じる．タービンには，回転により生じる遠心力で内力が生じる．そのため，荷重，自重により生じる内力と応力・伸びをどのように求めるのか，ここで学習してきたのである．そのほかの興味深い内力の発生要因として，電磁力が挙げられる．核融合炉の炉壁では，超電導コイルにより発生する磁場と，壁面内部に誘導された電流により強大な電磁力，すなわちローレンツ力が発生する．ローレンツ力は，炉壁を大きく変形させ，これに抵抗するよう内力が発生する．自然界には内力を発生させるさまざまな要因があるものである．

Column　材料力学の天才その3　ガリレオ・ガリレイが考えた材料力学（1）

ガリレオが考えた
石柱の引張試験

材料力学の創始者は，ガリレオ・ガリレイ（1564 ～ 1642）であるといっても過言ではない．ガリレオは1564年，イタリアトスカーナ州ピサで生まれた．それまでの物理学は哲学の範疇にあり，演繹的推論のもとに物理現象が理解され，説明されてきた．これに対して，ガリレオは数学に基づいて物理現象を考究するとともに，実験によりその正しさを確かめたはじめての実証主義者といえる．ガリレオ・ガリレイは，天文学の分野で聖域を踏み越えて地動説を主張し，宗教裁判にかけられたことで有名である．その後，我々にとっては有難いことにその豊かな才能を材料力学に費やしてくれた．ここでは，ガリレオ・ガリレイが材料の強さをどのように考えていたのか紹介してみたい．

ガリレオは，天井から吊り下げられた棒の破壊について考えている．ガリレオによれば，「構造物の柱においては，その大きさが小さければ破壊することなく吊り下げたりすることができる．しかし，その大きさが大きくなると少しの刺激で壊れやすくなる」．ガリレオは，棒の強さは断面積に比例し，長さには無関係であると考えた．そして，ガリレオは，この強さを絶対抵抗と名付けた．この推論に基づいて，「犬は，馬であれば骨を折るような高さから飛び降りても，大丈夫である．さらに，バッタは高い塔から落としても無傷であり，アリは月から落ちても平気である.」と主張している．この主張について材料力学を学んでいる皆さんにとってどのように感じるであろうか．

参考文献

1）チモシェンコ著（最上 武雄，川口 昌宏訳）『材料力学史』鹿島出版（1975年）

Chapter 7

はりの曲げ応力，断面二次モーメント

本章での学び

前章では，横荷重を受けるときにはりに生じるせん断力と曲げモーメントの分布について説明した．本章では，曲げモーメントから求められるはり断面に生じる垂直応力について説明する．また，はりの断面形状を特徴づける断面二次モーメントとその計算方法についても学んでいく．なお，本章はこれまでに説明してきたステップ解法におけるステップ 3 に対応する．

7-1 はりの変形

図 7-1 に示すような高さ$2h$，厚さbの長方形断面をもつはりの問題について考える．このはり断面の図心を通るようにして軸線に沿って右向き方向にx軸，これと鉛直下向き方向にy軸をとる．さらに$x-y$平面に対して奥行き方向にz軸をとるものとする．

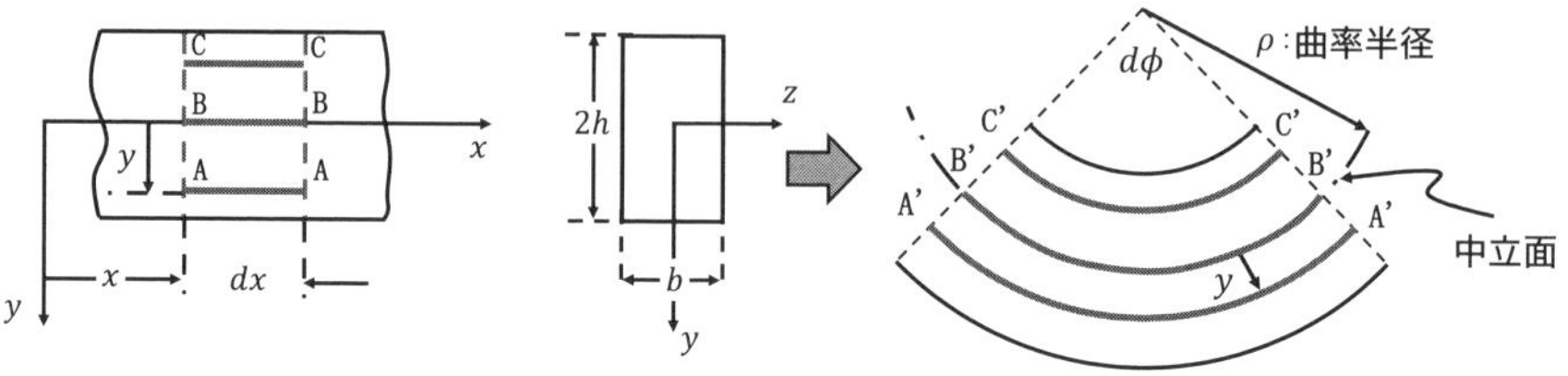

図 7-1　曲げを受けるはり

このはりの一部に近接した仮想切断面をおく．この仮想切断面で挟まれた領域に対してx軸に平行に AA, BB, CC のように線を引く．なお，BB はx軸上に引く．その後，このはりの両端に正の方向に曲げモーメントMを作用させる．これによりはりは円弧状に下向きに変形する．これに伴ってはりに引いておいた線も円弧状に変形することになる．変形後のこれらの線を A'A'，B'B'，C'C' とする．円弧の中心から B'B' までの距離をρ，B'B' から A'A' までの距離をyとする．ここで，ρは曲率半径（Radius of curvature）と呼ばれる．そこで，AA，BB，CC の変形について考えてみよう．AA は A'A' に伸びる．CC は C'C' に縮む．BB は B'B' になっても変化しない．このとき，BB のようにはりが曲げモーメントを受けても長さが変化しない面は中立面（Neutral plane）と呼ばれる．また，z軸は中立軸（Neutral axis）と呼ばれる．

AA から A'A' の伸びに注目すると垂直ひずみは，

$$\varepsilon = \frac{(\rho + y)\,d\phi - \rho d\phi}{\rho d\phi}$$

となる．ここで，$d\phi$は円弧の開き角である．この式を整理すると垂直ひずみは次式のようになる．

$$\varepsilon = \left(\frac{y}{\rho}\right) \tag{7.1}$$

7-2 はりの曲げ応力

フックの法則

$$\sigma = E\varepsilon \tag{7.2}$$

に式 (7.1) を代入して,

$$\sigma = E\left(\frac{y}{\rho}\right) \tag{7.3}$$

この垂直応力は曲げ応力 (Bending stress) と呼ばれる.

つぎに図 7-2 に示すように,はりの仮想切断面において,中立面 (x軸) から距離y近傍での微小幅dyに生じている内力dFは,

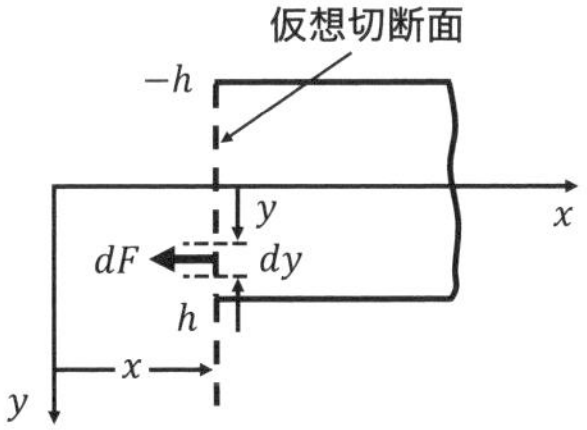

図7-2　はりの仮想切断面

$$dF - \sigma \cdot (dy \times b) \tag{7.4}$$

よって仮想切断面に生じる合力は,

$$\rightarrow \sum X : -\int_{-h}^{h} dF \tag{7.5}$$

式 (7.3),式 (7.4) を代入すると,

$$\rightarrow \sum X : -\int_{-h}^{h} dF = -\int_{-h}^{h} \sigma \cdot (dy \times b) \Longrightarrow -\int_{-h}^{h} E\left(\frac{y}{\rho}\right) bdy = 0$$

これにより,はりのx方向の合力はゼロであることがわかるが,これは当然の結果である.また,この式からつぎの関係があることに気が付く.

$$\int_{-h}^{h} ybdy = 0 \tag{7.6}$$

ところで，図心はつぎの公式により求めることができる．

$$\mathbf{\overline{y} = \frac{1}{A}\int ydA} \tag{7.7}$$

ここで，$dA \Rightarrow bdy$ならびに$A \Rightarrow 2hb$のようにおきかえて，

$$\overline{y} = \frac{1}{2hb}\int_{-h}^{h} ybdy$$

式 (7.6) から，

$$\overline{y} = 0$$

となり，このことから中立面は図心を通っていなければならないことがわかる．

つぎに仮想切断面に生じる合モーメントは，

$$\circlearrowright \sum M : +\int_{-h}^{h} ydF \tag{7.8}$$

式 (7.3)，式 (7.4) を代入すると，

$$\circlearrowright \sum M : +\frac{E}{\rho}\int_{-h}^{h} y^2 bdy$$

一方，はりの両端には正の方向の曲げモーメントが作用していることから，上式はこれと等しくなければならない．よって，

$$M = \frac{E}{\rho}\int_{-h}^{h} y^2 bdy \tag{7.9}$$

ここで，

$$I = \int_{-h}^{h} y^2 bdy \tag{7.10}$$

とおき，これは断面二次モーメント (Moment of inertia) と呼ばれる．一般に断面二次モーメントはつぎのように定義される．

$$I = \int_A y^2 dA \tag{7.11}$$

これにより曲げモーメントと曲率半径の間には，式 (7.9) から，

$$M = \frac{EI}{\rho} \tag{7.12}$$

が成り立つ．ここで，EIは曲げ剛性（Flexural rigidity）と呼ばれ，はりの曲がりやすさを特徴づける特性値である．結局，式 (7.3) に式 (7.12) を代入すれば，以下の曲げ応力の公式が得られる．

$$\sigma = \frac{M}{I} y \tag{7.13}$$

これにより，はりに分布する曲げモーメントとはりの断面形状を特徴づけている断面二次モーメントがわかれば，はりの曲げ応力を計算できることになる．

以下に演習問題を通じてはりに生じる曲げ応力の求め方を学んでいくことにする．

演習問題 7-1

図 7-3 に示すような先端に集中荷重Pを受ける片持ちはりにおいて，曲げ応力が最大となる位置とその大きさを求めなさい．ここではりの断面は一様な長方形とし，高さをh，厚さをbとする．

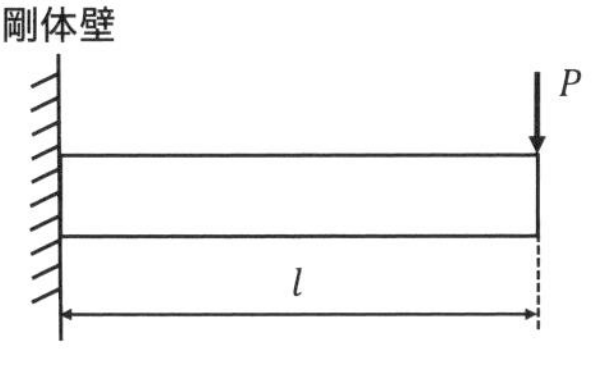

図 7-3　先端に集中荷重を受ける片持ちはり

解答　本問題の曲げモーメント線図は【演習問題 6-1】のようになる．これにより$x = 0$においてはりに最大の曲げモーメント$(-Pl)$が発生することがわかる．これを

式 (7.13) に代入して，

$$\sigma = \frac{(-Pl)}{I} y \tag{7.14}$$

このはりの断面二次モーメントは，式 (7.10) より，

$$I = \int_{\frac{-h}{2}}^{\frac{h}{2}} by^2 dy = \frac{1}{12} bh^3 \tag{7.15}$$

であるから，

$$\sigma = -\frac{12Pl}{bh^3} y \tag{7.16}$$

曲げ応力が最大となる位置は，式 (7.16) において曲げ応力が引張りでかつ最大となる位置，すなわちはりの上面 $y = -h/2$ である．結局，最大曲げ応力は，

$$\sigma_{\max} = \frac{6Pl}{bh^2} \tag{7.17}$$

演習問題 7-2

図 7-4 に示すような途中でひとつの集中荷重 P を受ける片持ちはりに生じる曲げ応力の最大値とその発生位置を答えなさい．なお，はりの長さは l，断面形状は一様な長方形であり，高さを h，厚さを b とする．

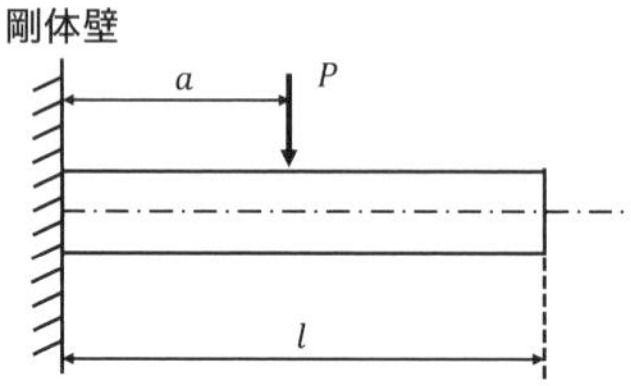

図 7-4　途中で集中荷重を受ける片持ちはり

解答　曲げモーメント線図は【演習問題 6-3】を参照してほしい．

最大曲げ応力は，

$$\sigma_{\max} = \frac{6Pa}{bh^2} \tag{7.18}$$

であり，その発生位置は，

$$x = 0,\ y = -\frac{h}{2} \tag{7.19}$$

演習問題7-3

図7-5に示すような先端で集中モーメントM_0を受ける片持ちはりに生じる曲げ応力の最大値とその発生位置を答えなさい．なお，はりの断面は一様な長方形とし，高さをh，厚さをbとする．

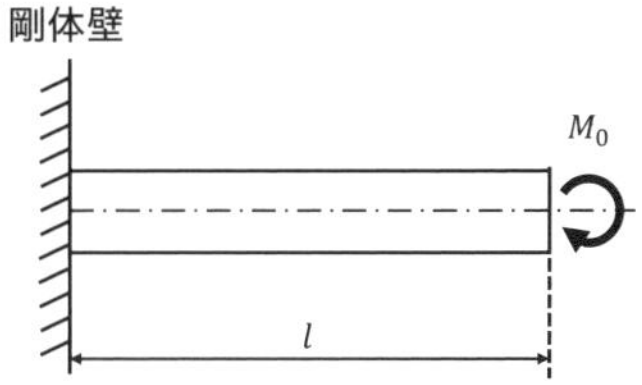

図7-5　先端で集中モーメントを受ける片持ちはり

解答　曲げモーメント線図は【演習問題6-4】を参照してほしい．

最大曲げ応力は，

$$\sigma_{\max} = \frac{6M_0}{bh^2} \tag{7.20}$$

であり，その発生位置は，

$$0 \le x \le l,\ y = -\frac{h}{2} \tag{7.21}$$

演習問題7-4

図7-6に示すような途中で集中モーメントM_0を受ける片持ちはりに生じる曲げ応力の最大値とその発生位置を答えなさい．なお，はりの断面は一様な長方形とし，高さをh，厚さをbとする．

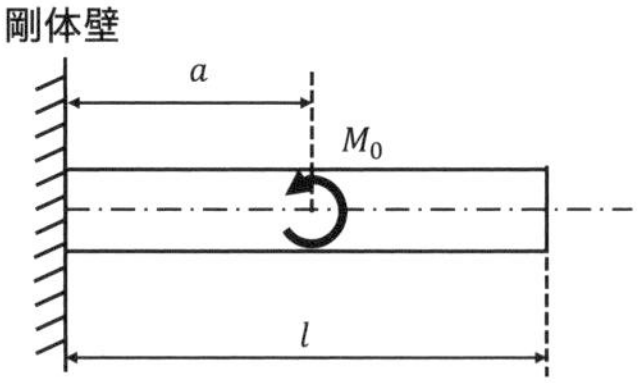

図 7-6　途中で集中モーメントを受ける片持ちはり

解答　曲げモーメント線図は【演習問題 6-5】を参照してほしい．

最大曲げ応力は，

$$\sigma_{\max} = \frac{6M_0}{bh^2} \tag{7.22}$$

であり，その発生位置は，

$$0 \leq x \leq a,\ y = \frac{h}{2} \tag{7.23}$$

演習問題 7-5

図 7-7 に示すような等分布荷重wを受ける片持ちはりに生じる曲げ応力の最大値とその発生位置を答えなさい．なお，はりの断面は一様な長方形とし，高さをh，厚さをbとする．

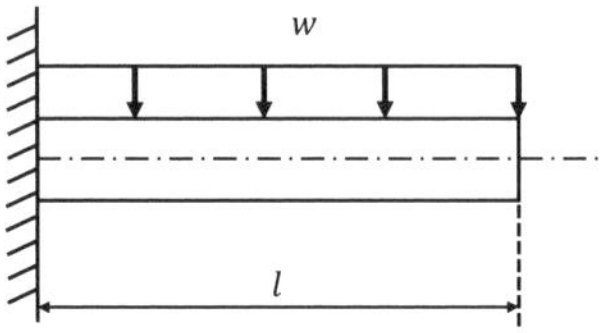

図 7-7　等分布荷重を受ける片持ちはり

解答　曲げモーメント線図は【演習問題 6-6】を参照してほしい．

最大曲げ応力は，

$$\sigma_{\max} = \frac{3wl^2}{bh^2} \tag{7.24}$$

であり，その発生位置は，

$$x = 0,\ y = -\frac{h}{2} \tag{7.25}$$

演習問題 7-6

図 7-8 に示すような三角形状分布荷重wを受ける片持ちはりに生じる曲げ応力の最大値とその発生位置を答えなさい．なお，はりの断面は一様な長方形とし，高さをh，厚さをbとする．

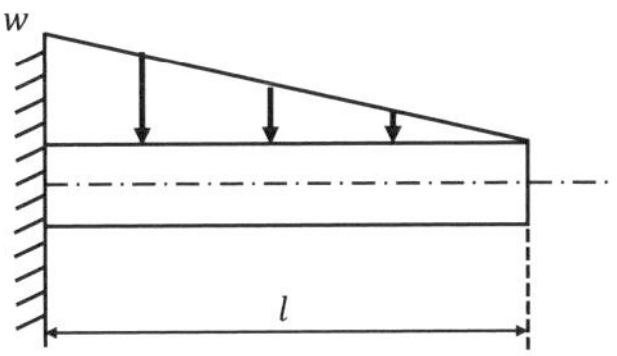

図 7-8　三角形状分布荷重を受ける片持ちはり

解答　曲げモーメント線図は【演習問題 6-7】を参照してほしい．

最大曲げ応力は，

$$\sigma_{\max} = \frac{wl^2}{bh^2} \tag{7.26}$$

であり，その発生位置は，

$$x = 0,\ y = -\frac{h}{2} \tag{7.27}$$

演習問題 7-7

図 7-9 に示すような集中荷重を受ける両端支持はりに生じる曲げ応力の最大値とその発生位置を答えなさい．なお，はりの断面は一様な長方形とし，高さをh，厚さをbとする．

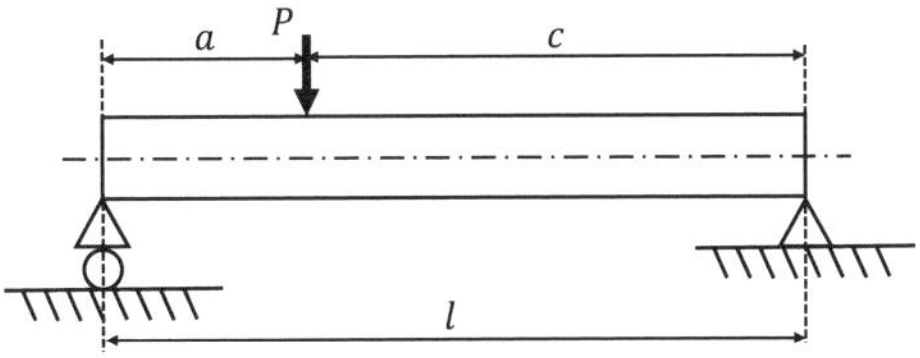

図 7-9　集中荷重を受ける両端支持はり

解答　曲げモーメント線図は【演習問題 6-2】を参照してほしい．
最大曲げ応力は，

$$\sigma_{\max} = 6\frac{ac}{lbh^2}P \tag{7.28}$$

であり，その発生位置は，

$$x = a,\ y = \frac{h}{2} \tag{7.29}$$

演習問題 7-8

図 7-10 に示すような等分布荷重を受ける両端支持はりに生じる曲げ応力の最大値とその発生位置を答えなさい．なお，はりの断面は一様な長方形とし，高さをh，厚さをbとする．

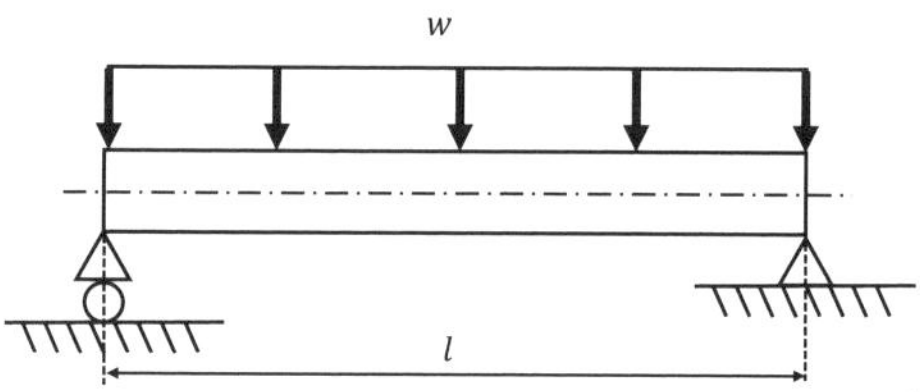

図 7-10　等分布荷重を受ける両端支持はり

解答　曲げモーメント線図は【演習問題 6-8】を参照してほしい。
最大曲げ応力は，

$$\sigma_{\max} = \frac{3wl^2}{4bh^2} \tag{7.30}$$

であり，その発生位置は，

$$x = \frac{l}{2},\ y = \frac{h}{2} \tag{7.31}$$

演習問題 7-9

図 7-11 に示すような三角形状分布荷重を受ける両端支持はりに生じる曲げ応力の最大値とその発生位置を答えなさい．なお，はりの断面形状は一様な長方形とし，高

さをh，厚さをbとする．

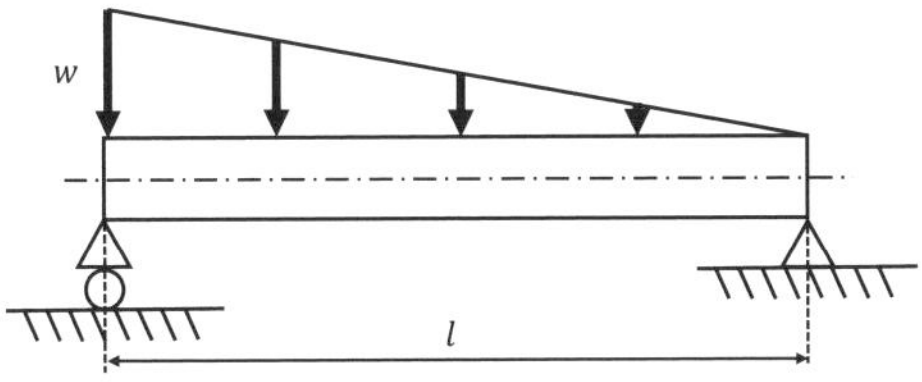

図7-11　三角形状分布荷重を受ける両端支持はり

解答　曲げモーメント線図は【演習問題 6-9】を参照してほしい．

曲げモーメント線図から曲げモーメントの最大値とその位置を調べる．この問題の最大曲げモーメントは，

$$M_{\max} = \frac{wl^2}{9\sqrt{3}} \tag{7.32}$$

であり，その発生位置は，

$$x = l\left(1 - \frac{1}{\sqrt{3}}\right) \tag{7.33}$$

である．このことを考慮すると，最大曲げ応力は，

$$\sigma_{\max} = \frac{2wl^2}{3\sqrt{3}bh^2} \tag{7.34}$$

であり，その発生位置は，

$$x = l\left(1 - \frac{1}{\sqrt{3}}\right),\ y = \frac{h}{2} \tag{7.35}$$

7-3　図心と断面二次モーメント

はり断面の図心は，

$$\bar{y} = \frac{1}{A}\int y dA \tag{7.36}$$

断面二次モーメントは，

$$I = \int_A y^2 dA \tag{7.37}$$

のようにそれぞれ定義される．以下では，これらの公式を利用してさまざまな断面形状に対する図心と断面二次モーメントを求めてみる．

演習問題7-10

図7-12において，高さh，厚さbの長方形断面の上端にz'軸，長方形断面の厚さの中央を通るように鉛直下向きにy'軸をとる．この座標系から見た長方形断面の図心$y' = \bar{y}$を求めなさい．また，この図心を原点としz'軸に平行となるようにz軸，y'軸に一致するようにy軸をとったとき，z'軸ならびにz軸まわりの断面二次モーメント$I_{z'}$とI_zをそれぞれ求めなさい．

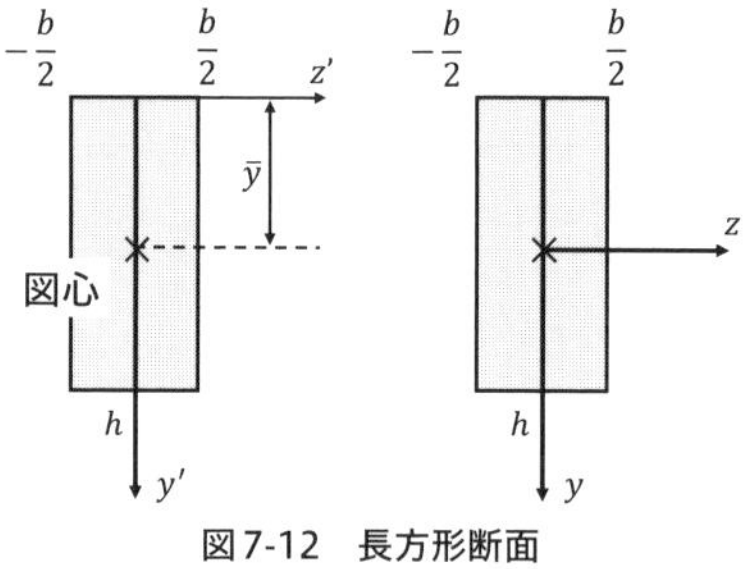

図7-12　長方形断面

解答　図心$y' = \bar{y}$を求めるために，つぎの積分を実行する．

$$\int_0^h y' dA = \int_0^h y' b dy' = \frac{1}{2}bh^2 \tag{7.38}$$

一方，断面積は，

$$A = bh$$

よって図心は，

$$\overline{y} = \frac{1}{2}h \tag{7.39}$$

つぎにz'軸まわりの断面二次モーメント$I_{z'}$は,

$$I_{z'} = \int_0^h (y')^2\, dA = \int_0^h (y')^2\, b dy' = \frac{1}{3}bh^3 \tag{7.40}$$

一方，z軸まわりの断面二次モーメントは,

$$I_z = \int_{-\frac{h}{2}}^{\frac{h}{2}} y^2 dA = \frac{1}{12}bh^3 \tag{7.41}$$

となる.

ここでふたつの断面二次モーメントの差をとってみる．すると,

$$I_{z'} - I_z = \left(\frac{h}{2}\right)^2 (bh)$$

よって,

$$\boldsymbol{I_{z'} - I_z = (\overline{y})^2 A} \tag{7.42}$$

であることがわかる．これは平行軸の定理（Parallel-axis theorem）と呼ばれる．平行軸の定理の正しい証明は 7-4 節を見てもらいたい.

演習問題 7-11

図 7-13 に示す断面形状のz軸まわりの断面二次モーメントI_zをそれぞれ求めなさい.

解答　左図により高さh，厚さbの長方形断面の断面二次モーメントから高さh_0，厚さb_0のそれを差し引けばよく,

$$I_z = \frac{bh^3}{12} - \frac{b_0 h_0^3}{12} \tag{7.43}$$

他の断面形状においても，高さh，厚さbの長方形断面の断面二次モーメントから高さh_0，厚さb_0のそれを差し引けばよく，その結果は式（7.43）に一致する，

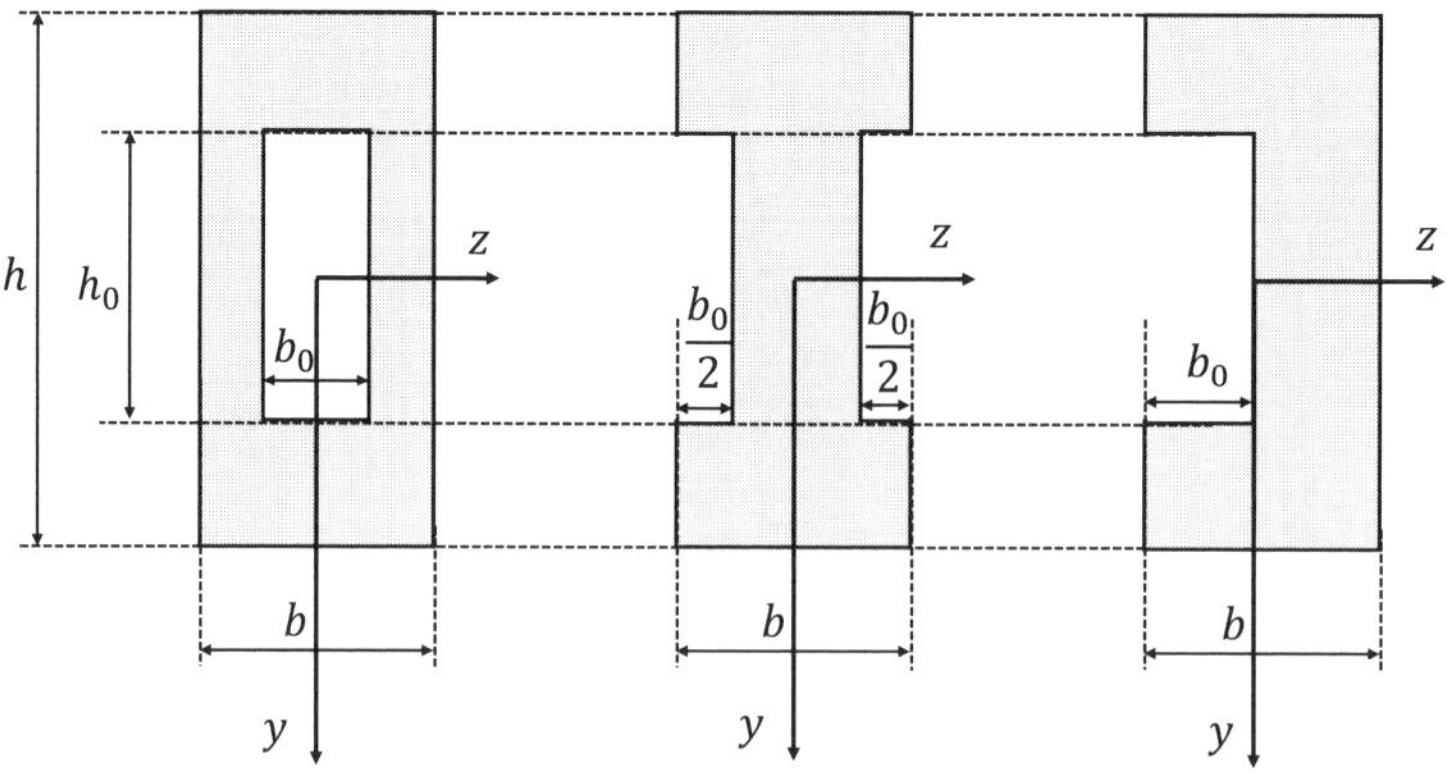

図7-13　異なる断面形状の断面二次モーメントの比較

演習問題7-12

図 7-14 に示す直径dの円形断面のz軸まわりの断面二次モーメントI_zを求めなさい.

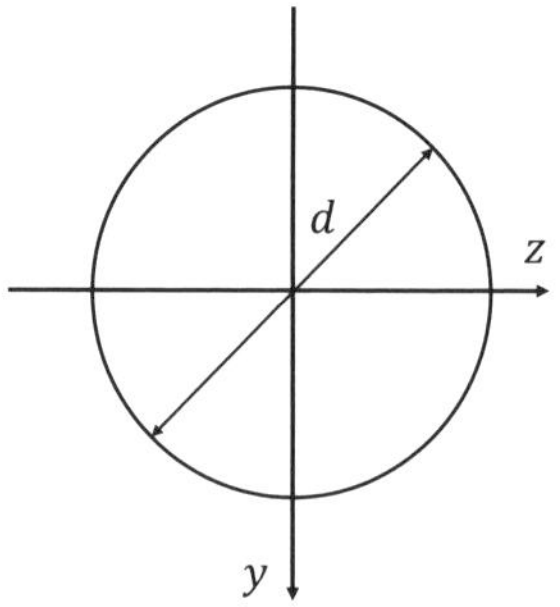

図7-14　円形断面

解答　断面形状が円であることから,

$$y^2 + z^2 = r^2 \tag{7.44}$$

これより,

$$\int y^2 dA + \int z^2 dA = \int r^2 dA \tag{7.45}$$

また,

$$\int y^2 dA = \int z^2 dA \tag{7.46}$$

に注意すると，

$$2\int y^2 dA = \int r^2 dA \tag{7.47}$$

よって，

$$I_z = \int y^2 dA = \frac{1}{2}\int r^2 dA = \frac{1}{2}\int_0^{\frac{d}{2}} r^2\,(2\pi r\,dr) \tag{7.48}$$

これは簡単に積分できて，円形断面の断面二次モーメントは，

$$I_z = \frac{\pi d^4}{64} \tag{7.49}$$

7-4　平行軸の定理

図 7-15 に示すようなある断面形状の断面二次モーメントについて考える．図にはふたつの座標系がとられている．それは，断面に対して任意にとられた座標系(z', y')ならびに座標系(z, y)である．ここで，z軸は図心を通るようにとられ，y'軸とy軸は一致し，z'軸とz軸は平行であるものとする．

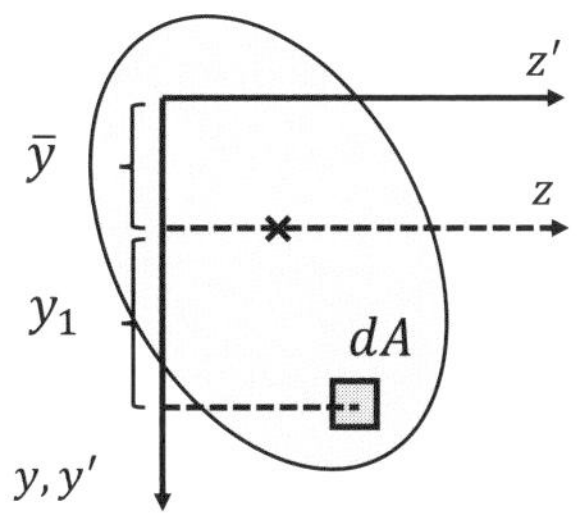

図7-15　平行軸の定理

座標系(z', y')からみた図心の位置を$\bar{y}$とすると，

$$y' = \overline{y} + y_1 \tag{7.50}$$

ここで，y_1は座標系(z, y)からみた断面のある点の位置とする．この点の微小面積をdAとすれば，z'軸とz軸周りの断面二次モーメントは，

$$I_{z'} = \int_A (y')^2\, dA,\ I_z = \int_A (y_1)^2\, dA \tag{7.51}$$

であるから，式(7.51)の第1式に式(7.50)を代入すると，

$$\begin{aligned} I_{z'} &= \int_A (\overline{y} + y_1)^2\, dA = \int_A \overline{y}^2 dA + 2\int_A \overline{y} y_1 dA + \int_A y_1^2 dA \\ &= \overline{y}^2 \int_A dA + 2\overline{y}\int_A y_1 dA + \int_A y_1^2 dA \\ &= \overline{y}^2 A + 0 + I_z \end{aligned}$$

ここで右辺第2項は図心であるからゼロである．よって，

$$\boldsymbol{I_{z'} - I_z = (\overline{y})^2 A} \tag{7.52}$$

以上により平行軸の定理が証明された．

演習問題7-13

図7-16に示すような底辺の長さb，高さhの三角形断面について考える．底辺に沿ってz'軸，底辺の中央を通る鉛直下向きにy'軸をとる．さらに$y' = \overline{y}$の位置に三角形断面の図心があるとき，この点を原点にz'軸に並行となるようz軸，y'軸に一致するようにy軸をとる．このとき，図心$y' = \overline{y}$とz軸まわりの断面二次モーメントI_zを求めよ．

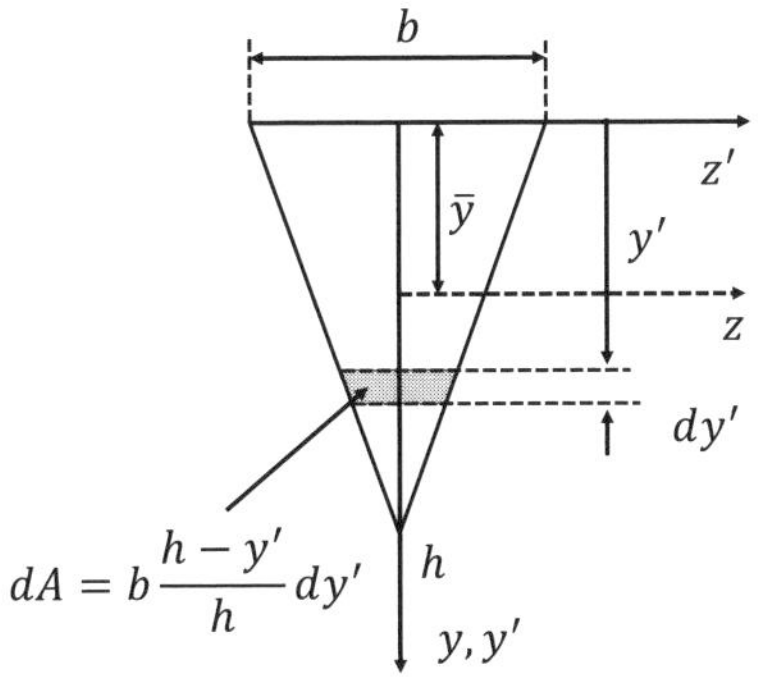

図7-16　三角形断面

解答　図心は，

$$\bar{y} = \frac{1}{3}h \tag{7.53}$$

つぎに断面二次モーメントは，

$$I_z = \frac{1}{36}h^3 b \tag{7.54}$$

演習問題7-14

図7-17に示すような形状の台形断面について考える．この断面の上端に沿ってz'軸，上端の中央を通る鉛直下向きにy'軸をとる．さらに$y' = \bar{y}$の位置に台形断面の図心があるとき，この点を原点にz'軸に並行となるようz軸，y'軸に一致するようにy軸をとる．このとき，図心$y' = \bar{y}$とこの図心を通るz軸周りの断面二次モーメントI_zを求めよ．

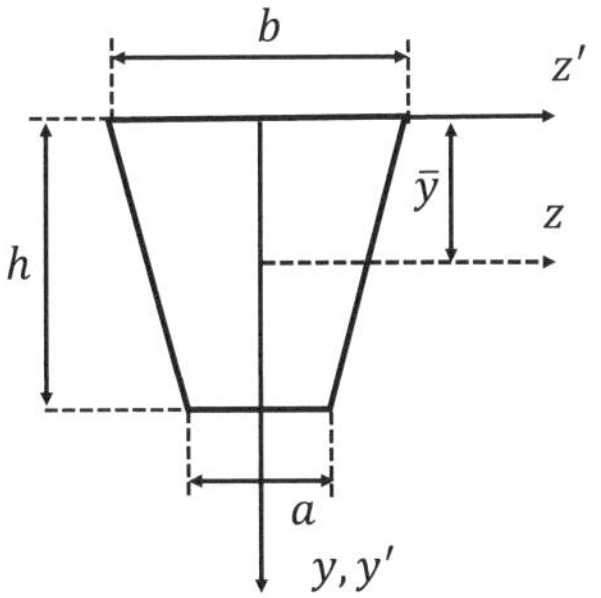

図7-17　台形断面

解答　図心と断面二次モーメントは，

$$\bar{y} = \frac{1}{3}\left(\frac{2a+b}{a+b}\right)h \tag{7.55}$$

$$I_z = \frac{h^3}{36(a+b)}\left(a^2+4ab+b^2\right) \tag{7.56}$$

Column　はりのせん断力

はりの仮想切断面にはつぎの2種類の内力（曲げモーメントとせん断力）が発生することはすでに学んでいることである．そして，この教科書ではこの内力のうち曲げモーメントのみに注目した．ところでせっかく求めたせん断力はどうなっているのであろうか？と疑問に思った読者がいるかもしれない．これはせん断応力となって仮想切断面に分布することになる．詳しい説明は他の教科書を見ていただきたい．長さが短いはりに生じるたわみにはせん断応力が影響する．しかし，ほとんどのはりの問題では，その長さが長いためにせん断応力の影響はほとんど無視できるほどに小さい．このため，本教科書ではせん断力とそれより発生するたわみについて説明を省いた．

Chapter 8

はりのたわみ曲線

本章での学び

本章では，横荷重を受けてはりに生じるたわみについて説明する．はりのたわみとは，はりが横方向に変位した量であり，これは引張・圧縮荷重を受ける棒の伸びに対応する．

8-1 はりのたわみの微分方程式

図 8-1 にはりの両端に正の方向の曲げモーメントが作用している様子を示す．このとき，はりの中立面は図 8-2 のように変形する．ここで，中立面の曲率半径をρとする．このように変形した中立面の形状は**はりのたわみ曲線**（Deflection curve of beam）と呼ばれ，

$$y = y(x) \tag{8.1}$$

つぎにはりのたわみ曲線の一部に微小要素（太い青字の部分）を取り出し，この微小要素に対して図 8-2 のように微小な直角三角形をとる．この直角三角形の底辺の長さがdx，高さがdy，斜辺の長さがds，その傾き角がθであるものとすれば，

$$\tan\theta = \frac{dy}{dx} \tag{8.2}$$

ここに角度θが十分に小さいものとすると，

$$\theta = \frac{dy}{dx} \tag{8.3}$$

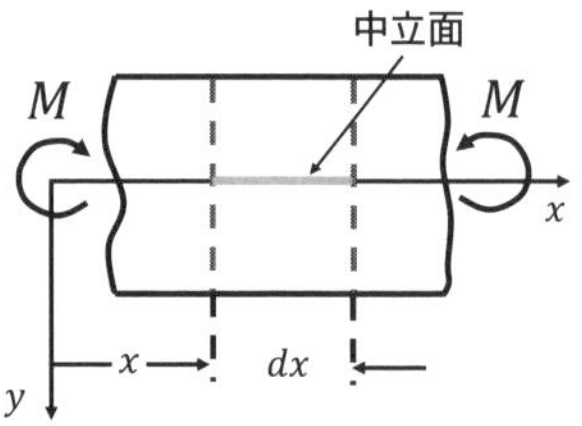

図 8-1　はりの仮想切断面

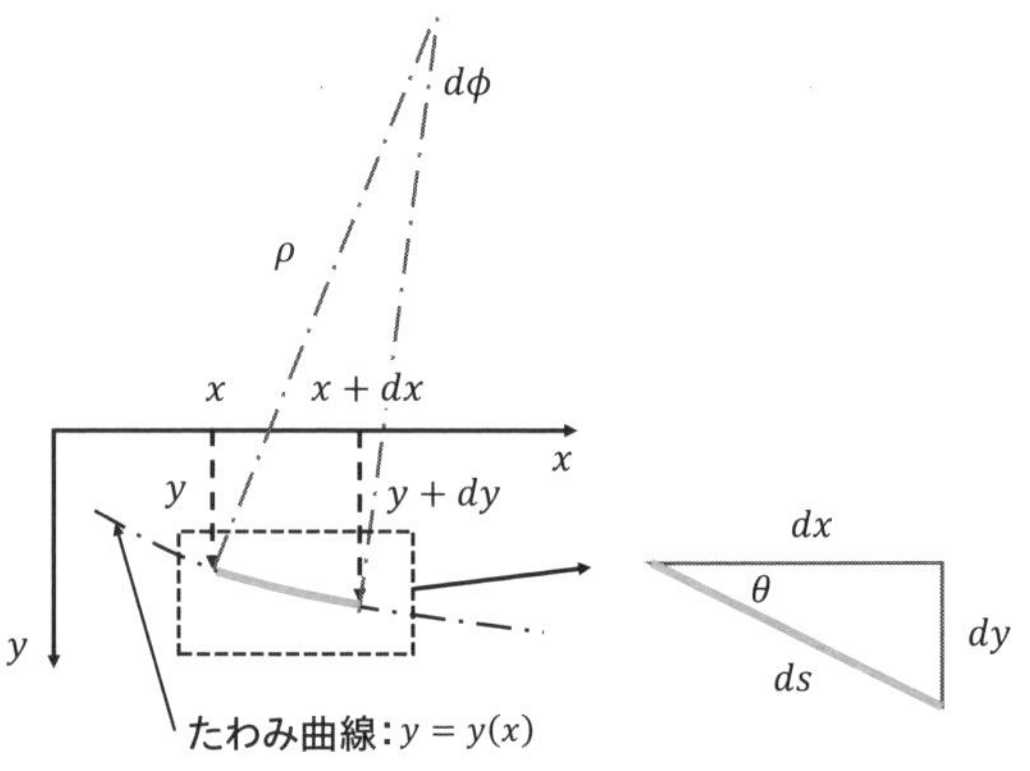

図 8-2　はりのたわみ曲線

この角度θは**たわみ角**（Angle of deflection）と呼ばれる．一方，微小要素の斜辺の長さdsは，円弧長さにも等しく，

$$ds = \rho d\phi \tag{8.4}$$

位置xでのたわみ曲線の接線が傾き角θであるから，位置$x + dx$での傾き角はθに対して微小量$d\theta$だけ増加し，その大きさは$\theta + d\theta$となる．このとき，この傾き角の差が円弧形状に変形した微小要素の開き角$d\phi$に等しいことになる．よって，

$$\begin{aligned} d\phi &= \theta - (\theta + d\theta) \\ \therefore\ d\phi &= -d\theta\ (> 0) \end{aligned} \tag{8.5}$$

ここで，$\theta > \theta + d\theta$であることに注意する．よって，微小要素の長さ$ds$は，式 (8.4) より，

$$ds = -\rho d\theta$$

これにより，

$$\frac{1}{\rho} = -\frac{d\theta}{ds} \cong -\frac{d\theta}{dx} = -\frac{d^2 y}{dx^2} \tag{8.6}$$

なお，$ds \cong dx$ならびに式 (8.3) を利用した．一方，第 7 章の結果（式 (7.12)）から，

$$\frac{1}{\rho} = \frac{M}{EI} \tag{8.7}$$

よって，式 (8.6) と式 (8.7) から以下に示すはりのたわみの微分方程式が得られる．

$$\frac{d^2 y}{dx^2} = -\frac{M}{EI} \tag{8.8}$$

結局，はりのたわみ曲線を求めるには，この微分方程式を解けばよい．

はりのたわみの微分方程式は，つぎのように解くことができる．はじめに取り扱われる問題における曲げモーメント$M = M(x)$をはりのたわみの微分方程式に代入する．

$$\frac{d^2 y}{dx^2} = -\frac{M(x)}{EI}$$

つぎにこの微分方程式を積分することにより，はりのたわみ角θが得られる．

$$\frac{dy}{dx} = -\frac{1}{EI}\int M(x)\,dx + C_1 \Rightarrow \theta$$

ふたたび積分することで，はりのたわみ曲線yが得られる．

$$y = -\frac{1}{EI}\int\int M(x)\,dxdx + C_1x + C_2$$

以下に述べる境界条件から積分定数C_1, C_2が求められ，これにより求めたいはりのたわみ曲線が得られる.

8-2 境界条件

境界条件には，以下の3種類がある.

1 固定支持に対する境界条件

剛体壁にはりが固定支持されているとき，固定支持に対するはりのたわみ曲線は，(i)固定支持ではたわみが生じない（$y=0$），(ii) 固定支持ではたわみ角はゼロ（$\theta=0$）であること，を満足していなければならない.

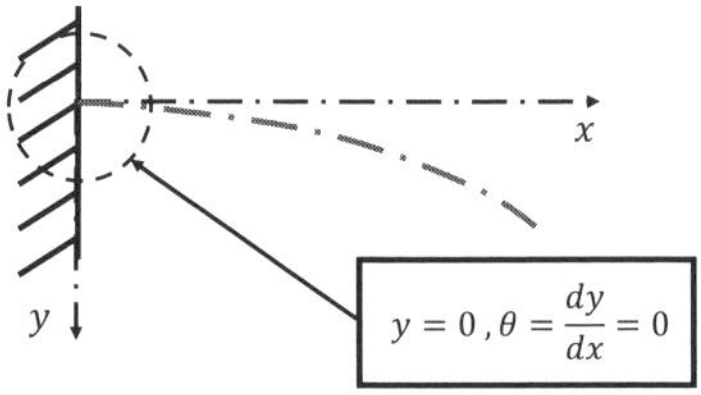

図8-3　固定支持に対する境界条件

2 移動支持・回転支持に対する境界条件

移動支持，回転支持ではりが支持されているとき，はりのたわみ曲線は，支持部でたわみが生じない（$y=0$）こと，を満足していなければならない.

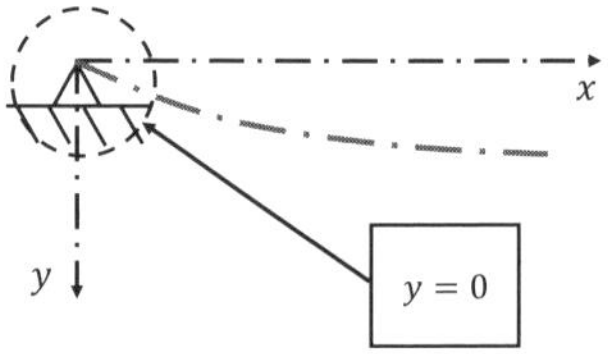

図8-4　移動支持・回転支持に対する境界条件

3 たわみ曲線の連続性

たわみ，たわみ角ははりのたわみ曲線上でなめらかに変化しなければならない.

8-3 はりの静定問題のステップ解法

以下に，はりの静定問題のステップ解法を示す．

はりの静定問題のステップ解法

ステップ1　問題を解くための準備をする

支持からはりを切り離した自由体図を作図する．座標軸を左端に原点をとって，はりに沿って右向きにx軸，これと鉛直下向きにy軸をおく．

ステップ2　仮想切断面により曲げモーメントを求める

はりの任意の位置に仮想切断面をおく．この仮想切断面についてのはりの自由体図を作図する．仮想切断面に正の方向の曲げモーメントを記入する．モーメントのつり合いの式から曲げモーメントを求める．

ステップ3　曲げ応力の分布を求める（第7章で学習済み）

曲げモーメントから曲げ応力を求める．はり問題では，曲げ応力の最大となる位置と曲げ応力の大きさが重要となる．

ステップ4　たわみを求める

はりのたわみの微分方程式と境界条件からたわみ曲線を求める．はり問題では，はりのたわみが最大となる位置とたわみの大きさが重要となる．

演習問題 8-1

図8-5に示すような先端に集中荷重Pを受ける片持ちはりのたわみ曲線を求めなさい．なお，はりの曲げ剛性をEIとする．

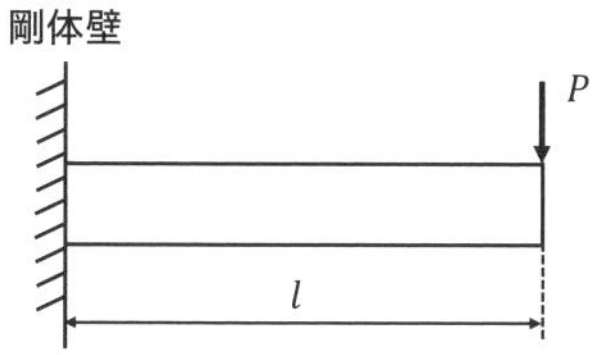

図8-5　先端に集中荷重を受ける片持ちはり

解答 曲げモーメント線図は【演習問題 6-1】を参照してほしい.

ステップ 1 **問題を解くための準備をする**

ここではこのステップの説明は省略する.

ステップ 2 **仮想切断面により曲げモーメントを求める**

【演習問題 6-1】により先端に集中荷重を受けるはりの曲げモーメントは,

$$M = -P(l - x) \tag{8.9}$$

ステップ 3 **曲げ応力の分布を求める**

【演習問題 7-1】ですでに扱っているため,このステップの説明は省略する.

ステップ 4 **たわみを求める**

はりのたわみの微分方程式に曲げモーメントを代入する.

$$\frac{d^2y}{dx^2} = \frac{P(l - x)}{EI} \tag{8.10}$$

積分する.

$$(\theta =)\frac{dy}{dx} = \frac{P}{EI}\left(lx - \frac{1}{2}x^2\right) + C_1 \tag{8.11}$$

さらに積分する.

$$y = \frac{P}{EI}\left(\frac{1}{2}lx^2 - \frac{1}{6}x^3\right) + C_1x + C_2 \tag{8.12}$$

積分定数は,つぎの境界条件

$$x = 0 \text{にて} y = 0,\ \theta = 0$$

から,$C_1 = 0,\ C_2 = 0$となる.よって,はりのたわみ曲線は,

$$y = \frac{P}{EI}\left(\frac{1}{2}lx^2 - \frac{1}{6}x^3\right) \tag{8.13}$$

演習問題 8-2

図 8-6 に示すような途中に集中荷重Pを受ける片持ちはりのたわみ曲線を求めなさい.なお,はりの曲げ剛性をEIとする.

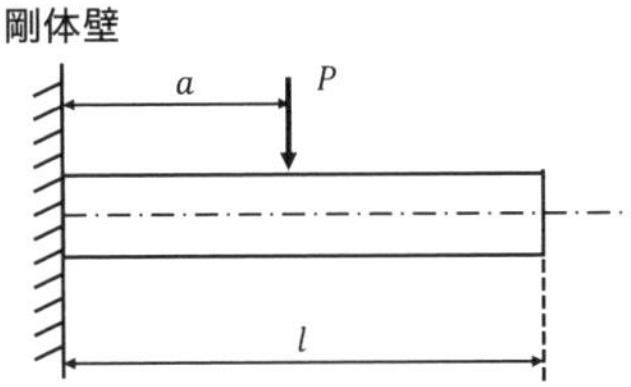

図8-6　途中で集中荷重を受ける片持ちはり

解答　曲げモーメント線図は【演習問題 6-3】を参照してほしい．

ステップ **1**　**問題を解くための準備をする**

ここではこのステップの説明は省略する．

ステップ **2**　**仮想切断面により曲げモーメントを求める**

【演習問題 6-3】により途中で集中荷重を受けるはりの曲げモーメントは，

① $0 \leq x < a$:

$$M = -P(a - x) \tag{8.14}$$

② $a < x \leq l$:

$$M = 0 \tag{8.15}$$

ステップ **3**　**曲げ応力の分布を求める**

【演習問題 7-2】ですでに扱っているため，このステップの説明は省略する．

ステップ **4**　**たわみを求める**

はりのたわみの微分方程式に曲げモーメントを代入する．

① $0 \leq x \leq a$の区間におけるたわみをy_1とする．すると，

$$\frac{d^2 y_1}{dx^2} = \frac{P(a - x)}{EI} \tag{8.16}$$

② $a \leq x \leq l$の区間におけるたわみをy_2とする．すると，

$$\frac{d^2 y_2}{dx^2} = 0 \tag{8.17}$$

ここで，ステップ2での曲げモーメントの区間では$x = a$にて不等号$<$としていた．これは，$x = a$にて曲げモーメントが不連続となるためであった．一方，たわみは「**境界条件 3 たわみ曲線の連続性**」により等号付き不等号$\leq$としていることに注意する．

積分する.

① $0 \le x \le a$:
$$\theta_1 = \frac{dy_1}{dx} = \frac{P}{EI}\left(ax - \frac{1}{2}x^2\right) + C_1 \tag{8.18}$$

② $a \le x \le l$:
$$\theta_2 = \frac{dy_2}{dx} = C_3 \tag{8.19}$$

さらに積分する.

① $0 \le x \le a$:
$$y_1 = \frac{P}{EI}\left(\frac{1}{2}ax^2 - \frac{1}{6}x^3\right) + C_1 x + C_2 \tag{8.20}$$

② $a \le x \le l$:
$$y_2 = C_3 x + C_4 \tag{8.21}$$

以下の境界条件により，積分定数C_i $(i = 1, 2, 3, 4)$を決定する.

$$x = 0 \text{にて } y_1 = 0 \text{ならびに} \theta_1 = 0$$

$$x = a \text{にて} y_1 = y_2 \text{ならびに} \theta_1 = \theta_2$$

より,

$$C_1 = 0,\ C_2 = 0\ ,\ C_3 = \frac{Pa^2}{2EI},\ C_4 = -\frac{Pa^3}{6EI} \tag{8.22}$$

よって，本問題のはりのたわみ曲線は,

① $0 \le x \le a$:
$$y_1 = \frac{P}{EI}\left(\frac{1}{2}ax^2 - \frac{1}{6}x^3\right) \tag{8.23}$$

② $a \le x \le l$:
$$y_2 = \frac{Pa^2}{2EI}x - \frac{Pa^3}{6EI} \tag{8.24}$$

参考のために，本問題のたわみ曲線の形状を図 8-7 に示しておく．図中の (a) は本問題のたわみ曲線の解，図中の (b) は区間①の式 (8.23) による結果である．図からわかるように，区間$a \le x \le l$においてはりにはせん断力や曲げモーメントが分布していないため，直線形状を保っていることがわかる.

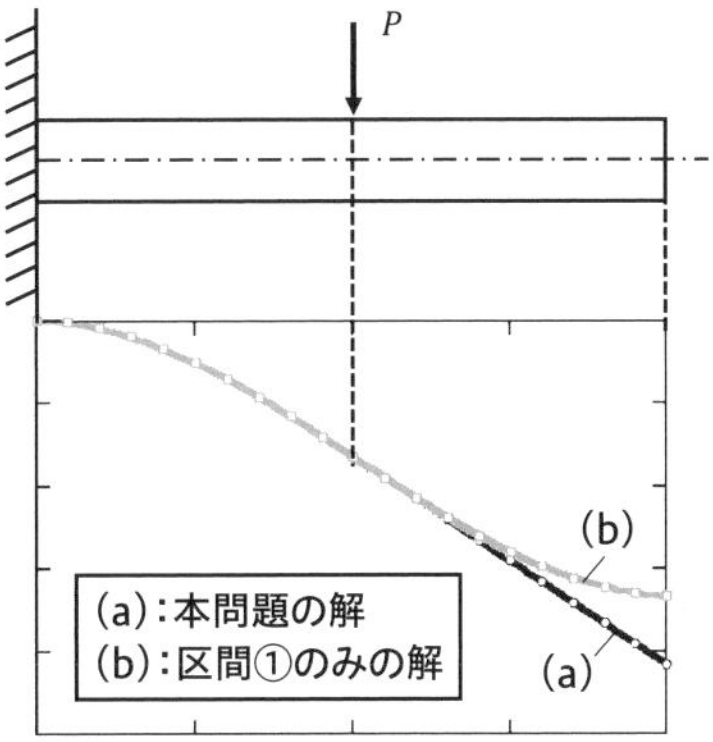

図8-7　途中で集中荷重を受ける片持ちはりのたわみ曲線

演習問題8-3

図8-8に示すような先端で集中モーメントM_0を受ける片持ちはりのたわみ角，たわみ曲線，最大たわみ角，最大たわみ量をそれぞれ求めなさい．なお，はりの曲げ剛性をEIとする．

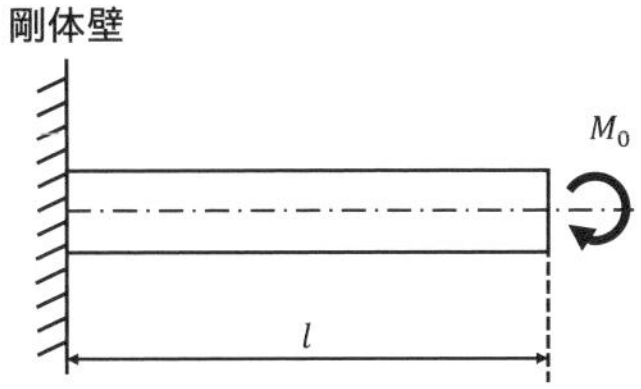

図8-8　先端で集中モーメントを受ける片持ちはり

解答　曲げモーメント線図は【演習問題6-4】を参照してほしい．

はりのたわみ角は，

$$\theta = \frac{1}{EI} M_0 x \tag{8.25}$$

たわみ曲線は，

$$y = \frac{1}{2EI} M_0 x^2 \tag{8.26}$$

最大たわみ角は，$x = l$にて，

$$\theta_{\max} = \theta|_{x=l} = \frac{M_0 l}{EI} \tag{8.27}$$

最大たわみ量は,

$$\delta = y|_{x=l} = \frac{M_0 l^2}{2EI} \tag{8.28}$$

演習問題 8-4

図 8-9 に示すような，途中で集中モーメント M_0 を受ける片持ちはりに生じるたわみ角，たわみ曲線，最大たわみ角，最大たわみ量をそれぞれ求めなさい．なお，はりの曲げ剛性を EI とする．

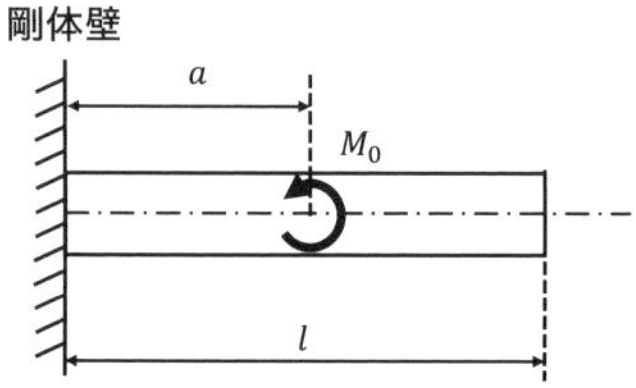

図 8-9　途中で集中モーメントを受ける片持ちはり

解答　曲げモーメント線図は【演習問題 6-5】を参照してほしい．

たわみ角は,

① $0 \le x \le a$:

$$\theta_1 = -\frac{M_0}{EI}x \tag{8.29}$$

② $a \le x \le l$:

$$\theta_2 = -\frac{M_0}{EI}a \tag{8.30}$$

たわみ曲線は,

① $0 \le x \le a$:

$$y_1 = -\frac{1}{2}\frac{M_0}{EI}x^2 \tag{8.31}$$

② $a \le x \le l$:

$$y_2 = -\frac{M_0}{EI}ax + \frac{M_0}{2EI}a^2 \tag{8.32}$$

最大たわみ角は，$x = l$ にて,

$$\theta_{\max} = \theta_2|_{x=l} = -\frac{M_0}{EI}a \tag{8.33}$$

最大たわみ量は,

$$\delta = y_2|_{x=l} = -\frac{M_0}{EI}al + \frac{M_0}{2EI}a^2 \tag{8.34}$$

演習問題 8-5

図 8-10 に示すような等分布荷重wを受ける片持ちはりに生じるたわみ角, たわみ曲線, 最大たわみ角, 最大たわみ量をそれぞれ求めなさい. なお, はりの曲げ剛性をEIとする.

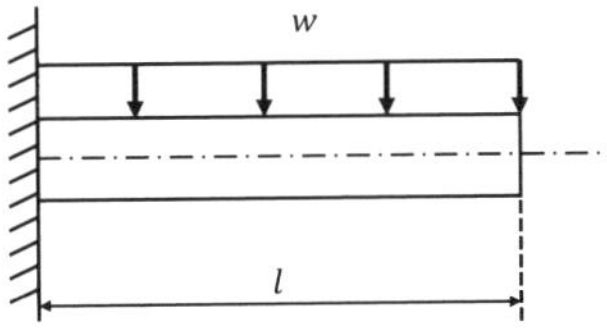

図 8-10　等分布荷重を受ける片持ちはり

解答　曲げモーメント線図は【演習問題 6-6】を参照してほしい.

はりのたわみ角は,

$$\theta = \frac{w}{2EI}\left(l^2x - lx^2 + \frac{1}{3}x^3\right) \tag{8.35}$$

たわみ曲線は,

$$y = \frac{w}{2EI}\left(\frac{1}{2}l^2x^2 - \frac{1}{3}lx^3 + \frac{1}{12}x^4\right) \tag{8.36}$$

最大たわみ角は, $x = l$にて,

$$\theta_{\max} = \theta|_{x=l} = \frac{wl^3}{6EI} \tag{8.37}$$

最大たわみ量は,

$$\delta = y|_{x=l} = \frac{wl^4}{8EI} \tag{8.38}$$

演習問題 8-6

図 8-11 に示すような三角形状分布荷重wを受ける片持ちはりのたわみ角，たわみ曲線，最大たわみ角，たわみ量をそれぞれ求めなさい．なお，はりの曲げ剛性をEIとする．

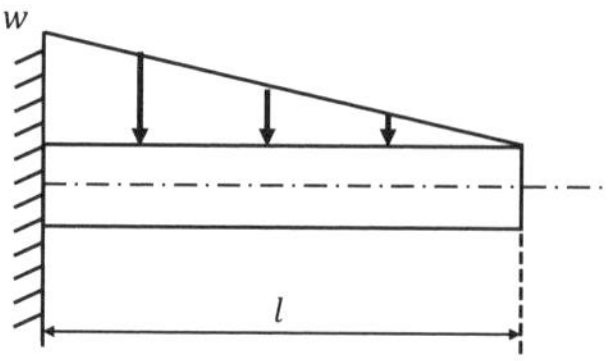

図 8-11　三角形状分布荷重を受ける片持ちはり

解答　曲げモーメント線図は【演習問題 6-7】を参照してほしい．

はりのたわみ角は，

$$\theta = \frac{w}{24EI}\frac{x}{l}\left(4l^3 - 6l^2x + 4lx^2 - x^3\right) \tag{8.39}$$

たわみ曲線は，

$$y = \frac{w}{120EI}\frac{x^2}{l}\left(10l^3 - 10l^2x + 5lx^2 - x^3\right) \tag{8.40}$$

最大たわみ角は，$x = l$にて，

$$\theta_{\max} = \theta|_{x=l} = \frac{wl^3}{24EI} \tag{8.41}$$

最大たわみ量は，

$$\delta = y|_{x=l} = \frac{wl^4}{30EI} \tag{8.42}$$

演習問題 8-7

図 8-12 に示すような集中荷重Pを受ける両端支持はりに生じるたわみ角，たわみ曲線をそれぞれ求めなさい．なお，はりの曲げ剛性をEIとする．

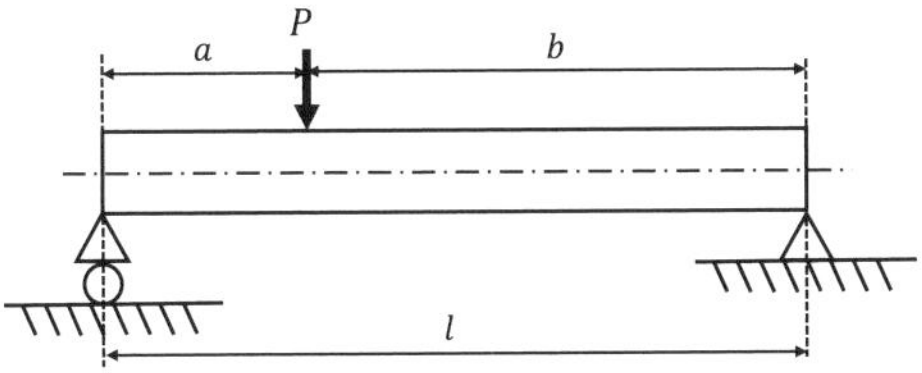

図8-12　集中荷重を受ける両端支持はり

解答　曲げモーメント線図は【演習問題 6-2】を参照してほしい．

はりのたわみ角は，

① $0 \leq x \leq a$：

$$\theta_1 = -\frac{bP}{2lEI}x^2 + \frac{ab(a+2b)}{6lEI}P \tag{8.43}$$

② $a \leq x \leq l$：

$$\theta_2 = \frac{aP}{2lEI}(l-x)^2 - \frac{ab(b+2a)}{6lEI}P \tag{8.44}$$

たわみ曲線は，

① $0 \leq x \leq a$：

$$y_1 = -\frac{bP}{6lEI}x^3 + \frac{ab(a+2b)}{6lEI}Px \tag{8.45}$$

② $a \leq x \leq l$：

$$y_2 = -\frac{aP}{6lEI}(l-x)^3 - \frac{ab(b+2a)}{6lEI}Px + \frac{ab(b+2a)}{6EI}P \tag{8.46}$$

なお，$a = l/2$であれば，はりの両端でたわみ角が最大となり，

$$\theta_{max} = \theta_1|_{x=0} = \frac{P}{16EI}l^2 \tag{8.47}$$

また，中央部でたわみ量が最大となり，

$$\delta = y_1|_{x=l/2} = \frac{P}{48EI}l^3 \tag{8.48}$$

演習問題 8-8

図 8-13 に示すような等分布荷重wを受ける両端支持はりに生じるたわみ角，たわみ曲線，最大たわみ角，たわみ量をそれぞれ求めなさい．なお，はりの曲げ剛性をEIとする．

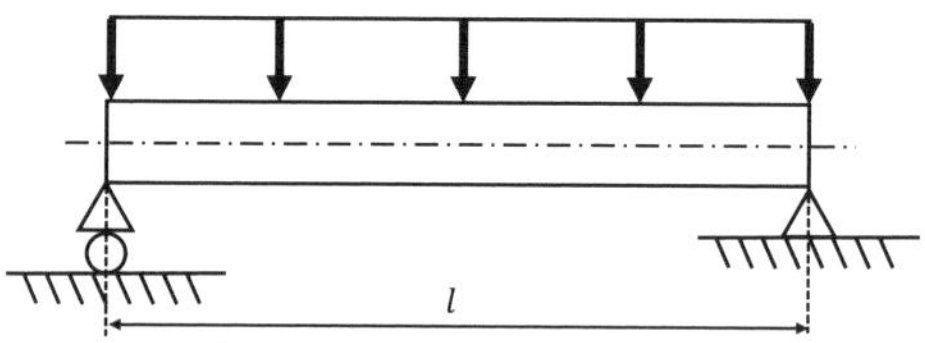

図8-13　等分布荷重を受ける両端支持はり

解答　曲げモーメント線図は【演習問題 6-8】を参照してほしい.

はりのたわみ角は,

$$\theta = -\frac{w}{2EI}\left(\frac{1}{2}lx^2 - \frac{1}{3}x^3\right) + \frac{wl^3}{24EI} = \frac{w}{24EI}\left(l^3 - 6lx^2 + 4x^3\right) \tag{8.49}$$

たわみ曲線は,

$$y = -\frac{w}{2EI}\left(\frac{1}{6}lx^3 - \frac{1}{12}x^4\right) + \frac{wl^3}{24EI}x = \frac{wx}{24EI}\left(l^3 - 2lx^2 + x^3\right) \tag{8.50}$$

はりの両端でたわみ角が最大となり,

$$\theta_{\max} = \boldsymbol{\theta}|_{x=0} = \boldsymbol{\theta}|_{x=l} = \frac{wl^3}{24EI} \tag{8.51}$$

また,中央部でたわみ量が最大となり,

$$\delta = y|_{x=l/2} = \frac{5wl^4}{384EI} \tag{8.52}$$

演習問題 8-9

図 8-14 に示すような三角形状分布荷重を受ける両端支持はりに生じるたわみ角,たわみ曲線をそれぞれ求めなさい.なお,はりの曲げ剛性をEIとする.

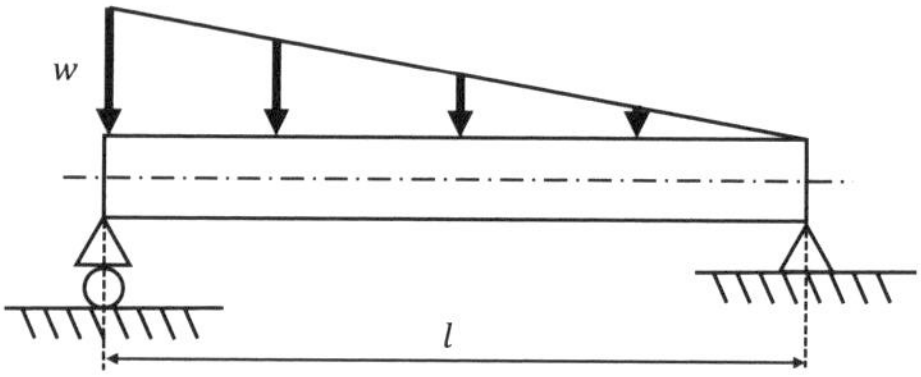

図8-14　三角形状分布荷重を受ける両端支持はり

解答　曲げモーメント線図は【演習問題6-9】を参照してほしい．

はりのたわみ角は，

$$\theta = \frac{w}{360EIl}\left(8l^4 - 60l^2x^2 + 60lx^3 - 15x^4\right) \tag{8.53}$$

たわみ曲線は，

$$y = \frac{w}{360EIl}x\left(l - x\right)\left(8l^3 + 8l^2x - 12lx^2 + 3x^3\right) \tag{8.54}$$

演習問題 8-10

図8-15に示すような両端で集中モーメントM_AとM_Bを受ける両端支持はりに生じるたわみ角，たわみ曲線をそれぞれ求めなさい．なお，はりの曲げ剛性をEIとする．

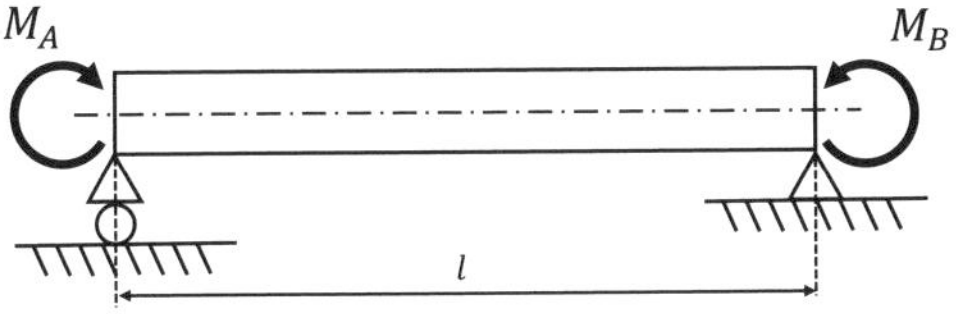

図8-15　両端で集中モーメントを受ける両端支持はり

解答　曲げモーメント線図は【演習問題6-10】を参照してほしい．

はりのたわみ角は，

$$\theta = -\frac{1}{EI}\left\{M_Ax + \left(M_B - M_A\right)\left(\frac{x^2}{2l}\right)\right\} + \frac{l}{3EI}\left\{M_A + \frac{1}{2}M_B\right\} \tag{8.55}$$

たわみ曲線は，

$$y = -\frac{1}{EI}\left\{\frac{1}{2}M_Ax^2 + \left(M_B - M_A\right)\left(\frac{x^3}{6l}\right)\right\} + \frac{l}{3EI}\left\{M_A + \frac{1}{2}M_B\right\}x \tag{8.56}$$

Column　材料力学の天才その4　ガリレオ・ガリレイが考えた材料力学 (2)

ガリレオ・ガリレイははりの問題についてもその破壊について考えている．すでに400年も前からガリレオによって片持ちはりの問題が取り上げられていたとはビックリである．ガリレオは図に示すように推論した.「はりを固定している端部点Bは回転中心としてテコBCの支点として働く．そして，はりの高さ方向のBAはそれに沿って反力が働いているもう1つのテコの腕となる．この反力がはりの壁の内にある部分と外の部分とが分断されないように抵抗しているのである」．これによれば，ガリレオははりを支えている断面BAには一様に引張応力が作用していると考えていたといえる．これが誤りなのは, 材料力学を学んでいる皆さんには容易に理解できるであろう．これ以降，かなり長い間，はりの断面に対して曲げ応力の分布と中立面について正確に理解できるまでに約250年という長い時間がかかった.

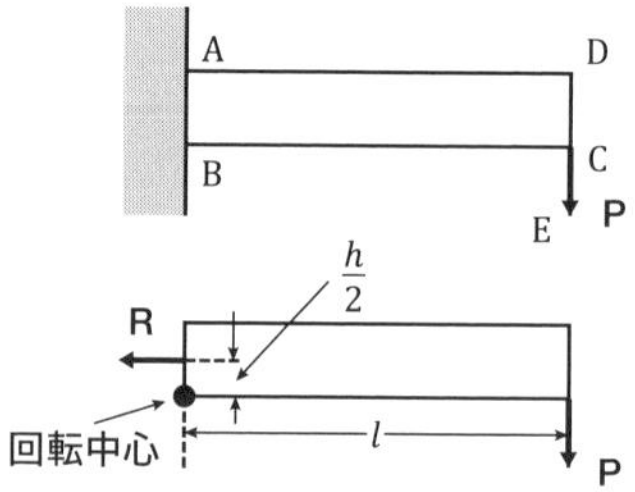

$$R\frac{h}{2} = Pl$$

ガリレオが考えた片持ちはりの
問題の解き方

参考文献

1) チモシェンコ著 (最上 武雄，川口 昌宏訳)『材料力学史』鹿島出版 (1975年)
2) 近藤恭平，“ガリレオ・ガリレイと材料力学”，日本航空宇宙学会誌，第51巻，第589号 (2003年)，pp. 32-41.

Chapter 9

重ね合せの原理によるはり問題の解法

本章での学び

これまでに横荷重を受けたはりに生じる曲げ応力，たわみを計算する方法について学んできた．このうちはりのたわみについては，はりのたわみの微分方程式を問題に適した境界条件のもとで解けばよいことがわかった．ところで，はりの支持方法や集中荷重の数が少なければこの方法で比較的簡単にたわみ曲線を求めることができる．しかし，多くの問題では，集中荷重の数も多く，複雑な連立方程式を解かなければならない．そこで，本章でははりに生じるたわみを求めるための別解法について学ぶ．

9-1 重ね合せの原理

はりのたわみを求める別解法を学ぶのに先立ち，重ね合せの原理について説明する．ふたつ以上の荷重ならびに集中モーメントが同時にはりに作用するときに生じるたわみは，各荷重ならびに集中モーメントが独立に作用したときのたわみの和に等しいことが知られている．これは**重ね合せの原理**（Principle of superposition）と呼ばれる．

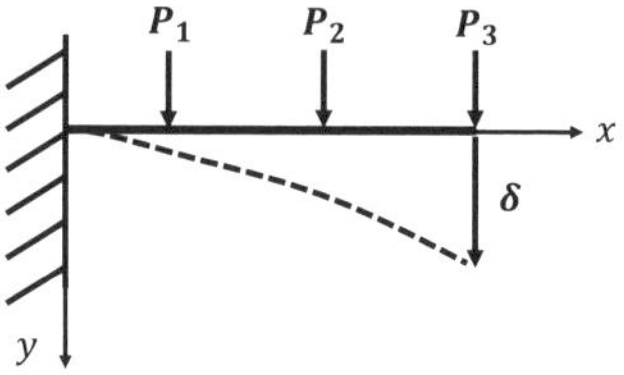

(a)複数の集中荷重を受ける片持ちはり

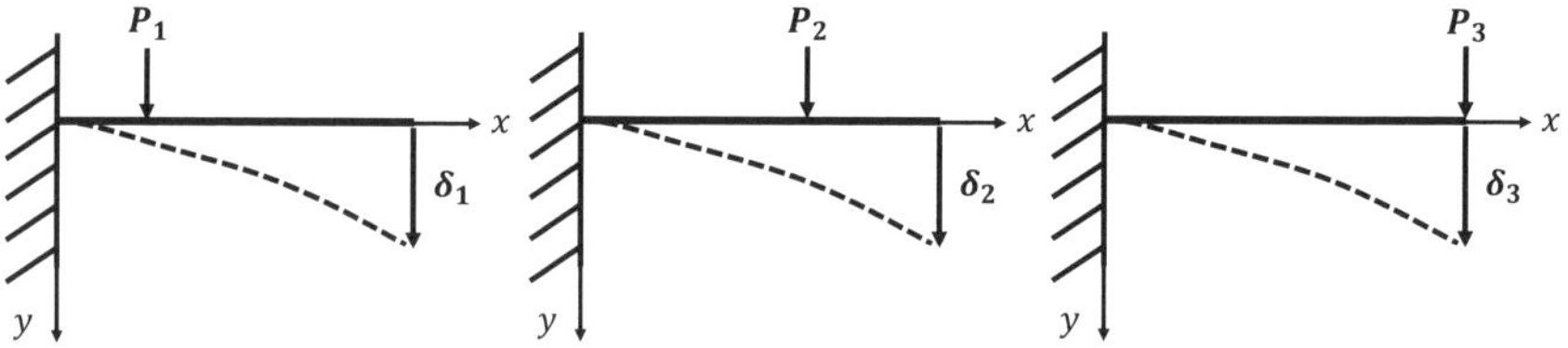

$$\delta=\delta_1+\delta_2+\delta_3$$

(b)集中荷重を受ける片持ちはり

図9-1　重ね合せの原理の説明図

このことを理解するために，図9-1（a）に示す剛体壁に固定支持された片持ちはりの問題について考えてみることにしよう．このはりには3つの集中荷重が同時に作用している．このようなはりの先端に生じるたわみδの求め方は，集中荷重が作用している点を境に3区間に仮想切断面をおき，それぞれの区間における曲げモーメントを求める．そして，この曲げモーメントをはりのたわみの微分方程式に代入し，固定支持とたわみ曲線の連続性に関する境界条件によりはりのたわみ曲線を求める．最後にこのたわみ曲線からはりの先端でのたわみδを得た．これに対して，本章で学ぶ重ね合せの原理による解法では，図9-1(b)に示すように，それぞれ独立に集中荷重P_i $(i=1,2,3)$を片持ちはりに作用させたときのはりの先端でのたわみ$\delta_i(i=1,\ 2,\ 3)$を求める．そして，それらの和をとればよい．

$$\delta = \sum_{i=1}^{3} \delta_i \tag{9.1}$$

このことを一般化すると，n個の集中荷重P_i $(i = 1, 2, 3, \ldots, n)$が片持ちはりに作用するとき，このはりの先端に生じるたわみは，

$$\boldsymbol{\delta = \sum_{i=1}^{n} \delta_i} \tag{9.2}$$

となる．

9-2 はり問題の基本パターン

重ね合せの原理とともに以下に示すはりの基本問題を組み合わせることで，さらに簡単にはりのたわみを求めることができるようになる．

表9-1にはりの基本問題を示す．はりの基本問題は3種類からなり，それらの解は1) 剛体壁に固定された片持ちはりの先端に集中荷重（これをK-1と呼ぶ），2) 集中モーメント（これをK-2と呼ぶ），ならびに3) はり上面に一定の分布荷重（これをK-3と呼ぶ）が作用するときのはり先端でのたわみδとたわみ角θである．

表9-1　はりの基本問題

	荷重の種類	たわみδ	たわみ角θ
K-1		$\dfrac{Pl^3}{3EI}$	$\dfrac{Pl^2}{2EI}$
K-2	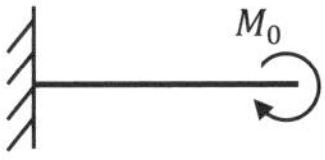	$\dfrac{M_0 l^2}{2EI}$	$\dfrac{M_0 l}{EI}$
K-3	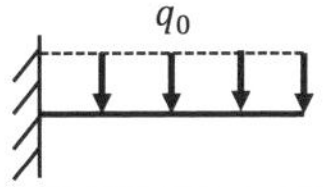	$\dfrac{q_0 l^4}{8EI}$	$\dfrac{q_0 l^3}{6EI}$

9-3 重ね合せの原理を利用したはり問題のステップ解法

以下では，はりの基本問題におけるたわみとたわみ角を利用して，重ね合せの原理に従ってさまざまな問題を解いてみる．ここでのポイントは，はりが変形した様子を想像することにある．以下に重ね合せの原理を利用したはり問題のステップ解法を示す．

重ね合せの原理によるはり問題のステップ解法

ステップ 1	**問題を解くための準備をする** 座標軸を左端に原点をとって，はりに沿って右向きにx軸，これと鉛直下向きにy軸をおく．また，はりの形状を中立面のみで作図する．さらに，はりがたわんだ様子もあわせて作図する．
ステップ 2	**重ね合せの原理を利用してたわみを求める** ステップ1で作図したはりがたわんだ様子に対して基本問題を適用し，幾何学的にたわみを求める．

演習問題9-1

図9-2に示すような途中に集中荷重Pを受ける片持ちはりの先端でのたわみ量を求めなさい．なお，はりの曲げ剛性をEIとする．

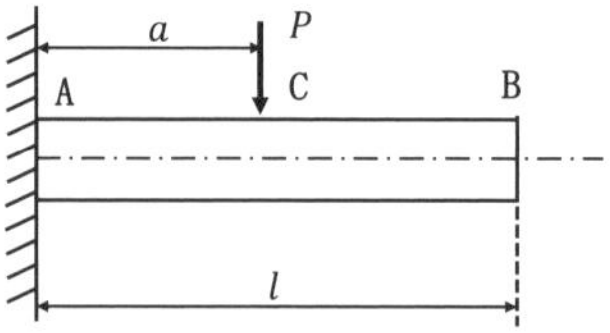

図9-2　途中で集中荷重を受ける片持ちはり

解答　【演習問題8-2】の結果と比較してほしい．

ステップ 1　問題を解くための準備をする

座標軸を図9-3のようにおく．このときはりの中立面のみ作図する．さらに，はりがたわんだ様子もあわせて作図する（図9-4）．

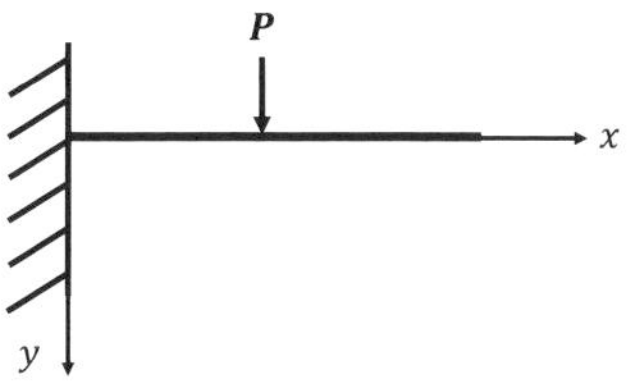

図9-3　はりの中立面

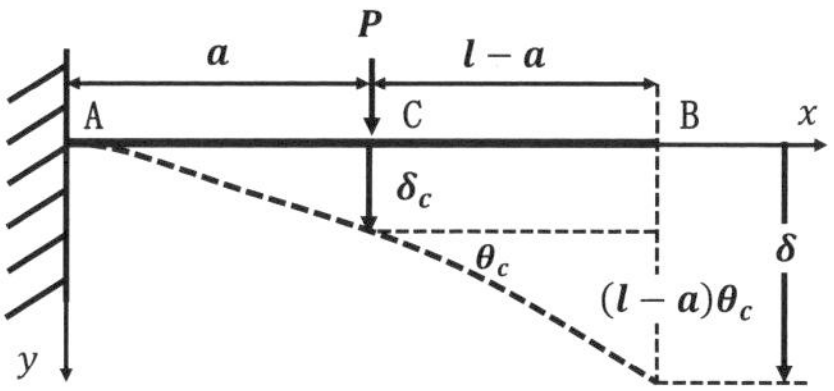

図9-4　はりがたわんだ様子

ステップ 2　重ね合せの原理を利用してたわみを求める

図から基本問題 K-1 の解を利用すればよいことがわかる．これにより，点 B でのたわみδは，表 9-1 に従って，

$$\delta = \delta_c + (l - a)\,\theta_c \tag{9.3}$$

ここで，

$$\delta_c = \frac{Pa^3}{3EI},\ \theta_c = \frac{Pa^2}{2EI} \tag{9.4}$$

より，はりのたわみは，

$$\delta = \frac{Pa^3}{3EI} + (l - a)\,\frac{Pa^2}{2EI} = \frac{Pa^2}{6EI}\,(3l - a) \tag{9.5}$$

演習問題 9-2

図 9-5 に示すような途中で集中モーメントM_0を受ける片持ちはりの先端でのたわみ量を求めなさい．なお，はりの曲げ剛性をEIとする．

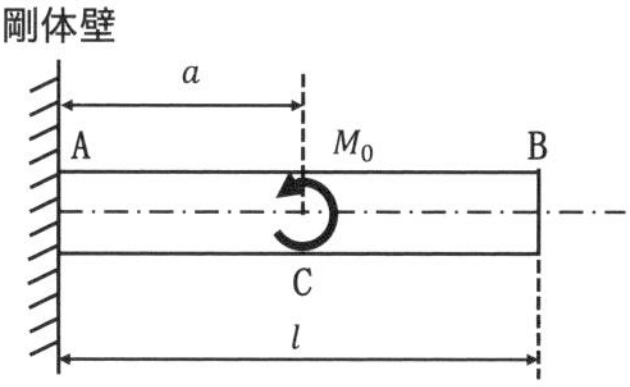

図9-5　途中で集中モーメントを受ける片持ちはり

解答　【演習問題 8-4】の結果と比較してほしい.

ステップ 1　問題を解くための準備をする

はりの中立面のみ作図する．さらに，はりがたわんだ様子もあわせて作図する.

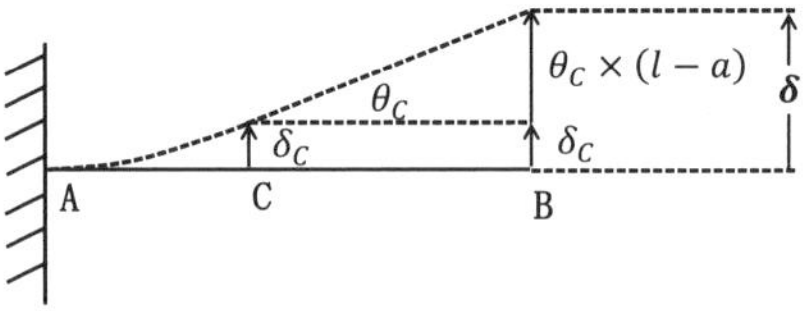

図9-6　はりのたわみ曲線

ステップ 2　重ね合せの原理を利用してたわみを求める

このはりを図 9-6 のように AC と CB に分割して考える．すると，AC 部にははりの基本問題 K-2 の結果を利用すればよいことがわかる．一方, CB 部は荷重, 曲げモーメントが作用していないために直線形状のままたわむ．よって，AC 部の点 C でのたわみ，たわみ角は,

$$\delta_C = -\frac{M_0 a^2}{2EI}\ ,\ \theta_C = -\frac{M_0 a}{EI} \tag{9.6}$$

よって，点 B でのたわみδは,

$$\delta = \delta_C + (l-a) \times \theta_C = -\frac{M_0 a^2}{2EI} - (l-a) \times \frac{M_0 a}{EI} = -\frac{M_0}{EI}al + \frac{M_0}{2EI}a^2 \tag{9.7}$$

演習問題 9-3

図 9-7 に示すような部分的に分布荷重wを受ける片持ちはりの先端でのたわみ量を求めなさい．なお，はりの曲げ剛性をEIとする.

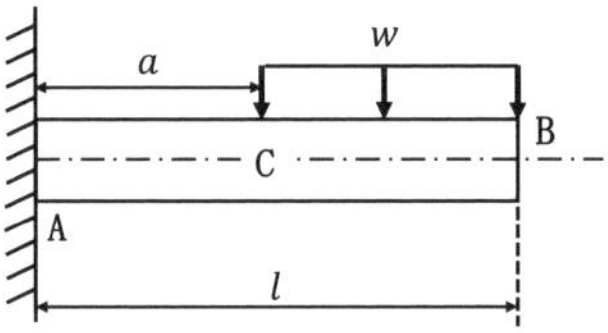

図9-7　部分的に等分布荷重を受ける片持ちはり

解答

ステップ 1　問題を解くための準備をする

はりの中立面のみ作図する．さらに，はりがたわんだ様子もあわせて作図する．ここでは作図を省略する．

ステップ 2　重ね合せの原理を利用してたわみを求める

図 9-8 に示すようにふたつのはりの問題に分離して考える．

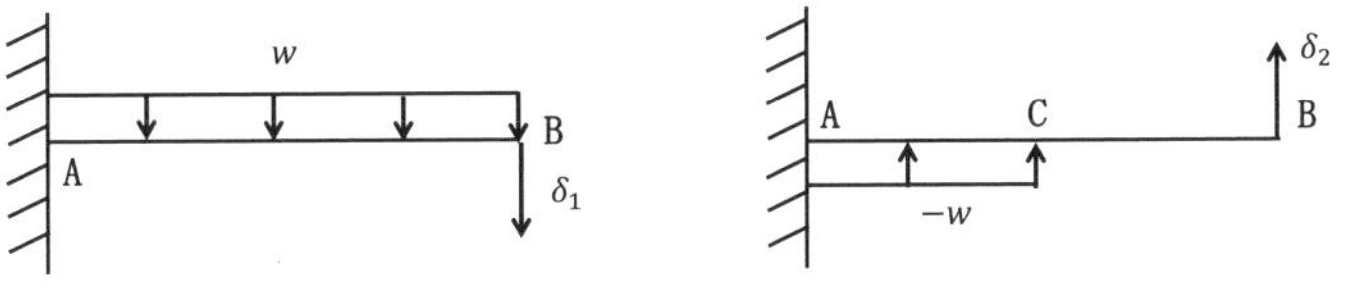

(a)等分布荷重　　(b)部分的な等分布荷重

図9-8　部分的に等分布荷重を受けるはりの問題の重ね合せ

図 9-8(a) の等分布荷重を受ける片持ちはりの問題は，基本問題 K-3 を利用し，

$$\delta_1 = \frac{wl^4}{8EI} \tag{9.8}$$

つぎに図 9-8(b) の部分的な等分布荷重を受ける片持ちはりの問題は，【演習問題 9-1】の方法を応用すればよい．

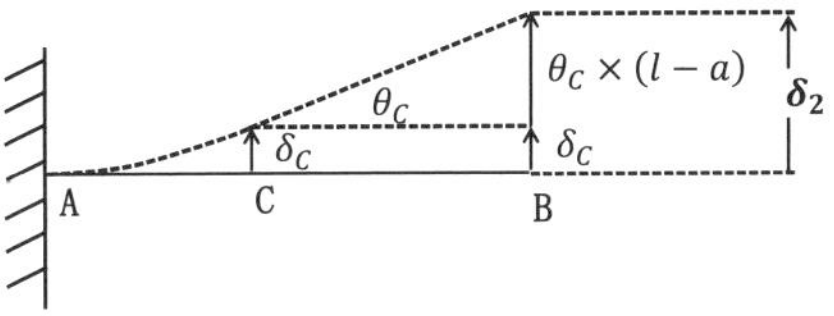

図9-9　図9-8(b)のはりがたわむ様子

図 9-9 より，

$$\delta_2 = -\frac{wa^4}{8EI} - (l-a)\frac{wa^3}{6EI} \tag{9.9}$$

最後に重ね合せの原理により，点 B でのたわみδは，

$$\delta = \delta_1 + \delta_2 = \frac{wl^4}{8EI} - \frac{wa^4}{8EI} - (l-a)\frac{wa^3}{6EI} \quad (9.10)$$
$$= \frac{w}{24EI}\left(3l^4 - 4la^3 + a^4\right)$$

演習問題9-4

図9-10に示すような集中荷重を受けるL字形状の片持ちはりにおいて，その先端に生じるたわみ量を求めなさい．なお，はりの縦弾性係数E，断面積をA，断面二次モーメントをIとする．

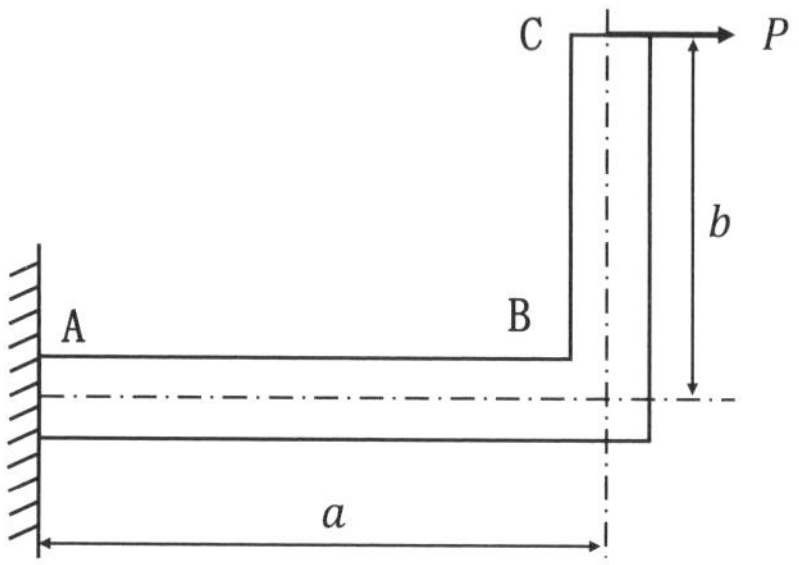

図9-10　先端で集中荷重を受けるL字形状の片持ちはり

解答

ステップ1　問題を解くための準備をする

集中荷重を受けるL字形状の片持ちはりを図9-11のように分解し，その自由体図を作図する．なお，仮想切断面においた曲げモーメントMと内力Pは実際に生じると考えられる向きとなるようにしている点に注意してほしい．

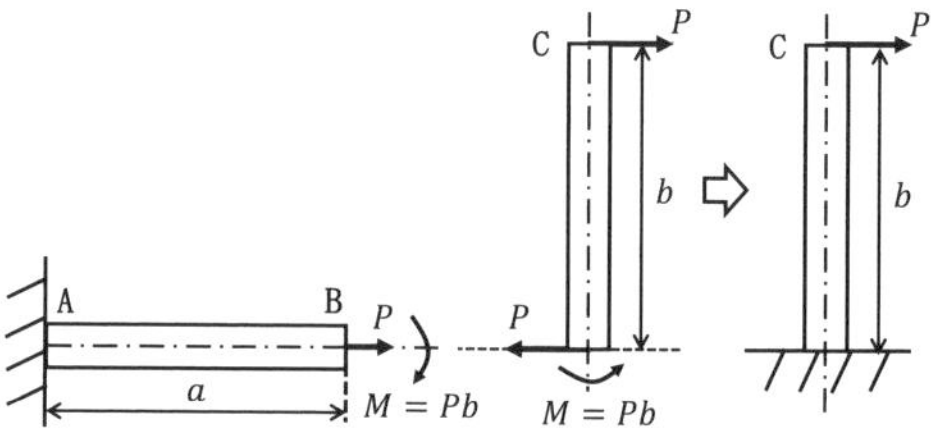

図9-11　L字形状の片持ちはりの分解図

ステップ2　重ね合せの原理を利用してたわみを求める

それぞれのはりのたわみ角とたわみ量を図9-12から求める．

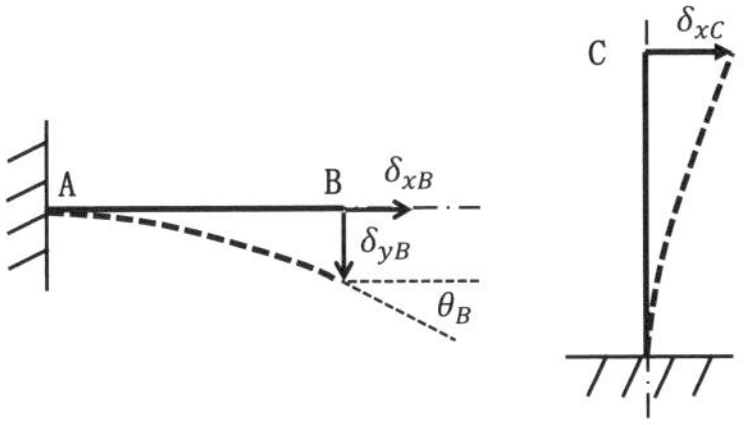

図9-12　L字形状の片持ちはりの分解図に対するたわみ曲線

すると，それぞれのたわみとたわみ角は，

$$\delta_{xB} = \frac{Pa}{EA}\ ,\ \delta_{yB} = \frac{Pba^2}{2EI}\ ,\ \theta_B = \frac{Pab}{EI}\ ,\ \delta_{xC} = \frac{Pb^3}{3EI} \tag{9.11}$$

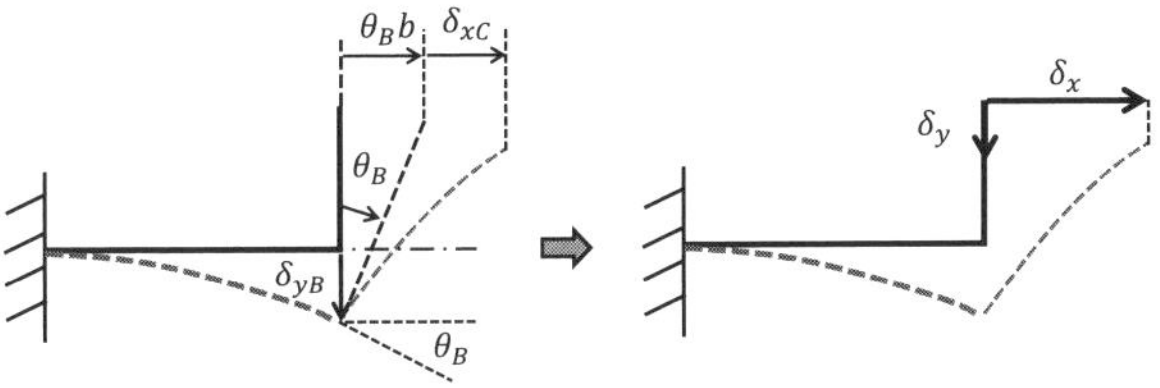

図9-13　分解されたはりの結合とたわみ曲線

最後に，図9-12に示すように分解されたはりを，図9-13に示すように結合する．

$$\delta_x = \theta_B \times b + \delta_{xC} = \frac{Pab^2}{EI} + \frac{Pb^3}{3EI} \tag{9.12}$$

$$\delta_y = \delta_{yB} = \frac{Pba^2}{2EI} \tag{9.13}$$

ここで，式(9.12)の右辺第1項は，はりABのたわみによりBCが剛体的に変位した項であり，第2項は，はりBCの先端に作用した集中荷重によりたわんだ量をそれぞれ表す．さらに，式(9.12)に示したたわみδ_xに加えて，ABの伸びδ_{xB}も加える必要がある．これにより点Cの水平方向の変位は，

$$\delta_x = \left(\frac{Pab^2}{EI} + \frac{Pb^3}{3EI}\right) + \frac{Pa}{EA} \tag{9.14}$$

そして，鉛直下向の変位は，

$$\delta_y = \frac{Pba^2}{2EI} \tag{9.15}$$

9-4 はりの不静定問題のステップ解法

一部が支持されているはりの問題は，はりの不静定問題と呼ばれる．棒の不静定問題と同様に，力のつり合いの式，モーメントのつり合いの式に加えてはりの支持条件（不静定条件）も考慮しなければならない．そこで本節では，はりの不静定問題のステップ解法について説明する．ここには，本章で学んだ重ね合せの原理を利用したはり問題のステップ解法に従ったが，第8章のはりのたわみの微分方程式によりたわみを求めてもよい．読者は，ふたつの解法により以下の演習問題を解くことで，これまでの学習がしっかりと身に付くであろう．

はりの不静定問題のステップ解法

ステップ 1	**問題を解くための準備をする** 座標軸を左端に原点をとって，はりに沿って右向きにx軸，これと鉛直下向きにy軸をおく．また，はりの形状を中立面のみで作図する．さらに，はりがたわんだ様子もあわせて作図する．
ステップ 2	**重ね合せの原理を利用してたわみを求める** ステップ1で作図したはりがたわんだ様子に対して基本問題を適用し，幾何学的にたわみを求める．
ステップ 3	**不静定条件により反力を求める．はりに生じたたわみを求める** ステップ2で得られたたわみと不静定条件から支持で生じている反力を求める．これにより求めたいたわみや曲げ応力を求める．

演習問題9-5

図9-14に示すような集中荷重Pを受け，先端が支持された片持ちはりにおける反力，集中荷重が作用している点でのたわみをそれぞれ求めなさい．なお，はりの曲げ剛性をEIとする．

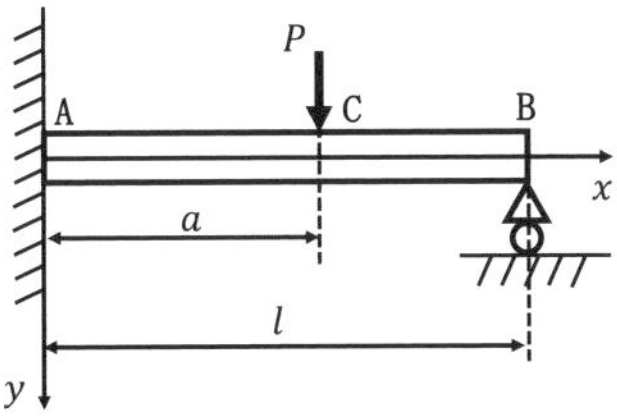

図9-14　先端が支持され途中で集中荷重を受ける片持ちはり

解答

ステップ 1　問題を解くための準備をする

はりの中立面を作図するとともに，はりの先端にある移動支持を取り外し，集中荷重Rにおきかえる．

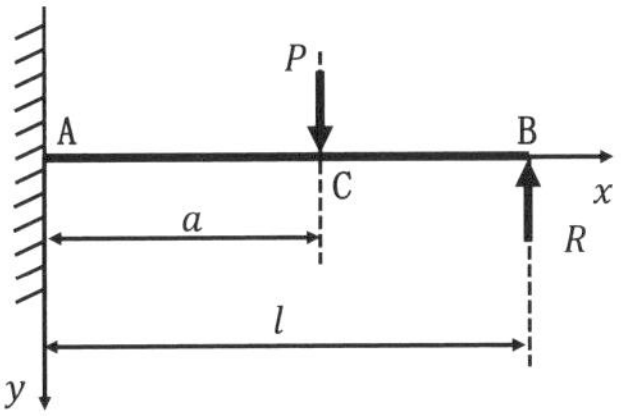

図9-15　移動支持を反力におきかえた片持ちはり

ステップ 2　重ね合せの原理を利用してたわみを求める

図9-16に示すように，点Cに集中荷重のみが作用している問題と点Bに集中荷重が作用している問題に分け，【演習問題9-1】ならびに基本問題<K-1>の解を利用して点Bでのたわみを求める．

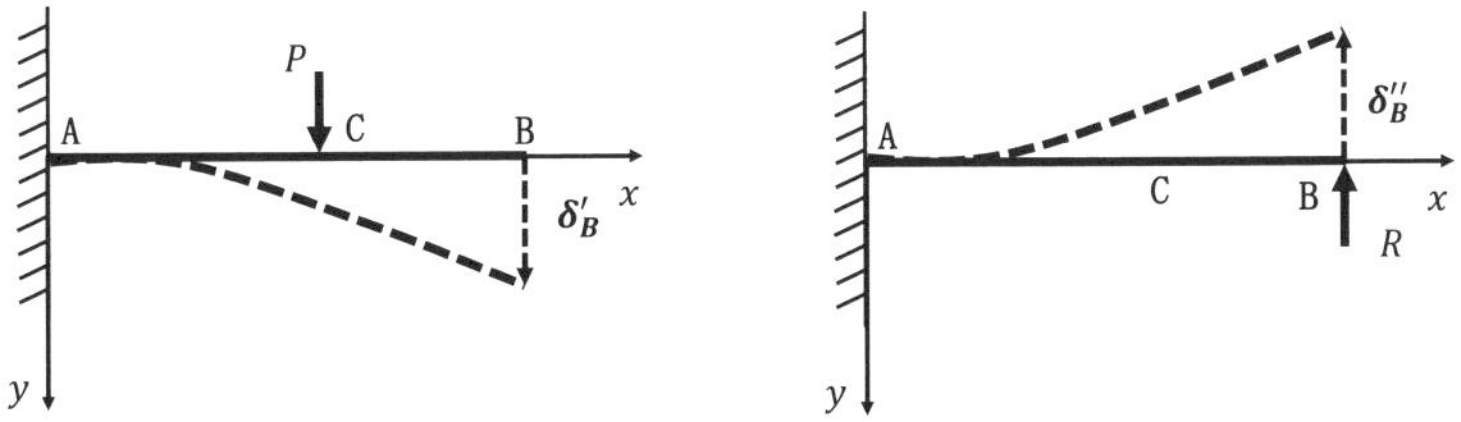

図9-16　片持ちはりの分解図

ステップ 3　不静定条件により反力を求める．はりに生じたたわみを求める

点Bでのたわみδ_Bは，

$$\delta_B = \delta_B' + \delta_B'' = \frac{Pa^2}{6EI}(3l - a) - \frac{Rl^3}{3EI} \tag{9.16}$$

となる．ここで，点Bでたわみがゼロ

$$\delta_B = 0 \tag{9.17}$$

であることから移動支持での反力が求められる．

$$R = \frac{a^2(3l - a)}{2l^3}P \tag{9.18}$$

つぎに集中荷重が作用している点Cでのたわみを求めてみる．これも重ね合せの原理により求められる．

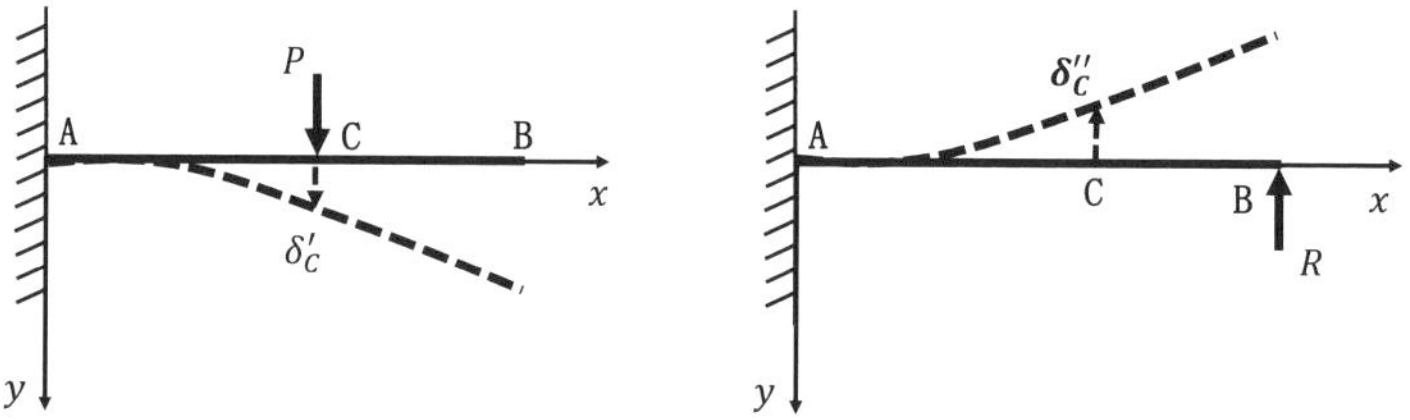

図9-17　片持ちはりの分解図と点Cでのたわみ

はじめに点Cのみに集中荷重が作用しているときの点Cでのたわみは，基本問題<K-1>の解を利用して，

$$\delta_C' = \frac{Pa^3}{3EI} \tag{9.19}$$

つぎに点Bのみに集中荷重が作用しているときの点Cでのたわみは，はりのたわみの微分方程式から以下のようにして得られる．まず，たわみ曲線は，

$$y = -\frac{R}{EI}\left(\frac{1}{2}lx^2 - \frac{1}{6}x^3\right) \tag{9.20}$$

より，

$$\delta_C'' = y|_{x=a} = -\frac{R}{EI}\left(\frac{1}{2}la^2 - \frac{1}{6}a^3\right) \tag{9.21}$$

よって，点 C でのたわみは，

$$\delta_C = \delta'_C + \delta''_C = \frac{Pa^3}{3EI} - \frac{R}{EI}\left(\frac{1}{2}la^2 - \frac{1}{6}a^3\right) \tag{9.22}$$

これに先に得られた反力Rを代入して，

$$\delta_C = \frac{Pa^3(l-a)^2(4l-a)}{12EIl^3} \tag{9.23}$$

演習問題 9-6

図 9-18 に示すような等分布荷重wを受け，先端が支持された片持ちはりにおける反力を求めなさい．なお，はりの曲げ剛性をEIとする．

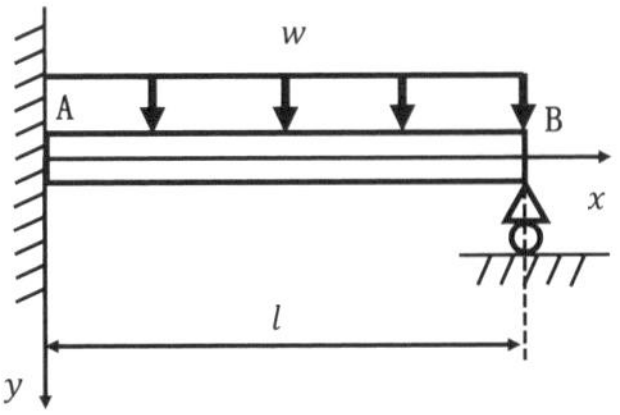

図 9-18　先端が支持され途中で等分布荷重を受ける片持ちはり

解答

ステップ 1　問題を解くための準備をする

図 9-18 において移動支持を取り外し，反力Rにおきかえる．

ステップ 2　重ね合せの原理を利用してたわみを求める

つぎに図 9-19 に示すようにふたつの問題に分け，それぞれの問題に対する点 B でのたわみを求める．

はじめに，図 9-19(a) に示す等分布荷重を受ける片持ちはりの問題 <K-3> では，

$$\delta'_B = \frac{wl^4}{8EI} \tag{9.24}$$

つぎに図 9-19(b) に示す先端に集中荷重を受ける片持ちはりの問題 <K-1> では，

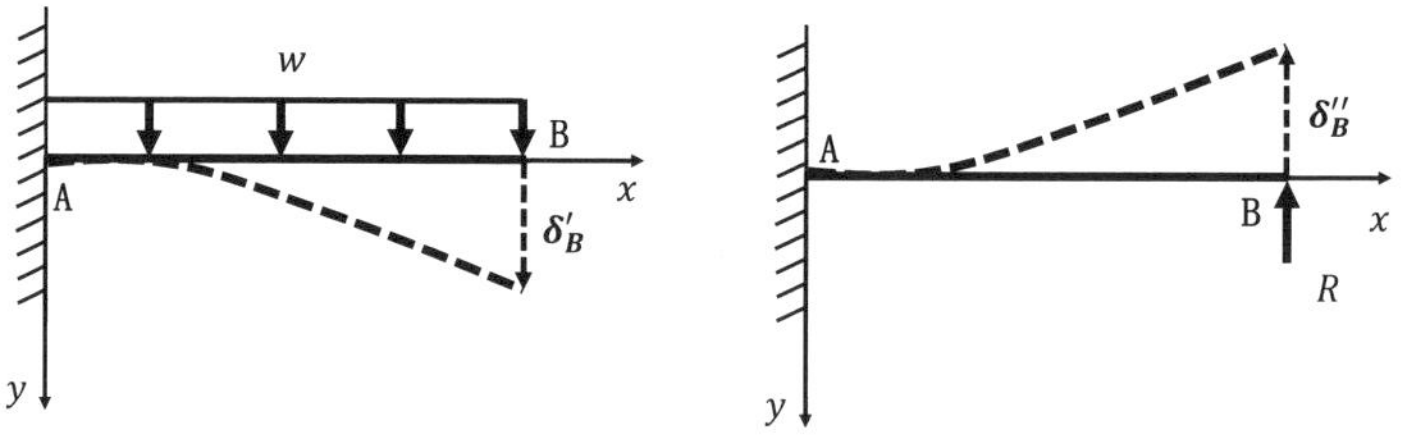

(a)等分布荷重　　(b)集中荷重

図9-19　片持ちはりの分解図

$$\delta''_B = -\frac{Rl^3}{3EI} \tag{9.25}$$

重ね合せの原理により，点Bでのたわみδ_Bは，

$$\delta_B = \delta'_B + \delta''_B = \frac{wl^4}{8EI} - \frac{Rl^3}{3EI} \tag{9.26}$$

ステップ3　不静定条件により反力を求める．はりに生じたたわみを求める

点Bではたわみを生じないことから，$\delta_B = 0$により反力は，

$$R = \frac{3}{8}wl \tag{9.27}$$

点Bでの反力Rが得られたので，あとはたわみの微分方程式，または重ね合せの原理に従って任意の位置でのたわみδを求めることができる．

演習問題9-7

図9.20に示すような集中荷重Pを受ける両端固定はりの固定支持に生じる反力とモーメントを求めなさい．なお，はりの曲げ剛性をEIとする．

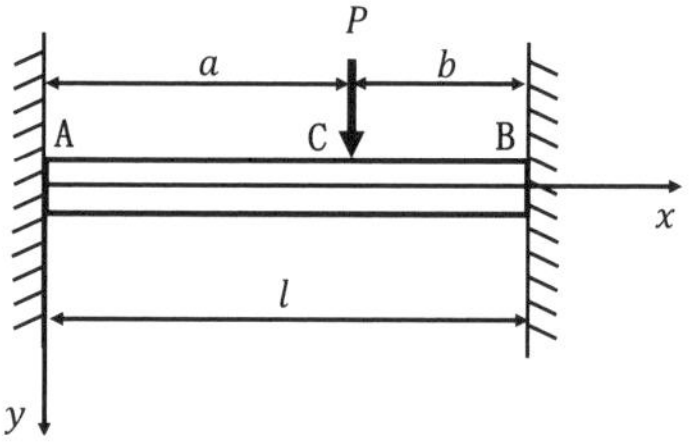

図9-20　集中荷重を受ける両端固定されたはり

解答

ステップ 1　問題を解くための準備をする

図 9-20 において剛体壁からはりを取り外し，図 9-21 に示すようにはりの両端に反力と反モーメントを記入する．

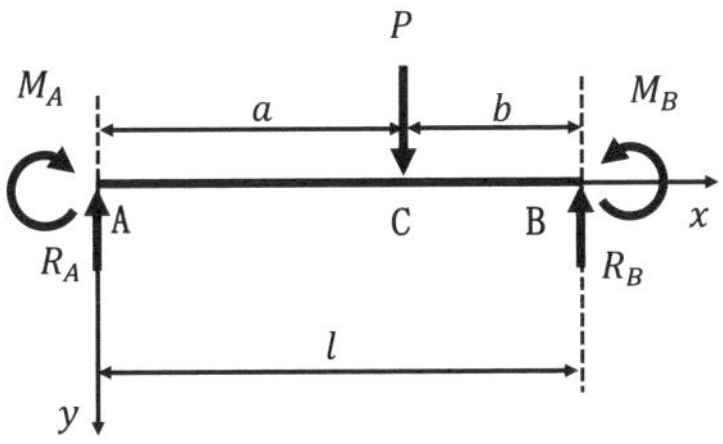

図 9-21　自由体図

力のつり合いの式とモーメントのつり合いの式をたてる．ここでは，回転中心を点 A にとった．

$$\left.\begin{aligned} R_A + R_B &= P \\ M_B - M_A + R_B l &= Pa \end{aligned}\right\} \tag{9.28}$$

ステップ 2　重ね合せの原理を利用してたわみを求める

つぎに両端固定はりの問題を，図 9-22 のように片持ちはりの問題におきかえる．さらに，集中荷重，反力，モーメントが独立に作用している問題に分ける．

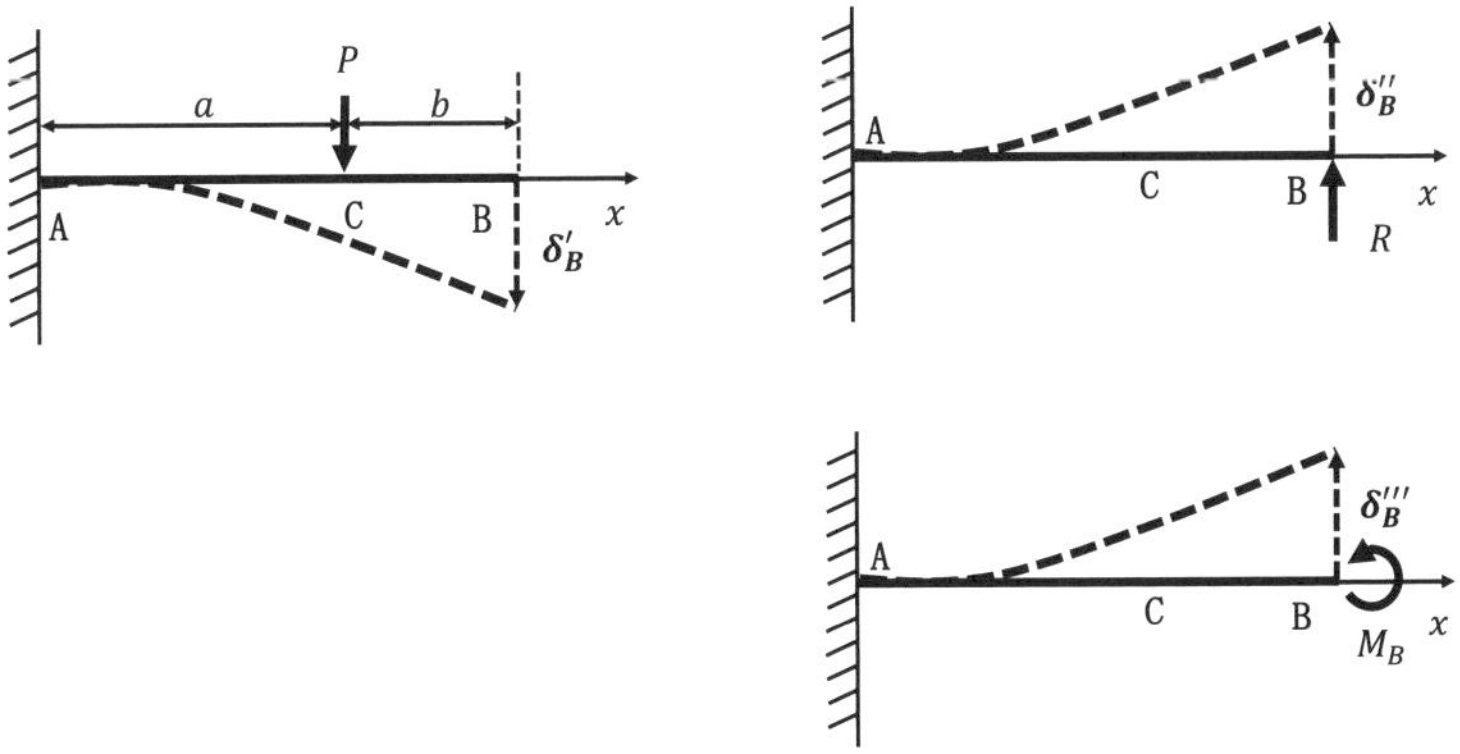

図 9-22　図 9-20 の分解図

それぞれの問題における点 B でのたわみ角とたわみを求める．

$$\delta'_B = \frac{Pa^2}{6EI}(3l - a)\ ,\ \theta'_B = \frac{Pa^2}{2EI} \tag{9.29}$$

$$\delta''_B = -\frac{R_B l^3}{3EI}\ ,\ \theta''_B = -\frac{R_B l^2}{2EI} \tag{9.30}$$

$$\delta'''_B = -\frac{M_B l^2}{2EI}\ ,\ \theta'''_B = -\frac{M_B l}{EI} \tag{9.31}$$

たわみ角とたわみの和をとる．

$$\begin{cases} \delta = \delta'_B + \delta''_B + \delta'''_B \\ \theta = \theta'_B + \theta''_B + \theta'''_B \end{cases} \tag{9.32}$$

ステップ3　不静定条件により反力を求める．はりに生じたたわみを求める

固定端でたわみ角とたわみがゼロ

$$\begin{cases} \delta = 0 \\ \theta = 0 \end{cases}$$

でなければならないことから，

$$\left.\begin{aligned} \frac{Pa^2}{6EI}(3l - a) - \frac{R_B l^3}{3EI} - \frac{M_B l^2}{2EI} = 0 \\ \frac{Pa^2}{2EI} - \frac{R_B l^2}{2EI} - \frac{M_B l}{EI} = 0 \end{aligned}\right\} \tag{9.33}$$

式(9.28)と式(9.33)の反力と反モーメントに関する連立方程式を解いて，

$$R_A = P\frac{(l - a)^2(l + 2a)}{l^3}\ ,\ R_B = P\frac{a^2(3l - 2a)}{l^3} \tag{9.34}$$

$$M_A = -P\frac{(l - a)^2 a}{l^2}\ ,\ M_B = -P\frac{a^2(l - a)}{l^2} \tag{9.35}$$

固定端での反力Rと反モーメントMが求められたので，あとはたわみの微分方程式，または重ね合せの原理により任意の位置でのたわみを求めることができる．

演習問題 9-8

図 9-23 に示すような等分布荷重wを受ける両端固定はりの固定端に生じる反力とモーメントを求めなさい．なお，はりの曲げ剛性をEIとする．

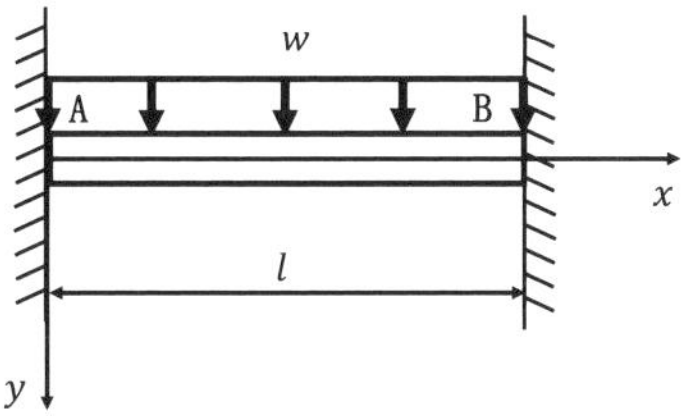

図9-23　等分布荷重を受ける両端固定されたはり

解答

ステップ 1　問題を解くための準備をする

図 9-24 に示すように剛体壁からはりを取り外し，両端に反力と反モーメントを記入する．そして，力のつり合いの式とモーメントのつり合いの式をたてる．ここでは，回転中心を点 A にとった．

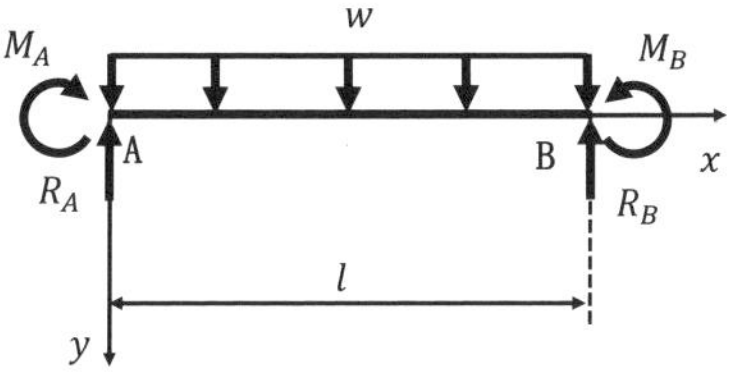

図9 24　自由体図

$$\left.\begin{aligned} R_A + R_B &= wl \\ M_B - M_A + R_B l &= \frac{1}{2} w l^2 \end{aligned}\right\} \tag{9.36}$$

ステップ 2　重ね合せの原理を利用してたわみを求める

つぎに両端固定はりの問題を，図 9-25 に示すように片持ちはりの問題におきかえる．さらに，等分布荷重，反力，反モーメントが独立に作用している問題に分ける．

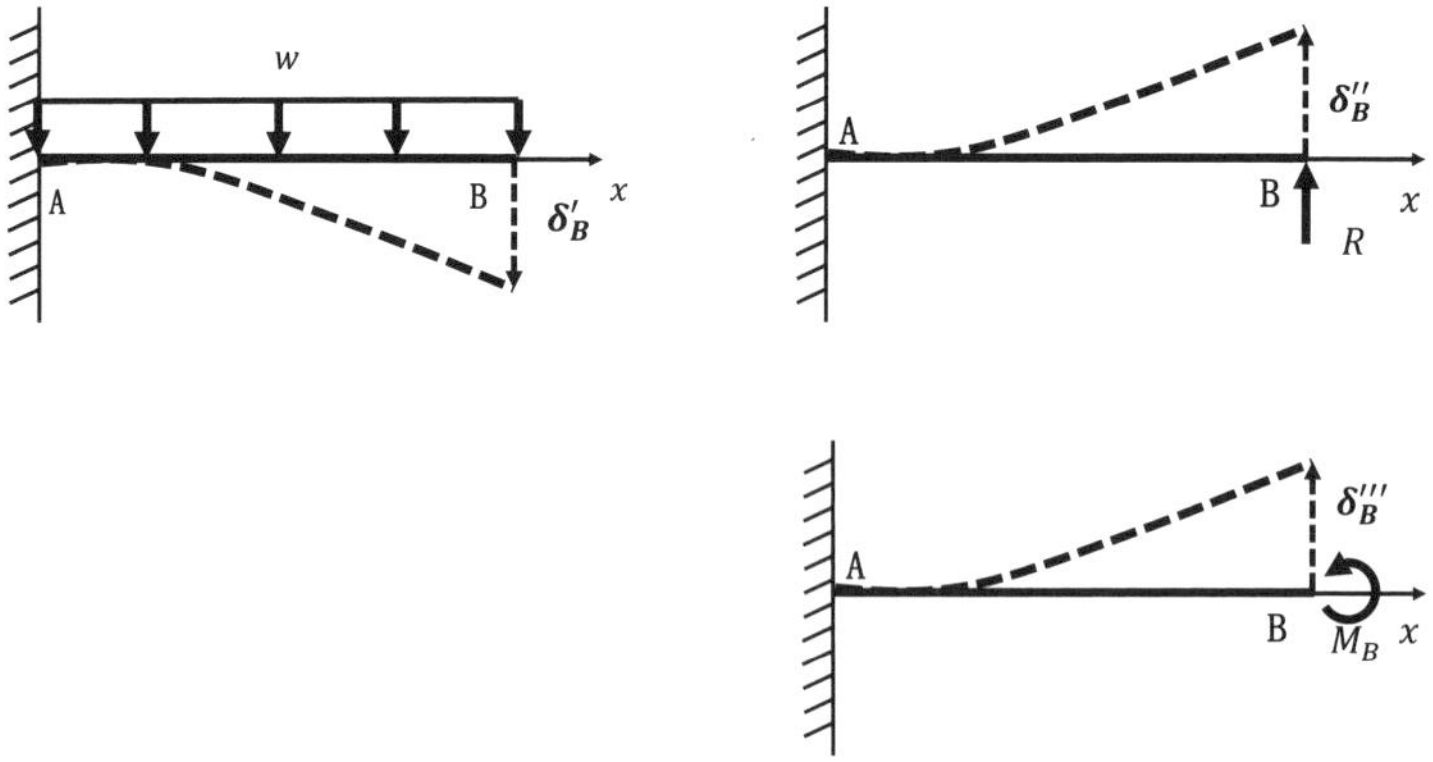

図9-25　図9-23の分解図

それぞれの問題における点Bでのたわみ角とたわみを求める．

$$\delta'_B = \frac{wl^4}{8EI}, \ \theta'_B = \frac{wl^3}{6EI} \tag{9.37}$$

$$\delta''_B = -\frac{R_B l^3}{3EI}, \ \theta''_B = -\frac{R_B l^2}{2EI} \tag{9.38}$$

$$\delta'''_B = -\frac{M_B l^2}{2EI}, \ \theta'''_B = -\frac{M_B l}{EI} \tag{9.39}$$

たわみ角とたわみの和をとる．

$$\begin{cases} \delta = \delta'_B + \delta''_B + \delta'''_B \\ \theta = \theta'_B + \theta''_B + \theta'''_B \end{cases} \tag{9.40}$$

ステップ3　不静定条件により反力を求める．はりに生じたたわみを求める

固定端でたわみ角とたわみがゼロ

$$\begin{cases} \delta = 0 \\ \theta = 0 \end{cases}$$

でなければならないことから，

$$\left.\begin{aligned} \frac{wl^4}{8EI} - \frac{R_B l^3}{3EI} - \frac{M_B l^2}{2EI} = 0 \\ \frac{wl^3}{6EI} - \frac{R_B l^2}{2EI} - \frac{M_B l}{EI} = 0 \end{aligned}\right\} \tag{9.41}$$

式 (9.36) と式 (9.41) の反力と反モーメントに関する連立方程式を解いて，

$$R_A = \frac{1}{2}wl \text{ , } R_B = \frac{1}{2}wl \tag{9.42}$$

$$M_A = -\frac{1}{12}wl^2 \text{ , } M_B = -\frac{1}{12}wl^2 \tag{9.43}$$

固定端での反力Rと反モーメントMが得られたので，あとはたわみの微分方程式，または重ね合せの原理により任意の位置でのたわみを求めることができる．

Column 重ね合せの原理

重ね合せの原理は，はりの問題のみならず複雑な形状をもつ弾性体の変形問題にも適用される非常に重要な原理である．弾性体の変形問題は，弾性力学と呼ばれる学問で扱われる．弾性力学では，解がわかっている問題を利用し，これらを重ね合せることで問題の解を求める．数学的には複雑な手順を踏む必要がある問題でも，重ね合せの原理を利用して簡単に解くことができる．非常に小さなひずみの領域でのみ本原理が適用可能なのであるが，その効果は絶大である．

Column　材料力学の天才その5　はりの理論が完成するまで

バレー・ド・サンブナン

バレー・ド・サンブナン（1797 ～ 1886）によって，はりに生じる曲げ応力の問題が完全に解かれた．サンブナンが材料力学で成した業績は広範囲であり，はりの曲げ理論，棒のねじり理論は彼の功績である．弾性力学においてサンブナンの原理という重要な原理を学ぶが，この原理もサンブナンによって発見された．材料力学の天才その4でも紹介したようにはりの曲げとその強さについてはガリレオによってはじめて注目された．しかし，はりの固定端の下端に回転中心をとったことによって誤った答えを得ていた．この考え方はその後約250年の永きにわたって引き継がれていった．その間に作製され続けた構造物は，この間違った考え方によって構築された．ただし，ガリレオの式が実際の結果と合わないことには気が付いていたらしく，式は様々な補正がなされていたらしい．そして，サンブナンによって，現在我々が学んでいるはりの曲げ理論を構築するとともに曲げ応力の正しい式が示された．サンブナンは1797年にパリ市内から南に約40kmにあるフォルトワゾー城で生まれた．16歳でエコール・ポリテクニークに入学し，クラスではつねに首席であった．はりの曲げ問題は，既成概念が一度出来上がるとなかなか抜け出せないことを示す良い例である．ところで，はりのたわみ曲線はヤコブ・ベルヌーイ（1654 ～ 1705）に解かれ，レオンハルト・オイラー（1707 ～ 1783）によって1744年に「曲線を見つける方法」のなかではりのたわみ曲線のさまざまな解法が紹介されている．オイラーは，はりのたわみの問題から変分法を発見した．興味深いことは，はりの曲げ応力よりもはりのたわみ曲線が早期に求められていたことである．はりのたわみ曲線は，当時の数学者にとって絶好の応用問題であったらしい．

参考文献

1) チモシェンコ著（最上 武雄，川口 昌宏訳）『材料力学史』鹿島出版（1975年）

Chapter 10

エネルギー法とその応用

本章での学び

はりのたわみ曲線を求めるために，はりのたわみの微分方程式，重ね合せの原理を利用した解法について学んできた．ところで，荷重を受けたはりにおいては，はりになされた仕事が内部エネルギーとして蓄えられる．内部エネルギーは**ひずみエネルギー**と呼ばれる．この章では，ひずみエネルギーについて学習する．さらにはりに蓄えられたひずみエネルギーを利用してはりに生じたたわみを求める方法についても学ぶ．

10-1 ひずみエネルギー

はじめにばねの伸び問題について考える．図 10-1 に示すように剛体壁にばね定数kのばねが固定されている．このばねの自由端に荷重Pを作用させることでδだけ伸びたとする．このとき，ばねに蓄えられたエネルギーは，

$$U = \frac{1}{2}P\delta = \frac{1}{2}k\delta^2 \tag{10.1}$$

となる．これは**弾性エネルギー**（Elastic energy）と呼ばれる．

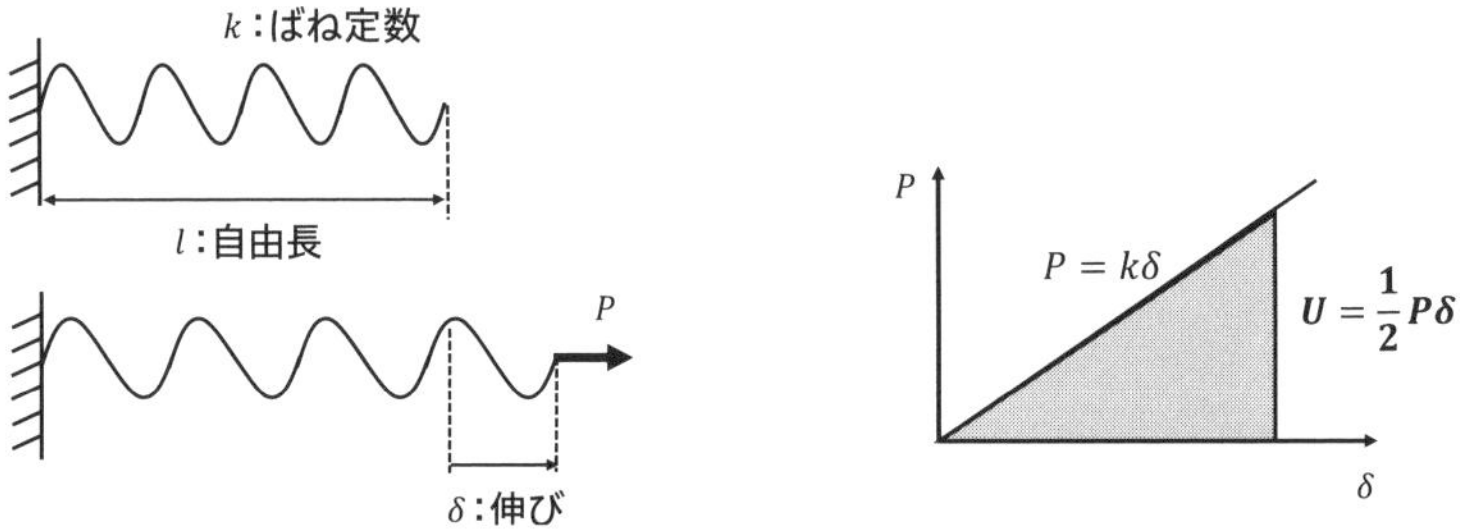

図10-1　ばねの伸びと弾性エネルギー

つぎに引張荷重を受ける棒の問題について考える．長さlの一様な断面積Aの棒が引張荷重Pを受けたときの伸びは，

$$\delta = \frac{Pl}{AE} \tag{10.2}$$

これを先の弾性エネルギーの式 (10.1) に代入すると，

$$U = \frac{1}{2}P\delta = \boldsymbol{\frac{P^2 l}{2AE}} \tag{10.3}$$

これは**棒に蓄えられるひずみエネルギー**（Strain energy stored in bar）と呼ばれる．ここで，単位体積当たりに蓄えられているひずみエネルギーを計算すると，

$$\overline{U} = \frac{U}{Al} = \frac{P^2}{2A^2E} = \frac{1}{2E}\left(\frac{P}{A}\right)^2 = \frac{\sigma^2}{2E} = \frac{1}{2}\sigma\varepsilon \tag{10.4}$$

よって，

$$\overline{U} = \frac{1}{2}\sigma\varepsilon \tag{10.5}$$

これはひずみエネルギー密度（Strain energy density）と呼ばれる．

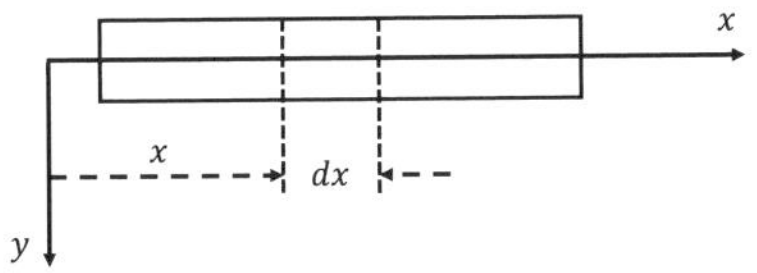

図10-2　はりと仮想切断面

つぎに曲げモーメントを受けるはりに蓄えられるひずみエネルギー（Strain energy stored in beam）を求めてみる．はりの仮想切断面に分布する曲げ応力は，

$$\sigma = \frac{M}{I}y \tag{10.6}$$

これを先に求めたひずみエネルギー密度の式(10.4)に代入して，

$$\overline{U} = \frac{\sigma^2}{2E} = \frac{1}{2E}\left(\frac{M}{I}y\right)^2 \tag{10.7}$$

これをはり全体に対して積分することでひずみエネルギーが求められる．

$$\begin{aligned} U &= \int_0^l dx \int_A dA \times \overline{U} = \int_0^l dx \int_A dA \frac{1}{2E}\left(\frac{M}{I}y\right)^2 \\ &= \frac{1}{2EI^2}\int_0^l dx \underline{\int_A y^2 dA} M^2 = \frac{1}{2EI^2}\int_0^l dx I M^2 \end{aligned} \tag{10.8}$$

よって，

$$U = \frac{1}{2EI}\int_0^l M^2 dx \tag{10.9}$$

以下に得られたひずみエネルギーをまとめておく．

○ひずみエネルギー密度：

$$\overline{U} = \frac{1}{2}\sigma\varepsilon \tag{10.10}$$

○ひずみエネルギー：

$$U = \frac{1}{2}\int \sigma \varepsilon dV \tag{10.11}$$

○引張荷重を受ける棒のひずみエネルギー：

$$U = \frac{P^2 l}{2EA}\left(= \frac{1}{2EA}\int_0^l P^2 dx\right) \tag{10.12}$$

○曲げモーメントを受けるはりのひずみエネルギー：

$$U = \frac{1}{2EI}\int_0^l M^2 dx \tag{10.13}$$

10-2 カスチリアノの定理

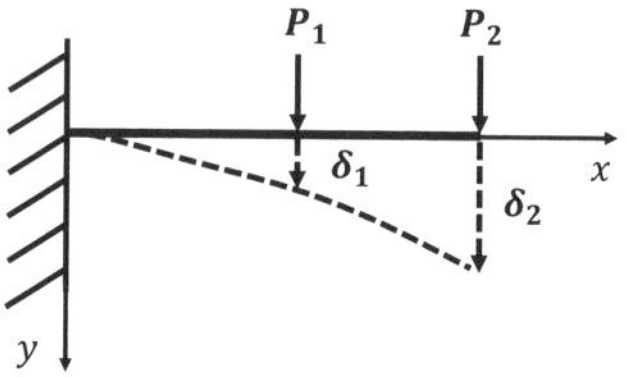

図10-3　ふたつの集中荷重を受ける片持ちはり

図10-3に示すような片持ちはりにふたつの集中荷重が作用しているときのたわみについて考えてみる．はじめに，集中荷重P_1のみが作用しているとき，それぞれの作用点に生じるたわみは，

$$\delta_1 = a_{11} P_1 \tag{10.14}$$

$$\delta_2 = a_{21} P_1 \tag{10.15}$$

のように書ける．ここで，a_{ij}は単位集中荷重$P_j = 1$が作用点jに作用したときの作用点iでのたわみを表す．a_{ij}は**影響係数**（Influence coefficient）と呼ばれる．

つぎに，集中荷重P_2のみが作用しているとき，それぞれの作用点に生じるたわみは，

$$\delta_1 = a_{12} P_2 \tag{10.16}$$

$$\delta_2 = a_{22} P_2 \tag{10.17}$$

最後に，同時にふたつの集中荷重が作用したとすれば，それぞれの作用点に生じるたわみは，重ね合せの原理により，

$$\delta_1 = a_{11} P_1 + a_{12} P_2 \tag{10.18}$$

$$\delta_2 = a_{21} P_1 + a_{22} P_2 \tag{10.19}$$

つぎに，集中荷重の微小変化に伴うたわみの変化について考える．それは，

$$\Delta\delta_1 = a_{11} \Delta P_1 + a_{12} \Delta P_2 \tag{10.20}$$

$$\Delta\delta_2 = a_{21} \Delta P_1 + a_{22} \Delta P_2 \tag{10.21}$$

ここで，Δは微小量を表す記号である．一方，集中荷重を固定したままたわみを微小量だけ変化させたときのひずみエネルギーの変化量ΔUは，

$$\Delta U = P_1 \Delta\delta_1 + P_2 \Delta\delta_2 \tag{10.22}$$

この式に先に求めた微小たわみ式 (10.20)，式 (10.21) を代入し，整理すると，

$$\begin{aligned} \Delta U &= P_1 \left(a_{11} \Delta P_1 + a_{12} \Delta P_2 \right) + P_2 \left(a_{21} \Delta P_1 + a_{22} \Delta P_2 \right) \\ &= \left(a_{11} P_1 + a_{21} P_2 \right) \Delta P_1 + \left(a_{12} P_1 + a_{22} P_2 \right) \Delta P_2 \end{aligned} \tag{10.23}$$

一方，ひずみエネルギーは$U = U(P_1, P_2)$であるから，微分連鎖の法則により，

$$\Delta U = \frac{\partial U}{\partial P_1} \Delta P_1 + \frac{\partial U}{\partial P_2} \Delta P_2 \tag{10.24}$$

これと先の式 (10.23) を比較して，

$$\frac{\partial U}{\partial P_1} = a_{11} P_1 + a_{21} P_2 \tag{10.25}$$

$$\frac{\partial U}{\partial P_2} = a_{12} P_1 + a_{22} P_2 \tag{10.26}$$

ここで，両辺をつぎのように微分すると，

$$\frac{\partial}{\partial P_2}\left(\frac{\partial U}{\partial P_1}\right) = a_{21} \tag{10.27}$$

$$\frac{\partial}{\partial P_1}\left(\frac{\partial U}{\partial P_2}\right) = a_{12} \tag{10.28}$$

よって，$a_{21} = a_{12}$となっていることがわかる．これは，“作用点1に単位集中荷重を作用させたときの点2でのたわみ量a_{21}”と“作用点2に単位集中荷重を作用させたときの点1でのたわみ量a_{12}”は等しいことを意味している．これをマックスウエルの相反関係（Reciprocal theorem of Maxwell）という．

また，式(10.25)，式(10.26)より，

$$\frac{\partial U}{\partial P_1} = \delta_1 \tag{10.29}$$

$$\frac{\partial U}{\partial P_2} = \delta_2 \tag{10.30}$$

これらを多数の集中荷重が作用する問題に一般化して表すと，

$$\boldsymbol{\frac{\partial U}{\partial P_i} = \delta_i \ \ (i = 1, 2, \ldots, N)} \tag{10.31}$$

これはカスチリアノの定理（Castiliano's theorem）と呼ばれる．そして，P_iは一般化力（Generalized force），δ_iは一般化変位（Generalized displacement）とも呼ばれる．この定理は大変便利であり，棒やはりに蓄えられたひずみエネルギーを集中荷重で微分することで，作用線に沿う変位を計算できる．

ここでは証明しないが，一般化力として集中モーメントM_i，一般化変位としてたわみ角θ_iとすれば，

$$\boldsymbol{\frac{\partial U}{\partial M_i} = \theta_i \ \ (i = 1, 2, \ldots, N)} \tag{10.32}$$

となる．

10-3 エネルギー法によるはり問題のステップ解法

エネルギー法によるはりのステップ解法は以下のようになる．

エネルギー法によるはり問題のステップ解法

ステップ 1　問題を解くための準備をする

支持からはりを切り離した自由体図を作図する．座標軸を左端に原点をとって，はりに沿って右向きにx軸，これと鉛直下向きにy軸をおく．

ステップ 2　仮想切断面により曲げモーメントを求める

はりの任意の位置に仮想切断面をおく．この仮想切断面に対するはりの自由体図を作図する．仮想切断面に正の方向の曲げモーメントを記入する．モーメントのつり合いの式から曲げモーメントを求める．

ステップ 3　ひずみエネルギーを計算する．カスチリアノの定理によりたわみを求める

曲げモーメントからひずみエネルギーを計算する．さらにカスチリアノの定理によりたわみを求める．

演習問題 10-1

図 10-4 に示すような先端に集中荷重Pを受ける片持ちはりのはり先端でのたわみを求めなさい．なお，はりの曲げ剛性をEIとする．

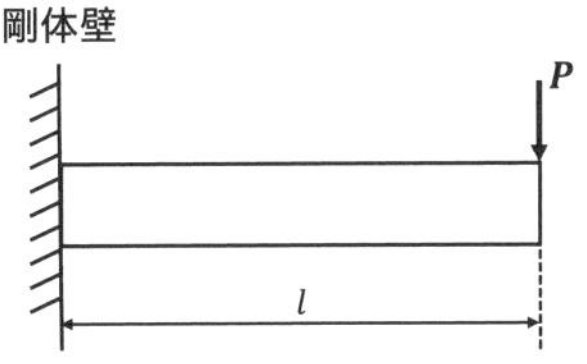

図 10-4　先端に集中荷重を受ける片持ちはり

解答

ステップ 1　問題を解くための準備をする

固定支持からはりを切り離した自由体図を作図する．座標軸を左端に原点をとって，はりに沿って右向きにx軸，これと鉛直下向きにy軸をおく．

ステップ 2　仮想切断面により曲げモーメントの分布を求める

はりに生じる曲げモーメントは，

$$M = -P(l - x) \tag{10.33}$$

ステップ 3　ひずみエネルギーを計算する

式 (10.33) を曲げモーメントを受けるはりのひずみエネルギーの式 (10.13) に代入する．

$$U = \frac{1}{2EI}\int_0^l M^2 dx = \frac{P^2 l^3}{6EI} \tag{10.34}$$

カスチリアノの定理式 (10.31) に従って，集中荷重Pによりひずみエネルギーを微分すると，作用点における作用線上のたわみは，

$$\delta = \frac{dU}{dP} = \frac{Pl^3}{3EI} \tag{10.35}$$

なお，Uの変数はPのみなので，全微分記号dを用いた．

演習問題 10-2

図 10-5 に示すような先端に集中モーメントM_0を受ける片持ちはりのはり先端でのたわみを求めなさい．なお，はりの曲げ剛性をEIとする．

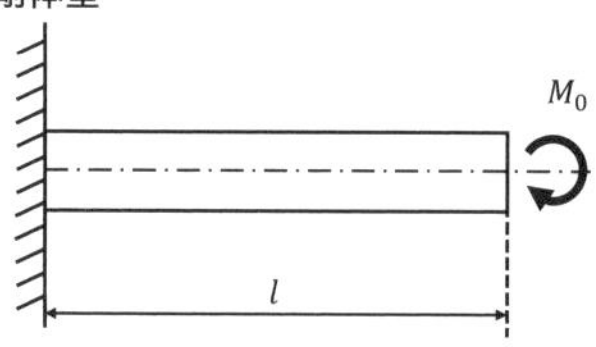

図10-5　先端に集中モーメントを受ける片持ちはり

解答

ステップ 1　問題を解くための準備をする

固定支持からはりを切り離した自由体図を作図する．座標軸を左端に原点をとって，はりに沿って右向きにx軸，これと鉛直下向きにy軸をおく．

ステップ 2　仮想切断面により曲げモーメントの分布を求める

はり先端に生じているたわみを計算するために，仮想的にはり先端に集中荷重Fを作用させておく．すると，はりに生じる曲げモーメントは，

$$M = -F\,(l - x) - M_0 \tag{10.36}$$

ステップ 3　ひずみエネルギーを計算する

式 (10.36) を曲げモーメントを受けるはりのひずみエネルギーの式に代入する．

$$U = \frac{1}{2EI}\int_0^l M^2 dx = \frac{1}{2EI}\left\{(Fl + M_0)^2\, l - F\,(Fl + M_0)\, l^2 + \frac{1}{3}F^2 l^3\right\} \tag{10.37}$$

カスチリアノの定理に従って集中荷重で微分すると，作用点における作用線上のたわみは，

$$\delta = \frac{\partial U}{\partial F} = \frac{1}{2EI}\left(M_0 l^2 + \frac{2}{3}Fl^3\right) \tag{10.38}$$

なお，Uの変数はFとM_0なので，偏微分記号∂を用いた．最後に$F = 0$とおいて，たわみが得られて，

$$\delta = \frac{M_0 l^2}{2EI} \tag{10.39}$$

演習問題 10-3

図 10-6 に示すような先端に集中荷重Pを受ける曲がりはりのはり先端でのたわみを求めなさい．なお，はりの曲げ剛性をEIとする．

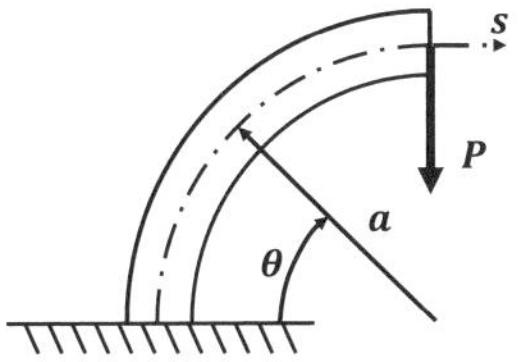

図10-6　先端で集中荷重を受ける曲がりはり

解答

ステップ 1　問題を解くための準備をする

図 10-6 に示すようにはりの中立面に沿って曲線座標系sをおく．また，極座標系(a,θ)を図のようにとる．

ステップ 2　仮想切断面により曲げモーメントの分布を求める

図 10-7 に示すように仮想切断面をとり，その右側のはりの自由体図を作図する．モーメントのつり合いの式より，

$$M = -Pa\cos\theta \tag{10.40}$$

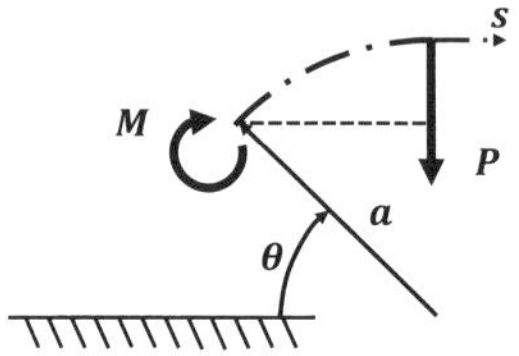

図10-7　自由体図

ステップ 3　ひずみエネルギーを計算する

式 (10.40) を曲げモーメントを受けるはりのひずみエネルギーの式に代入すると，

$$U = \frac{1}{2EI}\int M^2 ds = \frac{1}{2EI}\int_0^{\frac{\pi}{2}} (-Pa\cos\theta)^2\, ad\theta = \frac{\pi a^3 P^2}{8EI} \tag{10.41}$$

カスチリアノの定理に従って，式 (10.41) を集中荷重で微分すると，作用点における作用線上のたわみは，

$$\delta = \frac{dU}{dP} = \frac{Pa^3\pi}{4EI} \tag{10.42}$$

演習問題 10-4

図 10-8 に示すような途中で集中荷重Pを受ける片持ちはりの先端でのたわみを求めなさい．なお，はりの曲げ剛性をEIとする．

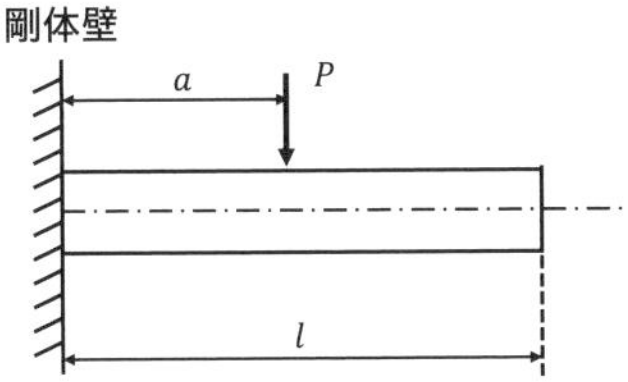

図10-8　途中で集中荷重を受ける片持ちはり

解答

ステップ 1　問題を解くための準備をする

固定支持からはりを切り離した自由体図を作図する. 座標軸を左端に原点をとって, はりに沿って右向きにx軸, これと鉛直下向きにy軸をおく.

ステップ 2　仮想切断面により曲げモーメントの分布を求める

はりの先端でのたわみδを知るために図 10-9 のように仮想荷重Fを作用させる. そして, 図 10-9 から曲げモーメントを求める.

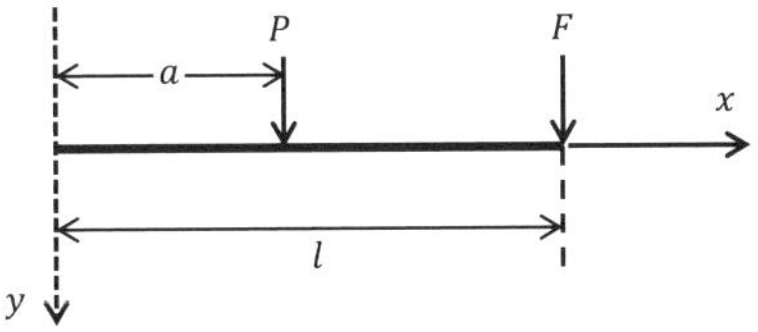

図10-9　自由体図

① $0 \leq x \leq a$:

$$M = -P(a-x) - F(l-x) \tag{10.43}$$

② $a \leq x \leq l$:

$$M = -F(l-x) \tag{10.44}$$

ステップ 3　ひずみエネルギーを計算する

つぎにひずみエネルギーを計算する.

$$U = \frac{1}{2EI}\left[\int_0^a \{-P(a-x) - F(l-x)\}^2 \, dx\right] + \frac{1}{2EI}\left[\int_a^l \{-F(l-x)\}^2 \, dx\right] \tag{10.45}$$

そして, カスチリアノの定理に従って,

$$\delta = \frac{\partial U}{\partial F} = \frac{1}{EI}\left\{P\left(a^2 l - \frac{a+l}{2}a^2 + \frac{1}{3}a^3\right) + \frac{1}{3}Fl^3\right\} \tag{10.46}$$

最後に，仮想荷重$F = 0$とおいてたわみを求めると，つぎのようになる．

$$\delta = \frac{Pa^2 l}{2EI} - \frac{Pa^3}{6EI} \tag{10.47}$$

演習問題 10-5

図 10-10 に示すような，途中で集中モーメントM_0を受ける片持ちはりの先端でのたわみを求めなさい．なお，はりの曲げ剛性をEIとする．

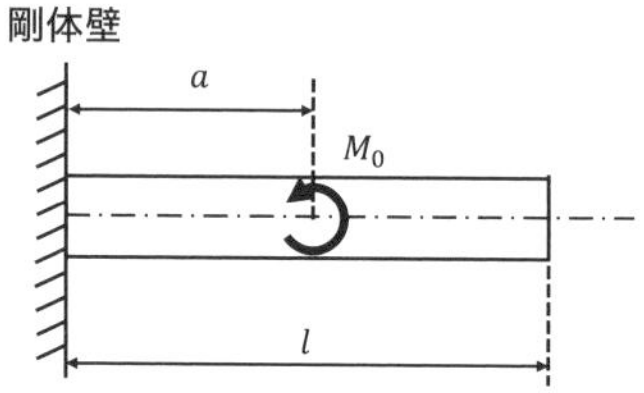

図10-10　途中で集中荷重を受ける片持ちはり

解答

ステップ 1　問題を解くための準備をする

固定端からはりを切り離した自由体図を作図する．座標軸を左端に原点をとって，はりに沿って右向きにx軸，これと鉛直下向きにy軸をおく．

ステップ 2　仮想切断面により曲げモーメントの分布を求める

はりの先端でのたわみを知るために，はりの先端に鉛直下向きに仮想荷重Fを作用させる．そして，図から曲げモーメントを求める．

ステップ 3　ひずみエネルギーを計算する

ステップ 2 で求めた曲げモーメントからひずみエネルギーを計算する．

$$U = \frac{1}{2EI}\left[\int_0^a \{M_0 - F(l-x)\}^2 dx\right] + \frac{1}{2EI}\left[\int_a^l \{-F(l-x)\}^2 dx\right] \tag{10.48}$$

カスチリアノの定理に従って，

$$\begin{aligned}\delta = \frac{\partial U}{\partial F} &= \frac{1}{EI}\left[\int_0^a -\{M_0 - F(l-x)\}(l-x)\,dx\right] \\ &\quad + \frac{1}{EI}\left[\int_a^l F(l-x)^2 dx\right]\end{aligned} \tag{10.49}$$

積分の後，仮想荷重$F = 0$とおいてたわみを求めると，つぎのようになる．

$$\delta = -\frac{M_0 a l}{EI} + \frac{M_0 a^2}{2EI} \tag{10.50}$$

演習問題 10-6

図 10-11 に示すような等分布荷重wを受ける片持ちはりの先端に生じるたわみを求めなさい．なお，はりの曲げ剛性をEIとする．

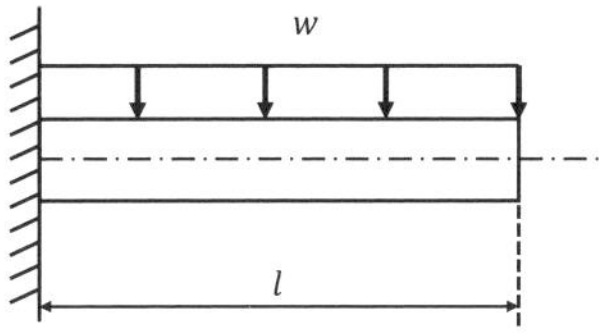

図10-11　等分布荷重を受ける片持ちはり

解答

ステップ 1　問題を解くための準備をする

固定支持からはりを切り離した自由体図を作図する．座標軸を左端に原点をとって，はりに沿って右向きにx軸，これと鉛直下向きにy軸をおく．

ステップ 2　仮想切断面により曲げモーメントの分布を求める

はりの先端でのたわみを知るために，はりの先端に鉛直下向きに仮想荷重Fを作用させる．そして，図から曲げモーメントを求める．

ステップ 3　ひずみエネルギーを計算する

ステップ 2 で求めた曲げモーメントからひずみエネルギーを計算する．

$$U = \frac{1}{2EI}\left[\int_0^l \left\{-F(l-x) - \frac{1}{2}w(l-x)^2\right\}^2 dx\right] \tag{10.51}$$

カスチリアノの定理に従って，

$$\delta = \frac{dU}{dF} = \frac{1}{EI}\left[\int_0^l \left\{F(l-x) + \frac{1}{2}w(l-x)^2\right\}(l-x)\,dx\right] \tag{10.52}$$

積分の後，仮想荷重$F = 0$とおいてたわみを求めるとつぎのようになる．

$$\delta = \frac{wl^4}{8EI} \tag{10.53}$$

演習問題 10-7

図 10-12 に示すような三角形状分布荷重を受ける片持ちはりの先端に生じるたわみを求めなさい．なお，はりの曲げ剛性をEIとする．

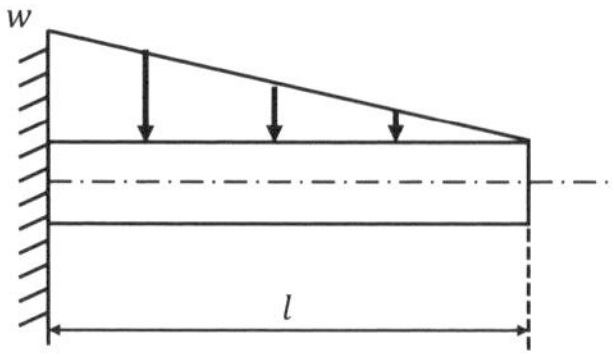

図10-12　三角形状分布荷重を受ける片持ちはり

解答

ステップ 1　問題を解くための準備をする

固定支持からはりを切り離した自由体図を作図する. 座標軸を左端に原点をとって，はりに沿って右向きにx軸，これと鉛直下向きにy軸をおく．

ステップ 2　仮想切断面により曲げモーメントの分布を求める

はりの先端でのたわみを知るために，はりの先端に鉛直下向きに仮想荷重Fを作用させる．そして，図から曲げモーメントを求める．

ステップ 3　ひずみエネルギーを計算する

ステップ 2 で求めた曲げモーメントからひずみエネルギーを計算する．

$$U = \frac{1}{2EI}\left[\int_0^l \left\{-F(l-x) - \frac{w}{6l}(l-x)^3\right\}^2 dx\right] \tag{10.54}$$

カスチリアノの定理に従って，

$$\delta = \frac{dU}{dF} = \frac{1}{EI}\left[\int_0^l \left\{F(l-x) + \frac{w}{6l}(l-x)^3\right\}(l-x)\,dx\right] \tag{10.55}$$

積分の後，仮想荷重$F = 0$とおいてたわみを求めると，つぎのようになる．

$$\delta = \frac{wl^4}{30EI} \tag{10.56}$$

演習問題 10-8

図 10-13 に示すように集中荷重を受ける L 字型フレーム（ラーメン）の先端に生じるたわみを求めなさい．なお，はりの曲げ剛性をEI，断面積をAとする．また，座標系は図 10-13 の右図のようにおくものとする．

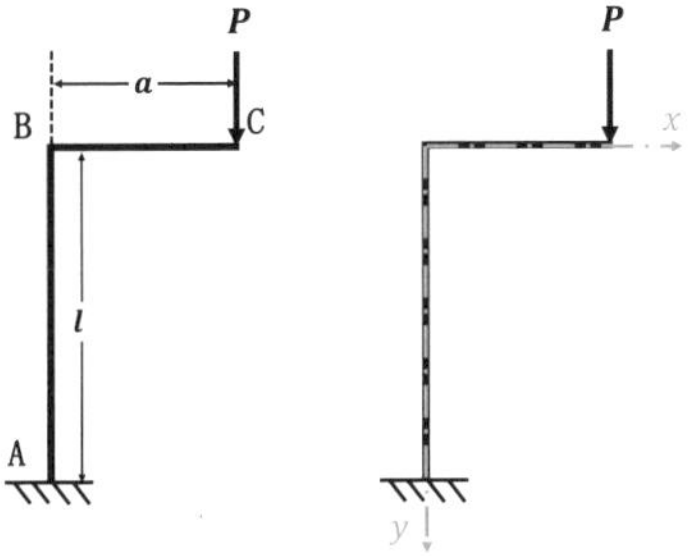

図10-13　集中荷重を受けるフレーム

解答

ステップ 1　問題を解くための準備をする

固定支持からはりを切り離した自由体図を作図する．図 10-14 に自由体図を示す．

ステップ 2　仮想切断面により曲げモーメントの分布を求める

図 10-14 に基づいて曲げモーメントを求める．

① $0 \leq x \leq a$:

$$\begin{cases} R = P \\ M = -P(a-x) \end{cases} \tag{10.57}$$

② $0 \leq y \leq l$:

$$\begin{cases} N = -P \\ R = 0 \\ M = -Pa \end{cases} \tag{10.58}$$

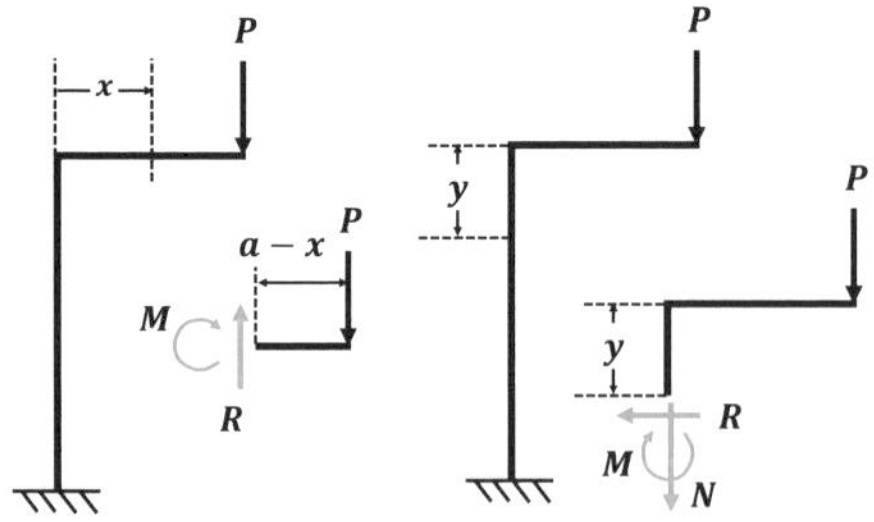

図10-14　自由体図

ステップ 3　ひずみエネルギーを計算する

ステップ 2 で求めた曲げモーメントからひずみエネルギーを計算する．

$$U = \frac{1}{2EI}\int_0^a \{-P(a-x)\}^2 dx + \frac{1}{2EI}\int_0^l (-Pa)^2 dy + \frac{1}{2EA}\int_0^l P^2 dy \tag{10.59}$$

ここで，右辺第 3 項は圧縮荷重を受けた棒に蓄えられたひずみエネルギーである．カスチリアノの定理を適用する．これにより作用点での鉛直下向き変位δは，

$$\delta = \frac{dU}{dP} = \frac{Pa^2}{3EI}(a+3l) + \frac{Pl}{EA} \tag{10.60}$$

演習問題 10-9

図 10-15 に示すような集中荷重を受ける L 字型フレーム（ラーメン）の先端に生じる水平方向と鉛直下向き方向のたわみをそれぞれ求めなさい．なお，はりの曲げ剛性をEI，断面積をAとする．また，座標系は図 10-15 の右図のようにおくものとする．

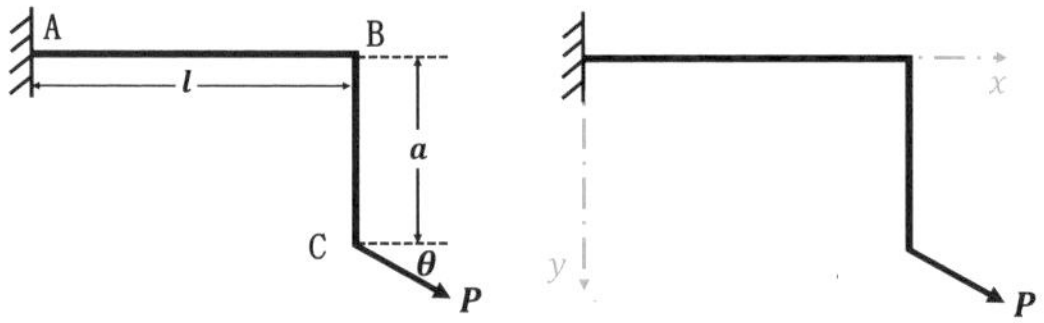

図10-15　先端で斜めに集中荷重を受けるL型フレーム

解答　作用点 C での右向き水平方向の変位をδ_x，鉛直下向き方向の変位をδ_yとすれば，

$$\delta_x = \frac{a}{EI}\left\{\frac{1}{3}P_x(a+3l)a - \frac{1}{2}P_y l^2\right\} + \frac{P_x l}{EA} \tag{10.61}$$

$$\delta_y = -\frac{l^2}{EI}\left(\frac{1}{2}P_x a - \frac{1}{3}P_y l\right) + \frac{P_y a}{EA} \tag{10.62}$$

ここで，$P_x = P\cos\theta$，$P_y = P\sin\theta$である．

演習問題 10-10

図 10-16 に示すような集中荷重Pを受けるフレーム（ラーメン）の先端に生じる鉛直下向き方向のたわみを求めなさい．なお，はりの曲げ剛性をEI，断面積をAとする．また，座標系は図 10-16 の右図のようにおくものとする．

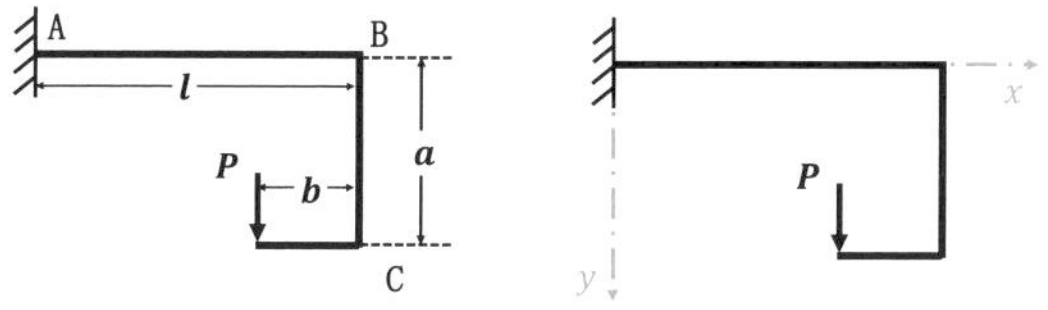

図10-16　先端で集中荷重を受けるフレーム

解答　以下，略答のみ．

作用点での鉛直下向き方向の変位をδとすれば，

$$\delta = \frac{P}{3EI}\left(b^3 + 3b^2 a + l^3 - 3bl^2 + 3b^2 l\right) + \frac{Pa}{EA} \tag{10.63}$$

演習問題 10-11

図 10-17 に示すような集中荷重Pを受ける円形状のはりの作用点に生じる作用線上のたわみを求めなさい．なお，はりの曲げ剛性をEIとする．

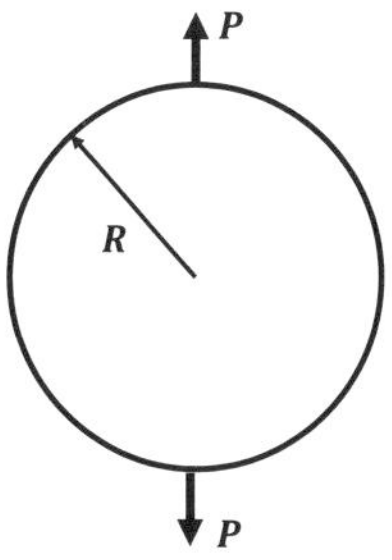

図10-17　集中荷重を受ける円形状はり

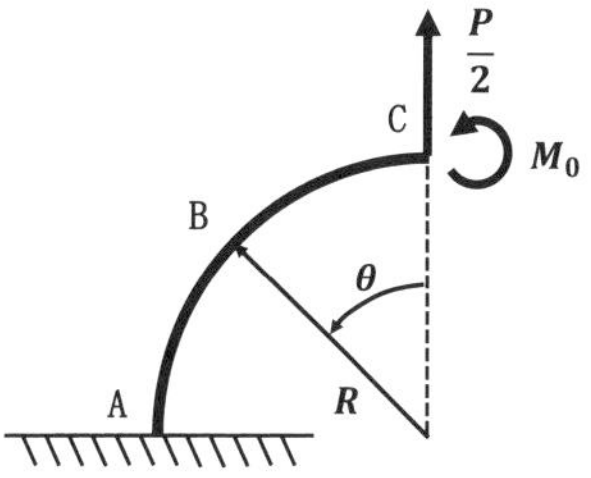

図10-18　自由体図

解答

ステップ 1　問題を解くための準備をする

円形状のはりを図 10-18 のように 1/4 に分割し，曲がりはりとする．そして，このはりの点 A は剛体床に固定され，もう一方の点 C には集中荷重と集中モーメントが作用しているものとする．

ステップ 2　仮想切断面により曲げモーメントの分布を求める

図 10-18 のように点 B に仮想切断面をおき，モーメントのつり合いの式をたてる．すると，

$$M = M_0 + \frac{P}{2} R \sin\theta \tag{10.64}$$

ここで，円形状のはりを点 C で分割し，その両側に等しく集中荷重が分配されるために図 10-18 の集中荷重を$P/2$とした．また，分割した反対側のはりにより点 C でのたわみが拘束されることに配慮して集中モーメントM_0を作用させていることにも注意する．

ステップ 3　ひずみエネルギーを計算する

この曲がりはり AC に蓄えられたひずみエネルギーを求めると，

$$U = \frac{1}{2EI} \int_0^{\frac{\pi}{2}} \left(M_0 + \frac{P}{2} R \sin\theta \right)^2 R d\theta \tag{10.65}$$

カスチリアノの定理により，作用点でのたわみ角θは，

$$\theta = \frac{\partial U}{\partial M_0} \tag{10.66}$$

により求められ，このたわみ角はゼロでなければならない．よって，

$$M_0 = -\frac{PR}{\pi} \tag{10.67}$$

結局，作用点でのたわみδは，

$$\delta = \frac{\partial U}{\partial (P/2)} = 2\frac{\partial U}{\partial P} = P\frac{R^3}{EI}\left(\frac{\pi}{8} - \frac{1}{\pi}\right) \tag{10.68}$$

演習問題 10-12

図 10-19 に示すような，集中荷重Pを受ける曲がりはりの作用点に生じる鉛直下向き方向のたわみを求めなさい．なお，はりの曲げ剛性をEI，断面積をAとする．

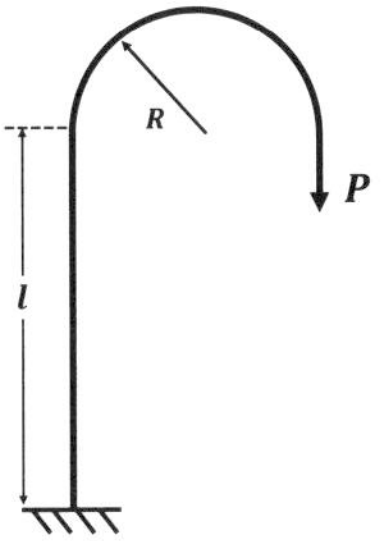

図10-19　鉛直下向きに集中荷重を受ける曲がりはり

解答　以下，略答のみ．

$$\delta = \frac{PR^2}{EI}\left(\frac{3}{2}\pi R + 4l\right) + \frac{Pl}{EA} \tag{10.69}$$

Column　はりのたわみの計算

はりのたわみを求めるためには微分方程式を解かなければならない．はりに分布荷重や集中荷重が複数作用している問題では，微分方程式を解くのが厄介になる．計算間違いも多くなる．そのうち，「なんでこんな無意味な問題を解かされるのか？」と疑問に思い始める．しかし，ここは我慢してほしい．ここで航空機の翼を一例に取り上げてみよう．胴体から長い翼が突き出ている．このとき，胴体と翼の接合部で壊れないように設計しなければならない．機体が上空にあるとき，翼には揚力が働く．乱気流に機体が突入すると，翼が大きく振動する．機体が地上に着陸すると，胴体の自重，翼の内部に装填された燃料の重さが作用する．このような複雑で厳しい荷重を受ける胴体と翼の接合面での応力や翼に生じる変形を知るために，ここに学習したはりの計算が活躍する．胴体を剛体壁に，翼を真直はりにおきかえ，片持ちはりの問題と考えてはりに生じるたわみや曲げ応力を計算するのである．将来，諸君が技術者として活躍するには，はりの計算ができていなければならない．

Column　材料力学の天才その6　死後有名になったカスチリアノ

カスチリアノの定理で知られるアルベルト・カスチリアノ（1847～1884）について紹介しよう．カスチリアノはイタリア北西部アスティで1847年に生まれた．ワインで有名な田舎町である．教師を経験した後，1870年にトリノ工科大学を卒業し，構造力学を研究し，彼の有名な定理を発見したのはそのときである．当時，彼の定理はほとんどの技術者には理解されなかったようである．このため，カスチリアノが知られることはなく，37歳という若さでこの世を去った．その後，カスチリアノの定理に注目したフランスの研究者が，同定理の完全な証明とその応用方法を本にまとめて出版した．これによって，カスチリアノの定理が有名になった．

参考文献

1）チモシェンコ著（最上 武雄，川口 昌宏訳）『材料力学史』鹿島出版（1975年）

Column　材料力学の天才その7　弾性定数の決定

材料力学では，弾性定数はEであることを学んだ．しかし，これらの弾性定数にも長い歴史がある．はじめにコーシーは，応力とひずみの関係を結びつける関係式（現在ではフックの法則と呼ばれている）を導く際，分子間引力を考えたために今の弾性係数とは異なった形をしていた．ポアソンによって，今の弾性係数が示され，分子論の立場にあったその当時の学者によってこの定数は広く認められた．その後，イギリスのジョージ・グリーン（1793～1841）により純粋な数学的演繹により弾性係数には2つあることが示され，弾性係数に関する論争が勃発した．どちらが正しいか立証するために多くの研究者により様々な材料を対象に引張試験，たわみ試験，振動試験が行われた．現在の弾性定数に落ち着いたのは最近である．このため，諸君が弾性力学を学ぶとき，さまざまな弾性定数が出現するときがあるから混乱しないように．

参考文献

1）チモシェンコ著（最上 武雄，川口 昌宏訳）『材料力学史』鹿島出版（1975年）

Chapter 11

丸棒のねじり問題

本章での学び

本章ではねじりを受ける丸棒の変形と応力について考える．これまでは，引張・圧縮荷重が作用する棒の問題や横荷重を受けてたわむはりの問題に対するステップ解法を説明してきた．棒やはりに生じる伸び・たわみや応力・曲げ応力の状態は，ねじりにより棒に生じるそれらとは大きく異なる．しかし，これまでに学習してきたステップ解法は，そのまま丸棒のねじり問題にも適用できる．

11-1 丸棒のねじり

これまで引張荷重や曲げモーメントについてみてきた．ここでは，ねじりについて考える．棒にねじりを生じさせるためにはねじりモーメント（Torsional moment）を作用させる．ねじりモーメントはまたトルク（Torque）とも呼ばれる．荷重，曲げモーメント，ねじりトルクを区別するために図11-1のような矢印で表すことにする．

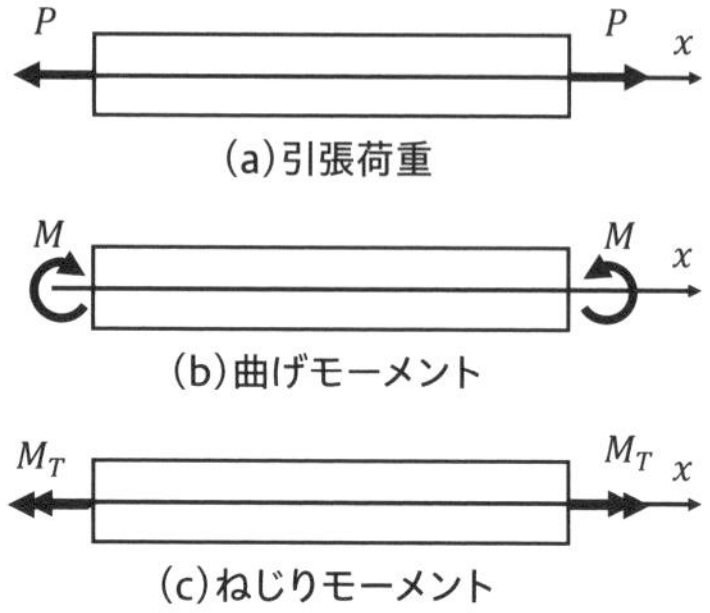

図11-1　荷重とモーメントの記号

ねじりモーメントは，引張荷重と区別するために図11-2のように描く．二重矢印の方向にネジを回転させる方向（時計回り）を正方向とする．

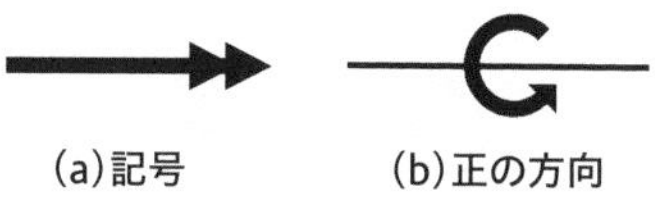

図11-2　ねじりモーメントの記号と正の方向

つぎに半径r，長さlの丸棒（AB）をねじる問題について考える．棒の表面には太線で軸方向に沿って線を描いておく．そして，棒がねじりを受けてこの線が破線のように変形するものとする．

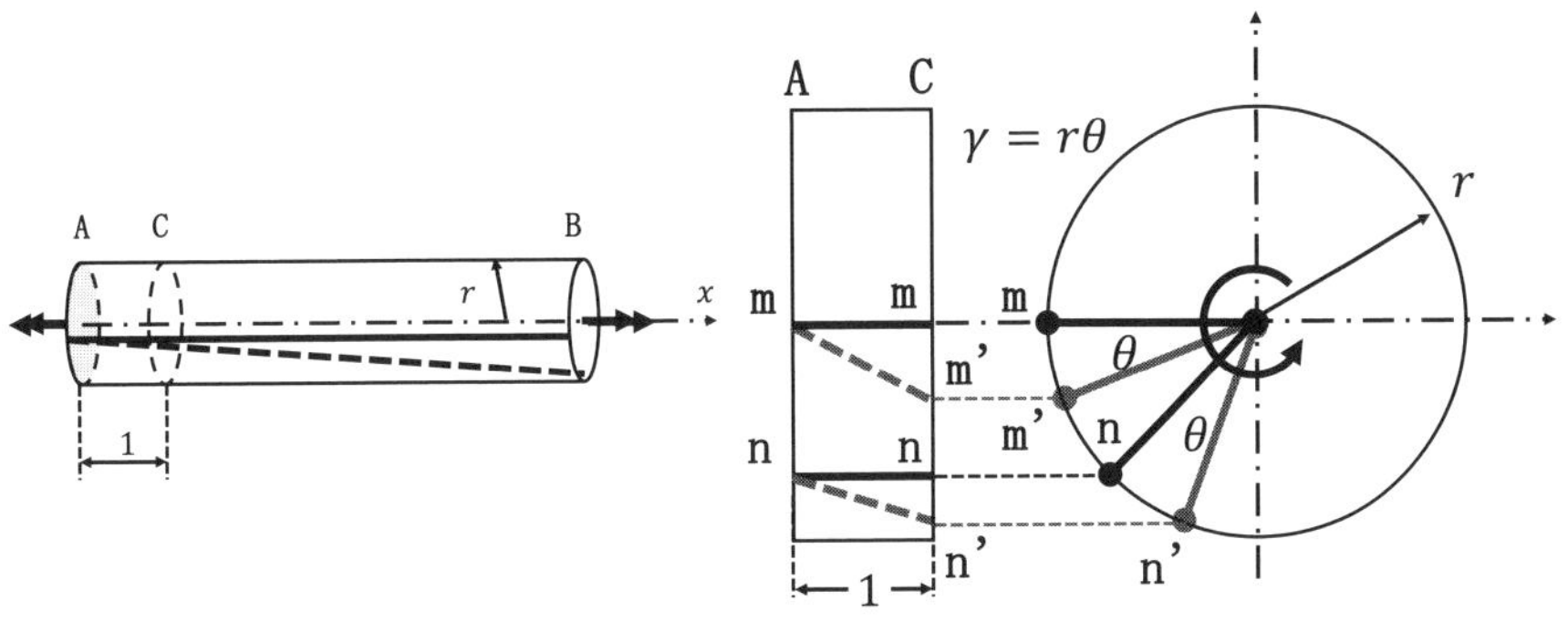

図11-3　棒のねじり

このとき，棒から図11-3の左図に示すような単位長さ1の棒（AC）を仮想的に切り出す．先に棒の表面に付けた実線m-m，n-nは角度θだけねじられてm-m'，n-n'に変形したとすれば，m-mとn-nに囲まれた図形の変形した様子からせん断変形していることがわかる．これによりせん断ひずみは，

$$\gamma = r\theta \tag{11.1}$$

さらにフックの法則によりせん断応力は，

$$\tau = G\gamma = Gr\theta \tag{11.2}$$

ねじりモーメントM_Tは，微小領域dAに生じているせん断応力による力と棒の中心から微小領域までの距離rを掛けたものを棒の断面にわたって積分したものに等しい．よって，

$$\begin{aligned} M_T &= \int r \times (\tau dA) = \int r \times (Gr\theta dA) \\ &= G\theta \int r^2 dA \end{aligned} \tag{11.3}$$

ここで，

$$\boldsymbol{I_P = \int r^2 dA} \tag{11.4}$$

とおく．これは**断面二次極モーメント**（Polar moment of inertia）と呼ばれる．半径aの円形断面の断面二次極モーメントは，

$$I_P = \int_A r^2 \times 2\pi r dr = \int_0^a 2\pi r^3 dr = \frac{\pi}{2}a^4 \tag{11.5}$$

よって，ねじりモーメントは，

$$M_T = G\theta I_P \tag{11.6}$$

となり，

$$\boldsymbol{\theta = \frac{M_T}{GI_P}} \tag{11.7}$$

これは単位長さ当たりの棒に生じるねじり角（Angle of torsion）であり，比ねじり角（Specific angle of torsion）と呼ばれる．また，GI_Pはねじり剛性（Rigidity of torsion）と呼ばれる．

長さxの棒におけるねじり角φは，

$$\boldsymbol{\varphi = \theta x = \frac{M_T}{GI_P}x} \tag{11.8}$$

またせん断応力は，式（11.2）に式（11.7）を代入して，

$$\boldsymbol{\tau = \frac{M_T}{I_P}r} \tag{11.9}$$

11-2 丸棒のねじりの静定問題・不静定問題に対するステップ解法

棒のねじり問題のステップ解法について説明する．はじめに静定問題について以下にそのステップを示す．

丸棒のねじりの静定問題のステップ解法

ステップ 1　問題を解くための準備をする

与えられた静定問題に対して自由体図を作図する．作図した自由体図にねじりモーメントを記入する．これにより問題を解くための準備が完了する．

ステップ 2　仮想切断面によりねじりモーメントの分布を求める

棒に発生しているねじりモーメントを求める．このため，ステップ1で作図した自由体図を仮想的に切断し，この仮想切断面にねじりモーメントを記入し，ねじりモーメントのつり合いの式をたてる．このとき，力のつり合いの式と同様に矢印を見てねじりモーメントのつり合いの式をたてればよい．さらにねじりモーメントの分布図を作図する．

ステップ 3　せん断応力の分布を求める

ステップ2で得られたねじりモーメントからせん断応力を求める．さらにせん断応力の分布図を作図する．

ステップ 4　比ねじり角の分布を求める

ステップ3で得られたせん断応力から，比ねじり角を求める．さらに比ねじり角の分布図を作図する．

ステップ 5　ねじり角を求める

ステップ4で作図した比ねじり角の分布図の面積を計算することでねじり角を求める．

演習問題 11-1

図 11-4 に示すようなねじりモーメントTにより棒に生じるねじり角を求めなさい．ここで，横弾性係数をG，断面二次極モーメントをI_Pとする．

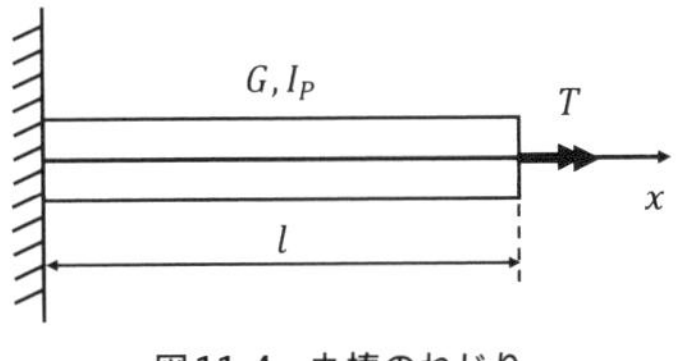

図11-4　丸棒のねじり

解答

ステップ 1　問題を解くための準備をする

剛体壁から棒を切り離し，棒の自由体図を作図する．つぎに自由体図に対して棒断面の図心を通り，軸線に沿う右向き方向にx軸をおく．

ステップ 2　仮想切断面によりねじりモーメントの分布を求める

仮想切断面をおく．自由体図を作図する．

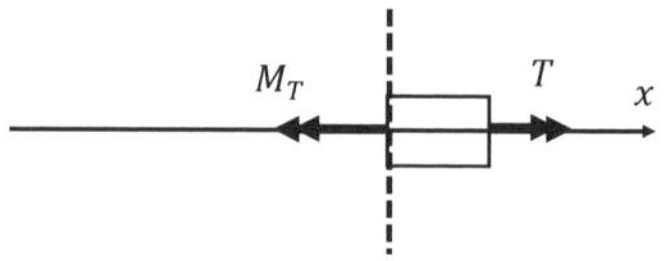

図11-5　仮想切断された丸棒の自由体図

ねじりモーメントのつり合いの式をたてる．このとき，力のつり合いの式と同様に矢印を見てねじりモーメントのつり合いの式をたてればよい．これにより，

$$\rightarrow \sum M_T : T - M_T = 0 \tag{11.10}$$

$$\therefore\ M_T = T \tag{11.11}$$

ねじりモーメントの分布図を描く．

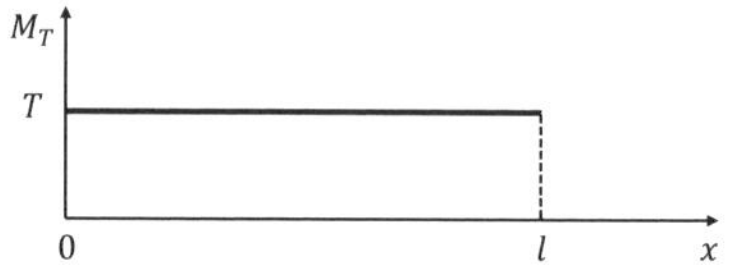

図11-6　ねじりモーメントの分布図

ステップ 3　せん断応力の分布を求める

せん断応力の分布図を描く．

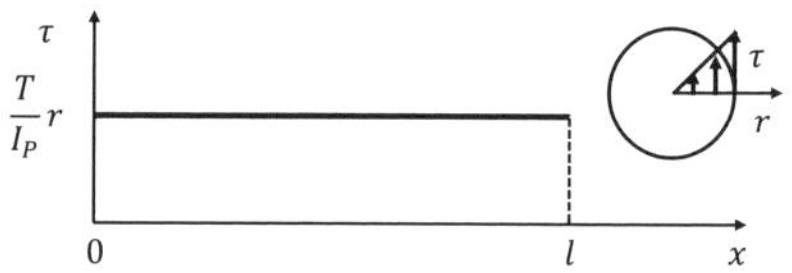

図11-7　せん断応力の分布図

ステップ 4　比ねじり角の分布を求める

せん断応力の分布図に基づいて比ねじり角の分布図を描く．

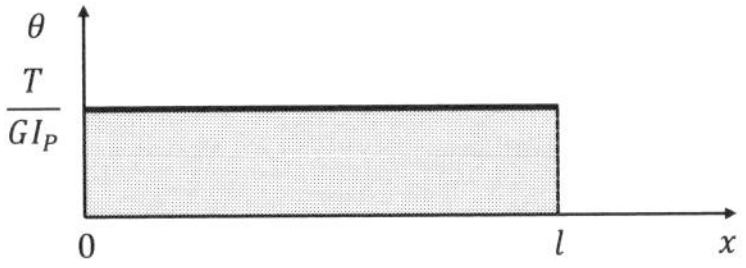

図11-8　比ねじり角の分布図

ステップ 5　ねじり角を求める

比ねじり角の分布図の面積からねじり角φを求める．

$$\varphi = \frac{T}{GI_P} \times l \tag{11.12}$$

演習問題 11-2

図 11-9 に示すようなねじりモーメントTにより段付き棒に生じるねじり角を求めなさい．ここで，段付き棒の各部の断面二次極モーメントをI_{P1}とI_{P2}，横弾性係数をGとする．また，棒の形状は図に示す通りである．

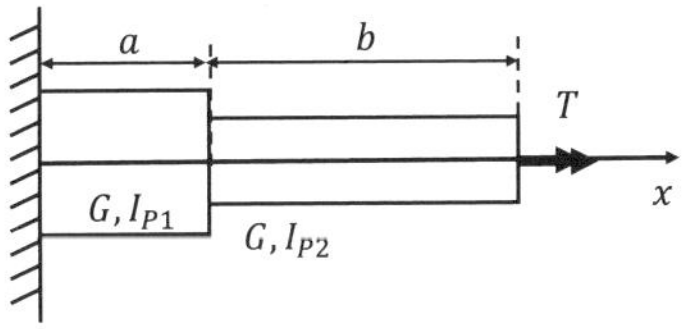

図11-9　段付き丸棒のねじり

解答　解答のみ示す．各自求めてみなさい．

$$\varphi = \frac{T}{GI_{P1}} \times a + \frac{T}{GI_{P2}} \times b \tag{11.13}$$

演習問題 11-3

図 11-10 に示すようなねじりモーメントTにより円錐台形状の棒に生じるねじり角を求めなさい．ここで，横弾性係数をGとする．また，棒の形状は図に示す通りである．

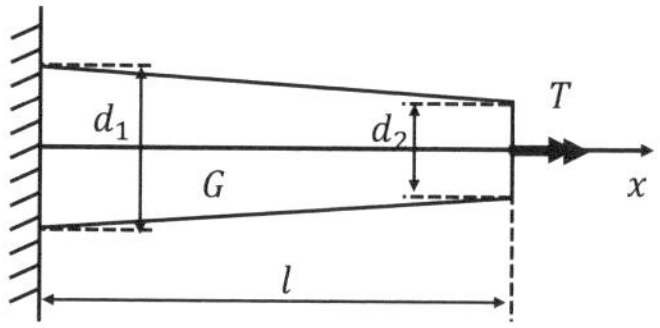

図11-10　円錐台形状の棒のねじり

解答　解答のみ示す．各自求めてみなさい．

$$\varphi = \frac{32T}{3\pi G}\frac{l}{d_1 - d_2}\left(\frac{1}{d_2^3} - \frac{1}{d_1^3}\right) \tag{11.14}$$

演習問題 11-4

図 11-11 に示すようなふたつのねじりモーメントT_CとTにより棒に生じるねじり角を求めなさい．ここで，断面二次極モーメントをI_P，横弾性係数をGとする．また，棒の形状は図に示す通りである．

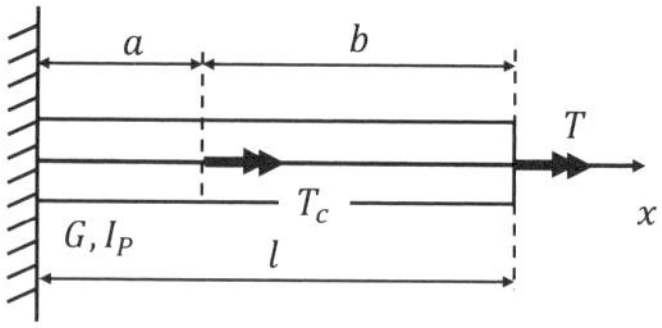

図11-11　ふたつのねじりモーメントを受ける棒のねじり

解答　解答のみ示す．各自求めてみなさい．

$$\varphi = \frac{T + T_C}{GI_P} \times a + \frac{T}{GI_P} \times b \tag{11.15}$$

Column　円柱形状に加工するワケ

ねじりの問題は，棒の引張・圧縮問題やはりの曲げ問題と同様に非常に重要である．自動車のエンジン，電車の車軸，航空機のジェットエンジンにおける動翼を固定する回転軸などがある．これらの部品にはねじりモーメントが作用し，せん断応力が発生するから，この応力に耐えるよう部品形状を決定しなければならない．ここで回転軸などの部品形状に注目してみよう．これらのほとんどは円柱形状である．円柱形状にしておけば，せん断応力が最大となる部品表面で応力が一様に発生することになるから計算しやすい．別の理由として，機械加工が楽であることも挙げられる．旋盤と呼ばれる工作機械に素材を取り付け，これを高速で回転させつつその表面に刃物（バイトと呼ばれる）を押し当てて素材表面を削っていくことで円柱形状に加工する．これはまた製品のコストを下げるということも重要な理由として挙げられよう．

つぎにねじりを受ける丸棒の不静定問題のためのステップ解法を以下に示す．

丸棒のねじりの不静定問題のステップ解法

ステップ 1	**問題を解くための準備をする** 与えられた不静定問題に対して自由体図を作図する．作図した自由体図にねじりモーメント，反ねじりモーメントを記入し，ねじりモーメントのつり合いの式をたてる．
ステップ 2	**仮想切断面によりねじりモーメントの分布を求める** 棒に発生しているねじりモーメントを求める．このため，ステップ1で作図した自由体図を仮想的に切断し，この仮想切断面にねじりモーメントを記入し，ねじりモーメントのつり合いの式をたてる．このとき，力のつり合いの式と同様に矢印を見てねじりモーメントのつり合いの式をたてればよい．さらにねじりモーメントの分布図を作図する．
ステップ 3	**せん断応力の分布を求める** ステップ2で得られたねじりモーメントからせん断応力を求める．さらにせん断応力の分布図を作図する．
ステップ 4	**比ねじり角の分布を求める** ステップ3で得られたせん断応力から，比ねじり角を求める．さらに比ねじり角の分布図を作図する．
ステップ 5	**ねじり角を求める** ステップ4で作図した比ねじり角の分布図の面積を計算することでねじり角を求める．
ステップ 6	**不静定条件により反ねじりモーメントを求める．丸棒に生じたせん断応力を求める** ステップ1で導いたつり合いの式と不静定条件を連立することで反ねじりモーメントを求める．この結果をステップ3に代入してせん断応力を求める．

演習問題 11-5

図 11-12 に示すような断面形状が等しく，材質が異なるふたつの丸棒が直列に接合され，これが剛体壁に固定支持されている．そして，この丸棒の接合面でねじりモーメントTが作用している．この棒に生じているせん断応力，ねじりモーメントが作用している点でのねじり角をそれぞれ求めなさい．ここで，断面二次極モーメントをI_P，直列棒の各部の横弾性係数をG_1，G_2とする．また，棒の長さは図に示す通りである．

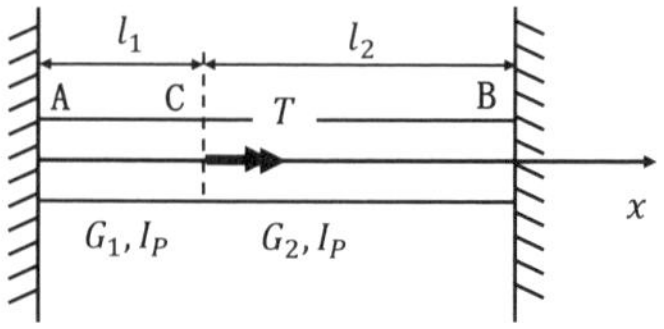

図 11-12　剛体壁で両端を固定された棒のねじり

解答

ステップ 1　問題を解くための準備をする

図 11-13 に示すように自由体図を作図する．座標軸を棒の軸線に沿って右向き方向にx軸をおく．自由体図の左端を点 A，右端を点 B とする．ねじりモーメントT，ならびに点 A，点 B に対して正の方向の反ねじりモーメントM_{TA}，M_{TB}を記入する．

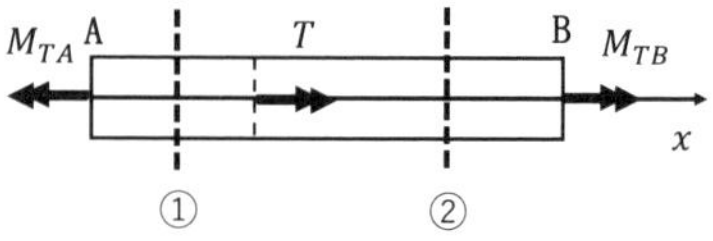

図 11-13　剛体壁から切り離された丸棒の自由体図

ねじりモーメントのつり合いの式をたてる．このとき，力のつり合いの式と同様にねじりモーメントのつり合いの式をたてればよい．

$$\rightarrow \sum M_T : M_{TB} + T - M_{TA} = 0 \tag{11.16}$$

$$\therefore \ M_{TA} = T + M_{TB} \tag{11.17}$$

ステップ 2　仮想切断面によりねじりモーメントの分布を求める

ねじりモーメントTを境にふたつの仮想切断面①と②を図 11-13 のようにおく．そして，図 11-14 に示すように仮想切断面から切り離された右側の棒の切断面にねじりモーメントM_Tを記入する．

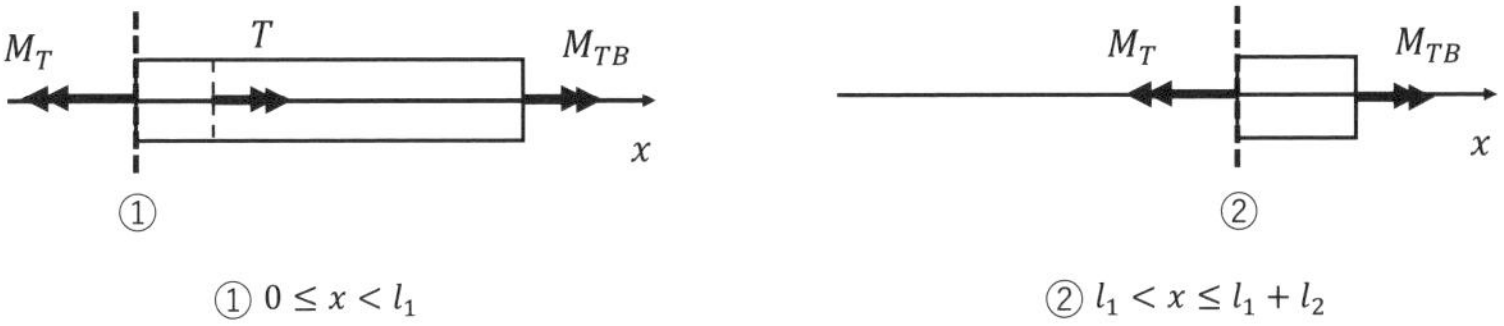

図11-14　仮想切断された丸棒の自由体図

ねじりモーメントのつり合いの式をたて，ねじりモーメントを求める．

① $0 \leq x < l_1$:

$$\to \sum M_T : M_{TB} + T - M_T = 0 \tag{11.18}$$

$$\therefore\ M_T = M_{TB} + T \tag{11.19}$$

② $l_1 < x \leq l_1 + l_2$:

$$\to \sum M_T : M_{TB} - M_T = 0 \tag{11.20}$$

$$\therefore\ M_T = M_{TB} \tag{11.21}$$

ねじりモーメントの分布図を描く．

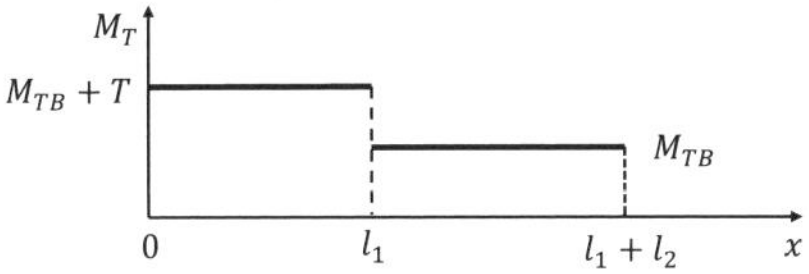

図11-15　ねじりモーメントの分布図

ステップ 3　せん断応力の分布を求める

ここでは詳しい説明は省略する．

ステップ 4　比ねじり角の分布を求める

比ねじり角の分布図を描く．

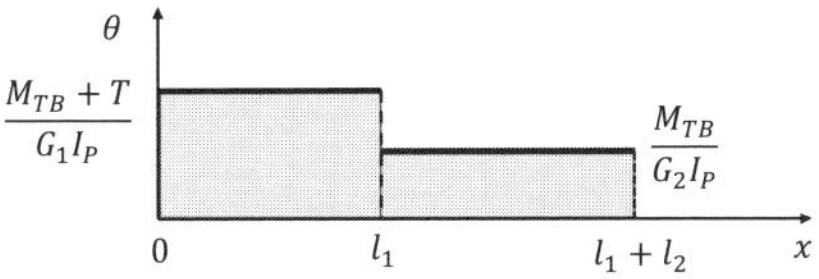

図11-16　比ねじり角の分布図

ステップ 5　ねじり角を求める

比ねじり角の分布図の面積から点Bでのねじり角φを求める．

$$\varphi = \frac{M_{TB} + T}{G_1 I_P} \times l_1 + \frac{M_{TB}}{G_2 I_P} \times l_2 \qquad (11.22)$$

ステップ 6　不静定条件により反ねじりモーメントを求める．丸棒に生じたせん断応力を求める

ねじり角φの不静定条件として，$\varphi = 0$から，

$$\frac{M_{TB} + T}{G_1 I_P} \times l_1 + \frac{M_{TB}}{G_2 I_P} \times l_2 = 0 \qquad (11.23)$$

式 (11.17) と式 (11.23) の連立方程式を解いて，反ねじりモーメントM_{TA}とM_{TB}を求めると，

$$M_{TA} = \frac{G_1 l_2}{G_1 l_2 + G_2 l_1} T,\ M_{TB} = -\frac{G_2 l_1}{G_1 l_2 + G_2 l_1} T \qquad (11.24)$$

式 (11.24) をステップ 3 に代入してせん断応力を求める．

$$① \ 0 \leq x < l_1 :\ \tau = \frac{M_{TB} + T}{I_P} r \qquad (11.25)$$

$$② \ l_1 < x \leq l_1 + l_2 : \tau = \frac{M_{TB}}{I_P} r \qquad (11.26)$$

ここで，上式のM_{TB}には式 (11.24) を代入する．ねじりモーメントが作用している点でのねじり角は比ねじり角の分布図から求められる．

$$\varphi = \frac{M_{TB} + T}{G_1 I_P} l_1 = \frac{l_1 l_2}{G_1 l_2 + G_2 l_1} \left(\frac{T}{I_P} \right) \qquad (11.27)$$

演習問題 11-6

図 11-17 に示すような剛体壁で固定支持された丸棒において途中でねじりモーメントT_Dが作用している．固定支持点 A と点 B でのねじりモーメントM_{TA}，M_{TB}ならびに点 C と点 D でのねじり角φ_C，φ_Dをそれぞれ求めなさい．ここで，断面二次極モーメント，横弾性係数，棒の形状は図に示す通りである．

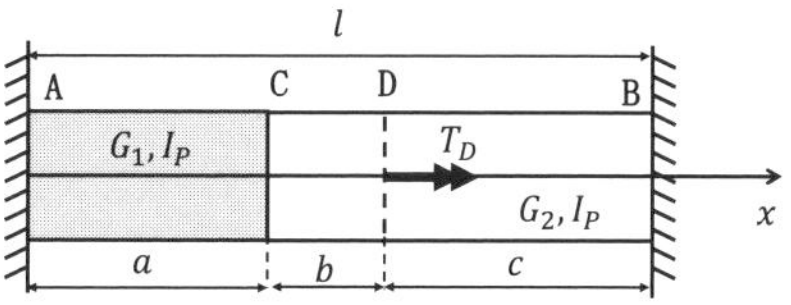

図11-17　剛体壁で両端を固定された材質が異なる棒のねじり

解答　解答のみ示す．各自求めてみなさい．

$$M_{TA} = T_D \left\{ \frac{\left(\dfrac{c}{G_2}\right)}{\left(\dfrac{a}{G_1}\right) + \left(\dfrac{b}{G_2}\right) + \left(\dfrac{c}{G_2}\right)} \right\}$$

$$M_{TB} = -T_D \left\{ \frac{\left(\dfrac{a}{G_1}\right) + \left(\dfrac{b}{G_2}\right)}{\left(\dfrac{a}{G_1}\right) + \left(\dfrac{b}{G_2}\right) + \left(\dfrac{c}{G_2}\right)} \right\}$$

(11.28)

$$\varphi_C = \frac{M_{TB} + T_D}{G_1 I_P} a = \frac{T_D}{I_P} \left\{ \frac{\left(\dfrac{a}{G_1}\right)\left(\dfrac{c}{G_2}\right)}{\left(\dfrac{a}{G_1}\right) + \left(\dfrac{b}{G_2}\right) + \left(\dfrac{c}{G_2}\right)} \right\}$$

$$\varphi_D = \frac{M_{TB} + T_D}{G_1 I_P} a + \frac{M_{TB} + T_D}{G_2 I_P} b = \frac{T_D}{I_P} \left\{ \frac{\left(\dfrac{a}{G_1} + \dfrac{b}{G_2}\right)\left(\dfrac{c}{G_2}\right)}{\left(\dfrac{a}{G_1}\right) + \left(\dfrac{b}{G_2}\right) + \left(\dfrac{c}{G_2}\right)} \right\}$$

11-3　エネルギー法によるねじり問題のステップ解法

ねじりを受ける棒のひずみエネルギー密度は，式 (10.5) において $\sigma \to \tau$ ならびに $\varepsilon \to \gamma$ とおきかえれば得られ，

$$\overline{U} = \frac{1}{2}\tau\gamma = \frac{\tau^2}{2G} \tag{11.29}$$

これにせん断応力を代入して，

$$\overline{U} = \frac{1}{2G}\left(\frac{M_T}{I_P}r\right)^2 \tag{11.30}$$

よって，これを棒全体にわたって積分することでひずみエネルギーが得られ，

$$U = \int \frac{1}{2G}\left(\frac{M_T}{I_P}r\right)^2 dV = \int\int \frac{1}{2G}\left(\frac{M_T}{I_P}r\right)^2 2\pi r dr dx$$

$$= \frac{1}{2GI_P^2}\int (M_T)^2\, dx \underline{\int 2\pi r^3 dr} = \frac{1}{2GI_P^2}\int (M_T)^2\, dx\underline{I_P}$$

$$\boldsymbol{U = \frac{1}{2GI_P}\int M_T^2 dx} \tag{11.31}$$

ところで曲げモーメントを受けるはりに蓄えられるひずみエネルギーは，

$$\boldsymbol{U = \frac{1}{2EI}\int M^2 dx} \tag{11.32}$$

であった．よって，曲げモーメントとねじりモーメントの間にはつぎのような対応があることがわかる．

1 曲げ剛性⇔ねじり剛性：

$$\boldsymbol{EI \ \Leftrightarrow GI_P}$$

2 曲げモーメント⇔ねじりモーメント：

$$\boldsymbol{M \ \Leftrightarrow M_T}$$

つぎにねじりを受ける棒の問題に対するカスチリアノの定理について考える．集中モーメントM_iが作用する点でのはりのたわみ角θ_iは，

$$\boldsymbol{\frac{\partial U}{\partial M_i} = \theta_i \ (i = 1, 2, \ldots, N)}$$

のように与えられた．ねじりについても同様に，

$$\frac{\partial U}{\partial M_{Ti}} = \varphi_i \ (i = 1, 2, \ldots, N) \tag{11.33}$$

のようにひずみエネルギーをねじりモーメントで微分するとねじり角が得られる．

以下，この定理を利用したねじりを受ける棒の問題のステップ解法について示していく．

エネルギー法による丸棒のねじり問題のステップ解法

ステップ1　問題を解くための準備をする

与えられた不静定問題に対して自由体図を作図する．作図した自由体図にねじりモーメント，反ねじりモーメントを記入し，ねじりモーメントのつり合いの式をたてる．

↓

ステップ2　仮想切断面によりねじりモーメントを求める

棒に発生しているねじりモーメントを求める．このため，ステップ1で作図した自由体図を仮想的に切断し，この仮想切断面にねじりモーメントを記入し，ねじりモーメントのつり合いの式をたてる．さらにねじりモーメントの分布図を作図する．

↓

ステップ3　ひずみエネルギーを計算する．カスチリアノの定理によりねじり角を求める

ねじりモーメントからひずみエネルギーを計算する．さらにカスチリアノの定理によりねじり角を求める．

↓

ステップ4　不静定条件により反ねじりモーメントを求める．丸棒に生じたせん断応力を求める

不静定条件からステップ3で求めたねじり角に関する式と，ステップ1のつり合いの式から反ねじりモーメントを求める．これによりねじり角やせん断応力を求める．

演習問題 11-7

【演習問題 11-5】をエネルギー法に基づいて点Cでのねじり角を求めなさい．

解答

ステップ1　問題を解くための準備をする

自由体図を作図する．これは【演習問題 11-5】のステップ1と同様のため，ここではその詳細は省略する．ねじりモーメントのつり合いの式より，

$$M_{TA} = T + M_{TB} \tag{11.34}$$

ステップ 2　仮想切断面によりねじりモーメントの分布を求める

仮想切断面を図 11-13 のようにおく．そして，図 11-14 に示すように仮想切断面から切り離された右側の棒の切断面にねじりモーメントM_Tを記入する．なお，図は【演習問題 11-5】のステップ 2 と同様のため，ここではその詳細は省略する．ねじりモーメントのつり合いの式より，

$$① \ 0 \leq x < l_1 :\ M_T = M_{TB} + T \tag{11.35}$$

$$② \ l_1 < x \leq l_1 + l_2 :\ M_T = M_{TB} \tag{11.36}$$

ステップ 3　ひずみエネルギーからねじり角を求める

式 (11.31) よりひずみエネルギーを計算する．

$$U = \frac{1}{2G_1 I_P} \int_0^{l_1} (M_{TB} + T)^2 \, dx + \frac{1}{2G_2 I_P} \int_{l_1}^{l_1 + l_2} (M_{TB})^2 \, dx \tag{11.37}$$

点 B でのねじり角φを求める．カスチリアノの定理により，

$$\varphi = \frac{\partial U}{\partial M_{TB}} = \frac{M_{TB} + T}{G_1 I_P} \times l_1 + \frac{M_{TB}}{G_2 I_P} \times l_2 \tag{11.38}$$

ステップ 4　不静定条件により反ねじりモーメントを求める．丸棒に生じたせん断応力を求める

ねじり角φの不静定条件として，$\varphi = 0$から，

$$\frac{M_{TB} + T}{G_1 I_P} \times l_1 + \frac{M_{TB}}{G_2 I_P} \times l_2 = 0 \tag{11.39}$$

式 (11.34) と式 (11.39) の連立方程式を解いて，反ねじりモーメントM_{TA}とM_{TB}を求めると，

$$M_{TA} = \frac{G_1 l_2}{G_1 l_2 + G_2 l_1} T,\ M_{TB} = -\frac{G_2 l_1}{G_1 l_2 + G_2 l_1} T \tag{11.40}$$

せん断応力は，

$$① \ 0 \leq x < l_1 : \tau = \frac{G_1 l_2}{G_1 l_2 + G_2 l_1} \left(\frac{T}{I_P} \right) r \tag{11.41}$$

$$② \ l_1 < x \le l_1 + l_2 : \tau = -\frac{G_2 l_1}{G_1 l_2 + G_2 l_1}\left(\frac{T}{I_P}\right) r \tag{11.42}$$

ねじり角は，

$$\varphi = \frac{M_{TB} + T}{G_1 I_P} l_1 = \frac{l_1 l_2}{G_1 l_2 + G_2 l_1}\left(\frac{T}{I_P}\right) \tag{11.43}$$

演習問題 11-8

図 11-18 に示すように点 B で固定支持され，点 A に曲がりはりの平面に垂直な方向に集中荷重Pが作用するとき，作用点での変位を求めよ．なお，解法にはカスチリアノの定理を利用すること．ここで，断面二次モーメントをI，断面二次極モーメントをI_P，縦弾性係数をE，横弾性係数をG，曲がりはりの形状は図に示す通りである．

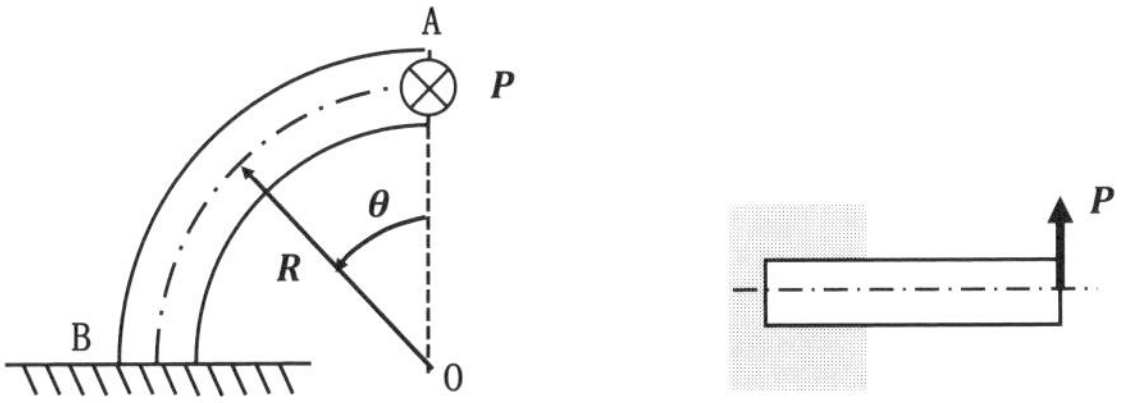

図11-18 先端で集中荷重を側面から受ける曲がりはり

解答 以下，略答のみ．

$$\delta = \frac{dU}{dP} = \frac{R^3}{4}\left(\frac{\pi}{EI} + \frac{3\pi - 8}{GI_P}\right) P \tag{11.44}$$

演習問題 11-9

図 11-19 に示すようにコイルばねに集中荷重Pが作用するとき，作用点での変位を求めよ．なお，カスチリアノの定理を利用すること．ここで，断面二次極モーメントをI_P，横弾性係数をG，棒の形状は図に示す通りである．また，コイルの巻き数をNとする．

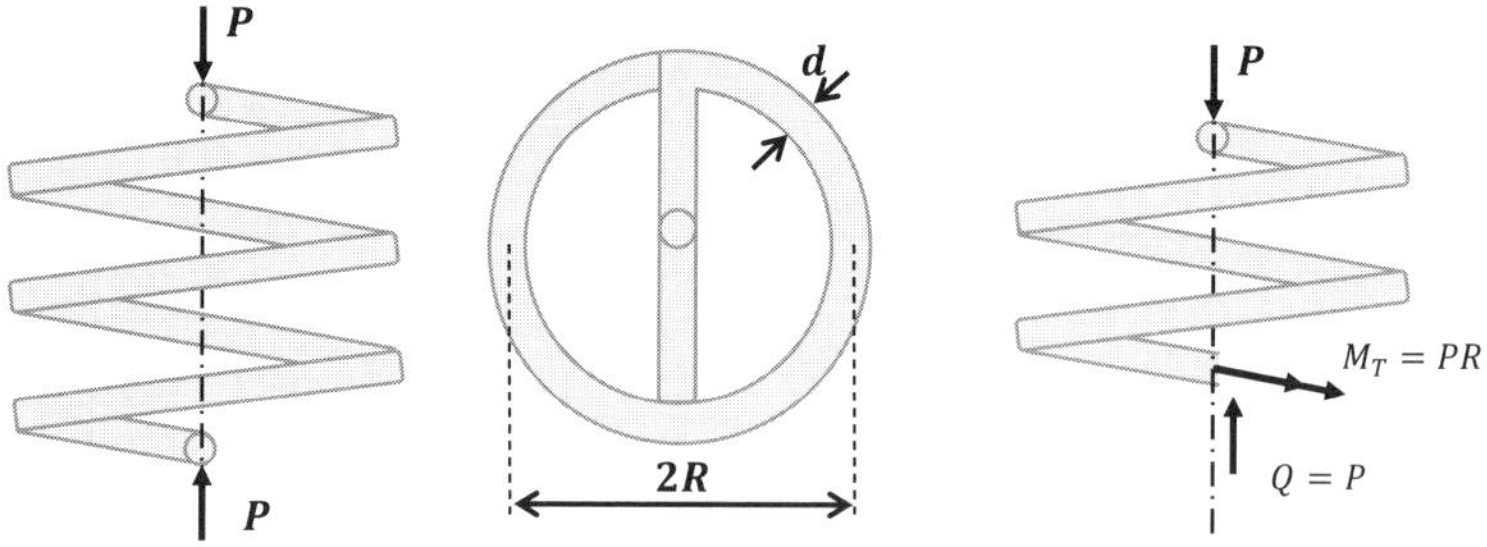

図11-19　圧縮荷重を受けるコイルばね

解答

ステップ 2　仮想切断面によりねじりモーメントの分布を求める

図 11-19 の右図のように仮想切断面をとる．この問題では，仮想切断面にはせん断力$Q = P$とねじりモーメント$M_T = PR$が作用しているものとし，曲げモーメントの影響は無視した．

ステップ 3　ひずみエネルギーから伸びを求める

ばねに蓄えられているひずみエネルギーを求める．

$$U = \frac{1}{2GI_P}\int_0^{2N\pi}(PR)^2\,Rd\theta = \frac{P^2R^3}{2GI_P}2N\pi \tag{11.45}$$

カスチリアノの定理を適用して作用点での変位δを求める．

$$\delta = \frac{dU}{dP} = \frac{2N\pi R^3}{GI_P}P = \frac{64NR^3}{Gd^4}P \tag{11.46}$$

ばね定数をkとすれば，

$$k = \frac{P}{\delta} = \frac{Gd^4}{64NR^3} \tag{11.47}$$

となり，コイル素材の直径dを大きくする，あるいはコイル半径Rを小さくすることでばね定数は大きくなる．

Chapter 12

引張・曲げ・ねじりを同時に受けるはりの問題

本章での学び

本章では，これまでに学習したひずみエネルギーを利用して，引張，曲げ，ねじりを同時に受けるはりの問題を解けるようにする．

12-1 集中荷重を受ける曲がりはりの問題

まず，これまで学習してきた内容を表 12-1 にまとめた．これを使って演習問題を解いていこう．

表12-1　荷重様式と応力・伸び・ねじり・ひずみエネルギーの関係

	応力	伸び・たわみ・ねじり角	ひずみエネルギー
引張荷重	$\sigma = \dfrac{R}{A}$	$\delta = \dfrac{Rl}{EA}$	$U = \dfrac{1}{2EA}\int R^2 dx$
曲げモーメント	$\sigma = \left(\dfrac{M}{I}\right) y$	$\dfrac{d^2y}{dx^2} = -\dfrac{M}{EI}$	$U = \dfrac{1}{2EI}\int M^2 dx$
ねじりモーメント	$\sigma = \left(\dfrac{M_T}{I_P}\right) r$	$\varphi = \dfrac{M_T l}{GI_P}$	$U = \dfrac{1}{2GI_P}\int M_T^2 dx$

演習問題 12-1

図 12-1 に示すような集中荷重が作用している作用点での作用線上のたわみを求めなさい．ここで，断面二次モーメントをI，断面二次極モーメントをI_P，縦弾性係数をE，横弾性係数をG，はりの形状は図に示す通りである．

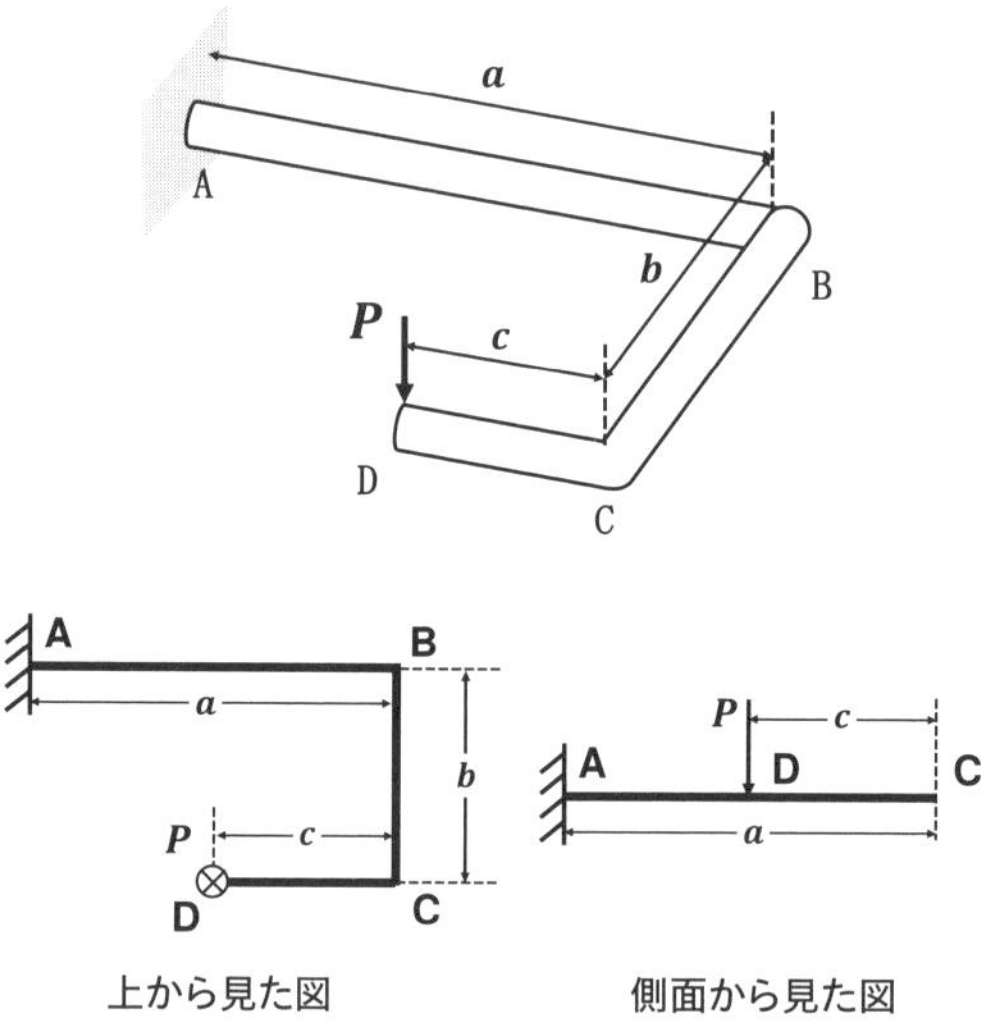

図12-1　上面から集中荷重を受ける曲がりはり

解答

図 12-1 において，区間 DC，CB，BA に仮想切断面をおき，切り離されたはりの自由体図を作図する．ここでは，読者の理解を深めるために自由体図を鳥瞰図で工夫した．また，この問題ではこれまでの座標系の取り方に従わず，それぞれの区間に沿ってx軸，y軸をとっている点に注意してほしい．

つぎにそれぞれの区間に対する自由体図に対して，ねじりモーメントのつり合いの式，モーメントのつり合いの式をたてる．

1 区間 DC（図 12-2）： $\begin{cases} M_T = 0 \\ M = -Px \end{cases} \quad (0 \leq x \leq c)$

区間 DC の仮想切断面には曲げモーメントのみ作用する．

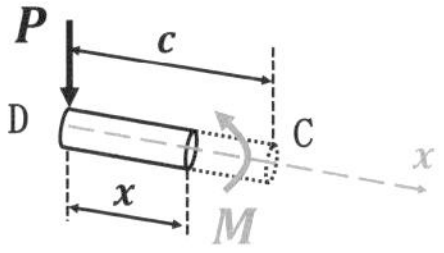

図12-2　区間DCに対する自由体図

2 区間 CB（図 12-3）： $\begin{cases} M_T = Pc \\ M = -Py \end{cases} \quad (0 \leq y \leq b)$

区間 CB の仮想切断面には曲げモーメントとねじりモーメントが作用する．

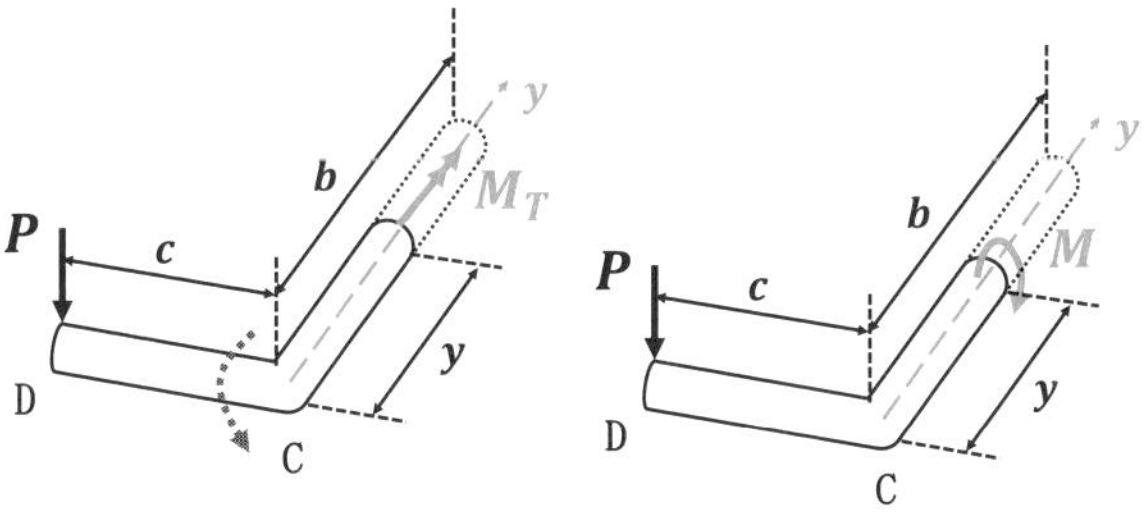

図12-3　区間CBに対する自由体図

3 区間 BA（図 12-4）： $\begin{cases} M_T = Pb \\ M = -Px + Pc \end{cases} \quad (0 \leq x \leq a)$

区間 BA の仮想切断面には曲げモーメントとねじりモーメントが作用する．

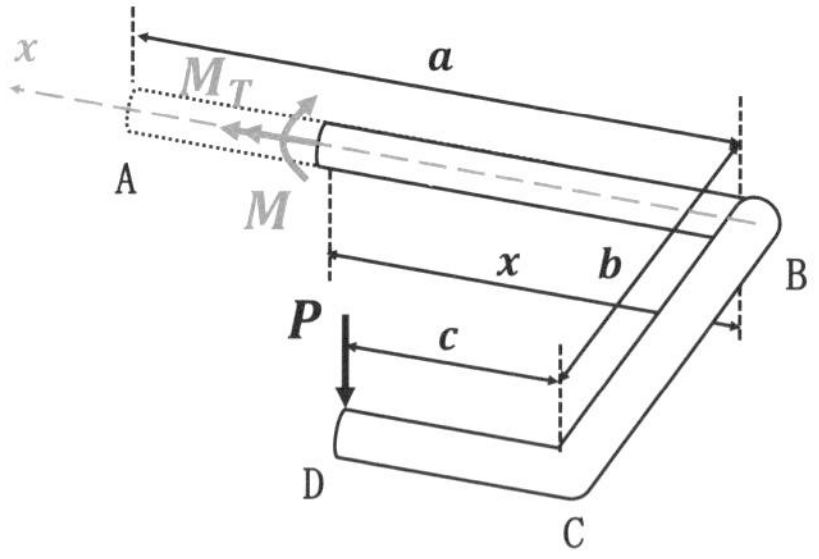

図12-4　区間BAに対する自由体図

以上に求めたそれぞれの区間における仮想切断面での曲げモーメント，ねじりモーメントから，曲がりはり全体に蓄えられているひずみエネルギーは，

$$U = \frac{1}{2EI}\int_0^c (-Px)^2\,dx + \frac{1}{2EI}\int_0^b (-Py)^2\,dy + \frac{1}{2EI}\int_0^a (-Px + Pc)^2\,dx + \frac{1}{2GI_P}\int_0^b (Pc)^2\,dy + \frac{1}{2GI_P}\int_0^a (Pb)^2\,dx \tag{12.1}$$

よって，

$$U = \frac{P^2\left(a^3 + b^3 + c^3 + 3ac^2 - 3ca^2\right)}{6EI} + \frac{P^2\left(bc^2 + ab^2\right)}{2GI_P} \tag{12.2}$$

カスチリアノの定理により集中荷重が作用している作用点での作用線上のたわみは，

$$\delta = \frac{\partial U}{\partial P} = \left(\frac{a^3 + b^3 + c^3 + 3ac^2 - 3ca^2}{3EI} + \frac{bc^2 + ab^2}{GI_P}\right)P \tag{12.3}$$

12-2　円弧はりのさまざまな問題

これまでに扱ってきたはりは直線形状であった．ここでは，円弧形状のはり（円弧はり）のさまざまな問題について解いてみることにしよう．

演習問題 12-2

図 12-5 に示すように円弧はりが剛体壁に固定されている．円弧はりの平面に対して垂直な方向に点 B に集中荷重Pが作用している．このとき，点 B に生じるたわみを求

めなさい．ここで，断面二次モーメントをI，断面二次極モーメントをI_P，縦弾性係数をE，横弾性係数をG，はりの形状は図に示す通りである．

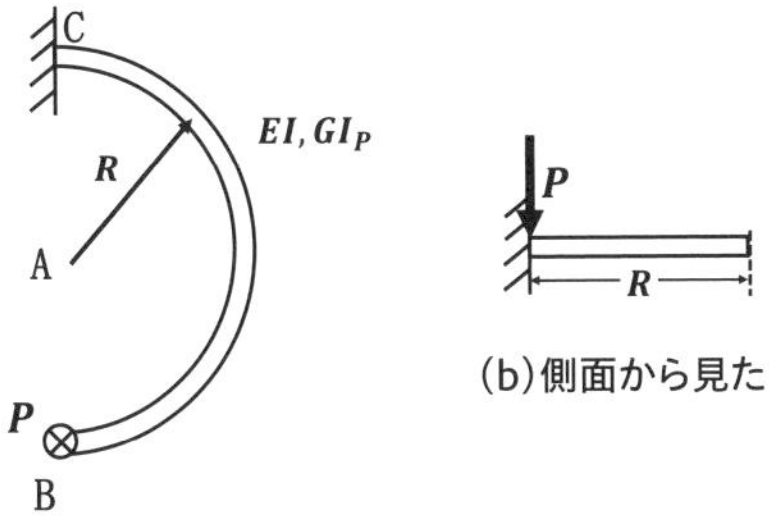

(a)上から見た図　(b)側面から見た図

図12-5　側面から集中荷重を受ける円弧はり

解答

1 区間 BC（図 12-6）：

$$\begin{cases} M_T = PR(1-\cos\theta) \\ M = -PR\sin\theta \end{cases}$$

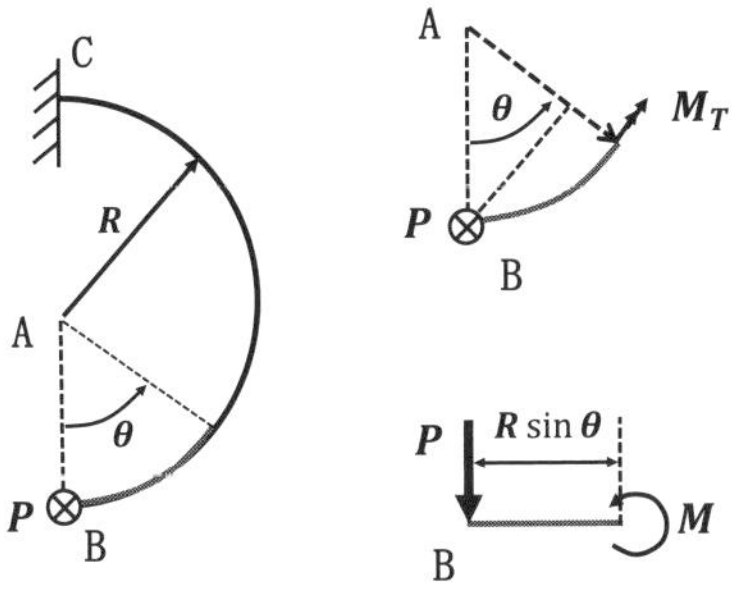

図12-6　区間BCに対する自由体図

以上の区間における仮想切断面での曲げモーメント，ねじりモーメントから，問題全体に蓄えられているひずみエネルギーは，

$$U = \frac{1}{2GI_P}\int_0^{\pi}\{PR(1-\cos\theta)\}^2 Rd\theta + \frac{1}{2EI}\int_0^{\pi}(-PR\sin\theta)^2 Rd\theta \tag{12.4}$$

よって，

$$U = 3\frac{P^2R^3\pi}{4GI_P} + \frac{P^2R^3\pi}{4EI} \tag{12.5}$$

カスチリアノの定理により集中荷重が作用している作用点での作用線上のたわみは，

$$\delta = \frac{dU}{dP} = \pi P R^3 \left(\frac{1}{2EI} + \frac{3}{2GI_P} \right) \tag{12.6}$$

演習問題 12-3

図 12-7 に示すように円弧はりが剛体床に固定されている．円弧はりの平面に対して垂直な方向に，点 A に集中荷重Pが作用している．このとき，点 A に生じるたわみを求めなさい．ここで，断面二次モーメントをI，断面二次極モーメントをI_P，縦弾性係数をE，横弾性係数をG，はりの形状は図に示す通りである．

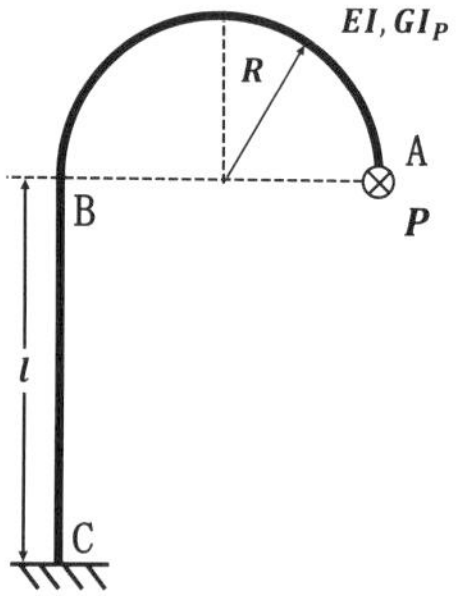

図12-7　側面から集中荷重を受ける円弧はり

解答　解答のみ示す．各自求めてみなさい．

$$\delta = \frac{dU}{dP} = \frac{R^2}{GI_P}\left(\frac{3\pi}{2}R + 4l \right) P + \frac{1}{EI}\left(\frac{\pi R^3}{2} + \frac{l^3}{3} \right) P \tag{12.7}$$

Column　はり問題を解くためのさまざまな解法

材料力学の基礎はここで終了．はり問題の解法には，はりのたわみの微分方程式を解く方法，重ね合せの原理を利用する解法，エネルギー原理に基づいた解法の 3 種類があることを説明してきた．問題の複雑さに応じてこれらの解法を使い分けてほしい．ただし，ここに掲載した式をすべて覚える必要はない．まずははりのたわみの微分方程式から先端で集中荷重を受ける片持ちはりの問題のたわみとたわみ角を求められるようにしておけば十分である．その理由は，第 9 章で説明しているように，この解を利用して重ね合せの原理からさまざまな解を生み出すことができるからである．

Chapter 13

円筒と球殻の応力と変形

本章での学び

本章では，薄肉構造体の壁面に生じる応力を計算できるようにする．ここで扱われる問題は実用上非常に重要である．

13-1 薄肉円筒

機械構造物のなかでもとりわけ重要なものは，蒸気ボイラや高圧ガスタンクのように円筒内部に高圧流体や高圧ガスを密封した機器である．米国機械学会は1880年に蒸気ボイラの圧力容器の破裂事故が起きたことへの対策として創立された．同学会では，適切な設計法（これは設計基準とも呼ばれる）により圧力容器に発生しうる事故を未然に防止することに努めており，設計基準の見直しは現在でも続いている．

さて本章では理論的取り扱いが比較的容易な肉厚が薄い円筒容器，すなわち薄肉円筒（Thin walled cylinder）に生じる応力について考えてみる．薄肉円筒の形状は図13-1に示すような肉厚t，内径$2R$，胴部の長さをlとする．そして，この円筒容器内に内圧pが作用しているものとする．この問題に対して，円筒容器底面に円柱座標系(r,θ,z)をおく．このとき，図に示すような位置から幅hで仮想的に容器を輪切りにすると，この容器の壁面には応力成分σ_{zz}，$\sigma_{\theta\theta}$のみが作用していることがわかる．ここで，σ_{zz}は仮想的に切断された面に対して軸方向の応力成分，$\sigma_{\theta\theta}$は円筒容器の壁面を周方向に膨らませるような応力成分である．下添え字の詳細については第16章で詳しく説明する．

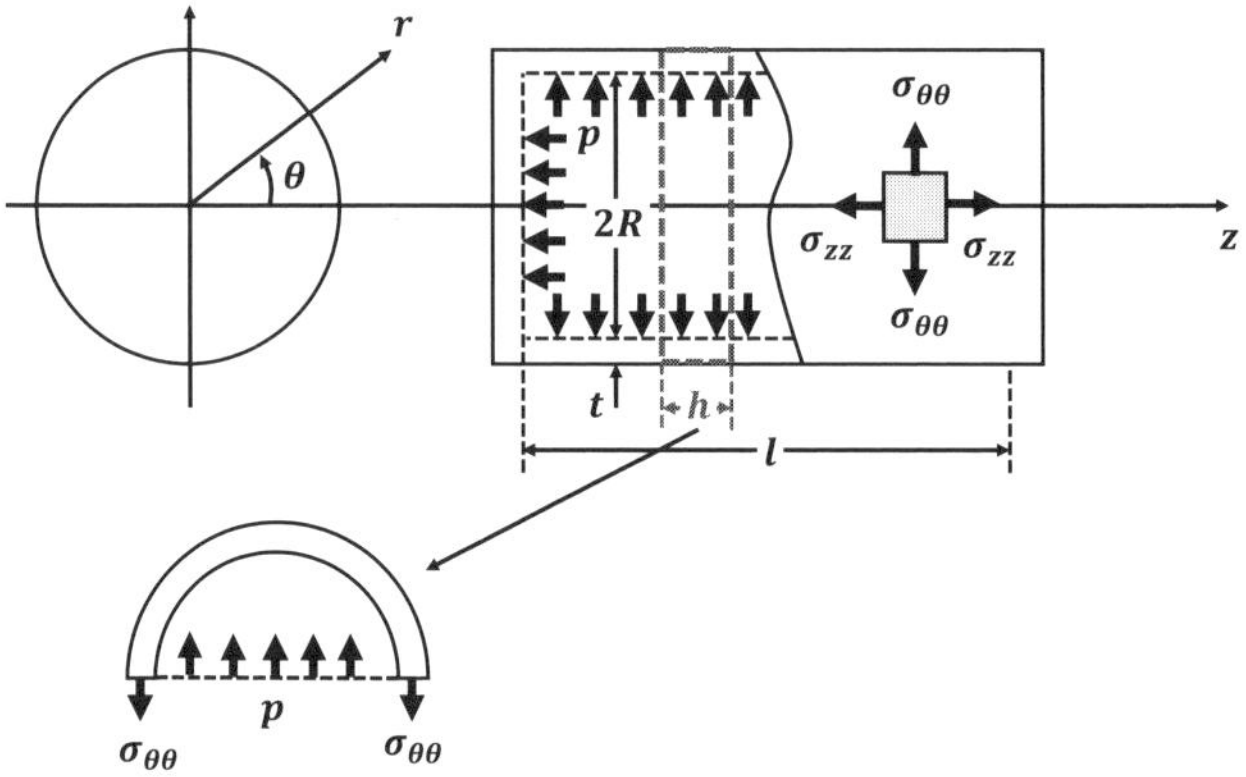

図13-1　内圧を受ける薄肉円筒容器

仮想切断面に対して半径方向における力のつり合いの式は，

$$2ht\sigma_{\theta\theta}-2Rhp=0 \tag{13.1}$$

となる．よって，

$$\sigma_{\theta\theta} = \frac{pR}{t} \tag{13.2}$$

これはフープ応力（Hoop stress）と呼ばれる．

つぎに軸方向に対して力のつり合いの式は，

$$-2\pi Rt\sigma_{zz} + \pi R^2 p = 0 \tag{13.3}$$

よって，

$$\sigma_{zz} = \frac{pR}{2t} = \frac{1}{2}\sigma_{\theta\theta} \tag{13.4}$$

以上により軸方向の応力はフープ応力の半分であることがわかる．このことから，圧力容器が破損する際には，胴部の軸方向にそってき裂が発生する．

演習問題 13-1

内径 700 mm の薄肉円筒容器が内圧 5.0 MPa を受けている．円筒容器に用いられている材料の引張強さが 250 MPa とするとき，円筒容器の肉厚を決定しなさい．ただし，基準応力を引張強さとし，安全率を 2.5 とする．

解答 許容応力は，$\sigma_a = \frac{250}{2.5} = 100$ MPa．よって，許容応力がフープ応力に等しいとして，

$$\sigma_a = \frac{pR}{t}$$

より，

$$t = \frac{pR}{\sigma_a} = \frac{5.0 \times 350}{100} = 17.5 \text{ mm}$$

演習問題 13-2

液体を高さhまで満たした円すいタンクについて考える．タンクの形状は図 13-2 に示す通りであり，その肉厚をtとする．このとき，円すいタンクの壁面に生じる母線方向の応力σ_1とフープ応力σ_2を求めなさい．なお，液体の密度をρとし，タンクに用いられている材料の縦弾性係数をEとする．

13

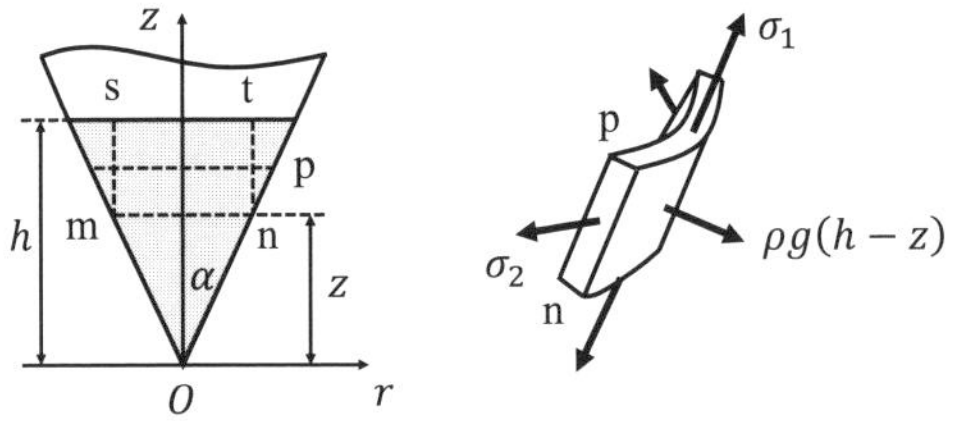

図13-2　液体を満たしたタンク

解答　はじめにフープ応力σ_2を求める．図13-3のように，円環形状の微小要素mn-pを切り出す．この微小要素における斜面pnに垂直な面に作用する水圧は$\rho g\,(h-z)$である．

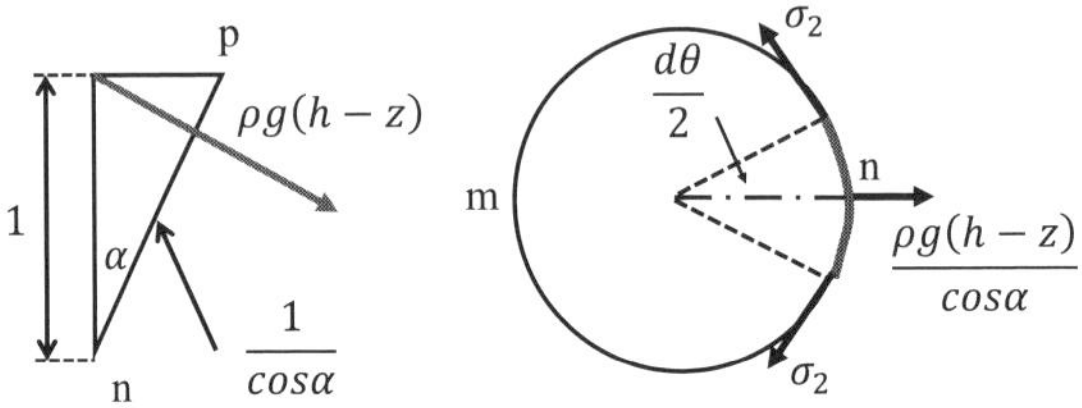

図13-3　タンク壁面の半径方向分力

よって，円環を上面から見た図に基づいて斜面pnの法線方向に対する力のつり合いの式は，

$$\frac{\rho g\,(h-z)}{\cos\alpha}\cdot(z\tan\alpha)\,d\theta-2\sigma_2\sin\frac{d\theta}{2}\cdot 1\cdot t=0 \tag{13.5}$$

となる．ここで，微小要素の高さは1とおいた．これにより壁面に生じるフープ応力は，

$$\sigma_2=\frac{\rho g\,(h-z)}{t\cos\alpha}\,(z\tan\alpha) \tag{13.6}$$

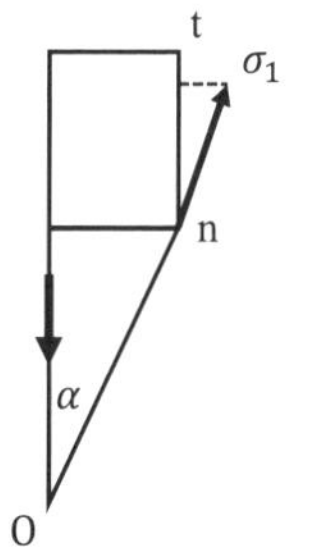

図13-4　タンク壁面の鉛直方向分力

つぎに母線方向の応力σ_1を求める．図 13-2 において smOnt の液体の重さが断面 mn に作用する．これにより生じた鉛直下向きの合力は，

$$\rho g \left\{ \pi \left(z \tan \alpha \right)^2 \left(h - z \right) + \frac{1}{3} \pi \left(z \tan \alpha \right)^2 z \right\}$$

よって，図 13-4 より断面 mn に対する力のつり合いの式は，

$$\sigma_1 \cos \alpha \left(t \cdot 2\pi z \tan \alpha \right) - \rho g \left\{ \pi \left(z \tan \alpha \right)^2 \left(h - z \right) + \frac{1}{3} \pi \left(z \tan \alpha \right)^2 z \right\} = 0 \quad (13.7)$$

これにより，

$$\sigma_1 = \rho g \frac{z \tan\alpha \left(h - \frac{2}{3} z \right)}{2t \cos\alpha} \quad (13.8)$$

13-2 薄肉球殻

航空機の圧力室，さらには都市ガスなどを貯蔵する圧力容器では，薄肉球型の構造，すなわち**薄肉球殻**（Thin walled spherical shell）が採用されている．このため，このような球殻の内部に圧力pが作用するとき球殻壁面に生じる応力について考えてみる．

いま球殻の形状は肉厚をt，内径を$2R$とする．この球殻の中心に球座標系(r, θ, φ)をとる．すると壁面には応力$\sigma_{\theta\theta}$，$\sigma_{\varphi\varphi}$が作用する．ただし，これらの応力は等しい．よって，

$$\sigma_{\theta\theta} = \sigma_{\varphi\varphi} \quad (13.9)$$

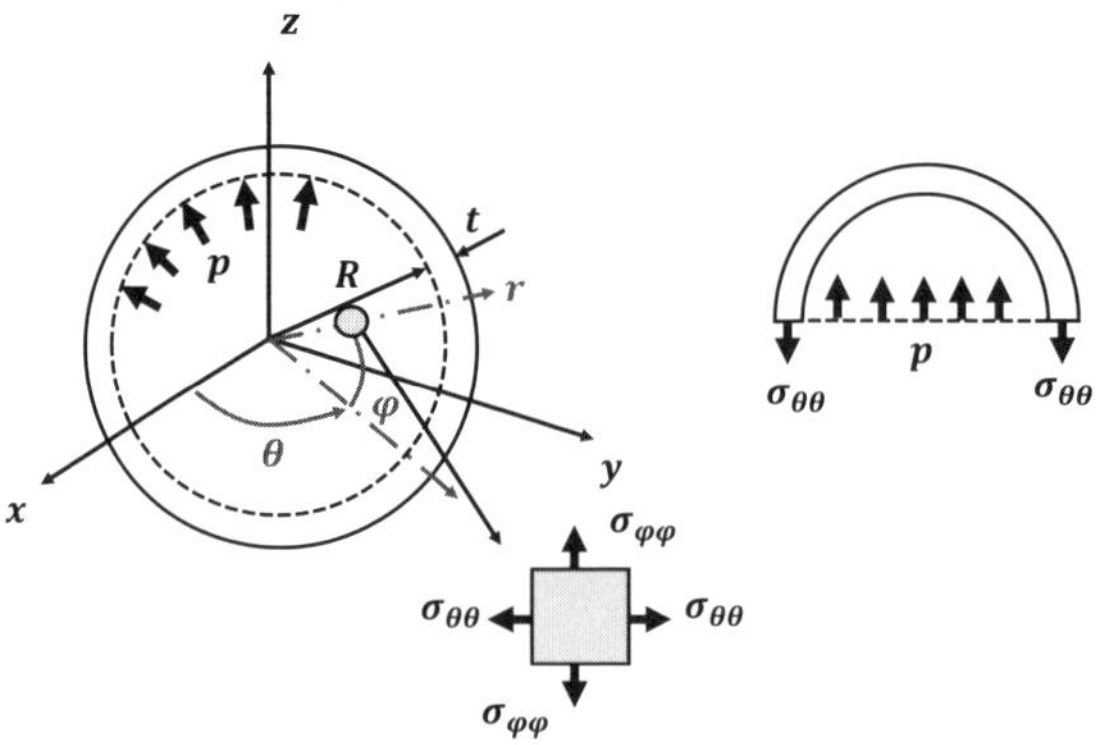

図13-5　内圧を受ける薄肉球殻容器

半径方向に対する力のつり合いの式は,

$$-2\pi R t \sigma_{\theta\theta} + \pi R^2 p = 0 \tag{13.10}$$

よって,

$$\sigma_{\theta\theta} = \sigma_{\varphi\varphi} = \frac{pR}{2t} \tag{13.11}$$

13-3 回転する薄肉円筒

つぎに回転する薄肉円筒に生じる応力について考える.この問題は,自動車のエンジンにおいてピストンによる往復運動を軸の回転に滑らかに伝達するフライホイール,ジェットエンジンのタービンなどといった回転する機械要素にみられる.

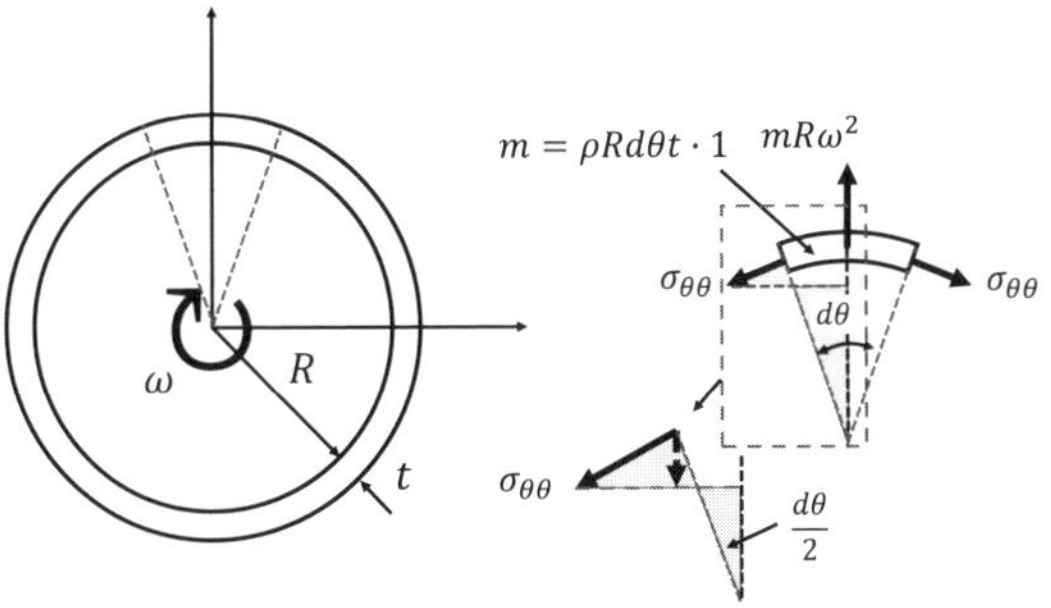

図13-6　回転する薄肉円筒体

図13-6に肉厚t，内径$2R$の薄肉円環を示す．ここで，紙面に奥行き方向の厚さは単位長さ1とする．この円環が時計回りに一定角速度ωで回転しているものとする．このとき，薄肉円環から図に示すように微小角度$d\theta$の微小要素を切り出す．この微小要素の半径方向に対して力のつり合いの式は，

$$(\rho R d\theta t \cdot 1)\, R\omega^2 - 2\sigma_{\theta\theta} \sin\frac{d\theta}{2} \cdot 1 \cdot t = 0 \tag{13.12}$$

ここで，円環の密度をρとしている．開き角$d\theta$が微小であることから，

$$\sin\frac{d\theta}{2} \approx \frac{d\theta}{2}$$

と近似できる．よって，薄肉円環に生じる応力は，

$$\boldsymbol{\sigma_{\theta\theta} = \rho R^2 \omega^2} \tag{13.13}$$

演習問題 13-3

内径が400 cmの一様な厚さの鋼製回転円板が毎分600回転で運転されるときのフープ応力を求めなさい．なお，密度を7.7 × 10^3 kg/m^3，縦弾性係数E =206 GPとする．

解答

$$\sigma_{\theta\theta} = 7.7 \times 10^3 \times 2^2 \times \left(2\pi \cdot \frac{600}{60}\right)^2 = \mathbf{121.4\ MPa}$$

Column　材料力学の天才その8　現代材料力学の父チモシェンコ

ステパーン・チモシェンコ（1878～1972年）について紹介しよう．ロシア帝国，現在のウクライナに生まれた．サンクトペテルブルク交通工科大学に学び，卒業後は講師として採用された．学位取得のためにドイツ ゲッチンゲン大学プラントルのもとで座屈の研究を始めた．その後，キエフ工科大学の教授となり，ここでチモシェンコの代表著書である「材料力学」を著した．この本は，その後の材料力学の教科書の基本的な形を作った．その後，いくつかの大学を移り変わったが，その間，チモシェンコはりと呼ばれるはり理論を考案するとともに，はりの座屈問題やフーリエ級数を使ったさまざまな弾性力学の問題を解いてきた．ロシア革命が勃発し，これを契機にアメリカ合衆国に移った．アメリカでは無名の研究者であったが，教師としての力量が評判となってスタンフォード大学に職を得た．当時のアメリカの大学教育は実用一点張りであったが，チモシェンコによってヨーロッパ流の教育体制（低学年では数学と物理，高学年で専門分野を学ぶ）がアメリカに持ち込まれた．その間，多くの弟子を育てた．米国機械学会に応用力学部門を設置し，有名なJournal of Applied Mechanicsを創刊した．これは，現在でも権威ある雑誌のうちのひとつである．彼によって著された工業振動学，弾性論は現在の大学教育に強く影響を及ぼした．チモシェンコは現代材料力学の父である．このことを皆さんの心に留めておいて欲しい．

参考文献

1）ステファン・チモシェンコ著（田中勇訳）『チモシェンコ自伝―思い出すままに―』東京図書（1978年）

Chapter 14

長柱の座屈

本章での学び

本章では，圧縮荷重を受けることで棒が突然横方向に変形する現象，すなわち座屈現象について学習する．ここでは，座屈が発生するときの臨界荷重，すなわち座屈荷重を計算できるようにする．

14-1 座屈

棒の軸線に沿って引張荷重を作用させると，棒はその方向に伸びる．圧縮荷重を作用させれば，棒は縮む．このような問題の解は，力学的に安定な状態にあるといわれる．実際には，圧縮荷重を棒の軸線に沿って作用させることは難しく，作用線と軸線にはわずかなずれがある．このため，圧縮荷重がある値に達したら棒が突然横方向に湾曲するようになる．棒が細長くなれば横方向に湾曲しやすくなり，その荷重はさらに低下する．このような問題の解は，力学的に不安的な状態にあると言われ，この現象は一般的に座屈（Buckling）と呼ばれる．また，圧縮荷重を受ける細長い棒は長柱（Column）と呼ばれる．座屈は，材料の降伏応力よりもはるかに小さな圧縮荷重でも発生するため，機械設計に際してどの程度の圧縮荷重で座屈するか，あらかじめ見積もっておく必要がある．そこで，この章では座屈について説明する．

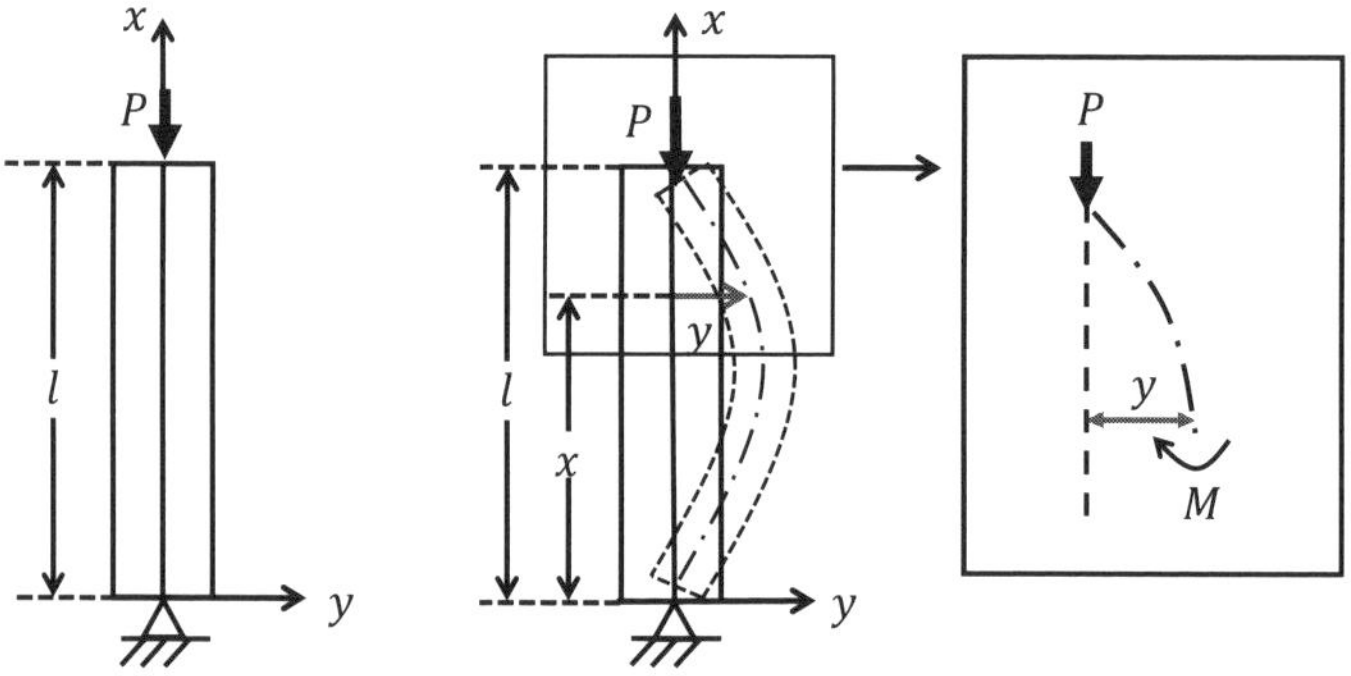

(a)圧縮荷重で縮む　　(b)ある圧縮荷重以上で座屈が生じる

図14-1　圧縮荷重を受ける長柱

図 14-1 に示す座屈が生じた状態において，仮想切断面に生じるモーメントは，

$$M = Py \tag{14.1}$$

これをはりのたわみの微分方程式に代入して，

$$\frac{d^2y}{dx^2} = -\frac{P}{EI}y \tag{14.2}$$

この微分方程式の一般解は，

$$y = A\sin kx + B\cos kx \tag{14.3}$$

ここで，

$$k = \sqrt{\frac{P}{EI}} \tag{14.4}$$

である．式 (14.3) に含まれる未定係数AとBを求めるために，長柱の境界条件

$$\begin{cases} x = 0 \text{ にて } y = 0 \\ x = l \text{ にて } y = 0 \end{cases} \tag{14.5}$$

より，

$$B = 0,\ A\sin kl = 0$$

であるから，任意のAに対して，

$$\sin kl = 0 \tag{14.6}$$

を満足するkの条件は，

$$k = \frac{n\pi}{l} \quad (n = 0, 1, 2, \ldots) \tag{14.7}$$

式 (14.7) を式 (14.4) に代入し荷重について求めると，

$$P = EI\left(\frac{n\pi}{l}\right)^2 \tag{14.8}$$

このうち，$n = 0$は何も変化が生じないから問題の解から外しておく．すると，$n = 1$として圧縮荷重の最小値が得られ，それは，

$$\boldsymbol{P = EI\left(\frac{\pi}{l}\right)^2} \tag{14.9}$$

この値に圧縮荷重が達したら座屈を生じることになる．この圧縮荷重は**オイラーの座屈荷重**（Euler's bucking load），あるいは単に**座屈荷重**（Bucking load）と呼ばれる．この式から，座屈荷重は，曲げ剛性EIと柱の長さlによってのみ決まることがわかる．

14-2 端末条件

長柱の両端を固定する方法の違いにより座屈荷重の値も異なる．これを理解するためにさまざまな固定条件のもとで圧縮荷重を受ける長柱の座屈荷重を求めてみる．

はじめに一端を剛体床に固定支持し，他端を自由にしたときの座屈荷重について考える．これは，図 14-1 において湾曲した長柱の中央部でたわみ角がゼロとなることから，ここが剛体床に固定されている面と見立てることができる．そこで式 (14.9) において$l \rightarrow 2l$とおきかえて，

$$P = EI\left(\frac{\pi}{2l}\right)^2 = \frac{1}{4}EI\left(\frac{\pi}{l}\right)^2 \tag{14.10}$$

よって，長さlの長柱の両端が固定支持・自由端の組合せで固定されているときの座屈荷重は，自由・自由端に対する座屈荷重の 1/4 と低い荷重で座屈する．

つぎに固定・固定支持に対する座屈荷重を求めてみる．このために図 14-2 に示すように，長柱を分割する．図から，長さ$l/2$の長柱が自由・自由端のもとで圧縮荷重を受けている問題とみなしてよいことがわかる．よって，式 (14.9) において$l \rightarrow l/2$とおきかえて，

$$P = EI\left(\frac{2\pi}{l}\right)^2 = 4EI\left(\frac{\pi}{l}\right)^2 \tag{14.11}$$

よって，固定・固定支持の組合せでは自由・自由端に対する座屈荷重の 4 倍となる．

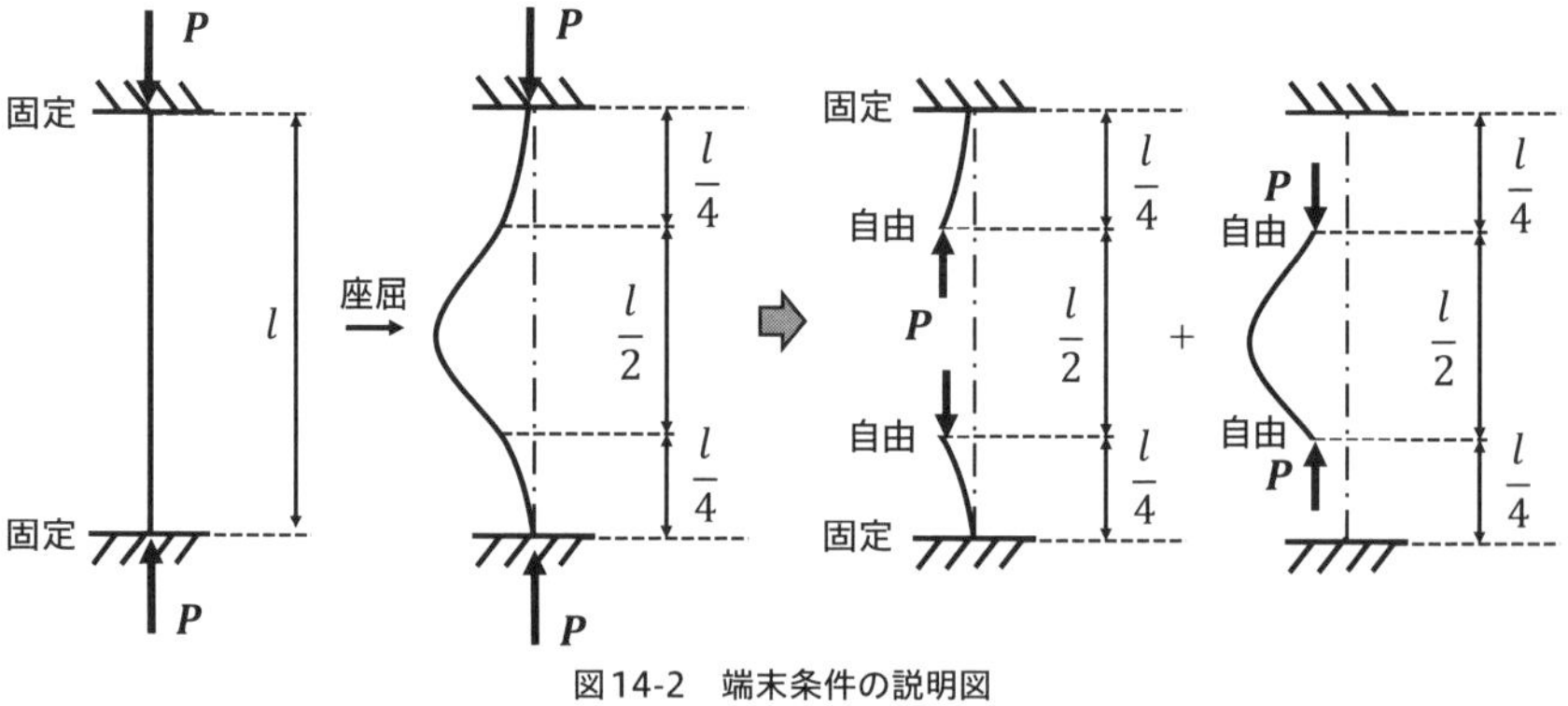

図14-2　端末条件の説明図

以上をまとめるとつぎのようになる．座屈荷重は，

$$P = CEI\left(\frac{\pi}{l}\right)^2 \tag{14.12}$$

であり，係数Cは長柱の両端が自由・自由端の組合せでは1，自由・固定支持の組合せでは1/4，固定・固定支持では4となる．よって，同一長さ，断面積，材質の長柱の圧縮荷重を，両端を完全に固定させることで増加（強化）できることがわかる．

14-3 さまざまな座屈問題

それでは，さまざまな座屈問題に対する座屈荷重と係数Cを求めてみることにしよう．

演習問題 14-1

図14-3に示すような幅がh，厚さがbの長方形断面を有する長さlの長柱について考える．この柱は剛体床に固定支持され，その上面の端部に図のように集中荷重Pが偏心して作用している．このとき座屈荷重ならびにたわみ曲線を求めなさい．なお，曲げ剛性はEIとする．

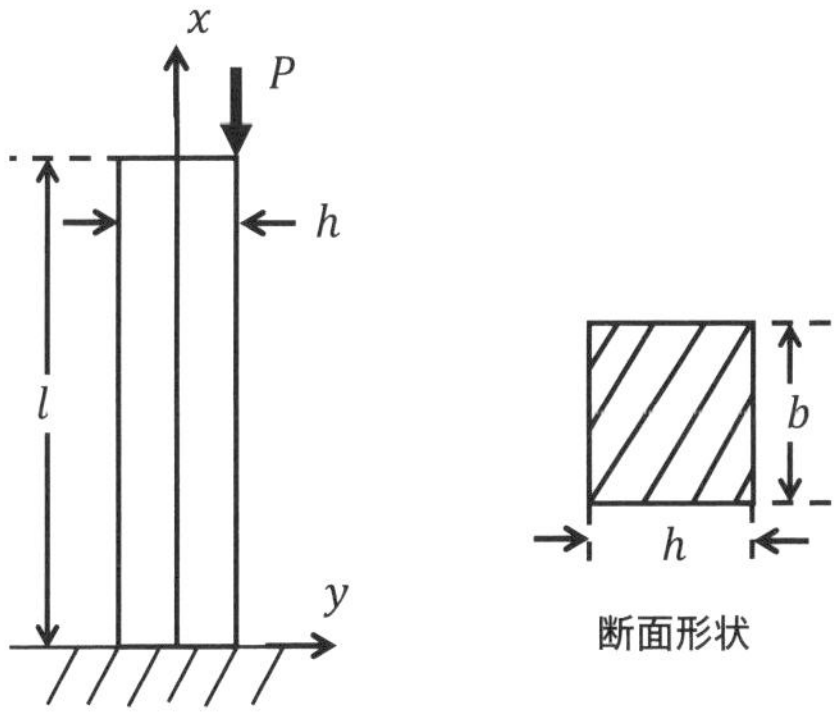

図14-3　軸線からずれた位置で圧縮荷重を受ける長柱

解答　固定端から距離xにおける仮想切断面での曲げモーメントは，図14-4より，

$$M = -P\left(\frac{h}{2} + \delta - y\right) \tag{14.13}$$

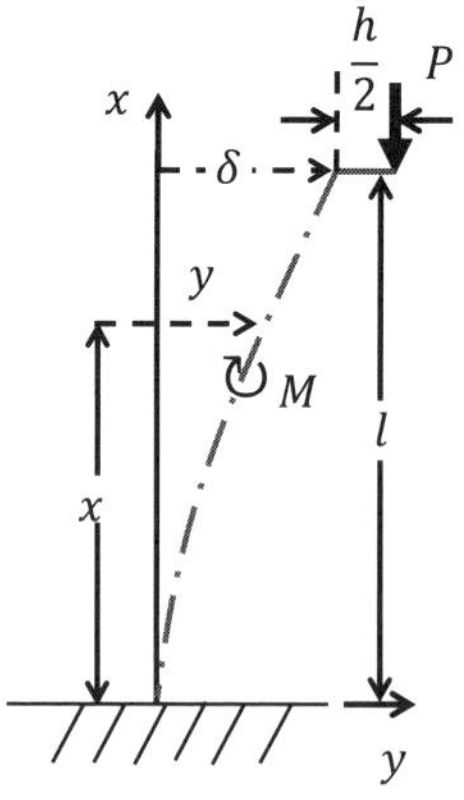

図14-4　長柱の変形図

ここで，長柱先端でのたわみをδと仮定した．これをはりのたわみの微分方程式に代入して，

$$EI\frac{d^2y}{dx^2} = -M = P\left(\frac{h}{2} + \delta - y\right)$$

この式を式 (14.4) を使って変形すると，

$$\frac{d^2y}{dx^2} + k^2y = k^2\left(\frac{h}{2} + \delta\right) \tag{14.14}$$

この解は，

$$y = A\sin kx + B\cos kx + \left(\frac{h}{2} + \delta\right) \tag{14.15}$$

ここで係数を求めるために，つぎの境界条件を式 (14.15) に代入する．

$$\begin{cases} x = 0 \text{ にて } y = 0 \\ x = 0 \text{ にて } \dfrac{dy}{dx} = 0 \\ x = l \text{ にて } y = \delta \end{cases} \tag{14.16}$$

これにより，

$$A = 0,\ B = -\left(\frac{h}{2} + \delta\right),\ \delta = \frac{h}{2}\frac{1 - \cos kl}{\cos kl}$$

これらを式 (14.15) に代入することでたわみ曲線が得られる.

$$y = \frac{h}{2}\frac{1 - \cos kx}{\cos kl} \tag{14.17}$$

ここで, $\cos kl = 0$のとき$y \to \infty$となるから, 長柱が大きく湾曲する条件は,

$$kl = (2n+1)\frac{\pi}{2} \ \ (n = 0, 1, 2, \ldots) \tag{14.18}$$

よって,

$$k = \sqrt{\frac{P}{EI}}$$

であるから,

$$P = EI\,(2n+1)^2\left(\frac{\pi}{2l}\right)^2$$

よって, 座屈荷重は,

$$P = EI\left(\frac{\pi}{2l}\right)^2 \tag{14.19}$$

このことから, 式 (14.12) において$C = \frac{1}{4}$となる.

演習問題 14-2

図 14-5 に示すような幅がh, 厚さがbの長方形断面を有する長さlの長柱について考える. この柱は剛体床に固定支持され, その上面は回転支持され, 中立軸に沿って図のように傾斜させて集中荷重Pを作用させた. このとき座屈荷重を求めなさい. なお, 曲げ剛性はEIとする.

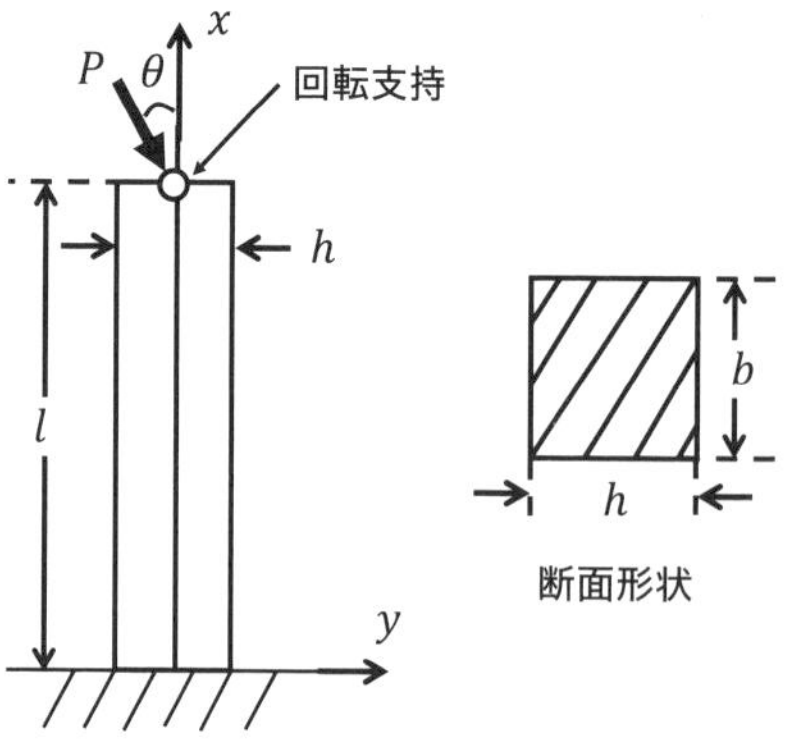

図14-5 傾いた圧縮荷重を受ける長柱

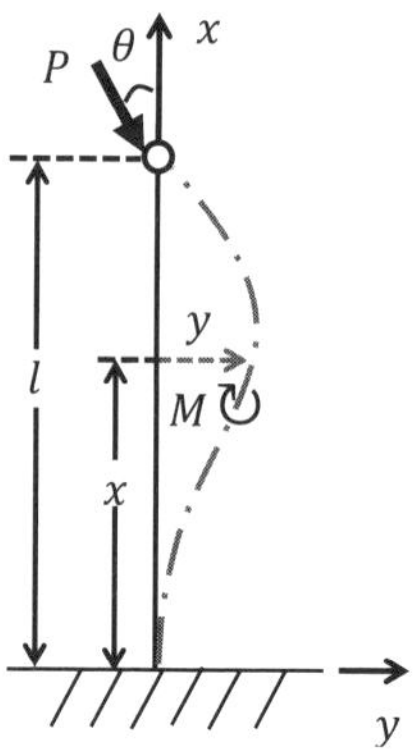

図14-6 長柱の変形図

解答 固定端から距離xにおける仮想切断面での曲げモーメントは,

$$M = P\cos\theta y - P\sin\theta(l - x) \tag{14.20}$$

これをはりのたわみの微分方程式に代入して,

$$EI\frac{d^2y}{dx^2} = -M = -P\cos\theta y + P\sin\theta(l - x)$$

この式を変形すると,

$$\frac{d^2y}{dx^2} + k^2y = k^2\tan\theta(l - x) \tag{14.21}$$

ここで,

$$k = \sqrt{\frac{P\cos\theta}{EI}} \tag{14.22}$$

この解は,

$$y = A\sin kx + B\cos kx + \tan\theta(l - x) \tag{14.23}$$

ここで係数を求めるために，つぎの境界条件を式(14.23)に代入する.

$$\begin{cases} x = 0 \text{ にて } y = 0 \\ x = 0 \text{ にて } \dfrac{dy}{dx} = 0 \\ x = l \text{ にて } y = 0 \end{cases} \tag{14.24}$$

これにより，

$$A = \frac{\tan\theta}{k},\ B = -l\tan\theta$$

ならびに，

$$\tan kl = kl \tag{14.25}$$

この方程式の最小根は$kl = 4.493$．これを式 (14.22) に代入し，座屈荷重を求めると，

$$P = \frac{EI}{\cos\theta}\left(\frac{4.493}{l}\right)^2 \tag{14.26}$$

あるいは，

$$P = \frac{(4.493)^2}{\pi^2\cos\theta}EI\left(\frac{\pi}{l}\right)^2 \approx \frac{2}{\cos\theta}EI\left(\frac{\pi}{l}\right)^2 \tag{14.27}$$

よって，式 (14.12) において$C = \frac{2}{\cos\theta}$となる．

演習問題 14-3

図 14-7 に示すような長さがlの正方形ラーメン構造の上面に圧縮荷重Pが作用するとき，座屈荷重を求めなさい．ここで，曲げ剛性はEIとする．

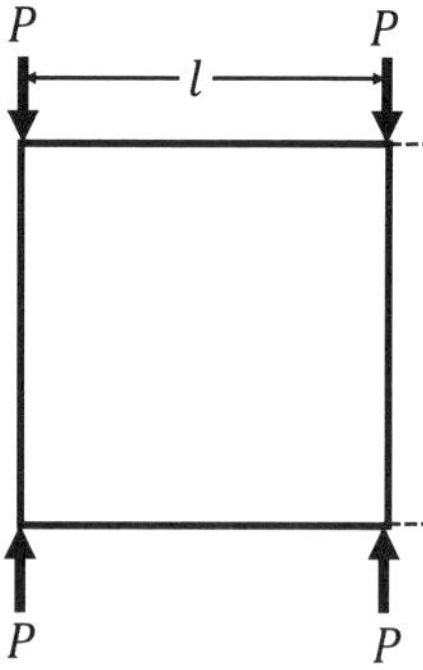

図14-7　圧縮荷重を受ける正方形ラーメン

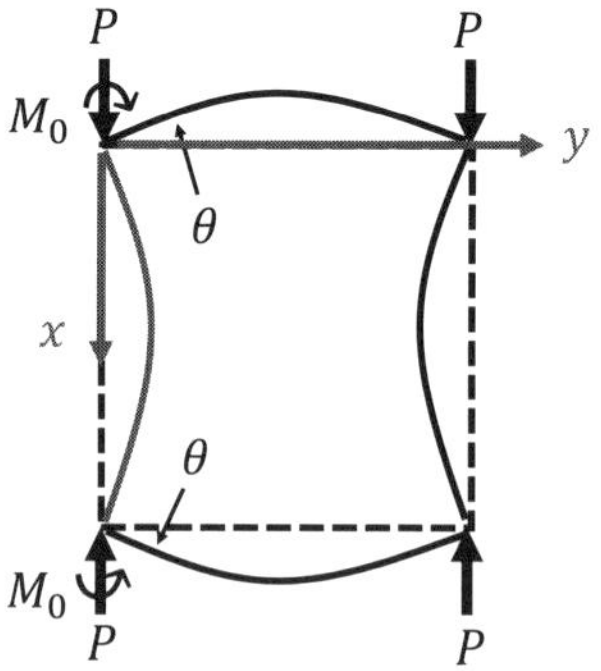

図14-8　正方形ラーメンの変形図

解答　図14-8に示すように，座標軸を正方形の左上頂点を原点に鉛直下向きにx軸，水平方向右向きにy軸をとる．図の左側の縦棒が両端で集中荷重Pと集中モーメントM_0を同時に受けているものと考える．なお，集中モーメントは，その先端で結合されている水平方向の棒により発生した反モーメントに相当する．すると，はりのたわみの微分方程式は，

$$EI\frac{d^2y}{dx^2} = -Py + M_0$$

この式を変形すると，

$$\frac{d^2y}{dx^2} + k^2y = \frac{M_0}{EI} \tag{14.28}$$

ここで，

$$k = \sqrt{\frac{P}{EI}} \tag{14.29}$$

この解は，

$$y = A\sin kx + B\cos kx + \frac{M_0}{P} \tag{14.30}$$

ここで係数を求めるために，つぎの境界条件より，

$$
\begin{cases}
x = 0 \text{ にて } y = 0 \\
x = \frac{l}{2} \text{ にて } \frac{dy}{dx} = 0 \\
x = 0 \text{ にて } \theta = \frac{M_0 l}{2EI}
\end{cases}
\tag{14.31}
$$

3番目の境界条件は，長さlのはりの両端で集中モーメントM_0を受けるときに生じるたわみ角に等しいことに対応している．

これらの境界条件を式 (14.30) に代入して，

$$
A = B\tan\left(\frac{kl}{2}\right),\ B = -\frac{M_0}{P},\ Ak = \frac{M_0 l}{2EI}
$$

これらの式から，

$$
\tan\left(\frac{kl}{2}\right) = -\left(\frac{kl}{2}\right) \tag{14.32}
$$

この方程式の最小根は，$\left(\frac{kl}{2}\right) = 2.029$．これを式 (14.29) に代入し，座屈荷重を求めると，

$$
P = EI\left(\frac{4.058}{l}\right)^2 \approx 1.67EI\left(\frac{\pi}{l}\right)^2 \tag{14.33}
$$

よって，式 (14.12) において$C = 1.67$となる．

Column　座屈は悪者？

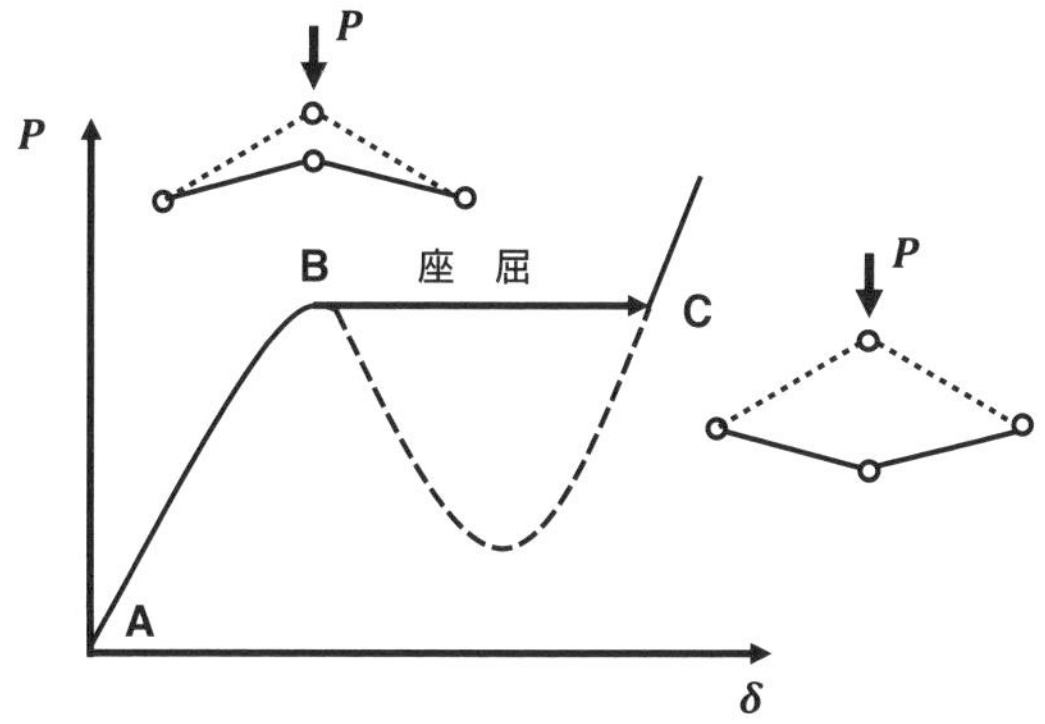

図 14-A　アーチ状トラス構造の座屈

ここでは棒の軸線に沿って圧縮荷重が作用する問題について考えた．座屈が発生する別の問題として，図 14 - A に示すような両端固定されたアーチ状トラス構造

が挙げられる．このトラス構造の中央部に鉛直下向きに集中荷重を作用させ，この大きさを増加させていくと点Ｂに達するまではトラスは変形していく．しかし，点Ｂに達すると，トラス構造の形状が突然大きく変形して点Ｃへ飛び移るようになる．点Ｃに飛び移った後は元のトラス形状に戻ることはないので，これは構造物が崩壊したと言われる．PCのキーボードはこのアイデアを利用している．点Ｂまでは指で緩やかにキーボードに触れる．そして，点Ｂから点Ｃの間で接点が通電して信号が流れる（文字として認識されるようになる）．その後，指を取り除くとスイッチが切れる．悪者の座屈もアイデア次第で役に立つものである．

Column　材料力学の天才その９　座屈荷重の発見者オイラー

最後の天才としてレオンハルト・オイラー（1707～1783）を紹介する．彼については，すでに材料力学の天才その５のなかで登場している．ここでは，座屈荷重の発見者という観点からオイラーを眺めてみたい．オイラーは，材料力学としてのはりには興味がなく，その幾何学的形状に関心があったとされる．彼は，はりの任意の点での曲率はその点での曲げモーメントに比例するという理論に従って，様々な荷重を受けるはりのたわみ曲線を求めた．彼が用いたはりのたわみの微分方程式は，大きな変形まで表現することが可能であり，彼の計算したたわみ曲線を見ると芸術的である．そのなかで，はりに圧縮荷重を作用させるとある荷重ではりが横方向に変形することを発見した．彼の示した式は曲げ剛性の項を除いて，現在我々が扱っているオーラーの座屈荷重の公式とほとんど一致する．その後，ラグランジュ（材料力学の天才その２）も座屈荷重に関心をもち，深く研究を進めたとされる．

参考文献

1) チモシェンコ著（最上 武雄， 川口 昌宏訳）『材料力学史』鹿島出版（1975年）

Chapter 15

衝撃荷重と変形

本章での学び

これまでの章では，荷重やモーメントがゆっくりと作用する**静力学の問題**を扱ってきた．工学的な問題のほとんどは静力学であり，これまでに学んできた解法を利用して差し支えない．ところが，球体などが部品に高速で衝突する問題，地震などによる揺れを受ける構造物の問題などでは動力学として扱わなければならない．このような荷重は**衝撃荷重**（Impact load）と呼ばれる．そこで本章では，衝撃荷重を受ける棒やはり問題の解法を説明する．ただし，ここでは熱エネルギーや損失エネルギーが無視できる程度の衝突速度を仮定する．

15-1 引張衝撃

衝撃的な引張荷重を受けた棒に生じる応力について考える．

演習問題 15-1

図 15-1 に示すように垂直につるされた断面積A，長さlの棒に質量mの物体が高さhの位置から落下して，棒の先端に取り付けた止め板に衝突した．自由落下により棒がδだけ伸びたのち，上下振動し，静的伸びδ_0の位置で止まった．このとき，棒に生じた応力と伸びδを求めなさい．なお，応力は棒に一様に生じるものとする．また，棒の縦弾性係数をE，重力加速度をgとする．

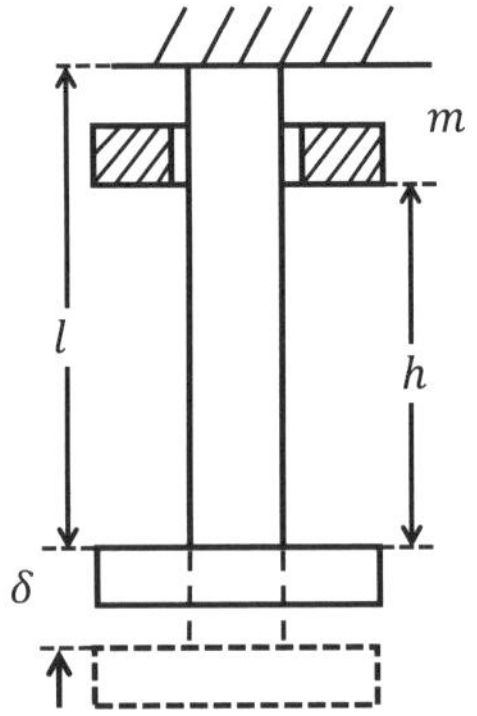

図15-1　棒の衝撃荷重

解答　物体のもつ位置エネルギーがそのまま棒にひずみエネルギーとして変換したとすれば，

$$\frac{1}{2}\frac{\sigma^2}{E}Al = mg\left(h+\delta\right) \tag{15.1}$$

また棒に生じた伸びは，

$$\delta = \frac{\sigma l}{E} \tag{15.2}$$

式 (15.1) と式 (15.2) から伸びを消去すると，つぎの二次方程式を得る．

$$\sigma^2 - 2\frac{mg}{A}\sigma - 2\frac{mgh}{Al}E = 0 \tag{15.3}$$

これを解いて，正の解を採用すれば，

$$\sigma = \left(1 + \sqrt{1 + \frac{2h}{\delta_0}}\right)\sigma_0 \tag{15.4}$$

ならびに伸びは，

$$\delta = \frac{\sigma l}{E} = \left(1 + \sqrt{1 + \frac{2h}{\delta_0}}\right)\delta_0 \tag{15.5}$$

ここで，$\sigma_0 = \frac{mg}{A}$ならびに$\delta_0 = \frac{mg}{AE}l$.

物体が急激に止め板に作用する（$h = 0$）ものとすれば，

$$\sigma = 2\sigma_0 \tag{15.6}$$

となり，静的荷重のもとで生じる垂直応力の2倍の応力が棒に発生することになる．これが衝撃荷重を受ける部材において深刻な問題となる．

15-2 曲げ衝撃

衝撃的な荷重を受けるはりに生じるたわみについて考える．

演習問題 15-2

図15-2に示すように両端支持のはりの中央に質量mの物体が高さhの位置から落下して衝突した．はりに生じた最大たわみをδを求めなさい．ここで，はりの曲げ剛性をEI，重力加速度をgとする．

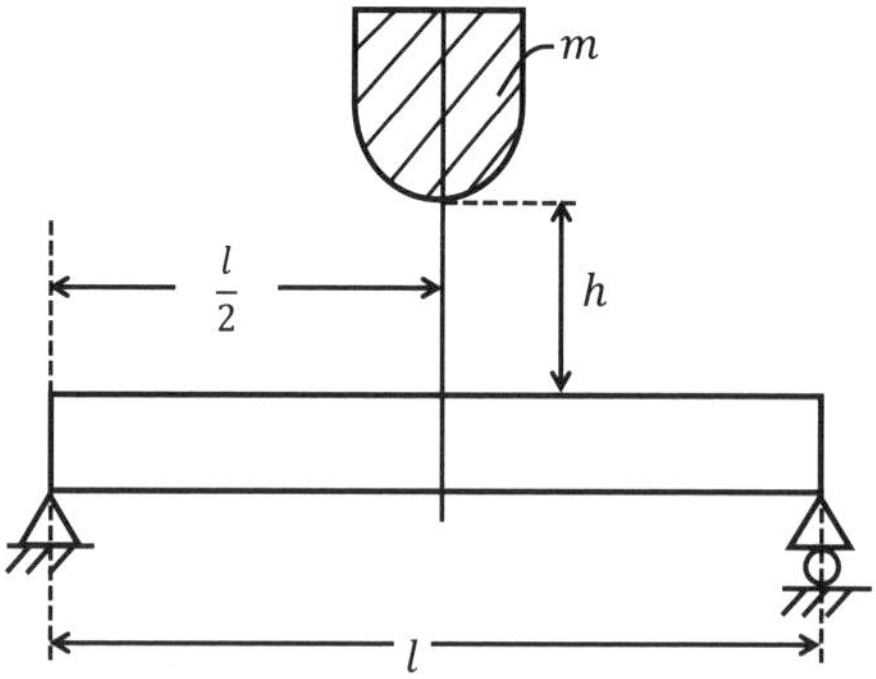

図15-2　はりの衝撃荷重

解答　両端支持のはりの左端を原点にはりに沿ってx軸をとる．原点から位置xに仮想切断面をおいたとき，切断面の左側のはりを切り出す．回転支持の反力をRとすれば，このはりに蓄えられる曲げによるひずみエネルギーは，

$$U = 2\int_0^{\frac{l}{2}} \frac{M^2}{2EI}dx = 2\int_0^{\frac{l}{2}} \frac{(Rx)^2}{2EI}dx = \frac{R^2 l^3}{24EI} \tag{15.7}$$

一方，はりの中央に生じるたわみδは，式 (8.48) の結果において集中荷重Pを$2R$とおいて得られ，それは，

$$\delta = \frac{(2R)\,l^3}{48EI} \tag{15.8}$$

静的な荷重にて生じるたわみδ_0は，式 (8.48) において集中荷重Pを落下体の重さmgにおきかえて，

$$\delta_0 = \frac{(mg)\,l^3}{48EI} \tag{15.9}$$

以上により式 (15.8) についてRを求め，これを式 (15.7) に代入して

$$U = \frac{l^3}{24EI}\left(\frac{24EI}{l^3}\right)^2 \delta^2 = 24\frac{EI}{l^3}\delta^2 \tag{15.10}$$

エネルギー保存の法則から物体のもつ位置エネルギーがひずみエネルギー式 (15.10) に変換されるから，

$$24\frac{EI}{l^3}\delta^2 = mg\,(h+\delta) \tag{15.11}$$

これによりたわみに関するつぎの二次方程式を得る．

$$\delta^2 - 2\delta_0\delta - 2\delta_0 h = 0 \tag{15.12}$$

これを解くと，

$$\delta = \left(1 + \sqrt{1 + 2\frac{h}{\delta_0}}\right)\delta_0 \tag{15.13}$$

演習問題 15-3

図 15-3 に示すように長さlの片持ちはりの先端に高さhから質量mの物体を自由落下させた．このときはりの先端に生じるたわみを求めなさい．ここで，曲げ剛性はEI，重力加速度をgとする．

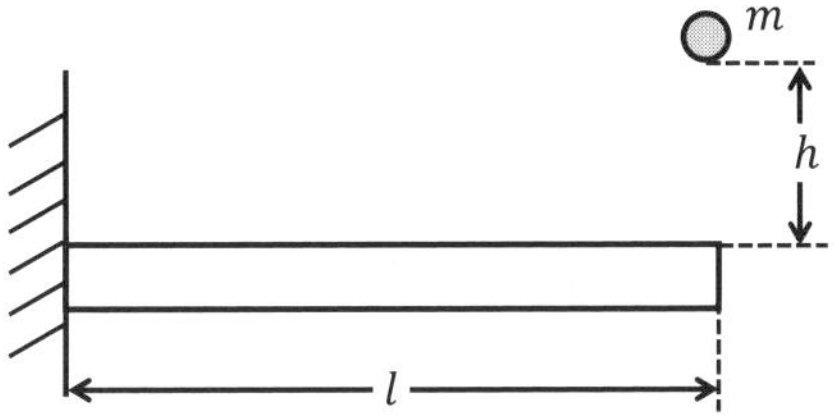

図15-3　衝撃荷重を受ける片持ちはり

解答　はりの先端に集中荷重Pが作用するとき，はりに蓄えられるひずみエネルギーは，

$$U = \frac{1}{2EI}\int_0^l M^2 dx = \frac{1}{2EI}\int_0^l \left[-P\,(l-x)\right]^2 dx = \frac{P^2 l^3}{6EI} \tag{15.14}$$

ここで，固定支持を原点にはりに沿ってx軸をとった．

はりの先端に生じるたわみは，カスチリアノの定理により，

$$\delta = \frac{dU}{dP} = \frac{Pl^3}{3EI} \tag{15.15}$$

これにより，

$$P = \frac{3EI}{l^3}\delta \tag{15.16}$$

よって，ひずみエネルギーは，

$$U = \frac{l^3}{6EI}\left(\frac{3EI}{l^3}\delta\right)^2 = \frac{3}{2}EI\frac{\delta^2}{l^3} \tag{15.17}$$

物体の位置エネルギーははりにひずみエネルギーとして蓄えられるので，エネルギーの保存則より，

$$U = mg(h+\delta) \tag{15.18}$$

この関係式にこれまでに得られた式を代入すると，つぎの二次方程式を得る．

$$\delta^2 - \frac{2l^3mg}{3EI}\delta - \frac{2l^3mg}{3EI}h = 0 \tag{15.19}$$

これを解いてたわみは，

$$\delta = \delta_0\left(1 + \sqrt{1 + 2\frac{h}{\delta_0}}\right) \tag{15.20}$$

ここで，$\delta_0 = \frac{mgl^3}{3EI}$である．

15-3 ばねで支持された棒の衝撃

緩衝材としてのバネによって支えられた棒に生じる応力について考える．

演習問題 15-4

図 15-4 に示すように直径dの丸棒の下面をばね定数kで支持し，この棒の上面から高さhの位置から質量mの物体を落下させた．このとき棒に生じる応力を求めなさい．ただし，棒の形状は図 15-4 に示す通りであり，棒の縦弾性係数をE，重力加速度をgとする．棒には一様な応力が生じるものとする．

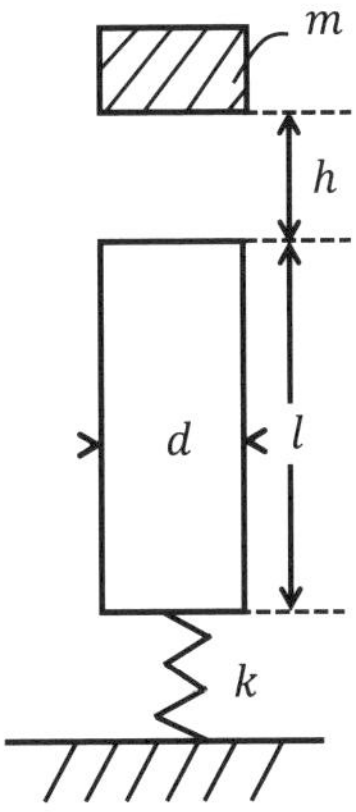

図15-4　ばねで支持された棒の衝撃荷重

解答　衝撃荷重を受けて棒に生じる応力と伸びをσ, δ_b, ばねに作用する圧縮荷重をP, その縮んだ量をδ_sとする．すると，

$$\delta_b = \frac{\sigma}{E} l \, , \, \delta_s = \frac{P}{k}$$

となる．これにより棒ならびにばねに蓄えられるひずみエネルギーは，

$$U_b = \frac{1}{2} \frac{\sigma^2}{E} Al \, , \, U_s = \frac{1}{2} P \delta_s = \frac{1}{2} \frac{P^2}{k} \tag{15.21}$$

ここで，Aは丸棒の断面積であり，$\frac{\pi}{4} d^2$に等しい．自由落下する物体の位置エネルギーと棒ならびにばねに蓄えられたひずみエネルギーは相互に衝突した際に変換されるから，

$$mg \left(h + \delta_b + \delta_s \right) = U_b + U_s \tag{15.22}$$

よって，この関係式に先に得られた結果と$P = A\sigma$を代入し，応力について整理するとつぎの二次方程式を得る．

$$\sigma^2 - 2 \frac{mg}{A} \sigma - 2 \frac{mgh}{A} \left(\frac{l}{E} + \frac{A}{k} \right)^{-1} = 0 \tag{15.23}$$

これにより，

$$\sigma = \left(1 + \sqrt{1 + \frac{2h}{\delta_0} \frac{l}{l + \left(\frac{AE}{k}\right)}}\right) \sigma_0 \tag{15.24}$$

ここで，$\sigma_0 = \frac{mg}{A}$，$\delta_0 = \frac{\sigma_0}{E} l$である．

15-4 棒中を伝わる応力波

棒の振動問題と，棒中を伝ぱする応力波について学ぶ．

演習問題 15-5

一様な断面（断面積A）の棒が衝撃荷重を受けるとき，棒中では応力波（Stress wave）が伝ぱする．このとき，応力波が伝わる速度を求めなさい．棒の縦弾性係数をE，密度をρとする．

解答

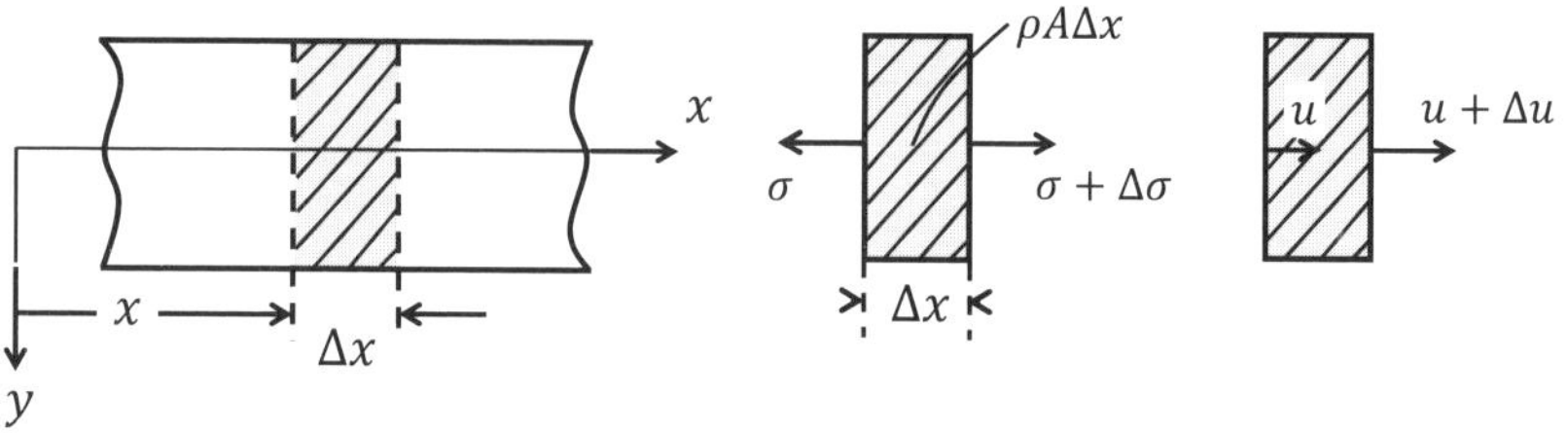

図15-5　棒の微小要素

図15-5に示すような幅Δxの微小要素に対する運動方程式を求める．微小要素の右側における仮想切断面には垂直応力$\sigma + \Delta\sigma$，左側にはσが作用しているものとすれば，

$$\rightarrow \sum X : (\sigma + \Delta\sigma) A - \sigma A$$

動力学において合力は微小要素を動かす慣性力

$$(\rho A \Delta x) \frac{\partial^2 u}{\partial t^2} \tag{15.25}$$

に等しい．ここで，uは微小要素の右向き変位を表す．よって，つぎの運動方程式が

得られる．

$$(\rho A\Delta x)\frac{\partial^2 u}{\partial t^2} = \Delta\sigma \cdot A$$

よって，

$$\rho\frac{\partial^2 u}{\partial t^2} = \frac{\Delta\sigma}{\Delta x}$$

極限操作（$\Delta x \to 0$）を施して，

$$\rho\frac{\partial^2 u}{\partial t^2} = \frac{\partial\sigma}{\partial x} \tag{15.26}$$

さらにフックの法則を右辺の垂直応力に代入して，

$$\rho\frac{\partial^2 u}{\partial t^2} = E\frac{\partial\varepsilon}{\partial x} \tag{15.27}$$

さらに垂直ひずみは，図 15-5 に示す微小要素の伸び$(u + \Delta u) - u$を元長さΔxで割り，極限操作を施せば得られ，それは，

$$\varepsilon = \frac{\partial u}{\partial x} \tag{15.28}$$

これを先の微分方程式 (15.27) に代入して，

$$\rho\frac{\partial^2 u}{\partial t^2} = E\frac{\partial^2 u}{\partial x^2} \tag{15.29}$$

ここで，式 (15.29) はよく知られた波動方程式であり，

$$c = \sqrt{\frac{E}{\rho}} \tag{15.30}$$

とおいて，これが応力波の速度である．式 (15.30) を式 (15.29) に代入して，

$$\boldsymbol{\frac{\partial^2 u}{\partial t^2} = c^2\frac{\partial^2 u}{\partial x^2}} \tag{15.31}$$

が得られ，これは棒の縦振動方程式である．これにより，棒の端面に瞬間的に作用させた荷重は棒に沿って変位が波のように伝わっていく．その速度がcである．炭素鋼などはその速度が5100 m/sとなる．

演習問題 15-6

断面形状が一様な棒が速度vで剛体壁に衝突するとき，この棒に生じる応力を求めなさい．ここで，棒の縦弾性係数をE，密度をρとする．

解答　棒の縦振動方程式

$$\frac{\partial^2 u}{\partial t^2} = c^2 \frac{\partial^2 u}{\partial x^2} \tag{15.32}$$

の一般解は，

$$u = f(x + ct) + f_1(x - ct) \tag{15.33}$$

関数$f_1(x - ct)$は波が前向きに進む解，関数$f(x + ct)$は後ろ向きに進む解である．ここでは前向きに進む解に注目する．変数変換$\xi = x - ct$し，時間微分すると，

$$\dot{u} = \frac{\partial u}{\partial t} = \frac{\partial \xi}{\partial t}\frac{\partial f_1}{\partial \xi} = -c\frac{\partial f_1}{\partial \xi} = -cf_1'$$

一方，垂直ひずみは，

$$\varepsilon = \frac{\partial u}{\partial x} = \frac{\partial \xi}{\partial x}\frac{\partial f_1}{\partial \xi} = \frac{\partial f_1}{\partial \xi} = f_1'$$

フックの法則により，

$$\sigma = E\varepsilon = Ef_1' = -\frac{E}{c}\dot{u}$$

よって，$\dot{u}$をvとおいて，

$$\sigma = -\frac{E}{c}v \tag{15.34}$$

さらに，$c = \sqrt{\frac{E}{\rho}}$を代入すると，

$$\sigma = -v\sqrt{E\rho} \tag{15.35}$$

よって，応力波は圧縮応力である．

演習問題 15-7

図 15-6 に示すように断面形状（断面積A）が一様な棒の一端が剛体壁に固定支持され，自由端には質量mの剛体ブロックが速度v_0で衝突するとき，棒の衝撃端部での応力を求めなさい．ここで，棒の縦弾性係数をE，密度をρとする．

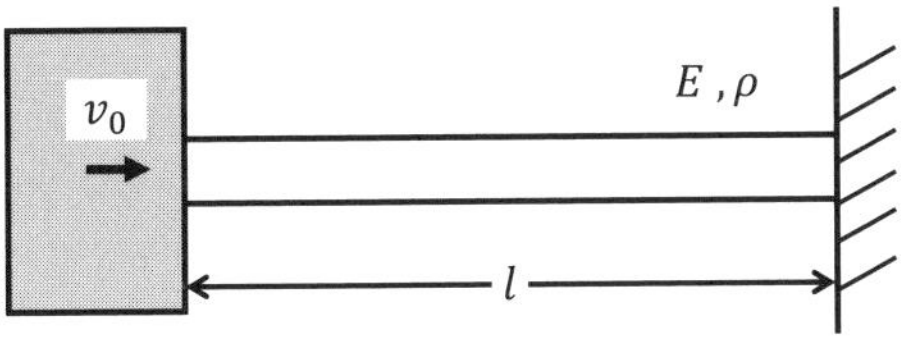

図15-6　衝撃荷重を受ける棒

解答　衝突時における剛体ブロックの運動方程式は，

$$m\frac{dv}{dt} = \sigma A \tag{15.36}$$

これに【演習問題 15-6】の結果，

$$\sigma = -v\sqrt{E\rho} \ \rightarrow v = -\frac{\sigma}{\sqrt{E\rho}}$$

を代入して，

$$\frac{m}{A\sqrt{E\rho}}\frac{d\sigma}{dt} = -\sigma \tag{15.37}$$

この微分方程式の解は，

$$\sigma = \sigma_0 \exp\left(-\frac{A\sqrt{E\rho}}{m}t\right) \tag{15.38}$$

であり，衝撃荷重を受けた後，棒の衝撃端部での応力は式 (15.38) に従って時間とともに変化していく．ここで，

$$\sigma_0 = -v_0\sqrt{E\rho} \tag{15.39}$$

である．

Column　衝突問題あれこれ

本章で学んだ衝撃が最も活躍するのが自動車の衝突問題である．ここでは自動車が正面衝突する問題について考えてみよう．ある速度で自動車が剛体壁に正面衝突したとする．すると，自動車のもつ衝突前の運動エネルギーは，車体の変形に一部のエネルギー（ひずみエネルギー）が費やされるとともに，衝突後の反発速度による運動エネルギーにも費やされる．さらに乗車している人にもさまざまな様相でダメージを与え，これに相当したエネルギーに費やされることになる．そこで，乗車している人に費やされるエネルギーを少しでも減らすために，なるべく多くのエネルギーが車体の変形として費やされるよう車両の設計がなされる．強い車体よりもしなやかに変形する車体．これが自動車の衝突問題に対処する最善の策なのである．

Chapter 16

応力成分と主応力

本章での学び

本章では，一般的な形状をもつ物体に生じる応力成分について学習する．これにより，材料力学から弾性力学や塑性力学へなめらかにつながるようにする．ここでは，はじめに座標系のとり方により応力成分がどのように変化するのか理解する．つぎに，座標系の回転に伴う応力成分の変化を利用して，主応力と最大せん断応力を求めるためのモールの応力円についても学習する．

16-1 応力成分

図 16-1(a) に示すように剛体壁に固定支持された一様断面をもつ棒について考える．棒が軸線に沿って引張荷重Pを受けている．このとき，仮想切断面 A-A' の右側の領域を切り出せば，この切断面に生じる内力R_xの正の方向は座標軸の正の方向と逆向きとすることを約束した．ここではさらに仮想切断面 A-A' の右側に隣接した位置に仮想切断面 B-B' をおき，切片 AA'B'B を切り出してみる．この切片は**微小要素**（Small element）と呼ばれる．仮想切断面 B-B' でも内力を生じ，作用・反作用の法則によりこの仮想切断面における内力R_xの正の方向は座標軸の正の方向に一致することになる（図 16-1(a) の青矢印）．よって，微小要素の右側の仮想切断面に対しては座標軸の正の方向，左側の切断面には負の方向を内力の正の方向とおく．この結果，垂直応力は引張り状態になる．

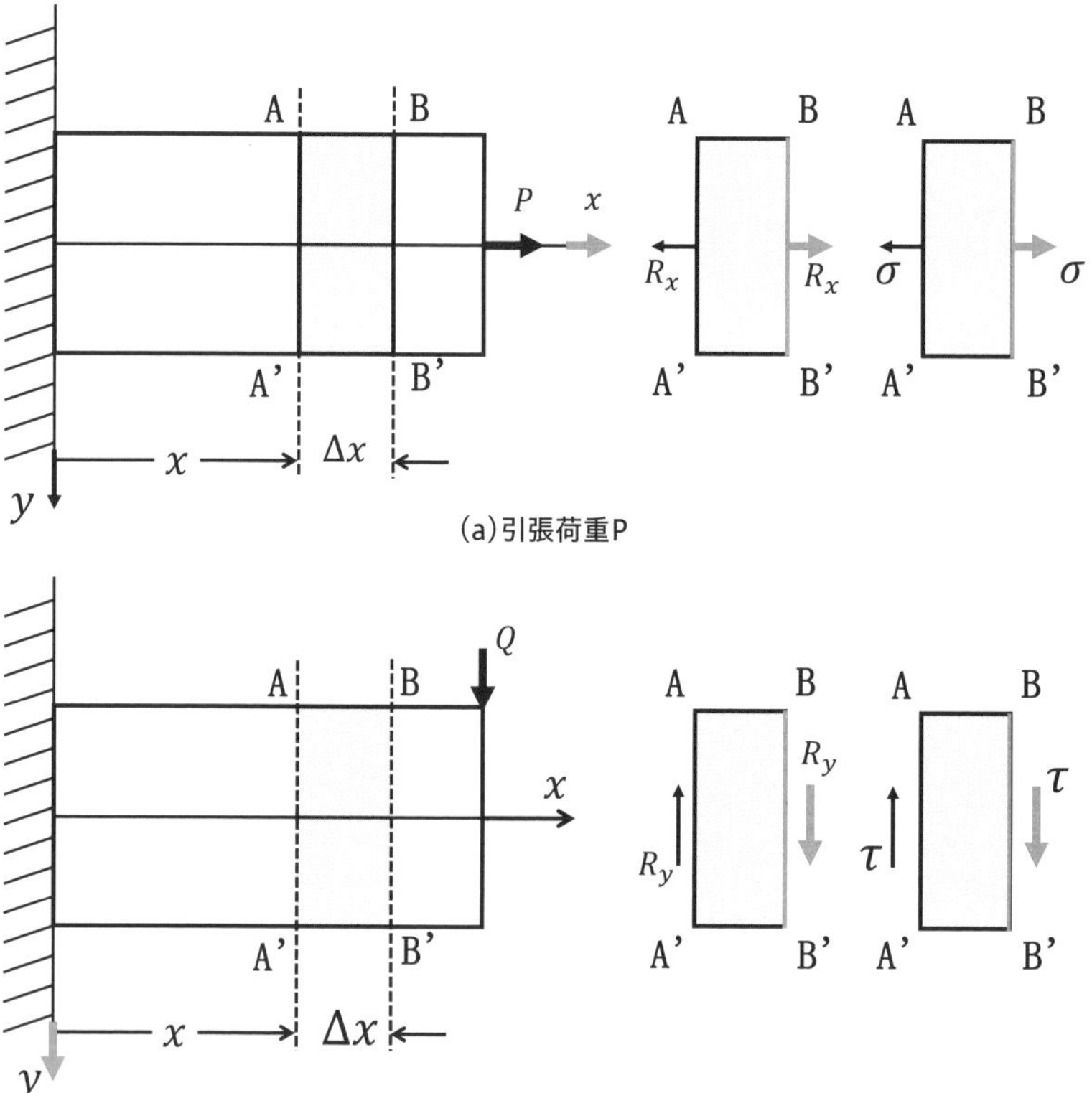

(b)せん断荷重Q

図16-1　内力と応力の正の方向

つぎに図 16-1(b) のようにせん断荷重Qが作用する場合にも引張荷重の場合と同様に内力の正の方向を考える．すなわち，切断面 B-B' の内力の正の方向を座標軸の正の方向に，切断面 A-A' ではその逆方向を正の方向とする．

つぎに棒やはりの問題から一般的な形状をもつ部品（以下，弾性体と呼ぶ）の問題における応力の表し方について考えてみよう．図 16-2 に任意形状の弾性体を示す．弾性体の表面の一部が剛体壁に固定支持され，他の表面には集中荷重が作用している．この結果，弾性体には応力が生じる．これまでに学習してきた応力は垂直応力σとせん断応力τの 2 種類であった．これに対して，任意形状の弾性体ではどのような種類の応力が発生するのであろうか．それを知るために，弾性体のある点 P に対して座標軸に平行となるような辺をもつ微小な四角形要素を考える．ここでの座標軸のとり方は，これまでと異なり，数学で定義される水平方向右向きにx軸，鉛直上向きにy軸をおくものとする．このため，応力の正の方向がこれまでのものと逆向きになるものもあるので，読者は混乱しないでほしい．ここでは，今後，学習するであろう弾性力学での座標軸のとり方と一致するようにした．さて，四角形要素の辺の長さをそれぞれΔxとΔyとすれば，これは微小要素である．この微小要素を弾性体から仮想的に切り出し，それぞれの辺に生じる応力を記入すると図 16-2 のようになる．ここで，応力σには下添字iとjが付いていることに注意してほしい．この下添字は，

「i軸に垂直な面に作用するj軸に平行な方向の応力成分」

と約束する．

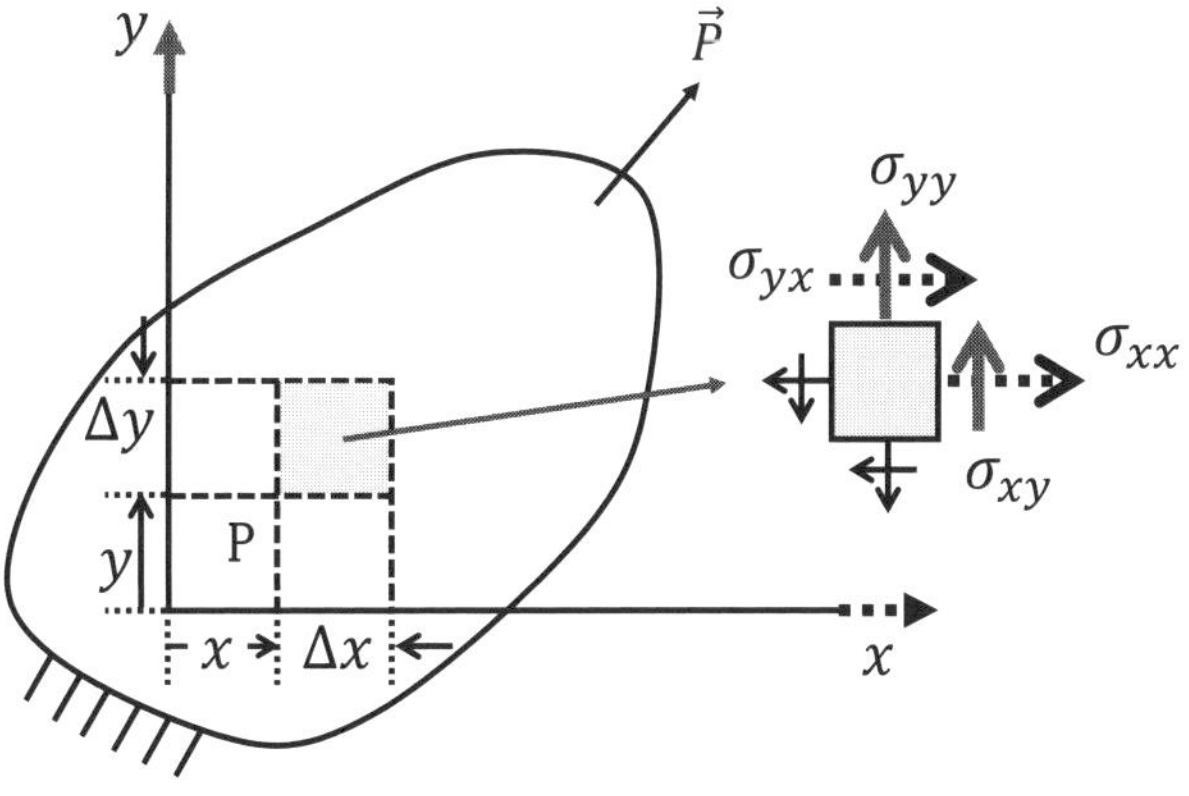

図16-2　応力成分の表示方法と正の方向

極限$\Delta x, \Delta y \rightarrow 0$をとれば，$\sigma_{xx}$，$\sigma_{xy}$，$\sigma_{yx}$，$\sigma_{yy}$の4成分が点Pでの応力を表していることになる．なお，σ_{xx}とσ_{yy}はこれまでに学習してきた垂直応力であり，σ_{xy}とσ_{yx}はせん断応力に対応する．さらに，微小要素がせん断応力によって回転することはないので，モーメントのつり合いの式から，

$$\sigma_{xy} = \sigma_{yx} \tag{16.1}$$

よって，応力成分は4成分から3成分に減じられる．

Column　応力成分の下添字

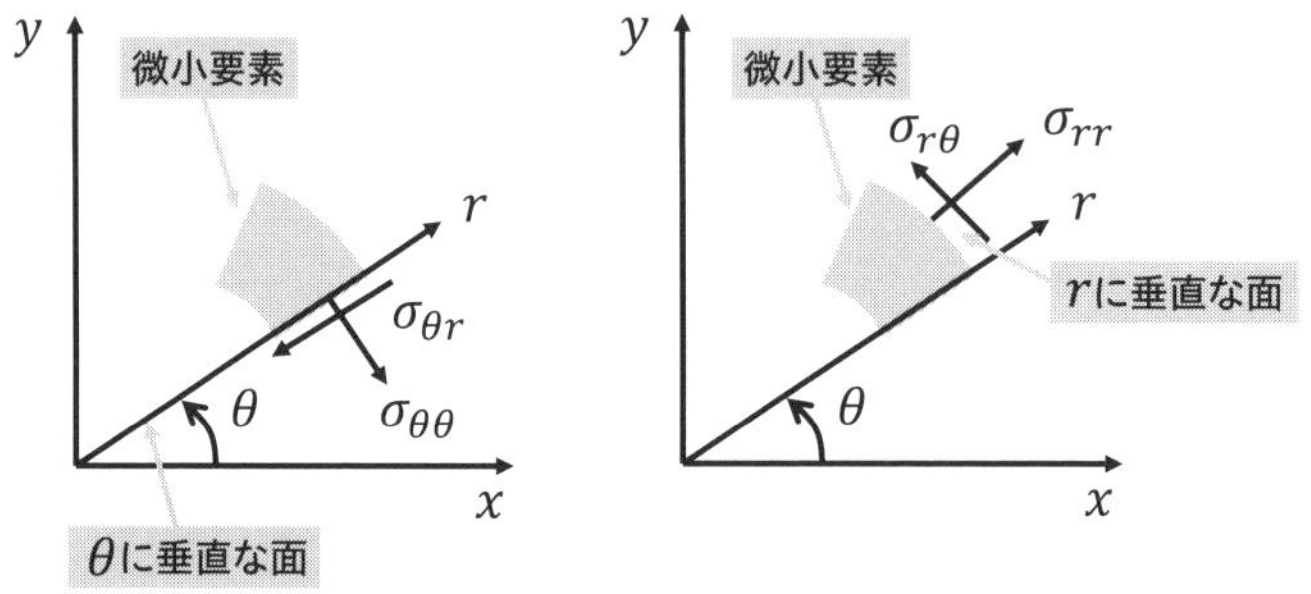

図16-A　円柱座標系での応力成分

先に説明した応力成分における座標系は，直角座標系(x, y)であった．これに対して，第13章において扱われた問題では円柱座標系(r, θ, z)が用いられていた．よって，選択された座標系に応じて応力成分の下添え字を変えなければならない．そこでこのコラムでは，円柱座標系における応力成分の下添え字について説明しよう．図16-Aに示すように円柱座標系におけるr軸とθ軸に沿うようにして扇型の微小要素を考える．この微小要素のr軸に沿う辺はθ軸に垂直であるから，この辺に生じる応力成分は，$\sigma_{\theta\theta}$，$\sigma_{\theta r}$である．一方，θ軸に沿う辺はr軸に垂直であるから，この辺に生じる応力成分は，σ_{rr}，$\sigma_{r\theta}$である．これは下添え字の約束を思い出せば理解できるであろう．$\sigma_{\theta\theta}$は特別にフープ応力と呼ばれる．フープとは，円環あるいは“たが”である．たがとは，図16-Bに示すビア樽の周囲に取り付けられた金属の円環であり，この円環によりビア樽が半径方向に壊れないように押さえつけている．フープ応力とはこのたがに生じる応力のことである．フープ応力という言葉が出たら，ビア樽の円環を思い出してほしい．どのような応力成分であるのかわかるであろう．

図16-B　ビア樽

16-2 応力成分の座標変換

これまでに座標系の重要性を繰り返し説明してきた．このことは，任意形状の弾性体に生じている応力成分を知る際にも重要である．この重要性を理解するために，ふたつの異なる座標系により応力成分がどのように異なるのか調べてみよう．

図16-3に示すような2種類の座標系について考える．ここでは，原点を共通にして座標系(x, y)と座標系(x', y')がおかれ，相互に角度θだけ異なっているものとする．これらの座標系に対して図のように直角三角形ABCをとる．直角三角形の辺BCがx軸に，辺ABがy軸に平行となるようにする．また，斜辺ACがy'軸に平行となるようにする．すると，辺ABと辺BCが座標系(x, y)から見た仮想切断面に，斜辺ACが座標系(x', y')から見た仮想切断面に対応することになる．それぞれの辺に作用しうる応力成分を正の方向に記入すると図のようになる．この微小要素において斜辺の長さAC=Δs，厚さをtとおいて力のつり合いの式をたてると，

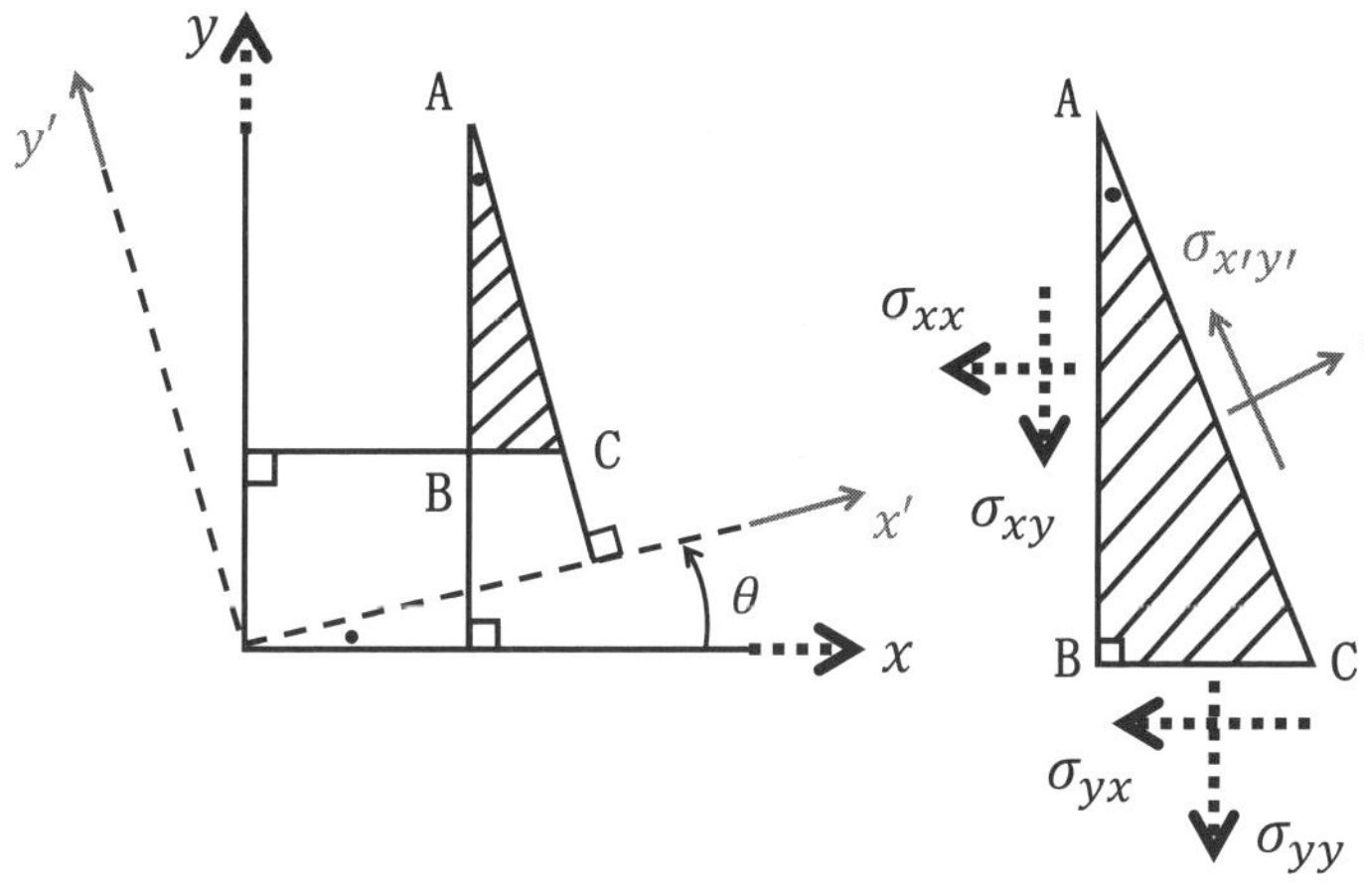

図16-3　異なるふたつの座標系からみた応力成分

$$\rightarrow \sum X:\ \sigma_{x'x'}\cos\theta\,(t\Delta s) - \sigma_{x'y'}\sin\theta\,(t\Delta s) - \sigma_{xx}\,(t\Delta s\cos\theta) - \sigma_{yx}\,(t\Delta s\sin\theta) = 0$$

$$\uparrow \sum Y:\ \sigma_{x'x'}\sin\theta\,(t\Delta s) + \sigma_{x'y'}\cos\theta\,(t\Delta s) - \sigma_{xy}\,(t\Delta s\cos\theta) - \sigma_{yy}\,(t\Delta s\sin\theta) = 0$$

よって，

$$\sigma_{x'x'}\cos\theta - \sigma_{x'y'}\sin\theta = \sigma_{xx}\cos\theta + \sigma_{yx}\sin\theta \tag{16.2}$$

$$\sigma_{x'x'}\sin\theta + \sigma_{x'y'}\cos\theta = \sigma_{xy}\cos\theta + \sigma_{yy}\sin\theta \tag{16.3}$$

この連立方程式はつぎのように解くことができる.

$(16.2)\times\cos\theta + (16.3)\times\sin\theta$:

$$\sigma_{x'x'} = \sigma_{xx}\cos^2\theta + \sigma_{yy}\sin^2\theta + 2\sigma_{xy}\sin\theta\cos\theta$$

$-(16.2)\times\sin\theta + (16.3)\times\cos\theta$:

$$\sigma_{x'y'} = \left(\sigma_{yy} - \sigma_{xx}\right)\sin\theta\cos\theta + \sigma_{xy}\left(\cos^2\theta - \sin^2\theta\right)$$

倍角の公式を利用して,

$$\boldsymbol{\sigma_{x'x'} = \frac{\sigma_{xx} + \sigma_{yy}}{2} + \frac{\sigma_{xx} - \sigma_{yy}}{2}\cos 2\theta + \sigma_{xy}\sin 2\theta} \tag{16.4}$$

$$\boldsymbol{\sigma_{x'y'} = \frac{\sigma_{yy} - \sigma_{xx}}{2}\sin 2\theta + \sigma_{xy}\cos 2\theta} \tag{16.5}$$

結局, 式 (16.4) と式 (16.5) に従って応力成分の値が角度θとともに変化することになる. これは**応力成分の座標変換式** (Stress transformation equation) と呼ばれる.

16-3 主応力と最大せん断応力

16-2 節で求めた応力成分の座標変換式についてさらに理解を深めていこう. そのために, 図 16-4 に示すような一様引張応力σを受ける平板について考える.

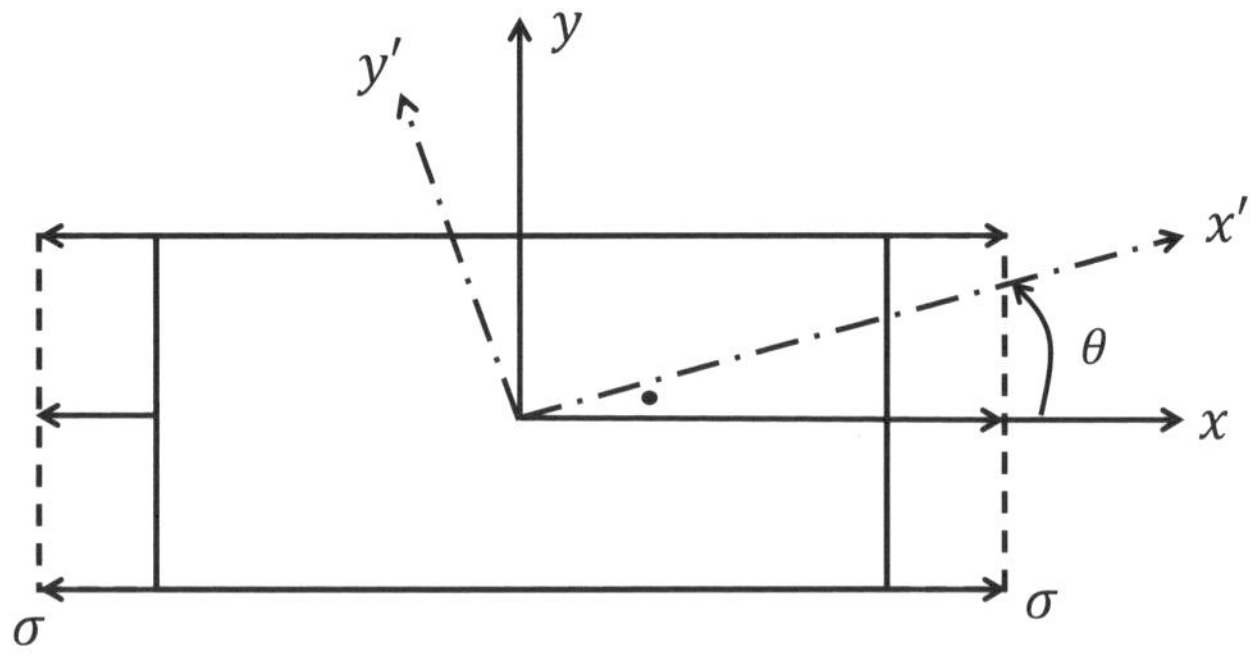

図16-4　一様引張りを受ける平板

この平板問題において，座標系(x, y)のそれぞれの軸を平板の縁に平行となるようにおく．すると，この座標系からみた平板のあらゆる位置での応力成分は，

$$\sigma_{xx} = \sigma\ ,\ \sigma_{yy} = 0\ ,\ \sigma_{xy} = \sigma_{yx} = 0$$

となる．これを応力成分の座標変換式 (16.4) と式 (16.5) に代入すると，

$$\sigma_{x'x'} = \frac{1}{2}\sigma\,(1 + \cos 2\theta) \tag{16.6}$$

$$\sigma_{x'y'} = -\frac{1}{2}\sigma \sin 2\theta \tag{16.7}$$

この応力成分の変化を図 16-5 に示す．角度$\theta = 0$では$\sigma_{x'x'} = \sigma$ならびに$\sigma_{x'y'} = 0$となる（点 A）．角度が$\theta = \frac{\pi}{2}$では$\sigma_{x'x'} = 0$ならびに$\sigma_{x'y'} = 0$となる（点 B）．よって，点 A と B においてせん断応力$\sigma_{x'y'}$がゼロ，垂直応力$\sigma_{x'x'}$が最大値と最小値となる．この最大値と最小値の垂直応力は**主応力**（Principle stress）と呼ばれる．また，この角度を向く軸は**主応力軸**（Axis of principle stress），主応力が作用する面は**主応力面**（Plane of principle stress）と呼ばれる．一方，$\theta = \frac{\pi}{4}$（点 C）ならびに$\theta = \frac{3\pi}{4}$（点 D）にてせん断応力の大きさが最大となり，

$$\sigma_{x'y'} = -\frac{1}{2}\sigma\ \left(点\ C\right)\ ,\ \frac{1}{2}\sigma\ \left(点\ D\right) \tag{16.8}$$

これは**最大せん断応力**（Maximum shear stress）と呼ばれ，その角度に沿う面は**最大せん断応力面**（Plane of maximum shear stress）と呼ばれる．最大せん断応力面では垂直応力が存在し，それは，

$$\sigma_{x'x'} = \frac{1}{2}\sigma \tag{16.9}$$

16

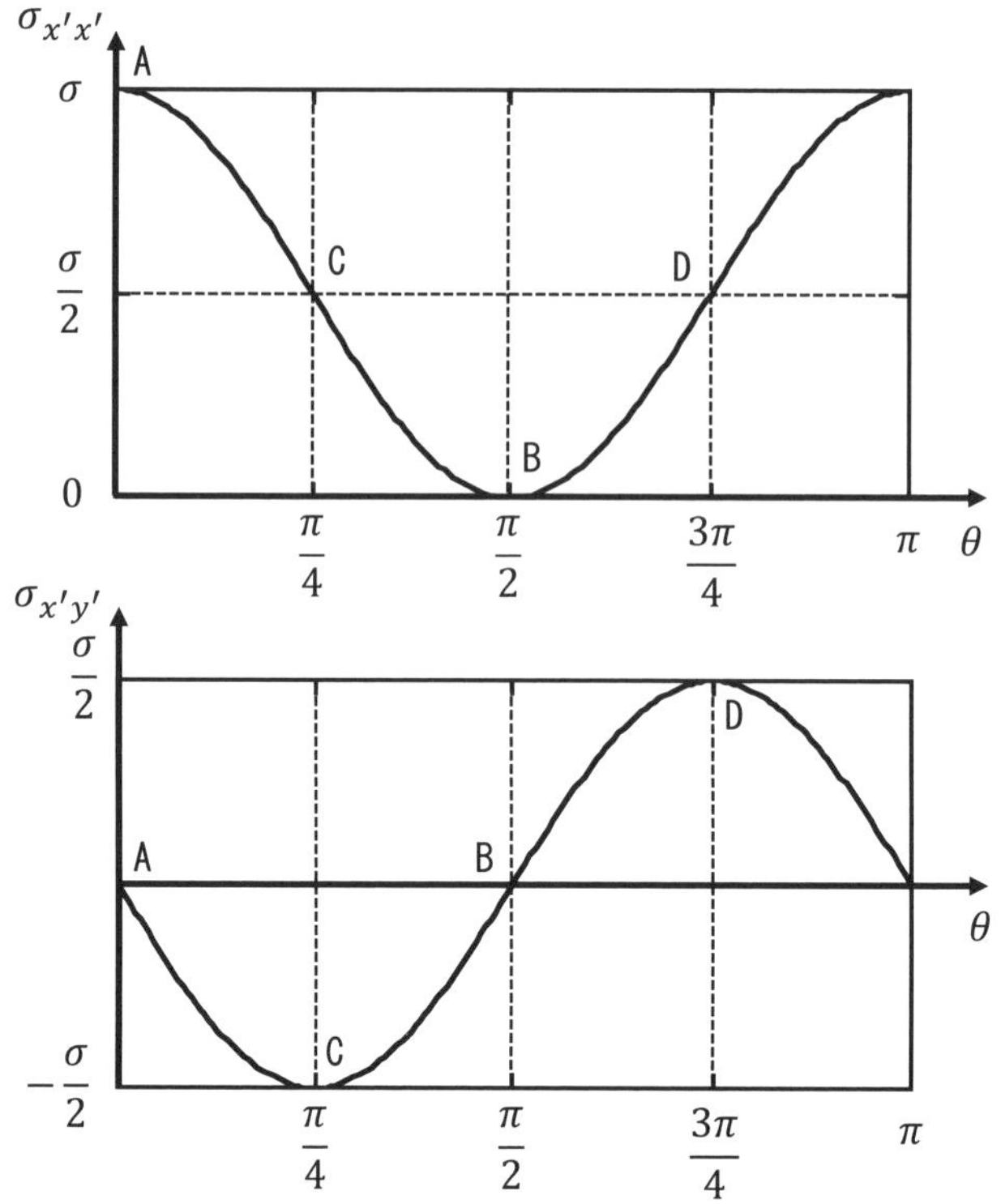

図16-5 角度θに伴う応力成分の変化

一般の場合には，式 (16.5) をゼロとおいて（$\sigma_{x'y'} = 0$），

$$\tan 2\theta_n = \frac{2\sigma_{xy}}{\sigma_{xx} - \sigma_{yy}} \tag{16.10}$$

よって，角度θ_nの向く軸が主応力軸である．さらに式 (16.10) を式 (16.4) に代入して，

$$\sigma_{x'x'} = \frac{\sigma_{xx} + \sigma_{yy}}{2} \pm \sqrt{\left(\frac{\sigma_{xx} - \sigma_{yy}}{2}\right)^2 + \left(\sigma_{xy}\right)^2}$$

よって，主応力σ_1, σ_2は，

$$\left.\begin{aligned} \sigma_1 &= \frac{\sigma_{xx}+\sigma_{yy}}{2} + \sqrt{\left(\frac{\sigma_{xx}-\sigma_{yy}}{2}\right)^2 + \left(\sigma_{xy}\right)^2} \\ \sigma_2 &= \frac{\sigma_{xx}+\sigma_{yy}}{2} - \sqrt{\left(\frac{\sigma_{xx}-\sigma_{yy}}{2}\right)^2 + \left(\sigma_{xy}\right)^2} \end{aligned}\right\} \tag{16.11}$$

つぎに最大せん断応力は，式 (16.5) において，

$$\frac{d\sigma_{x'y'}}{d\theta} = 0 \tag{16.12}$$

とおいて，

$$\tan 2\theta_t = \frac{\sigma_{xx} - \sigma_{yy}}{-2\sigma_{xy}} \tag{16.13}$$

この角度θ_tに沿う面は**最大せん断応力面**である．式 (16.13) を式 (16.5) に代入して，

$$\sigma_{x'y'} = \pm\sqrt{\left(\frac{\sigma_{xx} - \sigma_{yy}}{2}\right)^2 + \left(\sigma_{xy}\right)^2}$$

よって，**最大せん断応力**τ_1, τ_2は，

$$\left.\begin{aligned} \tau_1 &= +\sqrt{\left(\frac{\sigma_{xx}-\sigma_{yy}}{2}\right)^2 + \left(\sigma_{xy}\right)^2} \\ \tau_2 &= -\sqrt{\left(\frac{\sigma_{xx}-\sigma_{yy}}{2}\right)^2 + \left(\sigma_{xy}\right)^2} \end{aligned}\right\} \tag{16.14}$$

ここで主応力と最大せん断応力にはつぎの重要な関係がある．

【性質 1】主応力差は最大せん断応力の 2 倍に等しい．

$$\sigma_1 - \sigma_2 = 2\tau_1 \tag{16.15}$$

【性質 2】主応力軸と最大せん断応力面のなす角は ± 45°である．

証明は次の通りである．式 (16.10) と式 (16.13) により，

$$\tan 2\theta_n \tan 2\theta_t = -1$$

よって，

$$\theta_n = \theta_t \pm \frac{\pi}{4} \tag{16.16}$$

16

16-4 モールの応力円

式 (16.4) と式 (16.5) は,

$$\left(\sigma_{x'x'} - \frac{\sigma_{xx} + \sigma_{yy}}{2}\right)^2 + \left(\sigma_{x'y'}\right)^2 = \left(\frac{\sigma_{xx} - \sigma_{yy}}{2}\right)^2 + \left(\sigma_{xy}\right)^2 \tag{16.17}$$

のようにまとめられる. よって, 応力成分$(\sigma_{xx}, \sigma_{yy}, \sigma_{xy})$は中心が$\left(\frac{\sigma_{xx}+\sigma_{yy}}{2}, 0\right)$にある半径$\sqrt{\left(\frac{\sigma_{xx}-\sigma_{yy}}{2}\right)^2 + \left(\sigma_{xy}\right)^2}$の円の軌跡に沿って変化することがわかる. この円の軌跡は**モールの応力円** (Mohr's stress circle) と呼ばれる. 各自, 図 16-6 について確かめなさい.

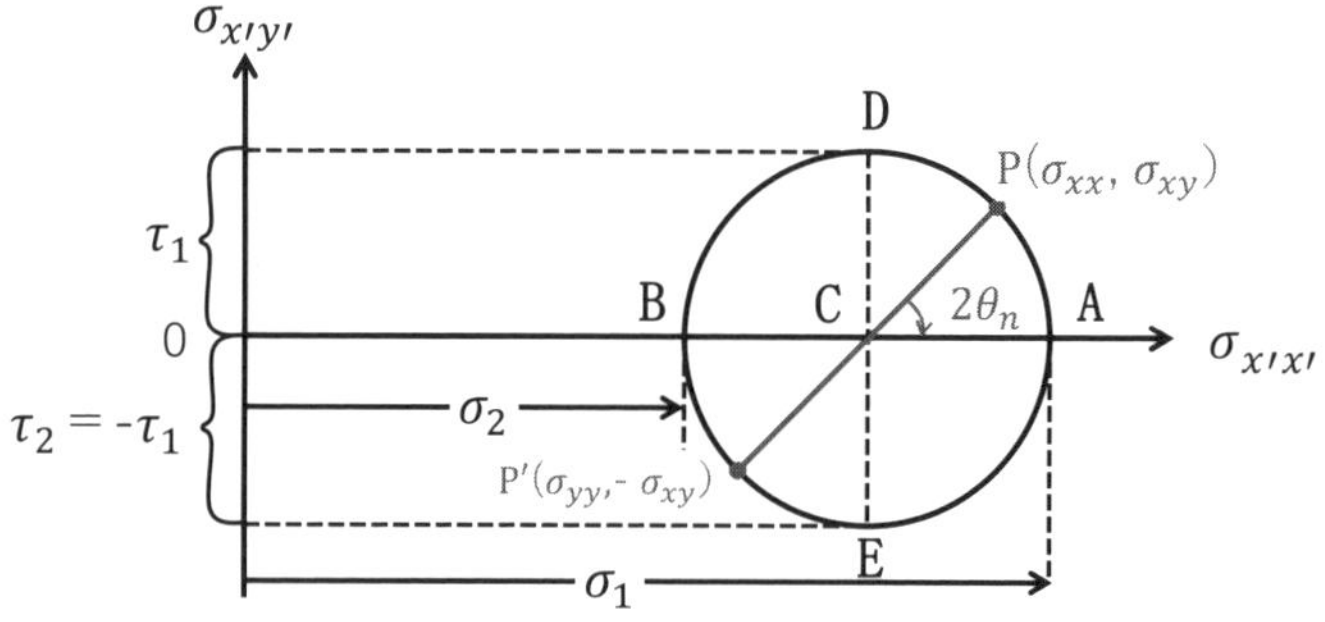

図16-6　モールの応力円

モールの応力円はつぎようにして作図する.

【ステップ 1】 縦軸に$\sigma_{x'y'}$, 横軸に$\sigma_{x'x'}$をとる.

【ステップ 2】 円の中心点 C を$\left(\frac{\sigma_{xx}+\sigma_{yy}}{2}, 0\right)$とし, 半径

$$R = \sqrt{\left(\frac{\sigma_{xx} - \sigma_{yy}}{2}\right)^2 + \left(\sigma_{xy}\right)^2} = \tau_1$$

の円を描けばモールの応力円が得られる.

【ステップ 3】 円と横軸の交点 A と B が主応力のうち最大値と最小値となる. さらにモールの応力円上において点 P $(\sigma_{xx}, \sigma_{xy})$をプロットし, 角 PCA を求める. この角度は主応力軸の方向を 2 倍した値 $(2\theta_n)$ に一致する.

演習問題 16-1

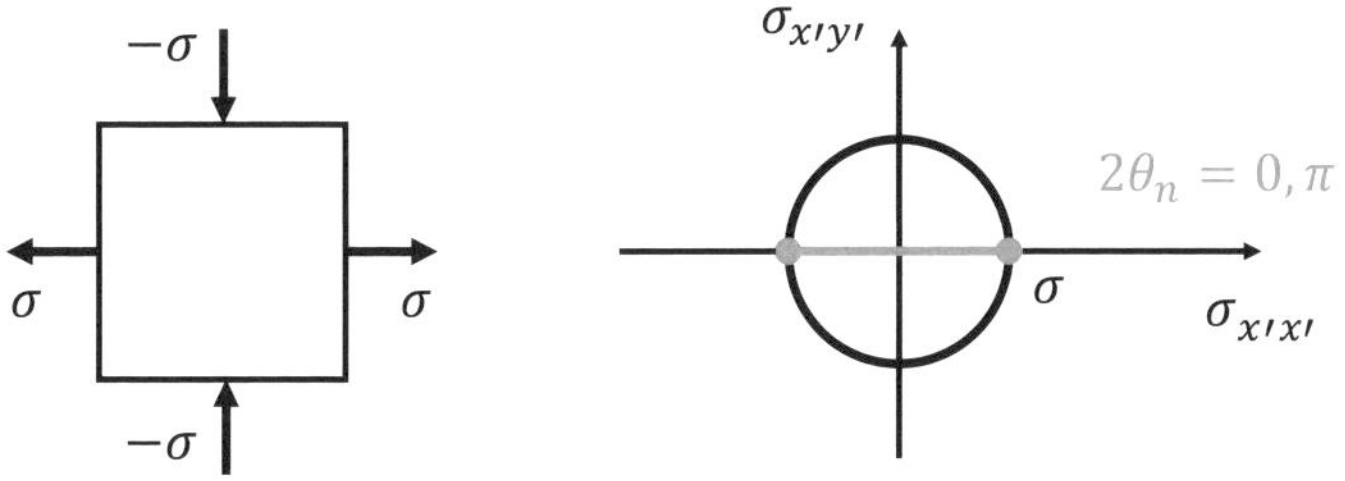

図16-7　引張・圧縮応力を受ける平板

図 16-7 に示すような引張応力と圧縮応力が相互に直交するように作用しているとき，主応力と主応力軸をそれぞれ求めなさい．

解答　問題において応力成分は，

$$\sigma_{xx} = \sigma\ ,\ \sigma_{yy} = -\sigma\ ,\ \sigma_{xy} = 0$$

である．よってモールの応力円は図のように描ける．

$$(\sigma_{x'x'})^2 + (\sigma_{x'y'})^2 = (\sigma)^2$$

この図に作用している垂直応力$\sigma_{xx} = \sigma$をプロットすると青線のようになる．

主応力は，

$$\sigma_1 = \sigma\ ,\ \sigma_2 = -\sigma$$

また，

$$2\theta_n = 0,\ \pi$$

より，主応力軸は，

$$\theta_n = 0,\ \frac{\pi}{2}$$

演習問題 16-2

図 16-8 に示すような引張応力とせん断応力が作用しているとき，主応力と主応力軸をそれぞれ求めなさい．なお，せん断応力の値は$\tau = \frac{1}{2}\sigma$とする．

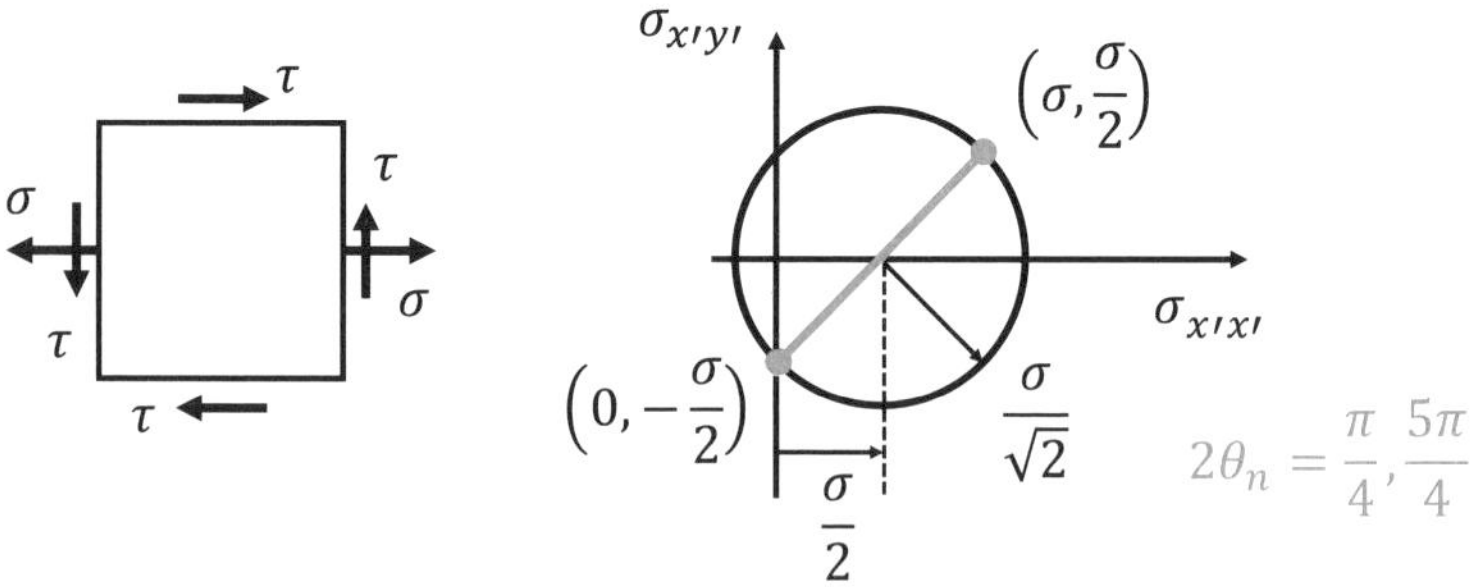

図16-8 垂直応力とせん断応力を受ける平板

解答 問題において応力成分は,

$$\sigma_{xx} = \sigma \text{ , } \sigma_{yy} = 0 \text{ , } \sigma_{xy} = \tau = \frac{1}{2}\sigma$$

である．よって，モールの応力円は図のように描ける．

$$\left(\sigma_{x'x'} - \frac{\sigma}{2}\right)^2 + \left(\sigma_{x'y'}\right)^2 = \frac{\sigma^2}{2}$$

この図に作用している垂直応力$\sigma_{xx} = \sigma$, $\sigma_{xy} = \tau$をプロットすると青線のようになる．

主応力は,

$$\sigma_1 = \frac{\sigma}{2} + \frac{\sigma}{\sqrt{2}} \text{ , } \sigma_2 = \frac{\sigma}{2} - \frac{\sigma}{\sqrt{2}}$$

また,

$$2\theta_n = \frac{\pi}{4}, \frac{5\pi}{4}$$

より，主応力軸は,

$$\theta_n = \frac{\pi}{8}, \frac{5\pi}{8}$$

演習問題 16-3

図 16-9 に示すようなせん断応力のみが作用しているとき，主応力と主応力軸をそれぞれ求めなさい．

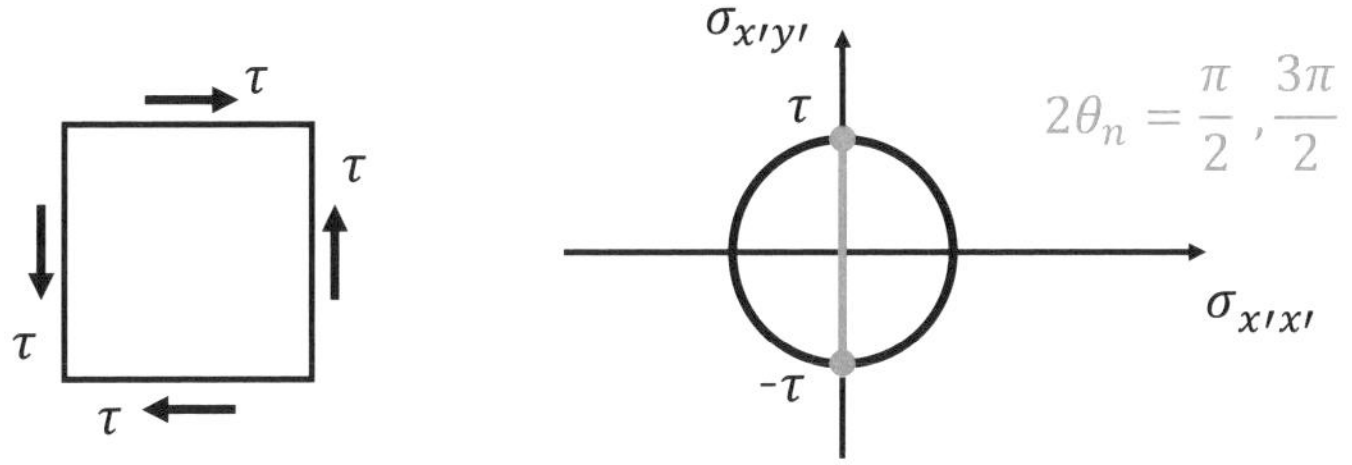

図 16-9　せん断応力を受ける平板

解答　問題において応力成分は，

$$\sigma_{xx} = 0\,,\ \sigma_{yy} = 0\,,\ \sigma_{xy} = \tau$$

である．よって，モールの応力円は図のように描ける．

$$(\sigma_{x'x'})^2 + \left(\sigma_{x'y'}\right)^2 = \tau^2$$

この図に作用しているせん断応力$\sigma_{xy} = \tau$をプロットすると青線のようになる．

主応力は，

$$\sigma_1 = \tau\,,\ \sigma_2 = -\tau$$

また，

$$2\theta_n = \frac{\pi}{2},\ \frac{3\pi}{2}$$

より，主応力軸は，

$$\theta_n = \frac{\pi}{4},\ \frac{3\pi}{4}$$

演習問題 16-4

$\sigma_{xx} = -100$ MPa, $\sigma_{yy} = 200$ MPa, $\sigma_{xy} = 300$ MPaのとき主応力と主応力軸の方向をそれぞれ求めなさい．

解答

$$\sigma_1 = 385.4\ \mathrm{MPa},\ \sigma_2 = -285.4\ \mathrm{MPa},\ \theta_n = -31.7^\circ,\ 58.28^\circ$$

Column　応力成分の重要性

材料力学では部品に作用する応力成分として垂直応力とせん断応力の 2 種類が扱われてきた．しかし，実際の部品では，本章で学んだように平面問題では 3 種類の応力成分が発生する．すなわち，2 種類の垂直応力と 1 種類のせん断応力である．これらの応力成分と部品の強さとを比較するためには，応力成分よりも応力の大きさとして理解する必要がある．このために主応力や最大せん断応力が重要となる．部品に発生している応力成分から，たとえば主応力を計算する．材料試験で得られた引張強さと主応力を比較することで部品が壊れないか判断できる．または，最大せん断応力により材料試験で得られた降伏応力を比較することで，塑性変形しないか判断できる．これらについては，将来，材料強度学や塑性力学でより深く学んでいくことになる．

索引

は

ひ

ふ

へ

ほ

ま

も

や

よ

ら

り

●著者紹介

荒井 正行（あらいまさゆき）

1992 年 東京工業大学大学院 理工学研究科 生産機械工学専攻 修士課程修了

1992 年 財団法人 電力中央研究所 入所

1998 年 博士（工学）（東京工業大学）

1998 年～ 1999 年 米国 Southwest Research Institute, Dept. of Applied Physics，客員研究員

2013 年 東京理科大学 工学部 第一部 機械工学科 教授

2016 年 東京理科大学 工学部 機械工学科 教授，現在に至る．

専門分野：材料力学，弾性力学，塑性力学，破壊力学，損傷力学，界面力学，損傷評価，表面工学など

著 書：『理工系の基礎 機械工学』（共著，丸善出版），『基礎から学ぶ弾性力学』（森北出版）

カバーデザイン●嶋建夫（トップスタジオデザイン室）
本文デザイン●徳田久美（トップスタジオデザイン室）
編集・DTP ●トップスタジオ

もう解《と》き方《かた》で迷《まよ》わない
ステップ解法《かいほう》で学《まな》ぶ　材料力学《ざいりょうりきがく》

2022 年 3 月 11 日　初版　第 1 刷発行

著　者　荒井　正行
発行者　片岡　巌
発行所　株式会社技術評論社
東京都新宿区市谷左内町 21-13
電話　03-3513-6150　販売促進部
03-3267-2270　書籍編集部
印刷 / 製本　昭和情報プロセス株式会社

定価はカバーに表示してあります。

ISBN978-4-297-12649-0 C3053
Printed in Japan

本書へのご意見、ご感想は、技術評論社ホームページ（https://gihyo.jp/）または以下の宛先へ、書面にてお受けしております。電話でのお問い合わせにはお答えいたしかねますので、あらかじめご了承ください。

〒162-0846
東京都新宿区市谷左内町 21-13
株式会社技術評論社　書籍編集部
『もう解き方で迷わない
ステップ解法で学ぶ　材料力学』係
FAX：03-3267-2271

「」カクヨム
2,000万人が利用!
無料で読める小説サイト
イラスト：スオウ
カクヨムでできる
3つのこと
What can you do
with kakuyomu?
1
書く
Write
便利な機能・ツールを使って
執筆したあなたの作品を、
全世界に公開できます
2
読む
Read
有名作家の人気作品から
あなたが投稿した小説まで、
様々な小説・エッセイが
全て無料で楽しめます
3
伝える
つながる
Review & Community
気に入った小説の感想や
コメントを作者に伝えたり、
他の人にオススメすることで
仲間が見つかります
会員登録なしでも楽しめます!
カクヨムを試してみる
「」カクヨム
https://kakuyomu.jp/
カクヨム
検索

傷心公爵令嬢レイラの逃避行　上

溺愛×監禁。婚約破棄の末に
逃げだした公爵令嬢が
囚われた歪な愛とは——。

　事故による２年もの昏睡から目覚めたその日、レイラは王太子との婚約が破棄された事を知った。彼はすでにレイラの妹のローゼと婚約し、彼女は御子まで身籠もっているという。全てを犠牲にし、厳しい令嬢教育に耐えてきた日々は何だったのか。たまらず公爵家を逃げ出したレイラを待っていたのは、伝説の魔術師からの求婚。そして婚約破棄したはずの王太子からの執愛で——？

著／染井由乃
イラスト／鈴ノ助

電撃の新文芸

魔女と少女の愛した世界

捨てられた幼子×怠惰な魔女の
不器用で愛しい共同生活。

町外れの森に住む魔女エリシア。ある日、彼女が家に帰ると、薄汚れた服を身につけた人間の幼子が食料棚を漁っていた。手には、朝食用にとっておいたミルクパン。

腹はたつが、殺すのもめんどくさい。だが、高値で少女を売ろうにも、教養を身につけさせねばならない。そのため仕方なく少女と暮らしはじめたエリシアだったが――。

これは、嫌われ者の魔女と孤独な少女の愛と絆の物語。

著／浅白深也
イラスト／海島千本

電撃の新文芸

英国幻想蒸気譚Ⅰ
—レヴェナント・フォークロア—

19世紀末、ロンドン。
蒸気と機関の都で、虚実が彩る都市伝説。
——これは、鋼鉄と鮮血の幻想譚。

高度に発達した蒸気機関が世界を席巻した第二次産業革命、通称『蒸気機関革命』により飛躍的な文明発展が遂げられた19世紀末。大英帝国首都、ロンドンで請負屋を営む極東人・封神幎《ツカガミトバリ》と錬金術師・ヴィンセントの二人の下に舞い込むのは、いつだって厄介ごとばかり。

混沌に彩られしロンドンに渦巻く都市伝説を追う二人の前に次々と現れる『鋼鉄の怪物《レヴェナント》』の正体とは。

これは、虚実が織り成す鋼鉄と蒸気の幻想譚。

著／白雨蒼
イラスト／紫亜

電撃の新文芸

リビルドワールドⅠ〈上〉

誘う亡霊

電撃《新文芸》スタートアップコンテスト《大賞》受賞作！
科学文明の崩壊後、再構築《リビルド》された世界で巻き起こる
壮大で痛快なハンター稼業録！

旧文明の遺産を求め、数多の遺跡にハンターがひしめき合う世界。新米ハンターのアキラは、スラム街から成り上がるため命賭けで足を踏み入れた旧世界の遺跡で、全裸でたたずむ謎の美女《アルファ》と出会う。彼女はアキラに力を貸す代わりに、ある遺跡を極秘に攻略する依頼を持ちかけてきて――!?

二人の契約が成立したその時から、アキラとアルファの数奇なハンター稼業が幕を開ける！

著／ナフセ
イラスト／吟
世界観イラスト／わいっしゅ
メカニックデザイン／cell

Unnamed Memory I

青き月の魔女と呪われし王

著／古宮九時

イラスト／chibi

読者を熱狂させ続ける
伝説的webノベル、
ついに待望の書籍化!

「俺の望みはお前を妻にして、子を産んでもらうことだ」
「受け付けられません！」
　永い時を生き、絶大な力で災厄を呼ぶ異端——魔女。強国ファルサスの王太子・オスカーは、幼い頃に受けた『子孫を残せない呪い』を解呪するため、世界最強と名高い魔女・ティナーシャのもとを訪れる。“魔女の塔”の試練を乗り越えて契約者となったオスカーだが、彼が望んだのはティナーシャを妻として迎えることで……。

電撃の新文芸

異修羅I

新魔王戦争

全員が最強、全員が英雄、
一人だけが勇者。“本物”を決める
激闘が今、幕を開ける――。

魔王が殺された後の世界。そこには魔王さえも殺しうる修羅達が残った。一目で相手の殺し方を見出す異世界の剣豪、音すら置き去りにする神速の槍兵、伝説の武器を三本の腕で同時に扱う鳥竜の冒険者、一言で全てを実現する全能の詞術士、不可知でありながら即死を司る天使の暗殺者……。ありとあらゆる種族、能力の頂点を極めた修羅達はさらなる強敵を、“本物の勇者”という栄光を求め、新たな闘争の火種を生みだす。

著／珪素
イラスト／クレタ

電撃の新文芸

電撃の新文芸

オタク同僚《どうりょう》と偽装《ぎそう》結婚《けっこん》した結果《けっか》、毎日《まいにち》がメッチャ楽《たの》しいんだけど!

著者／コイル
イラスト／雪子《ゆきこ》

2021年6月17日　初版発行

発行者／青柳昌行
発行／株式会社ＫＡＤＯＫＡＷＡ
〒102-8177　東京都千代田区富士見2-13-3
0570-002-301（ナビダイヤル）
印刷／図書印刷株式会社
製本／図書印刷株式会社

【初出】……………………………………………………………………………………………
本書は、カクヨムに掲載された『オタク同僚と偽装結婚した結果、毎日がメッチャ楽しいんだけど!』を加筆修正したものです。

ISBN978-4-04-913790-3　C0093　Printed in Japan

ファンレターあて先
〒102-8177
東京都千代田区富士見2-13-3
電撃の新文芸編集部

「コイル先生」係
「雪子先生」係

滝本隆太

Takimoto Ryuta

会社ではスーツをキリッと着こなし
スーパークールで口数も少ないが、
営業成績は常に上位。容姿も良く、
異性から告白されることもしばしば。
密かに咲月に好意を抱いている。

素顔は
地下アイドル
オタク!?

会社ではオタク趣味を隠し、
クールな姿を演じているが、
プライベートでは
地下アイドルグループ
「デザートローズ」を
敬愛するバリバリのドルオタ。
アイドル好きが高じて
作曲もしてしまうほどの
重度のオタク。

相沢咲月

Aizawa Satsuki

文房具デザイナーとして働くOL。
会社内では、クール・美人・
仕事は完璧と評価は高いが、
咲月自身は色恋沙汰から一歩引いており、
実家からの結婚の催促に辟易している。

副業は
凄腕
同人作家!?

本業の傍ら、副業で同人作家をしている。
同人歴は長く、ベテランの域に達している。
ここ数年は壁サーといわれる
壁際に配置される人気作家になった。
隆太とは同人誌即売会を通じて
知り合うが……?

「滝本さん、のんちゃんのカラーは赤なんですか？」
「そうですね。四人にカラーがあり、のんちゃんは赤、アユちゃんは青と決まっています」
「だから即売会で滝本さんが着てたTシャツは、赤色の迷彩だったんですね」

オタク同僚と偽装結婚した結果、毎日がメッチャ楽しいんだけど！

コイル
イラスト＝雪子
presented by Coil
illustrated by Yukiko

①二人の出会い編

■第1話　突然のプロポーズ

「データ転送しました」

「相変わらず早い、おつかれさまー」

「確認をお願いします」

私、相沢《あいざわ》咲月《さつき》は、同僚の瀬川《せがわ》恵美《えみ》にほほ笑んだ。

時間を確認すると、十六時五十五分、完璧だ。

瀬川さんは私が転送したデータを確認しながら、

「相沢さんって、毎回仕事を時間通りにきっちり上げて偉いなあ」

すごーい……と、瀬川さんはため息をついた。

私は「そんなことないですよ」と軽く謙遜しながら荷物をかばんに入れる。

事実、瀬川さんが本気を出したら、私の数倍仕事が速い。

私は何があっても十七時に帰りたいだけなのだ。

「では、失礼します」

私はパンプスを鳴らしながらデザイン部を足早に出た。

美大で就職先を選ぶ時に、同級生の半分以上が夢を追って消えていった。仕事でするデザイ

ンは楽しくない、好きな絵だけ描きたい……。

　でも、私はちゃんと就職する道を選んだ。その条件はたった二つ。

　ひとつは、『定時に帰れること』ともう一つは……


『副業許可』


「どああ〜〜めっちゃ疲れたああ〜〜〜〜」

　私は『完売しました！』と書いてある紙の上に突っ伏してため息をついた。

　即売会会場は熱気にあふれていて、沢山の人たちが大きな袋を抱えて歩いている。

　みんなきれいにメイクしているが、私はTシャツすっぴん、髪の毛はひとつ縛りだ。突っ伏すと前髪がダラダラと垂れてくる。

　それを適当にちょんまげに縛った。もう何でもいい……。

　会社ではパンプス履いてメイク完璧、服はキレイ目を着て頑張ってるので、ここでは許してほしい、もう本当にギリギリだったのだ。

「今回ばかりは、本当に落とすかと思った」

　私は安堵《あんど》のため息をついた。

　長い付き合いで、いつも売り子をしてくれるワラビちゃんは、

「今回は難産でしたね〜〜」

と差し入れで貰《もら》った煎餅をバリバリと食べている。

私は本業で文房具のデザイナー、副業で同人作家をしている。

同人歴は中学生の時から十五年以上、完全にベテラン作家の領域で、ここ数年は壁サーという壁際に配置される人気作家になった。

まあ同人はジャンルの人気が大きいけれど、たまに配信サイトでオリジナルも描かせて貰い、立場は安定してると思う。

ただ漫画家として生きていくほどの腕は無かったし、実家を出る条件のひとつが『就職』だったので、ずっとこの状態だ。

でも仕事で求められたものを描き、趣味で好きなものを描く生活が、私は最高に気に入っている。

「描けば描くほどページが増えて、もう意味わかんなかったもん」

私はワラビちゃんが食べている煎餅を一つ貰ってバリバリ食べた。

あー、疲れと脱水に塩気が最高に染みる。

「どんどんネーム増えてましたよね」

ワラビちゃんはチョコパイもありますよ？　と机の下の差し入れボックスから引っ張り出した。

分かる、煎餅の後にはチョコだよね。

私はそれを受け取ってモグモグ食べた。ああ徹夜明けの身体《からだ》に甘さが痺《しび》れるように旨《うま》い。

毎回死ぬほど疲れるのに、イベントは楽しくて毎回新刊作ってしまう。

「次に来られるのは冬かなー」

「あー、黒井《くろい》さん、夏出ないんですもんねー」

ワラビちゃんはスマホのスケジュールを見ながら言った。

そそ。

私はポカリを飲みながら頷《うなず》く。

それがもうひとつの条件だ。うちの実家は田舎で旅館を経営していて、夏休みの七日間は絶対に手伝う約束で家を出ている。

スケジュール的に丸被《かぶ》りなので、毎年夏コミは出られない。

それは諦めてるから良《い》いんだけど、何よりイヤなのが、

「また結婚しろって言われるんだよなあ……」

私はため息をついた。

「黒井さん、それ毎年っていうか、会うたびに愚痴ってますよね」

ワラビちゃんはキャハハと軽く笑う。

私は机をドンと叩《たた》き嘆く。

「旅館は兄貴が継ぐし、奥さんもしっかりしててさ〜、子どもだって男女ひとりずつ、完璧なの！　あと問題なのは私だけで、すべての文句が私の所に溜《た》まるの。湿地の沼かよ、マジで。別にいいじゃんねえ、私のことなんてほっといてほしい！」

イヤだイヤだ、帰りたくない〜〜。

私は思わず大声でまくし立ててしまった。

本当に本当に面倒なのだ、親戚一同集まった所でひたすら『何か体に問題があるのか』『男に興味がないのか』『誰かいないのか』『とにかく私たちを安心させてくれ』って言われるのは！

「なんで親を安心させるために結婚するんだよ！」

せめて幸せを祈れよ！

私は持っていたペットボトルをグシャリと潰した。

「言う言う、親って超それ言いますよね」

ワラビちゃんはケラケラ笑った。

「お母さんはお父さんの愚痴めっちゃ言ってて不幸なのに、どうして結婚しろって言うのかな」

「周りに結婚して幸せそうな人って、少ないですね」

ワラビちゃんの言葉に私は深く頷いた。

今更結婚に夢なんて持てないし、結婚前に転がる恋愛さえ面倒だ。

そんな時間があったら原稿したいし、漫画喫茶に籠りたい。

「ああ、もう偽装結婚でも何でもいい。結婚しろって言われないために結婚したい。黙らせたい」


私はアゴを机に置くような状態でため息をつく。

すると目の前に誰か立っているのが分かった。

顔を上げると……、ド派手なTシャツにダボダボパンツ……何より大きなカメラをぶら下げて持っている。そして深くかぶった帽子。

ああ、コスプレイヤーの写真を撮る人……カメコさんかな？

ワラビちゃんが、

「すいません、今日は完売しちゃって」

と声をかけると、男の人は私の目の前にすっ……としゃがんだ。

今日は五月にしては暑くてみんな臭そうなのに、さわやかな石鹸の香りがふわりと香った。

男の人は私の目の前にひざまずき、

「じゃあ、俺と結婚しませんか？」

地球恋結軍
新刊
完売!

と言った。

「えっ？」

この人は私の目の前で今、なんて言った？？

「は？　何言ってるんですか、警備呼びますよ」

カタンと立ち上がって睨んだのはワラビちゃんだ。

イベントは変な人が来たら即警備を呼ぶのが鉄則だけど……私はほんのり薫る石鹸の香りを思い出して、ワラビちゃんを制した。

「私……あなたと初対面ですよね？　警戒されて当然だと思いますが」

あえて仕事モード、冷静に言ってみると、男の人は、

「そうですよね、分かるはずないですよね」

と言って帽子を取った。

「あ!!」

……とはならない。誰この人？

やっぱり初対面じゃね？

私の表情を見て、男の人は「なるほど」と言って、後ろに縛られていた髪の毛を解いた。

そこでやっと分かった。

「営業の滝本《たきもと》さんだ!!」

「おつかれさまです、黒井さんとお呼びしたほうがいいですか？」

「あ、あ、あ……相沢でも、いいですけど……!!」

私が動揺してる横でワラビちゃんが、

「黒井さんって本名、相沢さんって言うんですね」

と静かに頷いた。ワラビちゃんとは付き合い十年以上だけど、本名はお互いに覚えていない。

というか、ネット上の名前すらネタでコロコロ変えるから覚えてないくらいだ。

なんなら私は先日まで『黒部《くろべ》ダム』って名前だったし、ワラビちゃんは『ラジオ体操』だった。なんだよ、それ。

そうなの、私、本名は相沢なの。

相沢なんだけど……!!

「滝本さんって……カメコさん？」

私は恐る恐る聞いた。

だって滝本さんって言えば、会社ではスーパークール、口数少ないけど営業成績は良くて、会社で一番人気の幡野《はたの》さんに告白されても断ったって有名なんだけど！

会社では高そうなスーツをキリッと着こなしてるのに、イベント会場では見本のようなカメコルック。

さすがに動揺が隠せない。

滝本さんは、

「俺はドルオタです。今日は推しがコスプレしてるので、撮影に来ました。よろしくお願いします」

と仕事のような丁寧な手つきで名刺を出してきた。

渡された名刺には『ボカロP・タカピー』とめっちゃ可愛《かわい》いイラスト入りで書いてあって……っていうか、ボカロP?!

私の顔色を見たのか滝本さんは、

「アイドル好きが高じて、ボカロで曲も作ってます。何人か歌って貰えてるんですよ」

と会社と同じ目元だけで微笑《ほほえ》んだ。

ドルオタ極めてガチすぎる!!……と思ったけど、壁サーで巨大ポスターにはがっつりポスター（A0・841×1189mm 壁サー標準譲渡決定済）。

さらに後ろには七〇〇冊持ち込んだ新刊の空段ボールの山……この状態の私が言えた話ではない。

「とりあえず……お茶でもしますか？」

私はちょんまげにしていた髪の毛をツイと解いて言った。

「いいですね」

滝本さんは逆に解いた髪の毛をキュッと縛りなおした。

きっと写真撮る時に邪魔だから伸ばしてるんだろうな〜、会社ではクール演出のために伸ばしてるって思われてるけど。

私は妙に納得してしまった。

■第2話　そうですね、結婚しましょう

「いつから私が同人描いてると知っていたんですか？」

近所のファミレスで相沢さんはアイスコーヒーを一口飲んだ。

その目は完全に怯《おび》えている。

こんな表情もできるのか。

俺、滝本隆《りゅう》太《た》は心の中で苦笑した。

「黒井さんは会社でどんな感じですか？」

ワラビさんと名乗った女の子も一緒に店に来ていた。

初めて接触するし警戒されて当たり前なので、それに文句はない。

俺は、

「締め切りを必ず守ってくれる素晴らしいデザイナーさんです」

と答えた。黒井さん＝相沢さんが「えへへ」とうれしそうにほほ笑んだのと、ワラビさんが爆笑するタイミングは同時だった。

「黒井さん、仕事だと締め切り守るんだ、あははは!!」

「ワラビちゃ～～ん?!」

相沢さんがワラビさんを睨《にら》む。こんな表情もするのか。俺はまた思う。

相沢咲月さんは、うちの会社では『美人・クール・仕事は完璧』で有名な人だ。

だからこうして近くでくるくる変わる表情を見ていると楽しくて仕方ない。

俺も会社ではクールキャラなので、今は表情を崩さないように気をつけている。

「会社では完璧にしてますよ……、ね？」

相沢さんが俺のほうを見て言うので、静かに頷いた。

「じゃあ何でオタバレしちゃったんですか？」

ワラビさんは頼んだチョコパフェを食べながら言った。

相沢さんも身を乗り出して、

「私、会社でミスしてないと思うんですけど……」

と眉をひそめた。そうだ、相沢さんは会社で何一つミスをしていない。

ミスをしたのは、コミケの会場で、だ。

俺は相沢さんのかばんをチラリと見て口を開いた。

「あの、iPadカバー……うちの会社の試作品ですよね」

「え？」

相沢さんは、かばんから少し出ていたiPadを取り出してひっくり返し「あ」と一言いった。

そこにはうちの社名と共に『AIZAWA』とテプラで名前が大きく貼ってある。

「黒井さん、めっちゃ書いてありますよ、気にしたこと無かったですけど、めっちゃ書いてありますよ！」

ワラビさんは机を叩いて爆笑した。

「これ……表面に紙とペンが挟めて便利なんです……」

相沢さんは茫然《ぼうぜん》としながら言った。

「いやいや、なんでiPadあるのに紙とペンが必要なんですか、アプリ使って描きましょうよ」

ワラビさんは素でつっこむ。

「やはりそう言われる方が多くて商品化はしなかった。だから試作品が社内に数個しかないはずなんです」

俺は説明した。

「アップルペンシルとボールペン、二か所さしてある！」

ワラビさんは笑い続けているが、相沢さんは少し眉をよせて不満げな表情で、

「これ、すごく便利なんです。ログインしてアプリ立ち上げてる間に頭から消えちゃう絵とか、言葉とか、ありますよね」

「無いですよ〜〜」

ワラビさんが高速でツッコむ。あ〜〜る〜〜の〜〜〜！　と相沢さんは挟んでいた紙を見せてくれた。

そこには美しい絵と、走り書きで解読は難しいが、色々な言葉が転がっていた。

相沢さんは作家さんだから、きっと俺が想像するより脳の回転が速いのだろう。だからiPadにログインする時間さえ惜しいのだ。

それに……俺はうれしかったんだ。

実はこのiPadカバーを発案したのは俺で、みんな爆笑したのに、相沢さんだけが「すごくいいと思います」って言ってくれたから。

テプラで名前まで貼って今も使ってくれてるなんて、正直感動的だ。

「俺が相沢さんを初めてコミケ会場で見たのは去年の冬コミです」

「え……？」

相沢さんは落ち着かないのか、手元の紙に絵を描き始めていたが、一瞬で顔を上げて青ざめる。その横でワラビさんが目を輝かせて口を開く。

「あの伝説の?!」

伝説と言われる状態だったのだろうか。俺は思い出しながら言う。

「相沢さんは顔にiPadカバーを広げて載せ、椅子を並べて熟睡してました」

「ぎゃははは!!」

ワラビさんが爆笑する。相沢さんは頭を抱えた。そして弁明を始めた。

「前日古い友人の入稿を手伝っていたんです、そしたら突然フリーズして……本当に大変だったんです」

「いえ、その顔に載っていたiPadで相沢さんを認識したので」

ああ……そうですか……、相沢さんは深くため息をついた。

ワラビさんはグイと身を乗り出して口を開く。

「え？　じゃあずっと前から知ってて、でも会社では一言もバラさず、半年近く待って、今日プロポーズですか、おめでとうございます！」

「いやいや……バラさず秘密にしててくれたのは本当だけど、どうして一足飛びにプロポーズ？」

相沢さんが早口でつっこむ。

俺はそれを聞いてコホンと咳《せき》をして背筋を伸ばした。

「俺も事情があって、なるべく早く結婚したいんです。表向き真面目な会社員なので告白されるときもあるけど……ボカロPしてることとか、ドルオタな事は言えなくて、いつも断ってる」

「わかります、言えないですよね」

相沢さんが目を閉じて頷く。

同意が得られる状況がうれしくて、俺は更に言葉を続ける。

「ひとり暮らし歴が長くて、一人で生活できるのに、誰かと暮らすことに意味が見いだせない」

「超わかります。え？　何年ひとり暮らししてるんですか？」

相沢さんが身を乗り出してくる。

「高校出てすぐなので十二年です」

「私も十年です。全部出来ますよね、分かります」

会社では少ししか話したことがなかった相沢さんが目を輝かせて自分のことを語ってくれている……実はものすごくうれしくて、緊張していることを悟られないように会社にいるような冷静な顔を作って続ける。

「会社でしっかり仕事してて、趣味を大切にしてて、自己が確立している相沢さんなら、シェアハウスするみたいな結婚ができるんじゃないかと思って」

「シェアハウスみたいな結婚……！」

相沢さんの目がキランと輝いた。そしてスッ……と右手を出してきた。

「私と結婚しましょう、滝本さん。同僚でオタク仲間でシェアハウス婚。一人で生きられるからこそ、二人で生きてみましょう」

……!!

俺は相沢さんが言った言葉にハッとした。

一人で生きられるからこそ、二人で。

俺はまさにそう言いたかったんだ。自分の中に言葉が無かっただけで。

差し出された手は細くて柔らかそうな女の人の手で。

触れることに躊躇《ちゅうちょ》していたが、相沢さんのほうからキュッと握ってくれた。

心の奥から安堵と共に声が出た。

「よろしくお願いします」

俺たちの繋《つな》がれた手を横目に、ワラビさんが「シェアハウス婚？　なにそれ……ただの同居人と何が違うんですか？」と呟《つぶや》いている。

相沢さんは椅子に座りなおしてワラビさんに言った。

「結婚してる所が違うじゃない」

えええ～～～？　違いますか？　それ～～とワラビさんは叫んでいるが、俺はとにかく交渉が成立したことに安堵していた。

だって俺はみんなが笑ったiPadカバーをバカにしないで受け入れてくれた時から、ひそかに相沢さんが好きだったんだ。

会社でもこっそり見ていたし、もちろんTwitterもフォローしていて、今日のスペースも確

認済。

こっそり来てみたら「偽装結婚したい」なんて言ってるから、思わず一歩前に出てしまった。

上手《うま》く話を運べて良かった。

冷静な表情をしているけど、俺の手は机の下で震えている。

相沢さんにとって俺はただのシェアハウス婚する相手で、恋愛感情なんて全くないと分かっていても、俺はなんでもいい。


俺はずっと、近づくタイミングを狙っていたんだ。

だから本当は踊り出したいほどうれしい。

眉毛ひとつ動かさずにほほ笑んでいるけど、それくらいうれしい。

■第3話　我が家へようこそ

私が一瞬で滝本さんを受け入れたのには理由がある。

数年前、研修を終えた新人の女の子が妊娠して会社を辞めた。

入社して二か月で？　と会社は騒然となったけど、滝本さんは冷静だった。

「おめでとうございます。こういう事はタイミングですよね」

そして彼女を出産後フリーランスとして再雇用、今じゃ完全な戦力になっている。

なにより出産して一度辞めても、戻って来られる場所なのだと他の女性社員が思えたことも大きい。

その調整を先頭に立ってしていたのが滝本さんだった。その場の感情に流されないで、冷静に実力や未来を見て、得を取れる人なんだなーと当時の私は思ったのだ。

そしてＢＬゾーンで段ボールにまみれた私を見ても全く動じないどころか、オタク名刺を出してプロポーズしてくる対応力の高さ。

何より「いいな」と思ったのが、一人暮らし歴十二年ということだ。

長くなりすぎると他人は受け付けないし、それより短いと家事や生活力に不安が残る。

会社での冷静な滝本さんと、ちゃんと生活してる滝本さん。

そんな人、偽装結婚というか、シェアハウスするのに最適じゃない？

と一瞬で打算が働いた。

もしお互いに無理だと思ったら、バツイチになればいいだけ。

離婚が多い昨今、それは変じゃない。

完全に未婚だと「良い人居ないの？　結婚も良いものよ」って延々言われるけど、

一度結婚して離婚すれば、してみたけどダメだった証明になる!!

結婚してみたけど、向いて無かったんですよ〜って言い訳も可能。

やっぱり結婚は人生最大の免罪符だわ。

そんなことを考えながら掃除をしていると、玄関がカラカラと開いて大学時代の親友、町田《まちだ》杏子《きょうこ》が転がり込んできた。杏子は私と同じ数少ない就職組で、大手出版社に勤めている。

「もう……無理……ほんと……足が痛い……疲れた……」

そして、はあ〜〜と靴を脱ぎ捨てて、廊下に転がった。

予定時刻より三十分以上遅刻。やっときたか。

私は台所に行って冷たいお茶を持ってきた。

杏子はお茶を一気に飲みプハーと息を吐いた。

「はあ〜〜、落ち着いた。さっちゃん、久しぶり。いやあ、前に来た時の事、忘れてた。こんな辛《つら》かったっけ」

「久しぶり〜。てか坂道は変わらないから、変わったとしたら杏子の体力のほうじゃない？」

「間違いない、体力は落ちた。でもこの坂やっぱエグいよ〜〜」

ああ〜〜と再び杏子は廊下に転がった。

いつも来ずに済ますのに、今日はなぜか行く！　と連絡をしてきたけれど、やはりこの状態。

でも仕方ないのだ。

うちに来る人が倒れこむのには理由がある。


私が住む家は、勾配二十六パーセントの坂を二キロ上り続けた山の頂上にある。


元々親戚の持ち物なのだが『もう無理！』と、その人は都内のマンションに引っ越した。そして、広すぎる庭と家のメンテナンス＆固定資産税を払うことを条件に貸してくれている。

私は大学に行くために上京してから、ずっとここに一人で住んでいる。

杏子は廊下に転がったまま口を開く。

「大学の時もさあ、一軒家にひとりで住んでるっていうから騒ぎに行こうと思ったのに、着いた時点で疲れて酒も飲めない」

「坂の下のコンビニで六缶入りのビールなんか買うからでしょ」

私が苦笑すると、

「飲みたいじゃん、飲もうと思うじゃん」

と杏子は嘆いた。

私は大学時代「いつ来ても良いよ～」といつも言っていた。

しかし、この家に続く坂道は道路に滑り止めの○が掘られているほどの急斜面で、一度でも坂を味わうと皆来なくなる。

だけど、それはそれで良かったのだ。学校近くの部屋を借りていた人たちは、みんな勝手にたまり場にされて迷惑そうだったから。


「だから宅急便で送ろうかって言ったのに。重いよ？」

私は大掃除をしたら出てきた古い同人誌や本を渡した。

杏子は中を見て目を輝かせた。

「おおお……この作家の同人誌はめっちゃ貴重だよ……それにこっちの本はもう絶版だから！」

杏子は出版社に勤めているので、珍しい本を集めるのが大好きなのだ。

写真を見せたら取りに行く！　と言ったのは良いけれど、来ただけでこの疲れ具合……持って帰れるのだろうか。

「いやあ、結婚なんて一生無理って言ってたさっちゃんが同棲《どうせい》するっていうから、お祝い持ってきたのさ」

杏子は小さな包みを私に渡した。

開けて見るとそれはネイルオイルだった。

「こんなオシャレなもの、使うタイミングがないよ……でもすごく良い匂い……」

私はクン……と香りを嗅いだ。すごく上品で優しい香りだ。

杏子は自分の爪をツンツンと触りながら口を開く。

「担当してる漫画家さんが、ペンタブでへこんだ爪が一晩でキレイになるって」

「今日から使うわ」

私は大きく頷いた。

漫画は八割デジタルで描いてるんだけど、ペンタブを強く握りすぎて爪がへこんでいる。まあ仕方ないか……と思ってたけど、効くならそれは良い。

私はその場で箱をあけて取り出した。さっそく爪に塗ると、ふんわりと甘い香りがして癒《いや》される……。塗りながらお礼を言った。

杏子はお代わりしたお茶を一口飲んでニヤニヤしながら言う。

「んで、相手はどんな人なの？」

私は「同僚」と音速で答えた。杏子はふるふると首を振った。

「いや、そうじゃなくてさ……じゃあ、似てる芸能人は？」

ええ……？　滝本さんが似てる芸能人……？　あ！

「満月の夜に見るススキみたいな人」

「芸能人どころか、人じゃ無くね？　……でもまあ、静かな方なのね」

「朝でも昼でもなくて、夜みたいな人。静かに正しい人」

これはきっと会社での滝本さんのイメージ。でもオタクの滝本さんを見ても、印象は『夜』。やっぱりブレない。

「さっちゃんにお似合いかもね。今度紹介してよ」

杏子は本をリュックに入れて立ち上がり、次はトレッキングシューズで来るわ……と笑いながら出て行った。

荷物を抱えてヨロヨロと坂を下っていく杏子を見送って、私は二階に上がった。


「これでどうかな、と」

私は洗面所で絞った雑巾を、窓際に干して床に座った。

ずっと物置で埃《ほこり》だらけだった二階はピカピカになった。

あけ放った窓から電車がトトン……と走る音が聞こえてくる。

実は今日から、滝本さんが我が家に同居するのだ。

「結婚しませんか？」

と言われたとき、私は、

「とりあえず、一度、うちに住んでみませんか？」

と提案した。それはこの家がそれに適しているからだ。

この家は二世帯用の作りで、お風呂もトイレも二階と一階にある。

だからシェアハウスのような使い方も出来るが、玄関は一つ。

顔を合わせるんだけど、生理的に厳しい所がクリアできる。

それを聞いた滝本さんはにっこりとほほ笑んだ。

そして「それは良いアイデアですね。では明後日《あさって》からお邪魔します」とコミケ後のファミレスから去って行った。

提案しておいて何だけどもう少し驚かれるかと思っていた。

会社でも、少しは意識されるのかな……と思ったけれど、会釈する程度で、前と何も変わらない。

その切り替えの素晴らしさに感動していた。

滝本さんがお昼に何を食べているのか気になって、いつもは席で適当に食べるのに社食に行ってみた。そしたら滝本さんはスマホ画面を見ながら素うどんを食べていた。お値段、百二十円。

分かる、即売会でお金使いすぎたんだよね？

目の前で手に取って見られるのが楽しくて、何も考えずに買ってしまう。期間限定のお宝だから仕方ないのだ。

「オタ活って、お金かかるのよねえ……」

私は背伸びして立ち上がって時間を確認した。もうすぐだ。

会社でチラリと見かけて楽しかった滝本さんが、うちに来る……少しワクワクしている。

窓の外、物音が聞こえて、私は階段を下りた。来たかも。冷たいお茶を持って行かないと！

玄関を開けて、私は絶句してしまった。

「え……それで来たわけじゃ……ないですよね？」

「なかなか素晴らしい坂ですね」

滝本さんはなんとリュックを背負って、自転車で我が家に来ていた。

自転車と言っても、よくあるママチャリではなくタイヤが細く山を登れるようなものだ。

でも、この近辺の人はだれ一人自転車に乗らない。

坂を下って駅までは一分くらいで行けそうだけど上りが辛すぎる。

滝本さんは自転車を壁に掛けて、トコトコと家の奥の方に歩いて行った。そしてポケットからハンカチを取り出して汗を拭きながら口を開いた。

「上りながら思ったんですけど……ああ、やはり見えますね」

「え？　何が？」

私は思わず滝本さんの横に並んだ。

すると滝本さんの見ている方向の物凄《ものすご》く遠くに小さく観覧車が見えた。あれはきっと山の向こうにある小さな遊園地のものだ。

「俺の実家あっちのほうで、小学校の遠足で乗ったんです。いやあ～、なんか楽しいですね」

私は茫然とその言葉を聞いた。

今までずっとここに住んでたのに、全然気が付かなかった。滝本さんはうーん……と背伸びをして、

「景色が素晴らしいですね。こんな凄《すご》い所に住んでも良いんですか？　あ……多摩川も小田急線もキレイに見えますね。美しい」

そう言ってほほ笑んだ。

私は唇を噛《か》んだ。

そうなの。

実は、思ってたけど誰にも言えなかった。

みんなこの家に続く坂を嫌がるから言えなかったけど、私はこの家から見える景色が大好きなの。

十年間誰も言ってくれなかったのに、滝本さんがそれを言うんだ。

やっぱり、すごく静かで正しい。

私は横を見て言った。

「二階です、どうぞ」

「ええ！　二階を俺が使っていいんですか？　最高の見晴らしなのでは……」

滝本さんはうれしそうに私の後ろを付いてきた。

この人となら本当に結婚しても大丈夫かも知れない。

私はそう思った。

■第4話　さっそくの竹

「滝本さん、お疲れだと思うんですけど……お願いがあるんです」

届いた荷物も置いて一息ついた頃、相沢さんに声を掛けられた。

その表情は何か困ったように眉間に皺《しわ》を寄せている。

なんだろう、俺はさっそく何か失敗をしてしまったのだろうか？

少し心配になる。

相沢さんは、

「すいません……突然なんですけど竹を一緒に取りに行くのを手伝って貰えませんか？」

と言った。

「え？　竹……ですか？」

俺は面白いほど素の表情をしていたと思う。

「お疲れの所、すいません」

相沢さんは何度も謝りながら、俺を先導して自宅前の庭を下りていく。そして人の家の横を抜けて、どんどん歩いて行く。

その先に竹林が見えてきた。ちゃんと整備されていて、竹の向こうに水面が見える。

少し開けた場所に地面を掘削する重機のようなものがあり、それに乗っていたおじいさんが俺たちに気が付いて手を振った。

「さっちゃん、来たの」

「頂きに来ました」

さっちゃん！

ああそうか、相沢咲月だからさっちゃんなのか。

会社でしか知らない人の他の呼び方を聞くと、少しドキリとしてしまう。

「こちら滝本さんです」

俺は紹介されて軽く頭を下げた。

頭にタオルを巻いたおじいさんは、目を細めて俺のほうを見て、

「この人が旦那さまかい。さっちゃん、あの家ひとりだと広すぎて怖かったやろ。良かったねえ。これで正子さんも安心しとるわ。結婚式楽しみにしとるから」

あははは〜と相沢さんは空笑いを返している。

なるほど。

あれほどの広さの家に一人で住んでいると、周辺の人からこう言われるのか。

俺は相沢さんが結婚したいという理由が少しだけ分かった。

おじいさんは、竹林の奥を指さした。

「半分には切ったけど、この状態でええの？」

置いてあったのは、太くてまっすぐな美しい竹で……いや俺は色々な竹を見たことないんだけど、竹って青くて長くて綺麗《きれい》だなあとは思った。

相沢さんはそれを確認して、

「問題ないと思います、ありがとうございます」

とお礼を言った。

「気を付けてね」

おじいさんは重機に戻っていった。

相沢さんは竹の前のほうを持ち申し訳なさそうに口を開いた。

「本当にすいませんが、後ろを持って頂いていいですか？　一人では持てなくて滝本さんを待ってました。駐車場の雨どいが壊れて、太さ的に普通の雨どいより竹のほうが良いって、正子さん……あ、この家の元の持ち主さんが言うんです」

なるほど。あの家のメンテナンスも一人でしてるのか。すごいな。

大丈夫ですよ！　と後ろを持ったら、めちゃくちゃ重くて驚いた。

相沢さんは軽々進んでいくけど、すごいな。俺は少し驚きながら後ろを付いて行った。

「助かりました、本当に着いたばかりなのにすいません」

相沢さんは頭を下げた。

竹は家の裏側にある広場のような場所に置いた。この場所も庭の一部なのだろうか。雑草が無いから、そうなのかもしれない。

俺は子供の頃からマンションで暮らしてきたので、自宅に庭というものがあったことがない。実家を出ても都心の小さなワンルーム。だから何も知らないんだけど……

コーーーーーン！！！

「?!」

大きな音に振り向くと、竹に跨《またが》った相沢さんが上の部分に何かを差し込み、トントンとそれを木で叩いている。え？　何を……

パコッ!!

「?!」

とても大きな音に驚いた。

相沢さんは割りながら少しずつ後ろに下がってくる。

たぶん節の部分だろう、そこを割るたびに大きく高い音が響くのだと気が付いた。そして次の節まで一気に割れて、二つになった竹が地面に転がった。

竹はこう割るのか。俺は人生で初めて見た。

「よしっと。あとは節を取れば良いんです。そしたら流しそうめんも出来ますよ」

なんちゃって。相沢さんは冗談のように軽く笑って言った。

「流しそうめん?!」

俺は思わず音速で顔を上げた。

言葉の勢いに相沢さんは驚いて俺を見た。そしてキョトンとした表情で言う。

「……滝本さん、流しそうめんされたこと、無いですか」

「普通、無いのでは……？」

俺と相沢さんは五月の気持ちがよい風が吹く丘で見つめあった。

東京で生まれてマンション育ちなら、竹にそうめんを流して食べた人の数のほうが少ないと思う。相沢さんは竹を処理しながら口を開く。

「私、田舎の旅館育ちで、毎年お客さん向けに流しそうめんをしてるんです」

だからこんなに竹の扱いに慣れているのか。俺は正直とても驚いていた。

会社で静かにパソコンを触っている相沢さんが、家ではナタで竹を割ってるなんて。会社で言っても誰も信じないと思う。

「もし良かったら、せっかくだから流しそうめん、やります？」

「良いんですか……？」

良いんですか？　と遠慮がちに聞きながら、俺は完全に期待していた。

相沢さんはドライバーとトンカチを両手に持って、

「全然いいですよ。節とって磨けば、それで出来ますから。やりましょう、二人でしたら楽しいかも」

と竹の横に座り込んでさっそく作業を始めた。

「まず、軍手をしてください。竹は鋭利なので、手がスパッと切れます」

と黄色の工具箱から分厚い軍手を出してくれた。手を入れると感覚がないほどに分厚い。

でも……ん？　この軍手ものすごく……

「あ、すいません、その軍手臭いですよね」

相沢さんはドライバーを片手に言った。そうなのだ。正直この軍手……

「うんこ臭いですよね」

「っ……そうですね」

相沢さんの口から『うんこ臭い』という言葉が出て、思わず口を押さえて笑ってしまったら手元にうんこの悪臭がきて顔をしかめてしまった。

「一緒に入れてるこのドライバーのせいなんです。ＰＢというスイスのブランドの工具なんですけど、竹の節を取るのに使いやすくて、ずっと使ってるんです。臭いは持ち手部分に使われてるセルロースが原因らしくて……もう諦めてます」

そう言いながらカンカン……とドライバーの上の部分を金槌《かなづち》で叩く。すると竹の節がきれい

に取れた。

「臭くてもこれが一番使いやすいんですよね」

相沢さんは、他にも数個入っているドライバーを見ながら言った。というか、女性で工具に詳しいのはすごいな。

それに古いのにピカピカに磨いてある。さすが『オタク』だと思ってしまう。

「上から叩きます」

「はい」

俺は素人なので、手元を見て学びながら節を取ってみた。マイナスドライバーを節に押し付けて上から金槌で叩くと、ケションと高い音を出して節は簡単に取れた。

そして紙やすりで段差がなくなるまでこする。

俺も相沢さんも『物を作るのが好きな人』ということもあり、二人で無言でショリショリと竹を磨いた。

「……これ、面白いですね」

俺は磨きながら言った。丁寧にやればやるほど節はきれいになり、艶が出てくる。

相沢さんも手を高速で動かしながら、

「わかります、私も子供の頃、旅館の手伝いは嫌いだったんですけど、これだけは望んでやってました。なんかハマりますよね」

二人で節が消えるように磨き続けた。

竹の一番上の部分……そこも尖《とが》っていて痛い。斜めにヤスリで磨くと丸くなって持ちやすくなった。

次は切った部分だ。トゲトゲしていて危ない。そこも丁寧に磨いた。

「……滝本さんのご実家は、普通のサラリーマンなのですか？」

相沢さんが磨きながら聞いてくる。

「うちは、父親が早くに亡くなっていて、母が保険外交員をしてひとりで育ててくれたんです」

「お母さん、すごいですね。うちも父より母のほうが強いですね。旅館を仕切ってるのは母です」

「温泉旅館なんですか？」

「そうです、お湯はいいですよ」

俺たちはポツポツとお互いのことを話しながら竹を磨き続けた。

目の前で夕日がゆっくり川面《かわも》に落ちて行く。虫の鳴き声も聞こえてきて、俺は静かに息を吐いた。

この場所、すごく好きかも知れない。

「流しますよー！」

「はい！」

俺たちは竹を磨き終え、タワシで磨いて坂にセッティングを済ませた。

ついに流しそうめんの始まりだ。

そうめんが竹を走り抜ける。俺は箸を伸ばすが、まったく掴《つか》むことができない。

初めての流しそうめんだから仕方ない！

……のではない。

俺たちは気が付いていた。しかし目をそらし続けていたのだ。

「相沢さん、あの」

「はい」

竹の上を、白い何か……たぶんそうめんが滑走している。俺は必死に掴んで数本食べる、美味《おい》しい！……が……九割掴めない。

現在の時刻は十九時。

俺たちは、竹を磨くのが楽しすぎて、それに時間をかけ過ぎたのだ。

この周辺は街灯もかなり少ない。それに俺は何も考えずに街灯から離れた場所に竹をセッティングしてしまったのだ。

残念だが認めることにした。

「暗くて、そうめん、見えないですよね」

「そうですね、時間配分間違えましたね」

「ですね、竹を磨きすぎましたよね」

「そうですね」

お互いに苦笑しているだろうが、正直その表情も見えないほど周りは暗い。

俺たちは何をしているのだろう。

仕方ないので、相沢さんの部屋の中でそうめんを頂くことにした。

茹《ゆ》でたそうめんを持って台所横の机に移動して、改めて食事を始める。

相沢さんはそうめんを食べながら小さく首を振って悲しそうに口を開いた。

「楽しくなると集中しすぎて後半ダメになるんですよね……ネームに気合を入れすぎて上がらない原稿みたいなものです……」

ものすごく分かる。

「俺もライブのために気合入れてカメラの充電してたら、充電したまま家に電池忘れたことあります」

と残念オタク自慢語りをした。

そしてお互いに「あるある……」と頷きあった。

相沢さんは苦笑しながら顔を上げて、

「夏はこれからなので、今度はお昼に流しそうめんしましょう」

と言った。

俺たちには『これから』があるのか。

昨日はひとりマンションで弁当を食べていたのに、これからは二人、外で流しそうめんを食べる未来がある。

変に感動してしまった。


「一口だけど外で食べたのは美味しくて楽しかったです。これからよろしくお願いします」

「よろしくお願いします」

相沢さんと俺は、満腹でほほ笑んだ。

これが俺たちの少し残念な、でも最高に楽しい始まりの日となった。

■第5話　知らない世界の宇宙人

「あの……さっきから気になっていたのですが、この本、見てもいいですか？」

そうめんを食べ終わって皿を洗っていたら、机の上に積んであった本を滝本さんが見ていた。

「んん？　ちょっと待ってくださいね」

私は皿を置いて高速で移動して何の本か確認した。

なにしろ私のメインジャンルはＢＬなので、あまり見られたくない本も存在する。

でも滝本さんが見ていたのは、

「ああ、民族衣装の本ですか。どうぞ。お好きなんですか？」

滝本さんはありがとうございます……と本に手を伸ばした。

たしか数日前にAmazonから届いた本で、九割が写真の美しい本だった。

民族衣装は色の使い方とか派手で参考になる。

しかし、今日から滝本さんがくるのだから、本を少し移動させておけば良かったなと思う。

私はまず、本を買ったら机に積む。

積んでおくと、食事をしながら、掃除の隙間に、眠くなったら、手が伸びて読む。

また買うと、その上に積む。そして巨大タワーが出来上がる。

置き場が無くなってきたら、下の方を抜き取って一階の奥にある書庫という名の物置に移動する。

全く見ないで積むより効果的だと自負しているので、変更はしたくないシステムだ。

まあ滝本さんは基本的に二階で生活するから、このリビングに入ることはあまりないと思う……が、初日から座っているので、もうちょっと片づけよう。

滝本さんは本を見ながら、

「俺が推しているアイドルは宇宙人なのですが」

と言った。

んんんん？　ものすごく面白い言葉を聞いたと思う。

私はとても興味をもって滝本さんの前の椅子に座った。

「設定が……ですよね」

「そうですね。地下アイドルなのですが、四人組で、宇宙の色んな惑星からナンバーワンアイドルが集まり、地球に侵略に来ている設定です」

「ものすごく面白いですね」

私は滝本さんの話に食い気味で顔を突っ込んでしまった。

私のアイドルの知識は前田敦子《まえだあつこ》で止まっている。この前特撮映画を見ていたら元気に逃げて
て安心した。

つまり知識が古すぎて、アイドルの設定がそこまで進んでいるとは知らなかった。

滝本さんは真顔で話を続ける。

「俺は地球恋結軍《ちきゅうれんけつぐん》として、和平交渉も出てるんですけど」

「ガンダムＳＥＥＤなら推しはアスランですけど」

私はとりあえず答えた。

「劇場版を今も楽しみにしてます……ではなくて、それは地球連合軍《ちきゅうれんごうぐん》ですよね、俺たちのアイドル……デザートローズというグループで略してデザロズって言うんですけど、デザロズを応援するための集団というのが公式でありまして。それが地球恋結軍という名前なんです」

「ちょっと待っててください」

完全に混乱してきた。

私は考えがまとまらなくて、でもちゃんと理解したくて、仕事場から大きなスケッチブックを持ってきた。

これはスケッチブックとしては最大サイズで、考えをまとめたい時に使うものだ。大きな紙に殴り書きをして最後に俯瞰《ふかん》でみると、色々なことを冷静にみられる。

そこにデザロズと書いて、スマホでググる。

出てきたのはオレンジや黄色……色とりどりの衣装を着た可愛い女の子たちだった。

なるほど。私は一人ずつ描いていく。

『のんちゃん』……お嬢様タイプの前髪揃《そろ》ってて美人タイプね。

サラサラと描くと今度は滝本さんが「おお」と身を乗り出してきた。

一応美大出てるので、似顔絵は得意なんです！　めっちゃデフォルメしますけど。

そして四人描いて滝本さんに見せる。

「この四人は宇宙人なんですよね」

「そうです。いつもライブの冒頭に宇宙船ローズ号で会場に来て、俺たち恋結軍が迎え撃つ……という設定でライブをしています」

「ほうほう」

私は反対側に滝本さんに漢字を聞きながら『恋結軍』と書いた。恋で結ばれる軍隊なんて……素敵な言葉。ＢＬに使えそう。ふーん……となんとなく脳内に保存した。

「ライブが終わるたびに、和平交渉という集会がありまして」

「え？　それはライブが終わってから話すんですか？　ファンだけが？」

そんなの聞いたことが無かった。

うちら腐女子でいう所の、アフターみたいなものだろうか。

でもあれはただの飲み会というか、肉を眠気と戦いながら食べる会だ。

滝本さんは静かに首を振って、

「ファンだけじゃないんですよ。デザロズの事務所の社長……まあ、俺たちは提督と呼んでいますが、提督も見えます」

社長さん?! ていうか、なるほど。戦艦の偉い人だから、提督。

「今地下アイドルって、そんな風になってるんですか」

「デザロズは特殊です。だからハマってるのですが。規模が小さい、熱心なファンがいる、提督にアイドルを改革していきたいという熱意があるグループだからだと思います」

「すごいカッコイイ……！」

そんなファンと運営が直接つながっていて、意見を交換できるなんて楽しすぎる。

私に褒められて滝本さんは少しうれしそうにほほ笑んで、

「それでですね、俺はデザロズの衣装って……少し面白みがないと思っていて」

「ああ……なるほど」

私は再び写真を見た。

なんというか普通のアイドルの衣装なのだ。頑張って言葉を探せばセーラームーン……プリキュアまでたどり着けて無い気がする。

ただ色分けしているだけの衣装で、あまり宇宙人感がない。

「でも衣装って、お金もかかるし、やはりダンスもあるから、簡単じゃないんですよね？」

私が言うと滝本さんは深く大きく頷いて、

「その通りなんです。奇抜な事ばかり追った結果、舞台上で衣装が破れてしまったり、壊れてしまったりすることは多々あります。しかし動きやすさのみを追求することは、歌と世界を作り上げるアイドルとして、どうしても手抜きに感じてしまうんです。せっかく作り上げた世界観で俺たちも地球恋結軍の制服のデザインを考え始めているので、それを次の和平交渉の議題に……と思ってまして」

オタク特有の早口連続トークだが、私も推しを語る時は、なんなら立ち上がるので同じようなものだ。

「それで民族衣装の本に興味を……？」

「そうですね、やはりある程度は動きやすさを意識して作られているんだと思うんです、民族衣装は。知っていますか十二単《じゅうにひとえ》はたった二本の紐《ひも》で結ばれているだけなんです。利便性も兼ねている。デザロズももっと学んでいくべきだと思うんです」

「何かの参考になるなら、どうぞ持って行ってください」

私は滝本さんに本を手渡した。

「ありがとうございます」

滝本さんは本を抱きしめた。

全く知らないジャンルの話を聞けるの、めっちゃ面白い。

私はこういう話、大好きだ。

「滝本さん、デザロズさんの曲、聞かせてくださいよ」

滝本さんの表情がパッ……と明るくなる。

「ぜひ見てください。先週のライブがYouTubeに上がってるんです」

スマホを取り出してYouTubeを立ち上げるが……データが来ない。

いつまでクルクル……映像が始まらない。

「すいません相沢さん……この家のWi-Fiのパスワードを教えて頂いていいですか」

「あーー！　すいません、うち４Gギリギリなんです、今写真撮って来ますね」

まだそんな基本的な事も話さずに、オタトークしてしまった。

私は本に埋まっていたルーターの裏を写真に撮って滝本さんに見せた。

そして「もっと速い回線にしたいなあ……滝本さんもそのほうがよいのでは……？」と考えて楽しくなった。

■第6話　銀河鉄道の夜

満ち潮の時に、人はたくさん生まれると聞いたけれど、引き潮の時に人はたくさん死ぬのだろうか。

俺はぽっかりと闇夜に浮かぶ満月を見て思った。

その満月の左下、キラリと光の筋が見え始めた。

「きた……」

俺はスマホで配信を流しながら窓を全開にして、流れる光をずっと見ている。

推しののんちゃんは、Switchのテトリスにハマっていて、現れる挑戦者たちと戦う配信をしている。

デビューした時はお嬢様キャラで、丁寧な話し方が特徴的だった。でも最近はキャラが崩れてきて、ゲームをしながら本気で叫んでいる。普通ならキャラ崩れを心配するがドルオタ歴が長い俺は「もっとギャップキャラ押していけ」と思ってしまう。もう完全にアイドルをお父さん目線で見ていると思う。

いや、もちろん可愛くて大好きだけど自分がどうこうというよりこの可愛い人を世間に知らせたい気持ちが大きい。

「お、反対側からも来た」

暗闇を駆け抜けていく光の筋……それは電車だ。

この辺りは山の中で、民家も多くない。だから夜二十三時にもなると、真っ暗闇の中を光が走り抜けているように見える。

まるで銀河鉄道の夜だ。

ここに住むなら、家賃三万円で良いというので驚いた。

相沢さん曰《いわ》く、固定資産税が年間五十万円ほどかかるので、その負担だけで良いのだという。水道光熱費は完全に折半。

俺は普通に都内のマンションに住んでいたんだけど、グッズやＣＤ、作曲用の小さなピアノとかＰＣやカメラ用の防湿庫が占拠しはじめて、ベッドを置けなくなっていた。

だからこんな広い部屋に住めたらうれしい。

都心のマンションは劇場やイベントに行くのは便利だったけど、この家からでも自転車で数キロ走れば特急電車が止まるので、不便そうに見えて都内へのアプローチは恐ろしく良い。

反対側に降りたら、横浜方面へのアクセスもしやすい。

交通費節約のために乗っていたクロスバイクが、ここで使えそうだ。

「すれ違う」

俺はずっと闇夜を走る電車を見ていた。

右側から出た光の筋と、左側から来た光の塊が、闇を引き裂くように走りすれ違う。そして左右に広がって消えていく。

まるで流れ星のようだ。

このまま宇宙に飛んで行ってもおかしくない。

スマホの配信から流れるのんちゃんの明るい声と、美しい景色を、俺はぼんやりと見ていた。

正直とても癒される。

相沢さんが「とりあえず同居しませんか？」と用意してくれた二階の部屋は、なんと２ＤＫほどの広さがあった。

俺が今いる電車が見えるリビング。そして簡単な台所。

廊下を挟んで畳の部屋と風呂とトイレ。完全に一世帯が住める広さで、相沢さんの住む一階を見せてもらったら、二階よりさらに広かった。

坂を登る価値、あると思う。

俺はお茶を一口飲んで窓際に肘をついた。

一階で相沢さんが生活しているのだが、さっきから話し声がする。

たぶんこれは作業イプというものだと思う。アプリを立ち上げて話しながら共に作業することを言う。お互いを監視しあうと進みが良いのだろう。

「このコマは……」とか、「ベタだけでも終わらせない？」とかそんな言葉が聞えている。

たまに楽しそうな笑い声。相沢さん曰く、この周辺はもう誰も住んでいないらしく、少なくとも両隣は空家。

ちなみに隣の空家まで二十メートルくらいある。本当に都内だろうか。まあ川ひとつ挟んだ先は神奈川だから、少し違うのかもしれない。

「だから好きに歌ったり踊ったりしても大丈夫ですよ？」と言ってたけど、さすがに初日から大きな音は出せない。

でもこんなに素晴らしい環境なら、音出して作曲はできるかもしれないなあ。

明日にでもパソコンをマンションから送ろう。俺は決めた。

「いやいや、このコマ、ヤバい、浮いてる浮いてる異次元に浮いてる」

下から相沢さんの笑い声がする。なんか、良いなあと俺は思う。


子どものころは家でずっとひとりだった。

朝起きたら母はいなくて、夕食もたまにしか一緒に取れなかった。

そのおかげで勉強に集中して、返済義務がない奨学金で大学に入ることが出来たけど……静かな家がイヤだった。

だから笑い声が響き、華やかな笑顔が見えるアイドル番組を流し、ボカロの曲を流していたのだと思う。

リアルな人の気配を感じながら、ぼんやりするなんて初めてかもしれない。

兄弟がいる人たちを心底羨ましく思っていたけれど、こういう感じかな。

いや、相沢さんは兄弟じゃなくて……好きな人だけど。俺は小さく思う。

流しそうめんも、さっきの台所でのお話も、すごく楽しかった。

相沢さんは他人に対する線引きがしっかりしてる。それは会社での立ち居振る舞いで知っていた。

そして今日一日接して、その思いは増した。

今日は初日だし、細かいルールの話し合いなどあると思っていたら、

「ネーム描く時もそうなんですけど、最初から設定でガチガチに縛ると続かないんです。問題が出たら話し合いましょう。気軽に話しかけてください。気持ちや状態を察してほしい……は無しでお願いします。私も何かあったらしっかり言います。何か連絡用にＬＩＮＥの交換はしましょう。あ、家では話しかけてくださいね。二度手間だと思うので」

二度手間。

ものすごく冷静で、人として面倒じゃない。

やはり俺の選択は間違っていなかった。

「さてと」

俺は部屋の電気をつけて、相沢さんから受け取った生協のカタログを開いた。

どうやらさっきのが終電だったようで、今日は銀河鉄道の夜、終了のようだ。

だから注文するものを選ぼうと思う。

ここに自転車で登りながら思ったんだけど、食料品の調達が本当に厳しい。

少し重たい荷物を持っていたら、自転車で登るのは無理だと思う。

しかし俺が自転車で登っている時に、カートなど荷物を持って歩いている人は居なかった。

ちなみにバスは一時間に一本。使い勝手が悪すぎる。

どうしているのか聞いてみたら「生協に宅配を頼むんです、週に一度、どっさりと。足りない物をちょいちょい駅前で買うんです」と相沢さんは分厚いカタログを渡してくれた。

ちなみにページが折ってあったのは、レンジでチンしたり、温めれば食べられる魚シリーズ。

つまり相沢さんは「趣味が一番大切で食事は食べられればそれでよい」人なのだろう。

正直俺もそれは同意見で、日々の食事に凝る必要はないと思っている。

でも俺は料理自体は全然嫌いじゃない。

料理も音楽を作るのも同じ……遊びの一種だと思う。

話し合った結果、今日みたいにタイミングがあったら一緒に食事をしようということになった。

相沢さんは言った。

「でもすいませんが、毎週水曜日は一緒に食事とか定期的な事は無理だと思います。原稿の締め切り次第なので。お互いにタイミングが合えば……にしましょう。作ったのに帰って来ないとか、感情が無駄だと思うんです」

「感情が無駄」

気が付いてるけど、相沢さんは言葉のチョイスが面白い。

でも確かに、勝手に期待して勝手に落ち込むのは、感情が無駄だ。

「何か頼みたかったら、ここにログインして入力してください。これがアドレスとパスワードです。家用に変更しました。何も買わないなら、それでいいです。毎週土曜日締め切りです」

と相沢さんはＬＩＮＥにノートを作って書き込んでくれた。ちなみに相沢さんは毎週同じものを買っているらしい。

なるほど、分かりやすい。そういうルーティーンの一部として使うのは便利かもしれない。

一緒に何か作るなら、駅前に一緒に買い物にいって作ったほうが良さそうだ。

「……確かにこの煮魚、さんま一匹生姜《しょうが》煮で入って二百三十円……自分で作るより安い」

俺は頷いた。

サンマ一匹普通に買っても百五十円。そこに生姜と光熱費考えたらお得だ。

俺も相沢さんが注文している魚シリーズを頼むことにした。

ああ、気楽すぎる。

一階からは相沢さんの笑い声が響いてくる。

会社では声を上げて笑ってる所とか見た事ないから、新鮮でうれしい。

そういえば明日は一緒に会社行くのかな……と思って、絶対一緒に行かないな、と思い直した。

そういう所が好きなんだ。

完全自立型女子。

でもものすごく女の人だって知っている。

カタログを受け取った時に手からふわりと良い匂いがして、めちゃくちゃドキドキしてた。

好きな女の人と一緒に暮らしてるんだな……。

俺はヤバ……と小さく呟いて、その場でころころと転がった。

正直とてもうれしい。

②結婚ご挨拶編

■第7話　初めての朝に

スマホのアラームを止める。いつも通り五分前。

私はベッドで布団を抱えて丸まった。

締め切りで寝不足でも朝は得意なほうだと思う。

きっと朝が好きだからだ。

でも学生時代……とくに小中学校時代は、朝が嫌いだった。つまりのところ毎日が嫌いだった。

国語算数理科社会それに体育。

全部ちゃんとしっかり揃った場所で、全部逃げることなく強制される世界。

それをどれだけ頑張っても、出来が良い兄と比べられるのがイヤだった。

「お兄ちゃんが三年生の時は、もう英検取ってたわよ」

とか。

「お兄ちゃんはシャトルラン五十回以上走ってたわよ」

とか。

「お兄ちゃんは、忘れ物なんてしたこと無かったわよ」

とか、とか！

それは延々と続いた。

あの場所から逃げたくて、ものすごく暗い漫画を描いていたと思う。

今でも覚えているのは、地下に私ロボットが何体もいて、兄に殺されるたびに新しい私ロボットが地上に出ていく話だ。

暗い、暗すぎる。黒歴史どころの話ではない。

高校生になった時に、兄はもう実家を継ぐために修行をはじめていて、私の居場所なんて無かった。

だから必死に勉強して専門性がある大学……美大に一発合格した。

人生であんなに勉強したのは最初で最後。でも文字どおり命がけだった。

あのままいたら私は緩やかに柔らかく、かばんの中に入れたことを忘れていたまんじゅうが潰れるように死んでいったと思う。

枕もとで再びアラームが鳴る。私は「よいしょ」と布団から出た。

昨日、はやくスッキリしたくて実家に結婚することを連絡した。

お母さんは喜んでくれたけど、兄の反応たるや……

「へえ、人間に興味あったんだね」

はあああぁぁぁ?!

思い出すと障子に正拳突きしたいほどムカつく!!

昔から兄は私をバカにしていて、それは大人になった今も変わらない。

もちろん本当の毒は兄を甘やかし続けている母なんだけど、そのまま乗っかり続けている兄も嫌いだ。

セットで大嫌い。嫌いなんて言葉じゃ甘い。

私の心の中にある過去を無にしたい。そこにビールを詰めたい。

「ふう」

思い出してムカムカしてたけど、イヤな場所から逃げてきて、イヤなことを思い出す必要はないのだ。気持ちを切り替えて私は朝ごはんの準備を始めた。

朝ごはんはいつもパン一枚とコーヒーだ。六枚入りだと悪くしてしまうので、コンビニで三枚入りを買って毎日食べている。袋を開けてイチゴジャムを塗り、適当に食べる。ひとりの朝ごはんなんて何でもよい……スマホ見ながら食事しても怒られないなんて最高だ。神が書いた尊い絵を拝ませて頂きます!

そして引き出しから無印のちいさなボックスを出す。そこにメイク道具一式が入っている。

基本的に私は会社に行くときしかメイクをしない。仕事相手に素顔で接するのはマナー違

反……それくらいは私も分かるので基本的なメイクだけしている。化粧品はTwitterで流れてきたものを適当に使っている。化粧水なんて何年も同じオールインワンのものだ。どうせ顔の上で混ざるのだから、これで十分。

簡単に終わらせて片づけると二階から物音がした。

すっかり忘れていたけど、滝本《たきもと》さんも今日はここから出社するのか。声かけようかな……と思ったけど、大人だし普通に調べて最適な手段探すでしょ？　と思う。

私と滝本さんは持っている物が違うのだから、当然行き方も違うだろう。

パンを食べ終わって袋を閉じていると、

「おはようございます」

と滝本さんが下りてきた。

会社用のスーツ姿で、昨日のラフな服装とは違う。

わあ。誰もいないのが普通だった我が家の二階から人間が、それも同僚が下りてくる。

新鮮でドキリとしてしまった。

すごい、一緒に住んでるわ！　今更だけど冗談か質の良いコラみたい。

「おはようございます」

そんなことを考えながら、私は平然とした顔でほほ笑んだ。

「あの、朝から何ですが……少しお話いいですか。こういうことは顔みて話した方が良いと思

うので」

滝本さんは台所前の廊下で棒立ちして私に言った。

「あ、はい、どうぞ。座りましょうか」

私はリビングの椅子をすすめた。滝本さんはリュックを背負ったまま椅子に座った。

背中のリュックが背もたれに押されて頭くらいの高さまで来ている。

……妙だけど、つっこまないほうが良いのかな。

どうぞ、と残っていたコーヒーを出すと滝本さんはペコリと頭を下げて一口飲んだ。そして、

「あの……すいませんが、今度俺の母親に会って貰えませんか。母はずっとお付き合いしてる方がいるのですが、俺に気を使って結婚していなかったので、早く安心させたいのです」

それを聞いて私は身を乗り出した。

「それが結婚したい理由ですか？」

滝本さんは静かに頷いた。

たしかお母様はひとりで滝本さんを育てたのだと聞いていた。

息子がちゃんと結婚しないと自分は結婚しないなんて、滝本さんのことをすごく大切に思っているんだなあ。

そして滝本さんも偽装結婚でもいいからして安心させたいなんて優しい。

胸の奥から興味が顔を出した。

自分の母親が毒親すぎて、そんなの羨ましすぎる。会ってみたい。

「じゃあ今日行きましょうよ」

と言ってしまった。

「え……？　そんな急に大丈夫ですか？」

滝本さんがキョトンとして言う。

「私は大丈夫ですが、滝本さんのお母様は大丈夫ですか。今日突然とか。無理でしたら週末で大丈夫なんですけど、早い方がいいのかなと思って」

私は人見知りしないので余裕だと思う。むしろ色々な人と初対面で話すのは好きだ。深く付き合うとなると話は別で、面倒になって逃げ出してしまうのだが、外面で良いなら得意だと思う。

滝本さんは、

「それは大丈夫だと思います。最近は夜も早めに帰っているようなので……では連絡を入れておきます」

と言いスマホに触れ始めたので、私は慌てて言った。

「あの、お客さんを躊躇《ちゅうちょ》なく家に上げられる人は少ないと思うんです。お母様に伝えてほしいのは、私たちも会社帰りに行くこと、手土産は必要ないことです。提案として、少しかしこまった和食屋さんでご飯……あ、取引先で会食する時に使う花田屋さんはどうでしょうか」

私がお母様の立場だったら、当然「今日結婚する相手連れていく」と言われたら「待て待て掃除させてくれ」と思う。

事実滝本さんが来る時、私は前日から家をひっくり返した。

なんなら「着る服が無いわ！」とさえ思う。だから簡単な挨拶だけです……と伝えないと普通は困ってしまうと思う。

「なるほど。花田屋さんなら母も好きだと思います」

「煌《きら》めき御膳を予約しましょう。入っているローストビーフが大好きなんです」

私はお肉が好きで、一番の好物はローストビーフだ。

ソースが別格に美味しい。玉ねぎの甘さがお肉の味を引き立てて何枚でも食べられる。

滝本さんは目を細めて、

「分かります。去年合併パーティーで出てきたローストビーフも花田屋さんのものでしたよね。あれも美味しかったです」

と言った。

!!　私は思わず身体を前に乗り出して叫んだ。

「滝本さんもお好きなんですか?!」

会食で出てくるお弁当には二枚しか入ってない。いつも残している同僚の瀬川《せがわ》さんの分を食べたくて……でも会社の「相沢《あいざわ》さん」はそんなこと出来ないので我慢していた。

昨年、私のいる文房具会社は電気メーカーと合併した。そのパーティーで花田屋さんのローストビーフが山盛り出ていたのを見た時は、心底うれしくて同僚たちにバレないようにコソコソ何度も移動して食べた。

まさか滝本さんも好きだったなんて地味にうれしい。

「花田屋さんは予約すると、大きなローストビーフが食べられるんですよ。金田重機の社長がお好きで、注文したことがあります」

「えっ……すごく気になりますけど……今日はご挨拶なので、それはまた今度……滝本さんと二人で行きましょう！」

特注できるなんて知らなかった。

山盛りあるなら、それと黒生ビールで食べたい！

滝本さんは「昨日洗って頂いたので……」とマグカップを台所で洗いながら、

「もう一点確認なのですが、結婚することを会社には伝えますか？」

と聞いてきた。

「ああ……そうですね、どうしましょうか」

それは私も悩んでいたんだけど、うちの会社というか、私の後輩の岩崎さんと、滝本さんの上司の長谷川《はせがわ》さんが夫婦なのだ。

その他にも社員同士の結婚は多いし、好意的なイメージがある。

「入籍したら伝えましょう」

私がそう言うと、滝本さんは「はい」と静かにほほ笑んだ。

そして「では会社で」と玄関で革靴を履いて出ていった。

どうやって会社に行くんだろ？　と窓からのぞいてたら、自転車でぴゃ〜〜〜〜と下りて行った。

特快の駅まで自転車で行くのかな。そのまま眺めていると数分で坂の下にいる。はやい〜〜！ていうか気持ち良さそう。

私もやってみたい……！　いや、でも帰りが地獄すぎる。

というかこの家に引っ越して十年、自転車でこの坂を下るという選択肢は一度も考えたことが無かった。


別の人と暮らすと、私が今まで生活していたのと別の視線が発生するのがすごいな。

考え方が固定されてたのが分かる。新鮮だわ。

戸締りを確認して私はコンバースのスニーカーを履いた。そして歩き出す。

私は駅まで当然徒歩なんだけど、会社用のパンプスは傷んでしまうので、駅まではスニーカーで行っている。

これはキャンバス地の運動靴なので、ビニール袋に入れると小さくなる。そしてこれをかばんの一番下に潜ませて会社に持って行っているのだ。川面が太陽の光を浴びてキラキラと輝いている。今日もいい天気！

よ〜し、結婚するぞ〜！

■第8話　今まで一番の

嘘《うそ》だ。


俺は相沢さんに嘘をついた。

嘘というか営業のテクニックの一つ『あなたの好きなものは、僕も好きですよ』と先に提示することで相手を安心させる方法だ。

俺は前から相沢さんが好きな食べ物を知っていたんだ。

実は最初に『注目して相沢さんを見た』のは、会社合併のパーティーだった。

いつも気にしてなかったけど、相沢さんはローストビーフが大好きなようで、壁際をゆっくり移動してお肉を取り分けて、食べ終わるとまた近づいていた。

それは偉い人の挨拶や、ビンゴ大会中など、みんなの視線が料理から外れたときに、こっそりと……何度もしていた。

クールビューティーな相沢さんがそんなことを？　俺はどうしても信じられなかったが、冬コミで顔にカバーを載せて眠っていた姿を見て確信した。

これが本当の相沢さんの姿なんだ、と。

もちろん俺もローストビーフは好きだけど、何が一番好きかと問われたらお寿司《すし》になると思う。

俺が好きなのは、ローストビーフを隠れて食べている素の相沢さんだ。

俺は坂を下りながら自転車のハンドルをきつく握った。

五月が終わって、夏の挨拶みたいな湿度を含んだ風が頬を撫《な》でる。

どれだけかみ殺しても微笑んでしまう。

「……また今度……滝本さんと二人で行きましょう！……だってさ」

正直とてもうれしかった。

俺に向けられたあの笑顔も、言葉も、すべて。

なんでもいいよ君の笑顔が見られるなら、俺はローストビーフの塊だって食べられる。今日から大好物になった。

うれしすぎてこのまま自転車で都心の会社まで行けそうだけど、確実に遅刻だし、何より汗臭くなるのは困るから、普通に自転車をとめた。

時計を見ると五分もかからず下りてきていて驚いた。

帰りは二十分以上かかりそうだけど。

ああ正直、会社に行く前から帰りたい。

「ヤバいよ、滝本。長谷川さんの事聞いた？」


会社近くのコンビニでお茶を買おうとしたら、同僚の清川に声を掛けられた。清川は営業で一番情報の仕入れが早い。

営業の大きな仕事に正確な情報収集があると思う。得意先の好物、好きなタイプ、お気に入りのお店。

誰もが欲しがる商品に営業が必要ないことを考えると、買う人の情報はとても大切だ。

どうした？　と清川が持っていたお茶とフリスクも一緒に買って、横流しをはかる。

サンキュと言い、清川はお茶を一口飲んでニヤニヤしながら、

「長谷川さん、浮気バレちゃったらしいんだよ」

清川は目を大きく開いて、正直面白くて仕方ないという顔で話を始めた。

長谷川さんというのは、俺たち営業部署の課長だ。

それこそ、さっき相沢さんと話していた……後輩の岩崎さんと結婚している人なのだが、誰かと不倫していたということか。

「相手がさあ、長谷川さんの同期の、今大阪に居る遊佐さんらしいんだよ。やべぇ、これは燃

える。当分二課に顔出せないぞ。マジやべぇ」

二課は相沢さんがいるデザイン課だ。

たしか遊佐さんも元二課で、二年ほど前に大阪に転勤になったはず。

……よく考えたら長谷川さんと岩崎さんが結婚したのも二年前だ。

「なるほど。長谷川さんは遊佐さんと付き合っていたけど別れて、岩崎さんと結婚したのか」

社内では知られて無かったと思う。

清川は片方の眉毛をあげて、表情を歪《ゆが》ませながら、

「もっと酷《ひど》い。長谷川さんは遊佐さんを捨てたらしいぜ。若い子と結婚するから〜って。俺部長に聞いたもん」

「なるほど、これは大変そうだ」

俺が頷くと清川は楽しそうに、

「長谷川さん明日戻ってくるらしいぜ。カハ〜〜〜、どうやら岩崎さん大阪に殴り込みしたらしいから、面白い話が聞けるぜ〜〜！」

清川の話を聞きながら、じゃあ明日は夜の酒に付き合わされないように、ランチで話を聞けるようにしようと心に決めた。

夜の酒はテンションが高い清川が付き合ったほうが良い。俺は早く帰りたいし、先に長谷川さんのガス抜きしたほうが良い気がする。

俺はその場で長谷川さんが好きな蕎麦《そば》屋のランチを予約した。

会社では表向きみんな仕事をしていたが、喫煙所やトイレでは、この話で持ちきりだった。

長谷川さんと遊佐さんの付き合いは長かった……とか、遊佐さんは不妊で……とか、長谷川さんは子どもが欲しくて……とか。

正直何の根拠もない、尾ひれをつけた噂《うわさ》の塊。

俺はこういう話は苦手だ。逆の立場になった瞬間に、こうしてネタにされるのだと考えると、会社という組織に存在することがイヤになる。

昼休み。

清川と食事をするために二階でエレベーターを待っていたら、一階の玄関ホールに相沢さんが居た。一緒に噂の岩崎さんと、数人の女の人たちもいる。

相沢さんは俺に気が付いて、目元で微笑んだ。


わ、これだけですごくうれしい。

朝から根拠なき陰口で疲弊した心が柔らかくなる。

今まで俺はずっと一人で相沢さんを追っていたのに、相沢さんの方から俺を見てくれるなんて……と思っていたら、

相沢さんは、肘を折り、指先を上に向けた状態で指をヒラヒラと踊らせ始めた。

「……？」

なんだろう。指先が痒《かゆ》いのかな？

訝《いぶか》しげに見ていたら、今度は目を閉じて頭を軽く振る。

「……？」

なんだ？　何を伝えようとしているのだ？

俺はポケットからスマホを取り出して、トンと叩いて相沢さんに見せた所で時間オーバー。

エレベーターが来たので乗り込んだら、相沢さんからＬＩＮＥが来た。

『そういえばＬＩＮＥがありましたね。岩崎さんと長谷川さんのことで両課とも冷静ではないので、もう少し落ち着いてから結婚の報告をしましょう』

と来た。

そうだね、今言うのは得策じゃないと俺も思う。

……ん？

俺はさっきの相沢さんの妙な動きを思い出す。

ひょっとして、さっき指先を上に向けてヒラヒラしていたのは『冷静ではない』。

目を閉じて頭を振ったのは『落ち着いて』？　なのかな。

「っ……！」

俺は思わず噴き出した。

なんでそんなブロックサインみたいなことで伝えてきたのだろう。

結婚するのは秘密だからだろうか。

というか、ＬＩＮＥがあるのに。

俺は頭を抱える。

……相沢さん、可愛すぎる……。

続けてＬＩＮＥが来る。

『すべては当人たちにしか分からないことですから、とりあえず私たちは寄り添いましょう』

……うん、本当にそう思う。

冷静でブレない。相沢さんは『いつもちゃんとそこにいる人』だ。

それに、物事に対する距離感が同じで安心した。

俺はＬＩＮＥを返す。

『了解しました。夜の花田屋さんは予約が取れました。母も大丈夫だそうです』

そう打つと、

『了解です』

と返ってきた。

うれしくて顔がにやける。情報をすぐに察知する清川が近づいてきて、

「契約取れたの？」

と言うので、

「そうだな、大口の」

と答えた。

相沢さんと結婚する報告を母にする。

これほどうれしい契約、今まで取ったことがない。

■第9話　ご挨拶のつもりが

「持ってきて良かった〜」

私はＵＳＢを持って花田屋さん近くのコピーショップに入った。

朝の時点でお母様との待ち合わせ時間が決まってなかったが、とりあえずＵＳＢにデータを入れてきたのだ。

結局待ち合わせ時間は十九時になり、いつも通り退社した私には絶妙な時間が確保された。

週末にイベントがあり、ワラビちゃんのスペースで売り子をすることになっている。

そこに置く無配のコピー本をこの時間で刷れそうだ！

昔、コピー本といえばコンビニで刷っていた。

某コンビニのコピー機は進化してるけど、専門店は全然違うのだ。

作業できるＰＣがあるし、そこには全てのアプリが入っていて即直せる。

そして紙の種類も豊富で、なにより製本された状態で出てくるのだ。

神すぎる！

問題は都内に数店舗しかない事。

そしてこの店は写真屋さんがサブでやっている小さな店なので、コピー機が一台しかない。

待ち合わせまであと一時間ちょっと。時間的には余裕なんだけど……

「あれ？　文字が見えない濃度かな……？」

私が使いたいコピー機をずっと使っている人がいて、コピーできないのだ。

その子はセーラー服を着た学生さんで、後ろで見ていると分かるんだけど、同じようにコピー本を作ろうとしている。

他にもコピー機はあるけど、本の形で出てくるのは、この一台だ。

いつもはお助けのスタッフが居るけど、今日は居ないみたい。

うーん……。

この店は花田屋さんに近いけど、それでも十五分前には出たい。

私は出力されている原稿をチラリ見る。

……なるほど。

「すいません、これは濃度の調整じゃ無理だと思うんです」

「えっ?!」

振り向いた女の子は、大きなメガネを持ち上げながら振り向いた。

肌が真っ白で前髪がきっちり揃ってて、メイクなどしてるように見えない。とても真面目そうな子。

私は、黒ベタ上の文字の縁取りは、このサイズの原稿なら三ピクセル以上必要なこと、この

フォントは向かないこと……などを教えた。

「データを修正しないとダメですか」

と女の子が言うので、

「望んだ結果を出すには、修正が必要だと思います」

とハッキリ言った。

分かりました、ありがとうございます……と女の子はアクキーが付いたＵＳＢを抜いて、私に順番を変わった。

よっしゃ、間に合うわ。私はデジタルデータを出して、速攻コピーを始めた。

ツコーンツコーンとコピー機が気持ちよく動いて、もう本になって出てくる。

神……!!

私は十部ずつ手に取り、持ってきた紙で束にして、持ってきたボックスに入れた。

週末はこのまま持って行けばオッケー。

振り向くと、店内のＰＣでさっきの女の子が必死に作業していた。

チラリと見ると、うーん……そのフォントではさっきと同じことになる。

私は後ろからススと近づいて、

「……ここにあるフォントで何とかするなら、最低でもＷ８以降ですね。フチはここで付けましょう。これはズレます」

「‼　ありがとうございます」

私はテキパキと女の子の原稿に指示を出して、ついでにコピー機の設定もして出してあげた。

なるほど、ジャンルは任侠《にんきょう》ゲームですね。かなりマイナー！　しかも主流の逆カプじゃないかな。

だけど分かる……強面《こわもて》受けいいよね！

当然口は出さないけど。これはマナーだ。

「ありがとうございました！」

「いえいえ」

私も初めて同人誌を作った時は、思い通りに線が出ない、なんならトーン貼ったのに真っ白、逆に真っ黒、文字は読めない……。

誰か教えて欲しいと心底思ったものだ。

だから若い子が頑張ってると思わず助けてしまう。

だって将来その子が私のジャンルに来て、神配給してくれるかもしれないじゃん！　未来への投資は、結局自分への投資なのだ。

女の子は私に会釈しながら店を出て行った。

将来の神、配給よろしくね……私は笑顔で見送ったが、

「……あ！」

机の上を見ると女の子がさっき作業していたＰＣの横に紅茶屋の袋が置き去りになっていた。

確認すると、女の子はまだ店の外で電話をしていた。

間に合う！

私は袋を手に取って、電話中の彼女の前に来て、視界に袋を入れた。

「!!」

女の子は電話しながら、頭をさげてそれを受け取った。

良かった。

あの袋は今日本橋でしているイギリス展でしか売ってない紅茶の袋だと思う。

気になってたの！　明日仕事終わったらいこ～っと。有名なスコーンも来てるの、めっちゃ食べたいスコーン。

私はスケジュールに『スコーン』と入れて、花田屋さんに向かった。


花田屋さんは小さな日本庭園が店の真ん中にある品の良い店だ。

真ん中の庭園は季節それぞれで見せる顔が違う。

五月後半の今は藤棚が素晴らしい。暗闇に品よくあるライトが紫色の藤の花をより美しく見せている。

「初めまして、滝本の母です」

「初めまして。相沢咲月《さつき》と申します」

静かな和室で私は滝本さんのお母様に会って、挨拶した。

滝本さんのお母様はショートのグレイヘアで、優しそうなお顔立ちだった。目がすごく滝本さんに似ていて、ああ、お母様だなあと思った。

シックなベージュのスーツを着ていて、

「仕事帰りなので、こんな服装ですみません」

と頭をさげた。

そんなの私のほうが悪い。

「私のわがままで、突然のお話になり、申し訳ありません」

頭を下げると、

「隆《りゅう》太《た》から話を聞いて、もう私のほうこそすぐにお会いしたかったんですよ。よろしくお願いしますね」

とお母様は言ってくれた。

ああ……なんて思っていた通りの人なのだろう。我が家とは雲泥の差だ。

運ばれてきた食事をしながら滝本さんは姿勢を正して、

「だからさ、安心して橘《たちばな》さんと結婚してよ。俺はもう大丈夫だから」

と言う。

私も静かに目を伏せて頭を軽く下げて同意する。

お母様は、ふう……とため息をついてお箸を置いて、

「私もそうしたいんだけど……どうしても向こうの娘さん……絵里香ちゃんって言うんだけどね。私が家に入るのを嫌がってる気がするのよ。外でお茶とかはよくしてるのよ？　今日もこれを持ってきてくれてね。隆太のお嫁さんにどうぞ……って、よろしくお願いしますって！」

「あっ……お気遣いすいません、私のほうは本当に仕事帰りで何もお持ち出来ずに……」

「持ってきてくれたのは絵里香ちゃんよ、私は相沢さんと同じ。今日はご挨拶ですものね」

と優しくほほ笑んでくれた。

ああ、気遣いに気遣いを返された。

ではすいません、ありがとうございます……と袋を受け取った。

これはイギリスの紅茶。これ私大好きで明日買いに行こうと……と脳内に言葉を準備して袋の中を見ると、

「!!」

さっきコピーショップで見たアクキー付きのＵＳＢが見えた。

これは間違いない、さっき会った女の子が使っていたＵＳＢだ。

あのコピーショップは花田屋さんにとても近い。

つまり私と同じ思考？　お土産を買い、待ち合わせに近いあの店でついでにコピー本を印刷

していた……

さっきの女の子は、滝本さんのお母さんの再婚相手の娘さんだ！

そんな偶然あっていいの？

私は気が付かれないように荷物の中からＵＳＢを取り、上着のポケットに入れた。

これにはあの原稿データが入ってるはず。中身は当然任侠ＢＬで、再婚相手のお母様には見られたくないこと間違いなし。

「橘さんのお宅にお邪魔しても、部屋から一歩も出てこないし、お休みの日も居ないことが多くて……やはり家に入られるのはイヤなんじゃないかしら」

「絵里香ちゃん、真面目ないい子だし、学校厳しいから勉強も大変なんじゃないかな」

滝本さんがフォローする。うん、勉強してると思うよ。

でもきっと部屋で原稿もしてるんだ、絵里香ちゃん。

しかもさっき刷ってた折り本、準備号だったからね、本体の本は落ちてるんだ……たぶん。

出すって告知してスペースも取っちゃったから、何もない机の上に出来なくて作ってるんだよ！

滝本さんのお母様は、

「だからせめて高校卒業まで待とうかなって思ってるの」

「そうやって俺の時も待ってて……橘さんも一緒に住みたいって言ってくれてるんだろ？」

「だけど、絵里香ちゃんの気持ちが一番大切よ」

ああ、なんて良い人たち。

でも違うんですわ。

自分の城とかペースとかあって、お父さんだけなら適当にあしらえたけど、知らない人が入ってくると落ち着いて原稿出来ないんじゃないかな？

絵里香ちゃんの気持ちが分かる！　でも……横をチラッと見ると、滝本さんもお母様もションボリしている。

とにかく私に出来ることは、この【命のＵＳＢ】を渡してあげることだ。

「今度はぜひご自宅のほうにお邪魔させてください。隆太さんが子供の頃のお話とか聞かせてください」

「ぜひ来てね。待ってるわ」

お母様と私たちは地下鉄の駅前で別れた。

横で滝本さんが「ふう……」と息を吐き「おつかれさまでした」と言う。

私はキュッと滝本さんのほうを見て、

「絵里香ちゃんのＬＩＮＥとか、知ってますか？」

とポケットからアクキー付きのＵＳＢを出した。

今ごろめちゃくちゃ焦っているはずだ。

コンビニにＢＬ生原稿忘れたことある私だから分かる。

滝本さんは、

「分かりますけど……？」

と首を傾《かし》げた。

連絡だけは今日中にしないと絵里香ちゃん泣いちゃうよ！

■第10話　初めて一緒に帰る夜

「なるほど。それは緊急事態ですね」

俺は相沢さんから話を聞いて理解した。

ドルオタの俺で言うと、握手するために大量に買った同じ写真が詰まっているアルバムを、相沢さんの母親に見られるようなものだろうか。

想像するだけで恐ろしい。もし見られたら永遠に会いたくない。

絵里香ちゃんは普通に会うと、お嬢様学校に通っている大人しい高校生だ。

だから、趣味は公にしたくないだろう。

俺はすぐに絵里香ちゃんにＬＩＮＥを打とうと立ち上げたが、なんと打つべきか悩む。

すると相沢さんが俺の前に一歩進み、

「滝本さん、一緒に写真を撮りましょう。私は右手にＵＳＢを持ちます。それを送れば、全て理解できると思います」

「なるほど」

俺はスマホのカメラを回転させて相沢さんに一歩近寄った。

相沢さんも俺の横に近づいてきた。髪の毛がふわりと俺の頬に触れた。

そしてシャンプーだろうか、化粧品だろうか、嗅いだことがない高貴な匂いがして、心臓の音が身体中に響いた。

悟られないように口の息を止めて、静かに鼻呼吸する。

さっきニンニクが入ったお肉を食べてしまったし、至近距離は緊張する。

相沢さんはプレビュー画面を見て不満げに、

「ここまで暗いと、さっき会った私だと分かりにくいですね。せめて外灯の下に行きましょう」

俺たちは光を求めて移動する。

よく考えたら、二人で撮る最初の写真だ。

なんだかうれしくて、撮った写真は保存しておこうと決めた。

俺たちは外灯の下で写真を撮りなおしたが、相沢さんの表情は暗い。

「自撮りなんて何年もしてないから……自分の顔見るとイヤになりますね」

と自虐的に言うので、

「いえ、全然、問題ないと思います」

と仕事のように言ってしまった。しかし本当に相沢さんはキレイに写っている。

相沢さんは写真を見て、

「滝本さんのほうが写真のうつりかた、上手ですよね」

と言うので俺は真実を伝えることにした。

「大きなイベントだとアイドルと一緒に写真が撮れるんです。だから自撮りはわりとしますね」

「あ〜〜なるほど〜〜。それで磨かれてる技術なんですね。持ってて損はないですね。しかしほんとフォトショで直したい顔色……じゃなくて、これで良いと思います。送ってください」

相沢さんの指示通り、俺は写真を絵里香ちゃんに送った。

一度だけ俺と母さん、橘さんと絵里香ちゃんで食事したことがあり、そこで社交儀礼的に交換したものだ。

送るとすぐに既読になり、一瞬で電話がかかってきた。

『滝本さん、これって……！』

今まで聞いたことがない慌てた声だ。

俺は静かに、

「ＵＳＢを持っている人に電話を代わりますね。そのほうが分かりやすいと思います」

とスマホを相沢さんに渡した。

「もしもし？　さっきコピーショップで会った女です。えっと終電もあるし、とにかく会いましょう。どこまで出られますか？」

さすが相沢さん、行動のスピードが速い。

絵里香ちゃんは高校生ということもあり、夜遅くに遠くまで出ると父親に怪しまれるので、家の近くのコンビニまで持って行くことにした。

「驚きました……」

絵里香ちゃんはコンビニのイートインに座って待っていた。

「はい、まずＵＳＢ。間違いない……よね？」

相沢さんは絵里香ちゃんの横に座った。絵里香ちゃんはＵＳＢを強く握って頷いた。良かった……。

「お土産の袋に入れたと気が付いてから、涙が止まらなくて。中身を見られたら私一生滝本さんに会えないって。もうどうしようって……」

「小さいから逆に危ないのよ。部屋の鍵とかに付けておくと良いわよ。抜き忘れ防止にもなるから」

相沢さんは絵里香ちゃんに言った。

あまり遅くなると疑われるでしょう？　と絵里香ちゃんを促し、店を出ることにした。

何も買って無いとバレてしまうので、俺はアイスコーヒーと肉まんを三つ買った。

「肉まん……？」

絵里香ちゃんは、それを手渡されて不思議そうな顔をしたが、

「深夜に食べる肉まんって、美味しいですよね」

と相沢さんは大きな口を開けて食べた。

好きなものが一緒でうれしい。

俺は自然とコンビニで肉まんを買ってしまう。

温かくて丸い優しい夜に優しい食べ物。

俺たちはマンションまで歩きながら話す。

月が高い夜、影が長く伸びている。

「母さんが家に来てほしくないんじゃないか……って心配してたけど……」

そう俺が聞くと絵里香ちゃんは肉まんをモグリと食べて首を振った。

「違うんです。もうバレてるから言いますけど、部屋が在庫の段ボールで埋まってて、滝本さんに見せられる状態じゃないんです」

相沢さんは頭を抱えた。絵里香ちゃんは、

「ああ……。お母様が出入りするようになって、全部部屋に入れたの？　辛い……」

「お父さんは私が同人誌を作ってる事を知っていて、勉強と両立することを条件に許可してくれています。……もちろんジャンルは知りませんが。でも滝本さんに知られるのは……」

「いや、隠したほうがいいよ」

相沢さんはハッキリと言った。

迷いなく澄んだ夜に深く、まっすぐ。

そして続ける。

「お母様は優しいから理解した顔をしてくれる。それは逆に辛いから。絶対隠したほうがいいと思う」

「!! そうなんです。なんか無理させてしまいそうで……」

俺は二人の会話を聞きながら『たしかに俺の母は無理して取り繕いそうだ』と思った。

相沢さんはまっすぐに絵里香ちゃんを見て口を開いた。

「服をね、外に出すの。段ボールから在庫を出してそこに服を入れる。見られても良いからね。そして空いた衣装ケースに在庫を入れるの。紙袋とかに包んでね。見せて良い物を並べて、見せたくないものを隠す」

「なるほど。やってみます!」

二人はTwitterのアカウントを交換しあい、絵里香ちゃんは何度も手を振りながらマンションに帰って行った。

「おつかれさまでした、じゃあ帰りましょうか」

相沢さんはホッとした表情を見せた。

「色々とありがとうございました」

俺がお礼を言うと、

「お母様、うまくいくといいですね」

と長い髪の毛を耳に掛けながら言ってくれた。

俺と相沢さんも電車に乗るために駅に向かって歩き始めた。

もう時間も遅いので、駅には酔ったサラリーマンが溢《あふ》れていた。みんな「おつかれさま〜」と挨拶して別れていく。

でも俺と相沢さんは違う。同じ電車に乗り、同じ家に帰るのだ。

正直そんなことがうれしくてしかたない。

でも相沢さんに気が付かれたくないので、口の中を噛んで冷静な表情を作り続けた。

そして駅に到着した。俺は自転車置き場に向かう。

当然ひとりで自転車を押して帰るのだろう……と思っていた。

でも自転車置き場を出たら相沢さんが待っていてくれた。

優しい月明かりに照らされた相沢さんの表情は暗くてよく見えない。でも見えなくて良かったんだ。きっと俺の表情はめちゃくちゃニヤけていたから。

慌てて口を開く。

「すいません、待って頂けると思っていなかったです」

「目的地は同じですし。帰りましょうか」

そう言って相沢さんは長い髪の毛をふわりと揺らして歩き始めた。

カラカラ……と自転車のタイヤが回る音と、俺たちの重なる足音。

初めて一緒に帰る夜。


それから数日後、仕事していたら母さんからＬＩＮＥが入った。

「絵里香ちゃんがお部屋に入れてくれたの。これからも遊びに来てくださいって……！」

どうやら絵里香ちゃんは在庫を隠すことに成功したらしい。

それを相沢さんにＬＩＮＥで知らせたら、

『良かった。これからも頑張って漫画描いてほしいですね』

と同人作家仲間に向けるようなレスが返ってきた。

相沢さんらしい。

俺は画面をみてほほ笑んだ。

③入籍と二人の日常編

■第11話　コラボは辛いよ

「え……うそ、たくさん売ってる」

私はコンビニのドリンク売り場で固まった。

今、私のジャンルでは、お茶に限定のノベルティが付いている。

コンビニ限定なんだけど、会社近くは全滅だった。

くそ……と思いつつ、ダメ元で自分の地元駅のコンビニに寄ったら、なんと山ほど売っているのだ。

二十種類のランダムなので、もう見つけたら即買うしかない。

私は買い物かごに入れるだけ入れた。

お茶で良かった、腐らないし長期保存が可能だ……とカゴを持ち上げたら、嘘みたいに重たい。

ちょっとまって、これを持って坂を登るのは無理なのでは。

私は一秒考えて即決めた。

「よし。往復しよう」

持つのは十本が限界だと思う。

右腕に五本、左腕に五本。

それで一度帰ってカートを持って坂を下りてきて、積めるだけ積んで帰ろう。

「これを買うんですか？」

「滝本《たきもと》さん!!」

私がドリンクコーナーで商品を睨んでいたら、滝本さんが横に来ていた。私の一本後ろの電車に乗っていたようだ。

そして状態を一瞬で把握。

「ノベルティ付きのお茶ですか。運ぶの手伝いますよ」

と言ってくれた。

「神降臨……」

私は外で会社の服装をしているのに、思わず同人仲間用の言葉を言ってしまった。

正直それほどうれしかったのだ。滝本さんは、

「でも二十本が限界だと思います」

と申し訳なさそうに言うので、

「十分です、ありがとうございます！」

と頭を下げた。

もう一本でも持って頂けるだけで助かる。推しが当たる確率が上がる。

普通の商品ならコープの配達で買うけど、最近はコンビニ限定ドリンクとかお菓子についてるから辛すぎる。

でも坂の下にあるコンビニだからこそ売れ残ってたんだと思う。

「これはちょっとしたトレーニングですね」

滝本さんは右腕に十本、左腕に十本のお茶を持って坂を歩いてくれている。

自転車は大丈夫なんですか？　と聞いたら、明日は歩けば良いだけですと平然と答えてくれた。

なんて優しいんだろう。こんなオタク的体力仕事を手伝ってもらえると助かってしまう。

私も両腕に袋をぶら下げた状態で、フラフラと歩く。

まだ坂を上りはじめて半分くらいしか進んでいない。……先が長すぎる。

「本当にすいません、お言葉に甘えてしまって。水系は重すぎて……助かります。これフィギュアにバッチリ合うワンコたちなんです」

私のジャンルはアニメなのだが、最近はスマホゲームも出している。

アニメとゲームでは世界観がガラリと違い、ゲームの方ではキャラクターたちが犬や猫と一緒に居るのだ。

これが可愛いんだけど、現時点でこの動物たちのフィギュアは出てないのだ、キャラは出て

るのに!!

　つまりファンはこのお茶を買わないとキャラの横にワンコを並べられないのだ。

　私の推しのカケルには犬の芝吉が居ないと完成しない！

　この中にあると良いけど。無かったら夜もう一度行こう。芝吉だけは諦められない。

　よいしょ……とドリンクの塊を持ち直す。

「コラボ商品があるのは羨ましいですね。俺の推しは商品とコラボするほど売れてないですから」

　と滝本さんが少し悲しそうに言った。

　確かに、地下アイドルはコラボ商品とかは難しそうだ。

「でもＣＤとか、やはり沢山買うんですよね」

「そうですね、新曲のＣＤは枚数に応じてチェキが付いているので、百枚は最低でも買いますね」

　滝本さんは月夜ににっこりとほほ笑んで言ったが、私は一瞬で脳内計算機が立ち上がる。

「一枚おいくらですか」

「千円ですね」

「新曲のたびに十万……と言いながら思ったんですけど、私、先週コラボカフェで三万食べました」

そして今お茶を五千円分買った。誰が何を笑えるというのだ。

滝本さんはゆっくり歩きながら口を開く。

「食べ物系は辛いですね。俺で良ければ今度コラボカフェもお付き合いしましょうか」

「ええ！　そんな、荷物持って頂いて、そんな食べる系まで付き合って頂いたら悪いです。それにあの……あんまり美味しくないんですよ」

私は苦笑した。

セットのコースターとか、敷いてある紙が欲しいだけで、ご飯は残念なことが多い。

滝本さんは、よいしょ、と荷物を持ち直しながら、

「食べられれば何でも一緒ですよ。もし炭水化物系で大変でしたら、声かけてください。食べるのは得意ですから」

と言ってくれた。

「ああ～～そんな……でもそうなんです、炭水化物系がキツくて、この前私の推しのご飯が『カケルが家で作ってるハムしか入ってないチャーハン』で、もう辛くて辛くて」

「なるほど。設定も加味したご飯が出てくるのは楽しいですね」

バカにされるかと思ったら褒められた。

滝本さんは「うーん」と言いながら、

「デザロズも毎年宇宙試食会というのがあるのですが」

と言った。

んん？　また何か面白い設定の話をしているが、疲労が凄くて真面目に聞けない。

「ちょっと待ってください。ものすごく興味がありますが……一度休憩して良いですか。たくさんあるし、お茶を飲みましょう」

私は坂の途中にあるベンチに座った。

ここの坂はあまりに辛いので、少し平らになった所にベンチが設置してある。

「丁度良い所にありますね」

滝本さんも私の横に座ったので、ぜひお茶を飲んでください！　と袋にたっぷり入っているお茶を開けて渡した。

ありがとうございます……と滝本さんはお茶を一口飲んで話を続けてくれた。

「平たく言うと、アイドルが簡単なご飯を作ってくれる会なのですが、宇宙試食会という名前なのに、普通のうどんなんですよね。もっと設定を盛ってほしいと思うし、何なら食べられないほど辛かったり、甘すぎたりしても面白いと思うのです。ほしなちゃんの星では辛い物を辛いと思ってないから、ものすごく辛い物が出てくる。アカリちゃんの星では砂糖が沢山とれるから、砂糖の塊が主食……など、あっても良いと思うのですが。メニューの表示だけは凝ってるんですけど……」

と滝本さんは一気に話して、メニュー画面が映っている写真を見せてくれた。

それが、

「読めないんですね」

「そうなんです。宇宙の言葉ですから」

と楽しそうにほほ笑んだ。

そこには可愛いコロコロとした文字のような絵のようなものが書かれていた。

「これが宇宙の言葉という設定なんですね」

「何か書いてあるのか分からないので、何が出てくるのかも分からないんです。その設定は面白いと思うし、手紙もこの文字で返ってくるんですよ」

と笑った。


アイドルにしか分からない言語があるのは、すごく面白いと思う。

私は絶滅する言語とか大好きでよく本を読んでいる。

だからだろうか……何かが気になっていた。なんかこの文字というか、絵……みたことがある。

私はスマホでググって、声を上げた。

「滝本さん、これ、シンハラ語っていうスリランカの文字を回転させた文字ですね。ちゃんと文章になってる可能性があります」

「えっ……！」

滝本さんが私の顔をみて固まった。

私はスマホで検索した画面を見せた。シンハラ語。それは滝本さんが見せてくれたメニュー画面に書かれていた文字とそっくりだった。

「たとえばこの文字。ほら、百八十度回転させたら……これになりますね。だから『う』です」

「これを頼んだらうどんが出てきました」

「ど……ｄｏで二文字、これですね。あ、やっぱりそうだ。うどんって書いてますね。これは二百五十度くらい回転してるし、少し可愛くベクターいじってますけど」

「読めます……読める文字だったんですね」


私の横で滝本さんは絶句している。

でも気持ちは分かる。

今まで分からないと思っていた推しの言葉が理解できる言葉として書かれていたら興奮してムスカ化する。

なんならコスプレして叫ぶわ。

「……相沢《あいざわ》さんはなぜこの文字が分かったんですか……」

滝本さんは完全に動揺しつつ、荷物を両手に持ってフラフラと立ち上がった。

「文字が可愛くて、昔ゲーム系同人誌描いた時に魔法陣で使ったことがあるんです。その時も回転させて使ったので、覚えてました」

「俺は五年間、毎日見てたのに、気が付きませんでした」

滝本さんはショックすぎて茫然としている。

「スリランカのみで使われてる言葉なので、調べないと知らなくて当然だと思いますし、やはりデザロズさんは面白い仕掛けをしてますね」

「そうですよね!!　では我慢できないので、先に帰っても良いですか?!　何通も手紙をこの文字で頂いてるのです!!」

滝本さんは両腕にお茶をブラさげて、今までの十倍の速度で歩いて坂の上に消えていった。

えええ速い、もう豆粒みたいだ。

というか、私の歩く速度に合わせてくれていたんだなあ。

本当に優しい人。

「よいしょ」

完全に滝本さんが坂に向こうに消えてから、私は再び荷物を持って立ち上がった。

すると坂の向こうから滝本さんが手ぶらで戻ってきた。

えええええ?!　この数分で家までたどり着いて、戻ってきてくれたの?!

そして、

「持ちます」

とすべてのお茶を持って坂道を歩き始めた。

「ありがとうございます、すいません！」

と言いながら後ろを付いて歩きはじめたら、少し照れ臭そうに、

「相沢さんは俺と推しの言葉を繋いでくれたのです。こんなうれしいことありません」

と言った。

「いえいえ、大げさです」

私は頭を振った。

たまたま厨二《ちゅうに》的な理由で知っていた文字だ。

なんたって二十歳すぎて大真面目に魔法陣描いていたのだから。

「早く帰って訳しましょう」

と言ったら、そうですね!!　と滝本さんは早歩きで坂を登って行った。

推しのパワーすごい!!

そしてありがたい……もう腕が痛くて辛かった。

コラボアイテムはもう少し軽いものに付けて欲しいです、運営様……。

■第12話　生誕祭にむけて

「これは……『お』か。次は……『う』……かな？　ちゃんと文章になってる……」

俺は相沢さんに教えて貰ったシンハラ語の一覧サイトを見ながら文字を参照していく。

翻訳できるサイトもあったが、文字を回転させているので、そのまま読むことは不可能だった。

でも一文字ずつのんちゃんが考えてくれた文字だと思うと、それだけでうれしかった。

何より申し訳ない気持ちが大きい。


デザロズは結成して五年のアイドルグループだ。

最初の二年は普通のアイドルとして売り出したが、プロデューサーであり社長のラリマー提督の介入により、宇宙人アイドルとなった。

応援し始めたのはそこからで、何年も応援していたのに、気がつけなかった。

のんちゃん始め、みんなこの文字の手紙をくれていたのに。

伝わらないのなら、適当に書いてしまえば良いと思うのが普通のメンタルだと思う。

人は監視の目が無いといとも簡単に楽な道を選んでしまう。

それは普通のことだ。

律していたのはラリマー提督なのか、デザロズの意思なのか分からない。

手紙はプリントされてたもので、毎回違う。

こんなに毎回作るのは大変なのでは……と相沢さんに聞いたら、

「文字は一発で出てくるので、何かお絵かき系のソフトにそれを入れて、回転させてるのだと思います。絵として描くのは大変ですが、キーボードの設定さえ変えれば出てくる文字なんですよ」

と実際に操作して見せてくれた。

お絵かき系のソフトは全く使えない俺からすると魔法のようだが、文字が読める。

それだけで本当にうれしい。

（ちなみに相沢さんは推しの犬、芝吉が三体出たそうで、とても喜んでいた。良かった）

結局俺は今まで貰った手紙、二十枚をすぐに調べてしまった。

『いつもおうえんしてくれてありがとう。またきてね』

『せんしゅうはいなかったから、さみしかったよ。やっぱりいてくれるだけでうれしいな』

こんな、こんなに言葉《トス》を返してくれていたのに。

すぐにTwitterにタグ付きで出して拡散しようとも思ったが……正直なことを言うと、もう

少し自分だけで味わいたかった。

だって今この時、デザロズの言葉を理解できているのは、世界で俺だけなんだ。

ものすごくうれしくて光栄で、悶《もだ》えるほどうれしい。

でも長く一緒にオタ活してる片蔵《カタクラ》には教えることにした。

シンハラ語の一覧サイトと、のんちゃんから貰った手紙を写真に撮り、回転しているだけで読める文字だとＬＩＮＥに書いて送ると、数分で電話がかかってきた。その声は動揺して震えている。


「おまえ……これ……ちょっとまてよ、ヤバい……俺……今バイト中なんだけど……マジかよ……」

「文字読めるんだよ」


片蔵はデザロズが宇宙人アイドルになる前からを応援している古参だ。

そして片蔵はトップオタだ。ファンの中でトップに君臨するオタクのことをそう呼ぶのだが、俺たちは迎え撃つ軍隊としてデザロズを応援しているので、片蔵は最高指揮官と呼ばれている。

デザロズに全てを捧《ささ》げて、会社員をやめ、今はバイトを五つほど掛け持ちしている。

俺は会社員なので、平日のライブはいけないことも多い。

片蔵は全てのライブとライブの後にある地球恋結軍《ちきゅうれんけつぐん》戦略会議という名の反省会も毎回仕切っている。

片蔵なくしてデザロズなし……とまで言われている最高指揮官なので、やはり彼に知らせない事は出来ない。

片蔵は電話先で清々しい声で言った。

「よし帰るわ」

「マジで言ってるの」

「こんなの我慢できねーよ」

片蔵は結局「胸が苦しい」という、言葉としては正解だが、九割仮病でバイトを抜け出して帰宅、俺の指示通りシンハラ語の一覧を見ながら手紙を解読した。

電話の向こうで片蔵はずっと泣いていた。

そう俺と同じ、不甲斐《ふがい》なくて。

でも同時にうれしくて。俺たちはお互いに届いた手紙を翻訳しながら楽しんだ。

「じゃあ、生誕祭のアルバムに文字入れようよ。よろしくな」

「了解。それだけは絶対間に合わせる」

もう朝日が昇ってきていたが、俺と片蔵はテンション高く通話を切った。

今日は土曜日。このまま出かけて文房具屋に行き、そのままライブに行こう。俺は眠ってな

いのに眠気を感じない顔を真水で洗って気合を入れた。

「わ。すごい量ですね。イトウヤの袋……文房具ですか？」

ライブと戦略会議を終えて、家に帰って来たのは深夜だ。

相沢さんはビールと柿の種を持って、仕事部屋に戻る所のようだ。

「生誕祭のアルバム作り用の素材です。やはり一年に一度のことなので……」

と言うと、相沢さんは目を輝かせて、

「推しのお誕生日にアルバムを手作りしてプレゼントするんですか。楽しそうですね」

と言ってくれたので、去年作った物の写真を見せてあげたら絶句していた。

デザロズは四人いるのだが、それぞれに生誕祭……つまりお誕生日の日にライブがある。

そこで毎年俺たちファンからアルバムをプレゼントすることになっている。

正確にはアルバムという名前ではなく、地《ち》球《きゅう》恋《れん》結《けつ》軍《ぐん》戦《せん》争《そう》証《しょう》言《げん》記《き》録《ろく》集《しゅう》という名前になっている。

一年目は戦争記録集なのだから……と俺たちは、迷彩柄のものすごく『それっぽいもの』を準備したのだが、正直のんちゃんの反応はイマイチだった。

そりゃそうだ、今どきの十代の女の子が誕生日にこれでは悲しい……のかもしれない。

片蔵発案で二年目からはデコレーション技術をフルに活用して、とにかく可愛い物にしたら、とても喜んでくれたのだ。

戦争証言記録集がキラキラにリボンやシールや花でデコられていても問題などない！

毎年誰かが気合を入れて作っているのだが、造形が毎年すごいことになっている。

来週俺の推しののんちゃんの生誕祭なのだが、そのアルバムを俺は三か月前から制作している。

「これ、バラですか？」

相沢さんは去年の写真を見ながら言った。

そして興味が我慢できなくなったようで、俺をリビングに呼んでビールをくれた。

俺たちは何故《なぜ》か土曜日の深夜にお酒を飲み始めた。

「そうですね、七色ほど赤色系統のマステを使って作ったバラです。のんちゃんはバラが大好きなので」

「マステでバラ？　このリボンは本物っぽいですけど？」

「これはクリスマスに行われるライブで配られる限定リボンを使って作ったモチーフです。大きなリボンに見えますが、横から見ると立体なのです」

「えええーーー?!　なにこれどうやって作るんですか。え、これ何種類もハートを切り抜いて、そこに写真を入れてるんですか」

「ちゃんと記録集として機能するように、時系列に並んでいます。そして中はセットリストが……立体に広がります」

「嘘でしょ！」

相沢さんは叫んだ。

ここが去年一番のんちゃんが喜んだところだ。

ページを開くと絵本のようにセットリストを書いた紙が立ち上がる。

これは絵本を基にオタたち数人集まって必死に作ったものだ。

今年もこれに匹敵するアイデアを、俺はもう考えていた。

「今年は、こう……紙を引っ張ると……」

俺は乗ってくれる相沢さん相手に話すのが楽しくなってきて、まだ作り途中のアルバムを一階に持ってきた。

そして仕掛け部分を見せる。

寝ている紙の部分に取っ手のようなものが付いていて、それを引っ張ると紙がパタパタと動くのだ。

「これは、この女の子がダンスしてるように見えるんですね」

「そうなんです。表と裏、手を上げている写真と下ろしている写真の二枚構成になっています」

「これ、滝本さんが作ったんですか!?」

「そうですね、もう作り始めて二か月ほど経過してますが」

「え、ほんと、ちょっと……すごすぎるんですけど……」

相沢さんは紙の仕掛けや表紙の花を見て興奮していた。

俺は続ける。

「でも今年は、ちゃんとデザロズ用の文字を使うことが出来るんです」

そう。いつも普通に日本語でメッセージを書いていたけど、五年目にして『デザロズの言葉でアルバムを作ることができる』。

「ああ、そうでしたね、それは良かったです……けど……正直私このアルバムのクオリティーが凄すぎて……ええ……？」

私も何か作りたい！　と楽しそうに目を輝かせてくれたので、今日の戦略会議で集めてきたメッセージカード横に付ける簡単花をマステで作って貰うことにした。

「手に、くっつきます、よね？」

相沢さんの手元にはクシャクシャになったマステが仕上がっていた。

「初めから上手くできませんよ」

と俺が言うと、

「よっしゃ、次いこ」

ともう一つ作り始めた。

土曜日の夜、ビール飲みながら相沢さんと二人で推しのアルバム作ってるなんて……正直楽しくて仕方ない。

相沢さんは『面白い』と思うことに、なんてハードルが低いのだろうと毎回驚く。


「どうですか！」

「さっきよりは全然良いですね」

「ええ〜、これめっちゃ楽しいですね。私の推しは自分で描かないと増えないけど、アイドルは写真が多くていいですね〜！」

「次元を超える辛さですね」

「その通りです！」

オタクの世界は広くて、同じ机を挟んで座っていても見えるものも違う。

だからこそ、相沢さんの気付きが、俺に新しい世界を呼んで、俺の楽しいが、相沢さんの楽しいになる。

ビールが汗をかく深夜。

俺たちは無言で、でも正しく楽しく、夜をすごした。

■第13話　入籍の日に

電話がなってるわ……。

私は眠い目を無理矢理開き、充電したまま転がっているスマホを引き寄せた。

「はい」

「さっちゃん。まだ寝てたの？　日曜だからってこんな時間まで寝てたら生活サイクルめちゃくちゃになるよ。滝本さんに朝ごはんは作ったの？」

スマホから流れる声を聞いて私は頭を枕に打ちつけた。

うへえ、お母さんだーー。

よく考えたら日曜日の朝に電話してくるなんてお母さんしか居ない。

出なきゃ良かった！　後悔しても遅い。時が過ぎ去るのを待つのみだ。

ここで変なことを言うと説教はどんどん延びる。

お母さんはマシンガンのように話し続ける。

「結婚前提ってことは、ちゃんとさっちゃんが滝本さんの面倒を見ないと捨てられちゃうわよ。二十八歳の女なんて見向きもされないんだからね。その前にあんたちゃんとご飯とか作れるの？　こっちに居た時は何もしなかったじゃない。そんな状態で奥さんになるなんて、滝本さ

んに悪いわねえ。私の教育が悪かったのね……」

お母さんに聞こえないようにため息をつく。

これが恐ろしいことに『お母さんの言葉じゃない』のだ。

九割兄からの洗脳により発せられてる。

『咲月《さつき》はちゃんと飯作ってんのかな、アイツそんなこと出来ないだろ』みたいなことを兄が言ってお母さんが『そうね、言っとくわ』……的な流れなのだ。

お母さんの言葉を否定する＝溺愛する兄を否定する＝気持ちがファイヤー。

黙って聞くのが正解だ。

「この前五十歳くらいの男の人が二十代のアイドルと結婚したでしょ？　男はみ～んな若い女が好きなんだって弘毅《こうき》が言うのよ」

それは弘毅《あに》がそうだからだろぉぉ～～～！！！

気持ち悪くて眩暈《めまい》がする。

あの人がこうだから、その人もそうよ……という思考が私は一番嫌いだ。

でも丁度良かった。今日私もお母さんに電話しようと思ってて……口を開いたが、お母さんは私に時間を与えない。

「逃げられないうちに捕まえちゃいなさいよ。あ、弘毅。今日の予約の方で……」

電話はプツリと切れた。

言葉を発しようとした私の口は開いたまま、行き場を失う。

なんだったのだ……朝から本当に……なんだったのだ。


実は今日入籍する日で、滝本さんのご両親に保証人になってもらうのだ。

だから入籍終わったら電話すると言おうと思ったのに。

「やっぱ住んでる星が違うわ」

私はスマホを放り投げてベッドに転がった。

滝本さんのお母様とはＬＩＮＥを交換していて、今日の約束をした時も「楽しみにしてます」と絵里香ちゃんと三人で映った動画を添付してくれた。

ああ、私は滝本さんの惑星に住みたい。

相沢惑星は本当にヤバい。重力狂ってる。


私は会社用の服装に着替えた。挨拶用に服を買おうかと思ったが、永遠に着ないので止めた。

滝本さんも会社用のスーツで二階から下りてきた。ですよね、一番無難ですよね。

今日はかばんが小さいので運動靴を入れるスペースがなく、最初からヒールで家を出た。

やはり靴の中で足が滑る、この坂は本当にヤバい！　なんとか歩いていると滝本さんが「あの……」と小さな声で話しかけてきた。

「相沢さんのご両親にお会いしてない状態で結婚しても良いのでしょうか」

と心配そうに言った。

私はため息をついて気持ちを落ち着かせて、

「そうですね、今日婚姻届を出したら、連絡しますか」

と言った。私の顔を見て滝本さんは、

「……そんな全力で眉間に皺がよっている相沢さん、初めて見ました」

と苦笑した。

あれれ、普通の顔してたつもりなんだけど、朝の電話がキツすぎた。

実家出て十年、大人になったつもりだけど、やはり苦手な物は苦手。それは仕方ないことだ。

「相沢さん」

「お母様、お久しぶりです」

お母様の後ろには再婚相手の橘さんが見える。私が会釈すると、目を細めてほほ笑んでくれ

た。めっちゃダンディー……ていうか、ダブルのスーツが似合いすぎている。

その後ろには絵里香ちゃんがニコニコ小さく手を振っている。

実はお互いにTwitterをフォローしあったので、今日の事は話していた。

というか、絵里香ちゃんが来られそうなイベント&締め切りがない日にしたのだ。

食事をしながら挨拶を済ませて、保証人の欄に記入をお願いした。

お母様は「良かった」と涙ぐんでらして『結婚というステータス』を求めてここにいる私は心が少しチクリとしたが、まあwinwinだからＯＫ！

来月にはお母様と橘さんも入籍されるそうだ。良かった。


「滝本さんと相沢さん、結婚式をしないんですか！」


絵里香ちゃんは驚いてたけど、私は結婚式は金の無駄だと思っている。

幸せになる所を見せるというなら、今見てほしい。そして一年後五年後を見てほしい。

十年結婚続けられたら、お祝いに美味しいご飯でも食べるのは良いと思う。

最初から超特大の尺玉上げる花火大会は盛り上がらない。

一般的な意見じゃないことは知ってるからわざわざ言わないけどね。

「人前に出るのが、それほど得意ではないんです」

これは本音だし、滝本さんも同意見だ。

でも写真館で写真は撮るつもりですと答えた。

これは双方の親に対する証明写真みたいなものだ。あって困るようなものではない。

一枚くらいコスプレして撮るのはやぶさかでない。

ウエディングドレスは漫画の参考資料にもなるからね！

私たちはお店の外で別れて、そのまま市役所に向かい、婚姻届を出した。

少し待てば住民票も出せるというので、私たちは待つことにした。

会社に提出しなければならないし、免許変更もあるからだ。

数十分後、住民票が出来て、それを受け取った。

二人してそれを覗《のぞ》き込む。

名前は『滝本咲月』になっていた。

「おお……変わりましたね」

「すごいですね、本当に結婚しましたね」

住民票
氏名
滝本咲月
個人番号
〔省略〕
生年月日

私たちはそれを覗き込んで二人で妙に納得してしまった。

そして何となくお互いに頭を下げあって「よろしくお願いします」と挨拶しあった。

よく分からないが、とても私たちらしい。

「相沢さん……慣れないので、しばらく、この呼び方でよろしいでしょうか」

と滝本さんは遠慮がちに確認してくれたので、私は、

「私も滝本さんは、滝本さんとお呼びします」

と頷いた。

「では、相沢さんのご両親にご報告したいのですが」

と言われて大きなため息をついてしまった。電話しなくても伝書鳩《でんしょばと》とか飛ばせば良くないですかねー……と、素で思う。

ＬＩＮＥで一報……と滝本さんをチラリと見たら、丁寧に首を振られた。やだー！

私は覚悟を決めて、電話をかけた。今は昼過ぎだから、チェックイン前の忙しい時間だろ？出なくてもいいぞ母。

「さっちゃん？　電話してくるなんて珍しいわね」

はあ〜〜出ちゃったか〜〜。

「えっと入籍したので、その報告です」

では〜〜、と切ろうと思ったが、目の前の滝本さんが姿勢を正しているので、代わらないわ

けにいかなそうで、渋々スマホを渡した。

「初めまして。滝本隆《りゅう》太《た》と申します」

「あらあ～～滝本さん、お電話ありがとうございます！　もう本当に不甲斐ない情けない何もできない娘で、もう貰って頂けるだけでありがたいんですよ。もう役に立たないな～と思ったらすぐに私に言ってくださいね、再教育しますから。もう本当に人の奥様になれるような器じゃないです、咲月は昔から本当に何もできなくて、情けなくて！」

　はあああ～～始まった～～それに声が大きすぎて全部聞こえる～～。

　お母さんは昔からこうなのだ。誰かに私を紹介するときは、徹底的に貶《おとし》めてくる。それが謙遜ならまだ良いが九割本音だ。

　出来の良い兄と、出来の悪い娘……私はずっと比べて育てられてきた。兄が持ってくる九十八点のテストは褒められるが、私が同じ点数のテストを持っていくと怒られる。家の手伝いをすると兄は褒められるが、私は余計なことをするなと怒られる。思い出のすべてがつらくて、心の真ん中がズン……と重くなっていくのを感じた。

　滝本さんは静かに聞いている。

「子供の頃から何もできなくて、すべて弘毅に劣ってて、私も色々したんですけどね、もう東京に逃げて行って、何してるのか分からなくて、面倒ばかりで」

「あの」

滝本さんが声を出して、お母さんの言葉をさえぎった。

あっ、先に言っておけばよかった、お母さんの言葉を遮ると百倍になって返ってくるんです……！

滝本さんは、

「他の誰かと間違えてませんか……？」

と言った。

ぶはっ！　私は思わず横で噴き出した。

「え?!　何のことですか、相沢咲月の話をしてますよ!!」

お母さんのターボエンジンが炸裂《さくれつ》する。

滝本さんは静かな声で、

「申し訳ありません、俺が知っている相沢さんと違う方のお話を聞いているようで、確認させて頂きました」

と言った。

お母さんは「ならいいですけど!!」と電話をガチャ切りした。

「ちょっと、滝本さん、間違えてるはずないじゃないですか、あれが私のお母さんですよ」

私は笑いすぎて目元を押さえて言った。

滝本さんはスマホの画面をハンカチで拭いて、私に返却しつつ、

「知ってます。我慢できなくて言ってしまいました。お母様の気分を損ねてしまったかもしれませんね。でも。聞いていて気分のいい物では無かったので」

とほほ笑んだ。

ええ？　分かってて言ったの？

お母さんは間違いなく電話の向こうでファイヤーしてるけど、どこかスッキリしていた。

こっちにいる人が、こっちにいた私を評価してくれた。

私は手を差し出した。そして、

「ありがとうございました、スッキリしました」

と言った。滝本さんはハンカチで手を軽く拭いて、

「これからよろしくお願いします」

と手を握り返してくれた。

温かくて大きな手。

安心して、今日はちょっといい地ビール買って帰ろうと心に決めた。

そしてもし私が起きている間に滝本さんがライブから帰ってきたら、一緒に飲もう。

そう思った。

■第14話　夜は長いよ

「さあ滝本さん、座ってください、ここが王の席です」

「ありがとうございます……？」

この家の一階は、真ん中に廊下があり左側に台所がある。ここは何度もお邪魔していて、たまにビールを頂くこともある。

右側は初日に少しだけ見せて頂いただけで、中まで入ったことは無かった。

でも今日は初めて、右側のリビングにお邪魔する事になった。

リビングにはかなり大きなテレビと音響システムが揃っていて、壁際に一・五人掛けのソファーが置いてある。

一・五人掛けのソファーなど存在しないかも知れないが、一人が座るにはあまりに大きく、二人で座るには小さい。

そんな絶妙にくつろげそうなソファーの横には、高さを合わせた広めのテーブルとオシャレなライト。

テーブルの下にはミニ冷蔵庫まで完備してある。

すぐ隣が台所なのに！　すごく快適な環境だ。

ソファーの前にはローテーブルが出してあって、そこには塩、キャラメルの二種類の味がついたポップコーン（新聞紙で作った紙の入れ物に山盛り）。

とんがりコーン、トッポ、なぜか冷ややっこ（キムチとゴマ油載せ）、山盛りの唐揚げ（すべてに爪楊枝《つまようじ》が付いている）と豪華なツマミが並んでいる。

「黒井《くろい》さーん、ラタトゥイユどこですか」

今日は全てを知っているワラビさんも来ている。黒井さんと聞いて誰の事だろう……と思うが相沢さんのことだ。ふたりはどうやら本名ではなく常にオタ活で使ってる名前で呼び合うようだ。

「ラタトゥイユなら、そこの保温ジャーにもう入れてあるよ」

「神じゃないですかあ!!」

ワラビさんは「マジで結婚したんですか、お祝いです～」と笑いながら一升瓶を抱えてタクシーで家に来た。

でも今日はお祝いの会ではない。

俺の前、床に座った相沢さんの背中からカシュッと高い音が響く。

「ぷはー！　オタクやってて何が一番楽しいかって、素質がある人を沼に沈められる可能性を感じる時だよね」

「ちょっと黒井さん、もう開けてるんですか?! 皿くださいよ、皿！」

ワラビさんが叫んでいるので、俺はソファから立ち上がり、台所に入り、ラタトゥイユを食べるのに適してそうな皿とスプーンを取り出しに行った。

「滝本さんありがとうございます！ そしてご結婚おめでとうございます〜。今日はこんな素敵な会に呼んで頂いて、光栄です〜」

「お手柔らかにお願いします」

「超楽しみにしてました。出かけるって言ったら、ラタトゥイユめっちゃ持たされました〜。てかウチの畑、今茄子《なす》取れすぎてヤバくって！」

相沢さん曰くワラビさんは『近くに住んでる金持ちのお嬢様』らしく、つねにタクシー移動だし、働く必要がないから同人誌量産している方らしい。

オタク業界、色んな人がいるなあ。

俺とワラビさんは、皿を運びながらリビングに戻った。

テーブルには俺が買ってきたお寿司も並んでいる。

パーティーがあるなら、買ってきたほうが良いかな……と営業で使っているお寿司屋さんでマス寿司《ずし》を作って貰った。

それを持ってライブに行ったのは初めてだったけど、クーラーが効いた事務所に置いて貰ったから大丈夫だと思う。

「乾杯しましょう、乾杯」

相沢さんはミニ冷蔵庫を開けて俺にビールを渡してくれた。それはキンキンに冷たくて、カシュッと開けて飲むと七月の蒸し暑さが吹き飛ぶおいしさだった。

「今朝仕込んで、さっき揚げたんです。自信作なんで食べてみてください」

相沢さんが爪楊枝に刺さった唐揚げを俺に渡してくれた。噛んだらニンニクと醤油《しょうゆ》の味が濃くて、とてもビールに合った。

「美味しいですね」

「唐揚げだけは自信があるんです！」

相沢さんは目を細めてほほ笑んだ。

よく考えたら、流しそうめん以降、相沢さんの料理を食べたのは初めてかもしれない。とても光栄で、うれしい。俺は唐揚げを味わって食べた。

「始まりますよー！」

画面には映画のタイトルが出てきた。

この会が決まったのは先週の金曜日の夜だ。

深夜、俺は玄関に置いてあるフィギュアに気が付いた。

そこにあったのは、顔が半分メカになっている男性と、身体の八割がメカになっている若い男性のフィギュアだった。見覚えがあるが名前が出てこない。

「これってなんでしたっけ」

通りかかった相沢さんに聞いてみたら、

「ドクターエイトとテンダラーのフィギュアですね。好きなんですよ、私」

と言われた。それはヒーローたちがたくさん出てきて宇宙人と戦うＳＦ映画に出演しているキャラクターで有名だから姿は知っていた。

「なつかしいですね。昔アニメでありましたよね。ドクターエイト。夕方の放送を見たことがありますが、最近は実写映画なんですね」

と言ったら、目の前にいた相沢さんの目がカッと開いた。

「アニメのは見てて……実写版の映画は見て無い……ってことですか？」

「はい、そうですね。アニメ自体も見たのは子どもの頃ですね」

やはりデザロズのファンをしていると、時間はすべてそれに費やしてしまい、他の事をする時間が無くなってしまう。

相沢さんは手に持っていたビールを靴箱の上にトンと置いて、

「アニメ版のドクターエイト、滝本さん的に面白かったですか？」

と俺の目を見て言った。

なんだろう、会社で見る相沢さんより表情が真剣だ。

俺は遠い記憶を呼び覚ます。

「……そうですね、いやな印象はないです」

俺は素直に答えた。

あまり内容を覚えてないのが本音だけど。

相沢さんの目が間違いなく猫のようにキランと光った。

「滝本さん、今週の金曜日、夜二十四時くらいには帰ってきてますか？」

「え?!」

突然言われて驚いた。

金曜日はデザロズのライブがあるが、反省会含めて、二十三時すぎには終わる。だから終電で帰ってくると思う。

居ると思いますが……と言ったら、相沢さんは速攻で俺の前から消えた。

そして部屋から電話を掛けながら戻ってきた。

「ワラビちゃん、滝本さんアニメ版のドクターエイト見てて好感触なのに、ＭＴＵの実写見て無いって。やろうよ！　金曜の二十四時終電集合ね！」

この数分で金曜深夜に何か会が開催されることが決定したようだ。

決定したあとで、あ……と相沢さんは俺の顔をみて、

「土曜の朝からライブあったりしますか？」

と聞いてきた。

なんというオタ活に理解がある人なんだろう。

というか、徹夜するのが前提なのが楽しくて仕方ない。

「土曜日は夕方からライブ前の打ち合わせに行くので、それまで大丈夫ですよ」

「やったー！　じゃあ金曜日二十四時……あ、帰ってきたらシャワー浴びたいですよね。二十四時半から始めましょう！」

相沢さんは、そう決まったらビールとかお菓子とか鶏肉《とりにく》とか宅配に入れないと……と言いながら一瞬俺の前から消えたが、またシュッと戻ってきて、

「アレルギーとか、好き嫌いとかあります？」

と言った。

だからなぜそんなに面白い方向に気遣いが出来るのだろう。

「ないです。何でも食べられますよ」

「それはとても良いですね！」

とニッコリほほ笑んで、再び自室に消えた。

そして一週間後の今日、ドクターエイトの上映会が始まった。

相沢さんはドクターエイトが一番好きらしく、1は必須なのだと説明してくれた。

「アニメ版ではエイトはただの医者なんですけど、実写は社長って設定も足されてるんです。それが後半、めちゃくちゃ効いてくるんですよ！」

そう言って目を輝かせて説明してくれた。

ドクターエイトは、最初は普通の人間だ。しかし地球を侵略しようとしていた宇宙人と交渉するために惑星に向かう。そこで捕まえられてしまい、頭にマシーンを埋め込まれてしまう。そこから命からがら逃げてくるドクターエイト……しかし、半分マシーンにされてしまったドクターエイトは地球で迫害される。

一方、一緒に捕まっていた助手は地球に帰るために、惑星にいたマシーンに『良心チップ』を埋め込む。その結果、人を殺せなくなったマシーン……それが敵対するテンダラーだ。その二人が戦い、心を見つけていく……というのが基本ストーリーのようだ。

相沢さんは語り続ける。

「私がこれを見たのは地元では一番大きな映画館だったんですけど、一日に一回しか流してないし、人も少ないし、淋《さみ》しかったんですよねえ……」

そう言ってビールをグイと飲んだ。

「私は高校生だっけな。なんなら中学生だったかもしれないですね」

「ワラビちゃん若い、ワラビちゃん可愛い」

俺の前に座っている二人は楽しそうにビールを飲みながら映画を見ている。

こういう会のお約束らしいが、音声は日本語で、日本語の字幕も出している。

つまり話している人がいても、内容が抜けることはない。

俺は二人が話している声をなんとなく聞きながら、映画の字幕で内容も追う。

確かに挫折から切り替えて、自分の信念を貫いていくヒーローはカッコイイと思った。

二人は「ああーーエイトがめっちゃ若い!!」とか「肌の張りが違う！」と画面に向かって拝み始めた。

二人の動きが完璧にシンクロしている。

映画とセットで一つのエンタメのようだ。

「あーーっ、聞きました？　一人称が僕なんですよね、僕。はああ〜〜カワイイ〜〜」

「こう天才が苦労して作り始める所がいいんですよね！」

そして映画中盤、あるタイミングになると二人とも持っていたビールを置いて正座をした。

なんだろう……と思って俺も背筋を伸ばすと、

「俺の真ん中に流れるもの……これが……『心』か？」

と同時に呟いた。相沢さんは俺のほうをキュッと振り向いて、

「これすっごく大事で、このあと二十本くらい見たあとに効いてきますから!!」

と目を輝かせた。

二十本。先が長いなと思ったが、二人がとても楽しそうなので、こんな時間が長く続くのは悪くないと思った。

この後、四本映画を見て、完全に電車が動き始めた朝の八時にワラビさんは、

「昼から用事があるので一回帰ります！　続きが本番ですよ〜〜！　また来週！」

とタクシーを呼んで消えていった。

「どうでしたか、滝本さん！」

徹夜明けだというのに、相沢さんの目はキラキラと輝いていて、正直めちゃくちゃ可愛かった。

「すごく、楽しかったです。話の繋がり方が絶妙なんですね」

と答えたら、

「そうなんですー！　うれしいです。ただ疲れただけだったら、どうしようと思ってました」

と相沢さんはほほ笑んだ。

もちろん疲れたけど、なんたって家だからすぐに眠れる。

これが俺たちが共に迎えたロマンチックの欠片《かけら》もないけど、一緒に迎えた最高な朝だった。

ちなみにその後、相沢さんはまっすぐに玄関のチャイムに向かい、電源を切った。

そして昼過ぎまでお互いぐっすり寝た。

本当に最高だ。

第15話　雨とガムテープ

日曜日の昼すぎ、滝本さんが二階から巨大な荷物を抱えて下りてきた。

「相沢さん、裏庭をお借りしてもいいですか？」

「色々散らかってるかもしれませんが、どうぞ」

「大丈夫です、お借りします」

滝本さんは荷物を抱えて外に出ていった。

うちは裏庭が広い。

広いというか、小さな山の斜面すべてが庭だ。

これがおばさんがこの家から逃げ出していった最大の原因なんだけど、ここの管理も必要なのだ。

まずは雑草。一週間で恐ろしく伸びるので、こまめに刈る必要がある。

面倒なので除草剤をジャバジャバ撒《ま》いてるんだけど、それでも生えてくる。

雑草の何が困るかというと、種が飛んで、真面目に除草している方の畑が雑草だらけになること。

あと、伸びた雑草の隙間に誰か隠れていても分からないから危ないのだ。

滝本さんが何をするのか気になるし、何より最近雑草を刈って居なかったので、と私も長袖長ズボンを穿《は》いて裏庭に出ることにした。

七月の裏庭は、雑草がモコモコ生えてて、私は鎌を片手に切りながら歩く。

その先、少し開けている場所に滝本さんが見えたが、私はギョッとしてしまった。

「すごい!!」

「ああ、すいません、こんなに大きなスペースお借りしても大丈夫ですか？」

「それは全然良いんですけど……？」

滝本さんはトーントーンとハンマーで釘《くぎ》のようなものを地面に打ち込み、かなり大きなテントを張っていた。

なぜ庭にテント。そして大人が六人くらい眠れるほど大きく見える。

私は家で漫画を描くのが一番好きなので、アウトドアに全く興味なく、テントを張っている人を近くで見たのは初めてだった。

滝本さんはポカンと見ている私の前で、一人ですいすいとテントを立ち上げた。

「おお、立体物になった！」

「大丈夫そうですね」

「すごーい！　入っていいですか？　入っていいですか？」

私は出来上がったテントに入りたくて仕方ない。

最後にテントに入ったのは小学生の時だったろうか。

空間が広くて面白そう！　滝本さんは作業を続けながら私を見て口を開く。

「どうぞ。俺はタープも張るので」

「すいません、それが何なのか全然分からないんですけど、お先にお邪魔しますー」

私はテントの周りをクルリと回って入り口を探した。

網戸のような所があったので、その前で靴を脱ごうとしたら、

「そこは家で言う所の土間です。もう一歩先まで入れますよ」

と、教えてくれた。

「土間?!　テントに土間があるんですか?!」

「最新式の物はありますね。その先で靴を脱いでください」

言われるがまま、網戸の先に行くと、ファスナーのあるドアのような場所があった。

ここが正式な入り口のようだ。

いそいそと靴を脱いで中に入ると、ものすごく広かった。

私が知っているテントは三人入ったら満杯なイメージだ。でもこの広さがあれば大人の六・七人は余裕で眠れると思う。

一番上に小窓がついていて、外を見ることが出来るし、何より天井が高い。

「すごーい！　楽しいー！」

思わず、中でコロコロと転がってしまう。

滝本さんがテントの外から声をかけてくる。

「それは良かったです。今夜一晩張っておいても良いですか？」

「全然大丈夫ですよ！」

外に戻ると、テントの屋根が延長されているように広く伸びていた。

その長さは五メートル以上あるように見える。もう一つテントが入ってしまいそうな広さだ。

テントに繋がる巨大空間……

「あっ！　ここにテーブルとか椅子とか置いてご飯食べるんですね」

と名探偵のように言ったら、紐を引っ張りながら調整していた滝本さんが、

「ここに車を入れるんですよ。そして後ろを開ける。そうすると車と繋がった空間になるんです。数人は車で寝ます。車はバッテリーもあるので冷蔵庫も置けますから」

「野外なのにキンキンに冷えたビールが飲めるんですか?!　最新のテント凄すぎる。滝本さんキャンプが趣味だったんですか?!」

アイドル好きなのにキャンプグッズに詳しいとか、想像が出来ない。

私は正直虫（特にハチ）が苦手で、やはり外でわざわざ生活をしようとは思えない。

でもこんなに高機能なら、外というより、家をそのまま外に持ってきたような物なのだから、

わりと楽しいのかもしれない。

　滝本さんは布がたるんだ場所を直しながら、

「夏に毎年アイドルのフェスに行くので、そこで使います。有名なアイドルから地下アイドルまで一気に揃うアイドル界の一大イベントなんですよ」

「なるほど！」

「デザロズだけじゃなくて、他のアイドルオタも集まるので、年に一度の同窓会のような感じで、毎年楽しみにしてるんです」

「うちらで言う所の夏コミや冬コミのような感じですか」

「そうですね、完全野外な事以外は、似てるかもしれませんね」

　それでこんな大きなテントを所有してるのか。

　曰く、滝本さんはテント担当。他に車担当もいるし、冷蔵庫、食事と分かれていて、当日持ち寄るらしい。

　アイドルオタ業界、実はめっちゃアクティブなのでは？

　腐女子同人業界でキャンプしようなんて言っても、秒で断られそう。

　滝本さんは、日干しのために一日張らせてください……と頭を下げて、ライブに向けて家を出て行った。

　裏庭はすべて我が家の持ち物なので、何が置いてあっても問題はない。

私は雑草を刈り取りながら見送った。

「あれ。雨かも」

あれから雑草を二時間程度刈った後、私は部屋に戻り、原稿をしていた。

夜二十二時を過ぎたころ、ポタン……と雨の音がした。

そういえば明日は雨予報だった。朝すこし早起きしないと、歩いて行くのが大変だ。

スマホの起床時間を早めつつ、ふと思い出した。

雨が降ったら、テントの中ってどうなるんだろ。雨の日にテントの中に居たことがない。

私はスマホを懐中電灯代わりにして、傘をさし、外に出た。

もわりとした湿度に一瞬で肌がベタつく。

でも雨の夜は静かで、全然嫌いじゃない。

「ふおおお、これは楽しい〜〜！」

私はテントに入って興奮してしまった。

大きなテントということは、つまり雨が当たる範囲も広い。

テントの中はトタタタ……と雨音が響く大きなトンネルのようになっていた。

「落ち着くわ、これ」

私は外が見える所にチョコンと座って、ずっと外を見ていた。

そういえば昔は雨を見るのが好きだった。

子供の頃、私が愛用していたコンビニ傘に穴が開いた。

お母さんがは「ピンク色の傘を買ってあげる」と言ったけど、私はコンビニで売っている透明な大きな傘を、もう一度欲しがった。

コンビニ傘が好きだったのは、外がよく見えるからだ。

紅葉の葉も、桜の花びらも、透明な傘に張り付くと絵柄のようで可愛くて好きだった。

それに雫《しずく》がビニールに当たる所も、美しいと思っていた。

でもお母さんは「可愛げがない子だね、せっかくピンクを買ってあげると言ってるのに」と私を睨んだ。

結局、穴が開いた部分にガムテープを張って一年間くらい使ってたなあ。

そんなことをぼんやり思い出していたら、遠くから光が近づいてくるのが見えた。

「……相沢さん、大丈夫ですか？　光が見えたので」

「すいません、雨だとどうなるのか気になって」

足音や時間帯から、近づいてくるのは滝本さんだと何となく分かっていた。

滝本さんは傘を閉じて、タープと呼ばれる屋根だけがある空間に入ってきて私に聞いた。

「中は雨漏りしてませんか？」

「全然大丈夫ですよ。丈夫なんですね。あ、そうじゃないと困りますよね」

みんなで泊まるのに、穴が開いていたら台無しだ。

滝本さんは、

「穴が開いていたら専用のシールで直せるんですよ。テントの色に合わせて数種類のシールがあります」

とほほ笑んだ。

私はふと思って聞いてみた。

「穴が開いたビニール傘にも、そのシールは使えるんですか？」

「直せますよ。俺は何度か使ったことがあります。穴をふさぐと水玉模様みたいで、可愛いですよ」

と言った。

それはまるで、穴が開いてガムテープを貼った傘をさして歩く小さな私に、滝本さんがシールを可愛く張ってくれたような優しい声で。

水玉いいですねえ……。そう言いながら変に心が丸くなって、私は小さく安堵した。

私と滝本さんは、雨脚が強まる音を聞きながら、テントの中にいた。

「あ、相沢さん、あの……」

家に戻った時、滝本さんが私の顔をみて、口元を押さえた。

なんだろう？　と鏡を覗《のぞ》いたら、おでこの真ん中を蚊に食われていた。

「ぎゃーー！」

裏庭には蚊が出るので、長時間居るときは蚊取り線香を忘れないんだけど、七月になったばかりだから油断していた。

もう居るのかー！

「良い薬ありますよ」

滝本さんは二階に行き、薬を私のおでこに塗ってくれた。

大人なのに、明日会社なのに、おでこの真ん中を蚊に食われるとは情けない。

でもなんとか前髪で隠れそうだ。

「……わかりますか？」

私は前髪を整えながら聞くと、滝本さんは苦笑しながら、

「そうですね、少し、分かるかもしれません」

と言った。

テントは楽しいけど、やっぱアウトドアは油断大敵！

でも雨の日は、ちょっとだけいいかもしれないと、私は思った。

■第16話　甘い秘密

「おはようございます」

「滝本さん、おはようございます。早いですね」

俺が一階に下りていくと、丁度起きてきた相沢さんが、ぼんやりとした顔で挨拶してくれた。

相沢さんにはパジャマという概念がない。

曰く、部屋着＝パジャマ＝新聞の集金のおじさんに挨拶まで可能な服装らしく、ラフな姿で生活している。

正直使い古したシャツとズボンでぼんやり歩いている相沢さんは可愛い。

会社用のしっかりした姿もカッコイイけれど、それを知っているから尚《なお》、ぼんやりとした姿を貴重だと感じる。俺は上着を着ながら口を開く。

「今日は定例会議で発表なんです」

「あ――今日定例でしたか。発表おつかれさまです」

うちの会社は月に一度、社長や重役を集めた定例会議があり、そこで営業からデザイン、開発まで全て集まって報告会がある。

今日俺は営業部署の発表を担当する日で、準備のために早朝出社が必要だった。

「また社長の長い挨拶ですね」

と俺は靴を履きながら言った。

うちの社長は某政治家の何を話しているのかよく分からない挨拶とよく似た話し方をする。

『近年の業績悪化にともない、去年度の収益は減額となり、昨年度は赤字となった』みたいな話を延々とする。

長く話しているが、結局赤字の話だ。

会議室のモニターに資料を出して説明するので、部屋が暗いこともあり、五割の社員が寝ている気がする。

ただ寝ている所を見つかると減給に直結するので油断はできない。

相沢さんは、くはーとあくびをして、

「私は社長の挨拶の間、ず〜っと推しの妄想してます。推しのカケルがいて、後ろで『やれやれ』みたいな顔しながら仕事してるって設定なんですけどね。そうすると寝ないで起きていられるんですよ」

とほほ笑み、では行ってらっしゃいですーと言い、タオルを抱えてお風呂のほうに消えていった。

そういえば相沢さんはドクターエイト上映会の時に「私はうちの会社をドクターエイトが

持っている会社……エイトボックスの子会社だと真剣に思い込んでますからね。実は会社で使ってるＩＤカードホルダーにはロゴ入ってますから」と見せてくれた。会社のパスで見えにくくなっていたけど、本当に書いてあって笑った。会社の支給品も黒だし、目立たないのだろう。

　アイドル関係の商品はすべて可愛い色で、イベント以外では使えないから、もっとシックな黒のものがあれば隠れて俺も使うのに……と思ってしまった。


「これ俺の分のデータ」

「了解」

　会社に着くと清川がもう居た。そして自分の担当箇所の原稿をメールで送ってくれた。あと三つほど集めれば終了だが、一人は何度言ってもデータが酷くてそのままモニターに出せない。だから手直しが必要になる。まあ一年前まで手書きだったので、それよりは進化しているがパワポを使える人に任せてほしい。

　パソコンを立ち上げて作業を始めると、横の席に清川が座って、高級店のチョコレートとマカロンを置いた。


「結婚おめでとう。人事の北村さんに聞いたわ」

「さすが清川。情報が早いな」

俺は手を止めずに言った。先週人事に結婚の報告をした。税金的に必要で、それは必須だった。

社内では他にも報告せず結婚している人は多いらしく、特に何も言われなかったが、さすが人事に内通している清川は早い。

人事には転勤の話が最初に入る。だから人事の情報は営業にとって命綱だ。

清川は椅子にアゴを乗せた状態で近づいてきた。

「誰にも言わないから安心してくれよ。友だちじゃん、祝わせてくれよ。でもさあ、一つだけ聞かせて？　北村さんにバーターで頼まれた。いつから付き合ってたの？」

「一年くらい前から」

これは相沢さんと話し合いの結果『聞かれたらこう答える』と決めていた。

結婚の情報は遅かれ早かれ流れる。その時『上司が問題起こしてるから秘密にしてる』のは公然の事実なので、聞かれたら秘密にせずに言う事。

そして一年くらい前から付き合ってたことにしときますかあ～と相沢さんは実に適当に言っていた。

お互い共通の友人は居ないし、話がズレることもない。

清川は椅子にダラリと座って口を開く。

「ふえ～。相沢さんか～。あんまり笑って話してるのとか見た事ないけど、家でもあのままな

の？」

「あのままだよ」

俺はテキストを打ち込みながら答えた。

全くそうじゃないけど、家での素顔は俺だけが知っていればいい。

可愛い相沢さんは、俺だけが知っている最高の事実だ。清川は、

「まあ滝本も同じくらい暗いもんな。同じ感じか、うん」

とか言うので俺は、

「来月の新田商事のパーティー行かないぞ」

と脅した。清川は大げさに姿勢を正して、

「あ〜〜すいません、冷静沈着と言い直します。滝本と相沢さんは冷静沈着カップル。うむ。誰にも言いません、はい」

と席に戻っていった。

新田商事の社長は将棋が趣味で、俺も実は将棋をそれなりにする。

パーティーなのに、社長は俺と延々と将棋をしていて、その間に商談がまとまるのがいつものパターンなのだ。

そう考えたらそろそろ詰将棋の本を開いた方がいいな……俺はスケジュールに入れた。

会議が始まり、社長の挨拶が始まった。

会社の一番大きな会議室を使って行われる会議は社員の七割が集められて暑い。そして暗い。

担当者は前に出て話すシステムなので、俺もとりあえず後部に座っているが、もうすでに眠い。

しかも今日はフードコートの注文タブレットを制作する部署を新設するにあたり、合併した会社の社長も来ている。

そして二人とも話が長い。今日の午前中はこれで終わりそうだ。

俺はiPadで今日の最終原稿を確認しつつ、話が終わるのを待つ。

ふと顔を上げると、円卓挟んで反対側の一番奥に相沢さんが見えた。

まっすぐに前に見て背筋を凛《りん》と伸ばしている。

その表情は家で「ふあー」とあくびしていた顔とは別人のように美しくて、そのギャップがたまらない。

何よりあの首にかかっているのがドクターエイトのグッズで、今相沢さんは社長の秘書に推しがいる妄想をしていると思うと、たまらなく笑えてくる。

俺は軽く咳払《せきばら》いをして、iPadに戻った。

すると胸ポケットが揺れた。取り出して確認すると相沢さんからＬＩＮＥが来ていた。

『何こそこそ見てるんですか』

バレてた。俺は口元を押さえて目だけ上げると、相沢さんが前髪を退けて蚊に食われた所を俺に見せていた。

くっ、ちょっと、何を！　俺は口を固く閉じて目を逸《そ》らした。

次の瞬間顔を上げたら、相沢さんは何事も無かったかのように、背筋を伸ばして凛としている。

もうやめてほしい、笑ってしまう。再びＬＩＮＥが入った。

『発表頑張ってくださいね』

顔を上げると相沢さんが目元だけで小さくほほ笑んでた。

ああもう、そんな可愛い表情を会社でしなくていい。

俺は『ありがとうございます』と素早く返した。

いつもは少し緊張して社長の質問に困ることも多かったけど、今日は驚くほどスムーズに話せて、俺は安堵した。

家に帰ったら貰ったチョコレートを一緒に食べたい。

だったら都内で美味しいコーヒー豆を買って帰ろう。

そう思った。

■第17話　夏の夜と坂道

「おつかれさまでした」

私はいつも通り十六時五十五分にＰＣの電源を落として席を片付け始めた。

今日は午前中の定例会議が長くて、お昼はコンビニのおにぎりで済ませて三十分前倒しで作業開始してなんとか終わった。

会社は基本的に暇だけど、最近は滝本さんがいて少し楽しくなってきた。

それでも定例会議は格別に暇だ。

自分に関係がない部署の話を聞いても仕方ない。

でも私の中で定例会議日＝スペシャルな日だから、頑張った！


今日は漫画喫茶に行って新刊を読む日なのだ。


我が家の書庫はヤバい。

冊数で言うと、先日三千冊をこえた。

でも残念なことに、同じ本を何冊も買っているのだ。

先日確認したら銀河帝国英雄伝説の九巻が三冊出てきた。表紙にキャラクターが一人しか描いてない状態だと「何巻買ったっけ？」と分からなくなって、また買ってしまうのだ。

家に届いて表紙を並べると、同じキャラクターが同じ構図で並んでいる。

なぜ買う前に気がつかないのだろう。おかしな話だ。

むしろもう持っているのに「新刊だ！」と買ってしまう。だから三千冊あるけど、実質千冊。

大丈夫、まだ私の本棚は頑張れる。

いや、思い込みだけでは本当に入らないのよね、三千冊は。

だから、最近は「どうしても手元に置きたい漫画」と「漫画喫茶で読む漫画」に分ける事にした。

そして月に一度、定例会議の日は漫画喫茶に寄って帰ると決めている。

これを始めてから、新しい話はまず読んでから買うので、ハズレがなくなった。

素晴らしい事ばかり！

「すいません、これ一つください」

「はいよ。シュウマイもどうだい？　サービスするよ！」

「じゃあ四つ入りのを一つ」

「いいねえ！」

漫画喫茶に行く時は夕飯を買って行くと決めている。

持ち込み可だし、色々買って行くほうが楽しい。

今日は途中にあるお店で焼きそばとシュウマイを買った。

このお店の焼きそばはチャーシューが入っていて、最高に美味しい。

そしてコンビニで缶ビールと手につかないチョコレート。

少し考えて缶ビールを二本にした。

だってシュウマイがあるんだもん。

荷物を抱え、スマホの会員証アプリを立ち上げてクーポンを確認しながらエレベーターに乗り込む。毎月通っていると使えるクーポンが溜まってきて、二十パーセント引きで居ることができる。

そしてアラームに終電に間に合う時間を入れる。

先日も漫画に集中しすぎて終電を逃すところだった。

さすがに社会人として漫画喫茶のシャワーを浴びて出社する人にはなれない。

でもまあ……次の日が休みなら、ちょっとしたい。

徹夜で漫画を読むのも最高に幸せ！

「よし、と」

席に着いたらご飯を置いて貴重品をロッカーに入れて漫画を取りに行く。

漫画喫茶で唯一不満なのは、個室が暗い所だ。

眠りたい人が居るのは知っているけど、なぜ全ての席が暗いのだろう。

いや、百歩譲って暗い席もあってよいから、太陽光が入る明るい席も欲しい。

頭上にある小さなライトでは漫画が読みにくい。


まずは新刊ゾーンに行って出ている新刊をかき集める。

この瞬間が一番テンションが上がる。ああっ、この漫画の新刊も出てるし、これもある！

買うか買わないかギリギリのラインにある漫画の新刊が出ていて、しかも面白いと「ほう……ついに私の家に来るかい？」と思う。

それがまた十巻以下だと真剣に悩む。この冊数なら揃えてもいいんじゃないか?!　十五巻以上になると専用の棚が必要になる。

君にその価値があるのかい？

漫画本片手に真剣にそんなことを語りかけている自分が嫌いではない。

一番楽しみにしていた新刊を手にビールを開ける。

ああー、仕事して、好きな漫画があって、チャーシューは美味しくて、ビールが冷えてるなんて、パラダイスすぎる!!

私は半分くらい一気に飲んで焼きそばを食べて、読み始めた。

「読み終わり、と」

私はスマホの読書アプリにそれを入力した。

これが恐ろしく便利なのだ。漫画を読んでいる量が多すぎて何をどこまで読んだか全く把握しきれないので、読んだ所までメモしている。

なのにどうして買う本が被るのか、わからない。永遠の謎だ。

次の本を求めて本棚ゾーンに出ると、大人数アイドルをネタにした漫画が目に入った。

これって確か、アイドルグループに一人だけ男の子がいる話だったよね。

ふと滝本さんを思い出して、一巻を手に取った。あと近くにあった極道がアイドルをする漫画も手に取った。

この漫画喫茶は漫画の並べ方もいい。

アイドル関係の漫画が読みたいなと思ったら、隣に並べて置いてあるんだもん、神だろうか。

アラームが鳴って大慌てで漫画喫茶を出て終電に飛び乗った。

極道がアイドルをする漫画が面白すぎて出ている最新刊まで読んでしまった。

滝本さんに読んでほしいから、買おうかな。

あ、でも持ってるかも知れない。

ＬＩＮＥで聞こうかな……と思いながら電車から降りた。

するといつものコンビニから、滝本さんが出てきた。

私は思わず大きな声で呼び止めてしまった。

「!!　今お帰りですか。遅いですね」

「清川と飲んでました」

「おつかれさまですー！」

私は個人的に職場の人と二人きりでは、百パーセント飲まない。楽しくないからだ。

あ、でも滝本さんとは飲んでるから九十九パーセント？

私は滝本さんと自転車置き場に向かって歩き始めながら聞いた。

「極道の人がアイドルになる漫画知ってますか？」

「知らないです。面白いんですか？」

と興味を持ってくれたのでうれしくなって、

「週末一緒に読みましょう。今日読んできたんですけど、最高に面白かったですよ」

と瞬時にスマホを立ち上げて、もうカートに入っていたので注文した。

楽しみすぎる！　というか、間違いなく買うための動機づけを探していたのだ。

私も悪い女だわ。

滝本さんは、そういえば……と言いながらリュックを背負いなおした。

「今日は清川に美味しいチョコレートとマカロンを貰いました。甘いものはお好きですか？」

と聞いてきた。

甘い物は全て大好きだ。

そう答えると滝本さんは、それは良かった……と言いながら、自転車置き場で突然かばんを全開にしてチョコレートの蓋を開けた。

ええ?!　こんな所で突然全開にするとは、滝本さんは中々酔ってるらしい。

でもチョコレートは大好物なので、ひとつ頂くことにした。

口に運ぶと甘すぎなくて、でもふわりと優しい味で、すごくおいしかった。

「んー、いいですね」

私が言うと、滝本さんも一つ口に入れて、

「ふわふわですね」

とほほ笑んだ。そして今日は飲んでるので自転車は押していきます、帰りましょうかと歩きだした。

少し坂を登って一つチョコをたべて、少し坂を登ったら、また一つチョコを食べて。

「家まで持ちませんね」

と私が笑ったら、
「マカロンがあります」
と滝本さんが自慢げに言うので噴き出してしまった。
夜中にまだ食べるの?!　楽しくて全然嫌いじゃないけど。
夏が始まる夜、チョコレートと自転車のカラカラ回る音が心地よい。
私も滝本さんも少し酔ってて、笑いながら坂を上った。

■第18話　深刻な病？？

「滝本さん……私……病気かもしれません……」

金曜日の夜、帰宅すると相沢さんがリビングの机に正座していた。

そして神妙な顔をして小さな声で呟く。

一瞬で状況は理解したけど、楽しそうなので猿芝居に乗ることにした。

相沢さんは、王の椅子という名のソファーをトントンと叩いて、俺をリビングに招き入れた。

「うう……折角結婚したのに……短くて……すいませんでした……」

「はい」

俺はネクタイを緩めて上着を脱いで、座り慣れてきた王の椅子に座る。

するとすぐに相沢さんが「飲みます？」と横のミニ冷蔵庫からビールを出してくれた。

この席に座ったら飲むのはお約束なのか。

俺はお礼を言って、ビールを開けて一口飲んだ。ああ、ライブの後のビールは最高に美味しい。

机の横を見ると、空き缶が三本くらい転がっている。

なるほど、相沢さんは結構出来上がっているみたいだ。

「うう……滝本さんっ……どうしてツッコミを入れてくれないんですか？」

「そうですね、状況を見れば分かるので」

「あ、すいません、マッチングしました」

相沢さんは猿芝居を一瞬で止めてコントローラーを握り、すぐにプレイを始めた。

大きなテレビ画面に映っているゲームは日本のメーカーが出しているインクを使って戦うゲームだ。

使っているのはローラーというカーペットの掃除に使うコロコロみたいな形状をした武器なのだが、普通は三回くらい撃たないと殺せない敵を一発で倒すことができる。

そして居場所が分からなくなる装備《ギア》をつけて、移動速度が速くなるギアもつけている。

初心者は装備が揃っていないことが多いが、相沢さんのはとても綺麗なので、わりとやっているようだ。

「あっ……ちょっとセンサー置きすぎ、マジイカ忍殺しなんだけど！」

センサーというのは、その上を通ると隠れているのに場所が分かってしまう装置だ。

相沢さんは大騒ぎしながら試合を終えたが僅差で負けて瞬時に『続ける』ボタンを押した。

そしてクルリと振り向いて、

「……漫画のネームが収まらなくて……アイデアもなくて……ゲームがやめられないんですよね……ゲームやりすぎ病です……」

「そのようですね」

俺は静かに頷きながらビールを飲んだ。

机の上には白い紙が散乱している。

俺は漫画など全く描けないので分からないがコマが割ってあるのは分かる。

床に丸められた紙が広がっていて、その真ん中に相沢さんが正座してコントローラーを握っているのだ。

なかなか妙な状況だ。

相沢さんはコントローラーを机の上にポイと置いて紙のゴミの真ん中に転がり、目の前の丸まった紙を広げてため息をついた。

「私印刷所の予約を六十ページで取っちゃって、もうそれは変更できないんですよね。だから六十ページで終わらなきゃいけないんですけど、ネームが膨らんじゃって削っても削っても七十五ページを切らないんですよ。ちなみに昔もこの状況になって上下巻にしたら、上巻六十ページ、下巻二十ページになっちゃって、なんだよそれバランス悪すぎって……あ、マッチングしましたね」

そう言ってムクリと身体を起こして、再びゲームを始めた。

今度はローラーが得意とする段差があるステージなので、潜伏からの一撃必殺が上手くいき、余裕の勝利だった。

迷わず『続ける』を押して、再び相沢さんはコロンと横になり、紙を広げて、鉛筆でサラサラと何かを描いていく。

全く絵が描けない俺からすると、鉛筆から魔法のように線が生まれて、何かが生まれていくのは凄いと思う。

でも相沢さんはデジタルで漫画を描いていた気がするけど。

「下絵は紙なんですね」

「ネームっていって、コマ割りは今も紙なんですよねー。こう全体が見わたせるから便利なんです。要らない場所とか、コマの絵が似てないか……とか、同じような構図が多くないか……とか確認しやすいんですよね。1・2……3・4……と。ああ……前半を切ってしまって後半でセリフで説明させる……だったらこのブロック丸々切って……あ、マッチングしましたね」

相沢さんは転がっていた紙を並べて何か思いついた風なのに、またムクリと身体を起こしてプレイを再開した。

この一連の動きが面白すぎる。

見ていたら今度はローラーが得意ではない高所から見つけられてしまうコースだ。ここは上に長射程狙える武器がいつも狙っているので、ちょっとした動きで狙われてしまう。

「あーー！」

「そこはブロックに隠れると上から見にくくなりますよ」

「え？　ああ、そうかも！」

俺は思わずアドバイスしてしまった。

実は俺もわりと好きで、それなりにやりこんでいる。

レベルも相沢さんと同ランク……いや、俺のほうが上だ。

好きなアイドルがこのゲームで一緒に遊べる人を募集をしていて、それに参加したくて始めたのだが、わりと楽しくてハマってしまった。

アイドルがゲーム動画を撮影するときに呼んでもらえるようになったし、アップされる動画に自分が出ているのはうれしいので、手は抜けない。

そして相沢さんはギリギリ勝った。そしてクルリと振り向く。目が真剣だ。

「滝本さん、このゲームのウデマエ何ですか?!」

「ウデマエは、X《エックス》です」

「マジで?!」

相沢さんは今まで見たことがないほど、目を大きく開いて叫んだ。

このゲームにはランクがあって、一番上は『X《エックス》』だ。一番上手い人たちが多い。

その下が『S』……『A』……と続いていく。俺はアイドルのゲーム動画に出たいがためにやりこみすぎて『X』だ。

どうやら相沢さんは『S＋8《エスプラスハチ》』という『X』まであと二段階という所にいた。

相沢さんは速攻スマホを立ち上げて電話をかけた。

「ワラビちゃん、滝本さんXだって!!　ツキワンリグマ……滝本さん、このあと用事ありますか?!」

電話を始めたと思ったら、突然振り向いて聞かれた。

「えっ……いえ、大丈夫ですよ。でもビール飲んでしまってますが……」

「私なんて四本飲んでますよ!!」

三本じゃなかった。紙の下に一本隠れていたのか。

なるほど、相沢さんのほうが酔っている。問題は無さそうだ。

「ツキワンリグマ、もう一人集まらなくて諦めようと思ってたんですけど、滝本さん一緒に出ませんか?!」

「大丈夫ですよ。何時からですか？」

「三十分後です！」

「ゲーム機を持ってきますね」

「お願いします!!　ワラビちゃん、板橋さん呼んで板橋さん!!」

俺は残っていたビールを飲み干して、二階に上がりゲーム機を取りに行くことにした。

三十分あるなら着替えよう。今日は会社帰りにライブに行ったのでスーツのままだった。

ツキワンリグマとはゲームの公式が毎月開催している大会のようなものだ。

四人集まれば誰でも出ることが出来る。やっていることは知っていたが、四人同時刻に集まるというのが難しくて出たことは無かった。

ゲーム機とコントローラーを持って下りていくと、散らかっていた紙は全て隅に集められていた。

……これで良いのかどうかは、分からない。

相沢さんはテレビの前から少し離れた場所に机を移動させてくれていた。

たしかに同じ部屋でしていたら音がかぶってやりにくそうだ。

「どうぞ、ここに、ここにどうぞ！」

「はい」

正直同じ部屋で一緒にプレイするのは初めてだ。

相沢さんは会話アプリを立ち上げていた。

その先からワラビさんの声がしている。

『滝本さん〜〜よろしくお願いします〜〜！』

俺はその場で少し頭をさげる。

「練習しましょう。あ、フレコこれです」

大きなテレビに相沢さんのフレンドコードが出ている。これはゲームをする人、皆が持つナンバーだ。

これをお互いに交換しあうと、一緒にゲームすることが出来る。

ワラビさんに連れて来られた方は、どうやら年配の男性のようだった。

一番長射程の武器を使われていたので、少し不安に思ったが驚くほど的確エイムで、見事な後衛だった。二時間参加した結果、勝率六割くらいで戦うことが出来た。


「あー！　楽しかった！　来月は百位以内目指したいですね！」

相沢さんはとてもうれしそうにワラビさんたちと通話を切った。

「そうですね……」

と俺は答えたが我慢できずにツイ……と部屋の奥に積まれた白い紙の山を見た。

すると相沢さんも俺の視線を追って白い紙の山を見て、床に倒れこんだ。

そして顔を持ち上げて口をへの字に曲げた。

「滝本さん……私……病気かもしれません……」

「そうですね」

俺は思わず吹き出して笑った。

④ 番外編 滝本隆太について

■番外編　滝本隆太について

元々の性格がのんびりしているからだと思うが、今まで生きてきて本気で怒ったことは数回しかない。

今でもはっきりと覚えてる……初めて本気で苛立《いらだ》って怒ったのは小学校三年生の時の授業参観の日だった。

俺の父さんは病気で早くに亡くなった。

だから母さんは保険の外交員をして一人で俺を育ててくれた。

朝から夜まで仕事に行き、特に休日は忙しそうにしていて、土曜日に行われる授業参観には来られなかった。

でも俺は一回でいいから来てほしかった。

だから「得意な算数だから、来てほしい！」とお願いした。

母さんは「少しだけ顔出すね」と言ってくれたのだ。

俺は母さんが来てくれるのがうれしくて、ずっと教室の後ろのドアを見ていた。

そしてチラリと母さんの顔が見えた時、すごくうれしかった。

本当に来てくれたんだ！

胸もとで手を振る俺……その前の席、クラスメイトの高梨が口を開いた。

「滝本《たきもと》のかあちゃん、髪型オウムみたいじゃね？」

するとクラスのみんなが後ろのほうをみて、

「本当だ、髪型がオウムみたいだー！」

と笑ったんだ。

その視線と笑い声を聞いて、母さんは少し困ったように前髪を押さえて廊下に出た。

俺はその時にはっきりと苛立って、前の席に座っていた高梨の椅子を蹴とばした。

高梨は机に思いっきり腹を押し付ける形になり「滝本てめぇ!!」と叫んだ。

俺は負けずに「お前が悪いんだろ!!」と叫んだ。

先生がすぐに飛んできて、俺は廊下に引っ張り出された。

その後のことは覚えてないけど、家に帰ったら母さんが何も言わずに大好きな餃子《ぎょうざ》を作って

くれたことは覚えてる。

俺は謝らない。悪くない。

でもどう言ったら良いのかわからなくて、ただ横に立って一緒に餃子を包んだ。


いつも夜中に目が覚めてトイレに行くと、台所に母さんがいた。

ふんわりと立ててある髪の毛は、ぺしゃんこになっていた。

いつも身体が大きく見える服を着てるのに、パジャマ姿だと小さかった。

毎日めっちゃがんばって髪の毛を持ち上げて、がんばって身体を大きく見せて仕事してるんだと小学生の俺にもわかってた。

あのオウムみたいに思いっきり持ち上げている髪型は、母さんが頑張っている証拠なんだ。


それをバカにされたのが、許せなかった。


後で高梨もお母さんが授業参観に来てくれなくて淋しかったのだと謝られたけど……だからって言っていい事と悪いことがある。

俺は今も許してない。

中学校になると、家に帰ると母さんがいることは無くなった。

仕事に本腰を入れ始めたのだ。

でも俺は卓球部に入部。友達と毎日練習していたのでそれほど淋しいとは思わなかった。

俺が高校になると、母さんはたまにお酒を飲んで帰ってくるようになった。

同時に男性のコロンの匂いがするようになった。

理性では「恋できるなんて良い事じゃないか。ずっとひとりで育ててくれたんだから」と思いながら、母さんが女だなんて考えたこと無かったので、心底気持ちが悪かった。

それが理解できたのは、就職して家を離れてからだ。

今までもかなり家事をやってきていたので余裕だろうと思ったけど、働きながら家事をしていくのは大変だった。

この頃にはもうドルオタだったから、ライブに通うことで日々を乗り切った。


それで気が付いたんだ。

俺はライブに通って身体に活力を入れる。母さんは恋をすることで活力を入れているんじゃないかって。

だってコロンの香りがするようになってから、母さんには笑顔が増えた。

きっとそういうことなのだろう。

どうしようもなく押し寄せてくる現実から逃避させてくれたのが、恋だったんだろう。

そこからは「相手がいるなら再婚しなよ。俺はもう大丈夫だから」と言い続けた。

でも母さんは、

「まだ子育て終わってないのよ。隆太《りゅうた》が結婚したら、それで子育ては、一段落。それまでは私は再婚はしない」

そう言い続けている。


結婚ねえ……。

俺は使い終わった割りばしを箸袋に包んで丸めながらため息をついた。

昼過ぎの食堂は空いていて、食べているのは俺と清川しかいない。

清川はてんぷらを食べながら口を開いた。


「なあ、滝本。今日来るだろ？　てか連れてこいって言われてる」

「あー、うん、ていうか、断れないんだろ、これ」

「月に一回くらい付き合えよ。社内を円滑に回すのも営業の仕事だろ」

清川はお茶を飲んで俺を睨んだ。

今日は経理の子たちと飲み会だから、絶対に来いとずっと言われている。

でも面倒だし、今日は外で打ち合わせなのでそのまま直帰しようと思っていた。

仕事先の人たちと食事や飲みにいくのは仕事の一環だと分かるけれど、会社の経理の女の子たちと食事をするのは、仕事だろうか。

経理？　俺はピンときて顔を上げた。


「清川、お前、村上さんにごり押しされたんだろ」

「お。さすが営業俺についでナンバー2の滝本くんだね、大正解」

「お前、飲み会の席でこそこそイチャイチャするのやめろよ」

「あれが社内に女がいる楽しみなのに」

「俺の見えないところでやってくれ」

「とにかく今日は滝本連れてこいって言われてるんだよ。絶対だからな」

「りょーかい」


俺は食器を片付けながら答えた。

別に日曜日に付き合えと言われてるわけではないので、仕事として受け入れることにした。

清川も食器を片付けながら口を開く。

「だってお前彼女いないんだろ。連れてこいって言われてるだけ名誉じゃねーか」

「うーん、まあなあ」

「真面目で誠実そうな雰囲気が人気ですぞ、滝本くん」

「はは……」


軽く笑ってガムを口に放り込んだ。

俺は顔も身長も雰囲気も『普通』だと思うし、昔から年齢より落ち着いて見えるらしく、高校の時には普通の彼女も出来た。

でもあの頃の俺は若かった。

『俺が好きなものは、他の人も好きになるはずだ』と思い込み、当時自分が好きだったアイドルを彼女にも強烈にプッシュした。

その結果「私はこんなに可愛くない。ずっと比べられてしんどい、意味がわからない、ていうかドルオタとかマジで気持ちが悪い。そんな人だと思わなかった」と二か月も経たずにフラれた。

その経験から学んだことは、女の人の前で他の女の人を誉《ほ》めないこと。

オタクの趣味が広く受け入れられている昨今でも、ドルオタだけは無理だということ。

そして自分が好きなものを否定されるということは、予想以上に心が傷つくことを知った。

バカにされるなら恋なんてしたくないし、結婚なんてもっと無理だ。

それでも気になる女性が全く居ないかと問われたら、やっぱり嘘になるんだけど。


「なんだこのアラート」


打ち合わせ用の資料を作ろうとしていたが、コピー機が動かない。

見ると見た事がないオレンジ色のライトがついている。

紙詰まりでも、トナーがないわけでもない。これはサポートに聞かないと分からない。

とりあえず別のコピー機にいくか。このコピー機自動的にホッチキス留めしてくれるから便利なんだけど。

俺はサポートセンターに電話はしておこうと立ち上がった。

すると後ろから女性の声がした。

「またオレンジですか。たぶんトナーが奥まで入ってないんですね」

振り向くとデザイン部の相沢《あいざわ》咲月《さつき》さんが立っていた。

心臓がドクンと動いて、息を呑んだ。社内で唯一気になっている女性が、この人なのだ。会えるなんてラッキーだ。俺は冷静な表情を作って話しかける。

「直せるんですか？」

「ちょっとやってみますね」

「開けましょうか」

「あ、大丈夫ですよ。トナーが粉で少し変わっているので、私がやりますね。ワイシャツについてしまうと落ちないので」

それを言うなら相沢さんの服や手にも付くのでは……と思ったが、相沢さんはコピー機の後ろからビニール手袋とビニールエプロン、それにゴミ袋を取り出した。

そして小さく笑って、

「いつも壊れるので、ここに隠してあるんです」

とほほ笑んだ。めちゃくちゃ可愛いな……俺は隠れて唇を噛む。

相沢さんがビニールエプロンをかぶった。左右の紐がダラリと垂れていたので、

「縛りましょうか？」

と聞いたら、

「あ、ではお願いしますね」

と相沢さんが後ろを向いた。すると長い首が目の前にあって……俺は緊張しつつビニール紐を縛った。

相沢さんはクルリと振り向いて、

「ありがとうございます」

と笑顔を見せた。めちゃくちゃ可愛いな……と数秒前と同じことを思う。

相沢さんは手袋をしてトナー部分を開けてそれをビニール袋の上に展開。

そして奥の部分を少し触った。するとホワッ……と黒いトナーが広がった。相沢さんはそれを確認して、トナーをコピー機に戻した。

するとランプは消えて、コピー機は直った。

「すごい……助かりました」

「いえいえ。私もプリントしていたので」

相沢さんはビニール手袋とエプロンを片づけた。そしてプリントアウトしたものを手に部屋に戻って行った。

もう少し話がしたかったが、忙しそうなので諦めた。

相沢さんは十七時までに必ず仕事を終えて帰っていく人で有名だ。

仕事は完璧、隙を見せない、それなのに美人で、なにより首が長くてキレイだ。

完璧で隙がないのに……数か月前の新年会でおいしそうにローストビーフを食べているところを見た。

一番うしろの席で本当にこっそりと、それはとても美味しそうにほほ笑んで。

そのギャップが気になって会社で気にするようになった。

でも……あんなに美人だったら彼氏がいるんだろうな。だって毎日定時帰りだし。

その彼氏の前では、あの笑顔を見せてるんだ、きっと。

会社の飲み会には全く来ないし、立ち入る隙がない。

俺は偶然を喜び、ひっそりと見ているしかないのだ。

てか、首、めっちゃキレイだったな……。

コピー機がガコンガコンと吐き出す資料を、俺はぼんやりと見ていた。

打ち合わせが終わり、清川に引きずられるように飲み会会場に来た。
すると、店の前にいた女の子がすぐに近づいてきた。

「はじめまして。幡野《はたの》です」
「はじめまして、滝本です」

はじめまして……と挨拶したが、一応顔は覚えている。
俺は一度会った人の顔と名前は完璧に覚えることができる。
幡野《はたの》亜美《あみ》さん、俺たちの二個下で長谷川専務と同じ大学出だったはずだ。
席に着くと、幡野さんは飲み物を注文して、俺のサラダを取り分けてくれた。
俺はそれを受け取りながら話しかける。

「幡野さんは、いつも給料明細を営業に持ってきてくれてます……よね？」

「！　そうです。わ、覚えててくれたんですか」

そう言って幡野さんは顔を真っ赤にして持っていたトングを畳に落とした。

さすがの俺も一瞬で理解した。なるほど、何かした覚えはないけど好かれているようだ。

お店の人を呼んでトングを替えてもらうと、村上さんがそれを受け取りにやにやしながら渡してきた。

「幡野ちゃんはねー、営業だけは私が行きますって譲らないの。なんでかなあ？」

「もう村上先輩、やめてください。もう、ちゃんと、自分で……」

そう言って幡野さんは俺のほうをチラリと見て目を伏せた。

普通にかわいい子だと思うが、営業病で服装や、髪型、メイクとかをチェックしてしまう。

そこら辺には性格が表れているので、自然と見てしまう。これは仕事の癖だ。

胸元が大きく開いた服……それはきっと、自分で言うのもなんだけど、俺がくるから着てきたのだろう。つまりに身体には自信があるタイプ。

それに肌に何か塗っているのだろう、首もとがキラキラと光っている。

……こういう肌に塗るファンデーションみたいなものって、背中とか自分で塗れないところはどうするのかな？　突然途切れるのか？

幡野さんが俺のコップにビールを注いで色々話しかけてくれるけど、俺の頭はものすごくどうでも良いことを考えていた。

幡野さんはスマホを取り出して、俺のほうをチラチラ見ながら口を開いた。

「あのっ……連絡先を、あの、会社の連絡簿に書いてるって知ってるんですけど、個人的に聞きたいんです」

「あ、大丈夫だよ。でもあんまり頻繁に返せないかもしれないけれど」

「ぜんぜん大丈夫です！」

幡野さんは俺の連絡先を登録して、うれしそうにほほ笑んだ。

飲み会が終了して電車に乗る頃には『お休みの日は何されてますか？　もし良かったら、また飲みに行きませんか？』と連絡が入った。

俺は『休日はわりと忙しいので、平日仕事が終わってからはどうですか？』と返信した。まあライブに行きたいだけなんだけど。

すぐに返事が返ってきて、来週の月曜日、仕事が終わってから飲むことになった。

好きな人に理解してもらう恋愛が無理なら、自分を好いてくれている人と付き合うべきだ。

そんなことを分かってるんだけど……俺はため息をついた。

今日は三か月に一度、社員全員参加の企画会議の日だ。

うちの会社の企画会議は少し変わっている。

社員全員参加の時点でかなり風変わりだが、それは社長の「優れた商品はみんな持っている小さな不満から生まれる」という理念から来ている。

色んな人に小さな不満があり、そこから商品が生まれているという考え方は嫌いじゃない。

デザイン部の方をみると、相沢さんが見えた。今日も髪の毛をきつくしばっていて、首が良く見える。

視線を感じて経理の方を見たら、幡野さんが見ていた。俺が軽く会釈すると、ぱあ……と笑顔になった。

その様子を見て清川がススと近づいてきた。

「幡野さん、どうよ？」

「いや、普通に可愛いと思うよ」

「お前女の子に向かって『普通』は失礼すぎるだろ。あそこまでＯＫサイン出してるんだから、動いてやらないと失礼だろ」

「まあうん、飯は食いにいくよ」

「据え膳ちゃんと食えよ～～」


清川は村上さんに向かって小さく手を振った。

すると村上さんの横にいる幡野さんが顔を出してきて、俺に会釈した。

俺も会釈し返した。本当に普通に可愛いとは思う。ただ心惹《ひ》かれないだけで。


企画会議が始まった。

うちの企画会議は基本『匿名』で、企画に名前は書かれていない。

それは企画を出しやすくするための配慮で、商品になった場合、ボーナスが出ることになっている。

俺が無記名で出したのは『横にメモ用紙がついているiPadカバー』だ。

この前コーヒー店で男性がiPhoneの画面に付箋紙を張っているのをみて思いついた。

リマインダーを設定するのが面倒な人も多いのだろう。

俺もリマインダーに入れれば良いのに、なぜか付箋紙に書いてモニターに貼ってしまうので

気持ちは理解できる。

司会者がモニターに企画書を表示させて色んな企画が発表されていく。

俺はこれを聞いているのが好きだ。

立場が違うだけで、こんな色々な不満があるのだと気付くからだ。

そして俺のiPadケースも読み上げられた。

この時に周辺をこっそり見て反応を見るのが楽しい。

すると幡野さんが首をふって「ないない」と言いながら苦笑しているのが見えた。

……そうだよな。それが当然の反応だ。

横にいる清川も「iPadにログインすればよくね？」と笑っている。

面白いと思うけどダメか。そう思ったら、デザイン部の方からスッ……と手が挙がった。

相沢さんだ。そして立ち上がって口を開いた。

「個人的に……ですが、このiPadカバーは発売したら欲しいです。デザインを説明するときに、絵を描けるアプリをたちあげるのはそれなりに面倒なので、横に紙がついているとその手間が省けます」

!!


俺はこっそりとうつむいて唇を噛んだ。

うれしくて心臓がバクバク言っているのが分かった。

横の清川はしつこく「いや、指紋で入れるやん？」と言っているし、幡野さんは手を小さく振って「ないない」と横に座っている村上さんと笑っているのが見える。

それなのに、相沢さんだけが俺の企画を面白いと言ってくれた。

うれしくて俺は冷静な表情を作ることができず、うつむいてひたすら耐えた。


自分の好きが、面白いが、理解されることがこんなにうれしいなんて。


相沢さんが発言してくれたおかげで、俺が考えたiPadケースは試作品が作られることになった。

一人でも気になると発言があった場合、割高になっても試作品が作られる。うれしい。

それを元に本会議にかけられた結果「いや、ログインすれば良くないか？」と上が判断、企画は通らなかった。

残念に思っていた数日後……会議室で相沢さんを見かけた。

その手には、俺が企画したiPadケースの試作品……なんと『AIZAWA』とテプラで貼ってあった。

試作品がひとつ無くなっていたけど、許可をもらって個人所有にしたようだ。

俺は会議室の廊下に座り込んでしまった。

そんなに気に入ってくれたのか。

やべぇ、すげえうれしい。廊下で踊りたいほどうれしい。

「……うれしい、なあ……」

呟いてみてどうしようもなく自覚した。

俺が考えたものを面白いと思ってくれる相沢さんともっと話してみたい。

相沢さんは何が好きなんだろ？　企画会議でいつも何を出してるんだろう。

……俺は相沢咲月さんが好きなんだ。彼女が好きだ。

幡野さんと何度か食事に行ったけど、結局心は動かないままだった。

相沢さんが会社の人に興味がないことは知っている。たぶん彼氏もいるだろう。

それでも、どうせ嫌われるなら、好きな人にフラれたい。

相沢さんに近づいて、それでフラれるなら、それでいいから。
もっと彼女と話がしてみたい。

俺の恋は始まったばかりだ。
どうせなら、君にとどめを刺されたい。
そう俺は決めた。

⑤会社トラブル～福岡出張編

■第19話　真夜中のほうじ茶

これは残業になる。

私は一枚の写真を見た瞬間に思った。

「瀬川《せがわ》さん、これ、写真の型番違いますね」

「えっ……ちょっとまって、マジで。うわ本当だ、本村さん居る?!　ヤバ！」

今私が作業しているのは、来週の展示会で使う印刷機の冊子だ。

他社から請け負ったもので締め切りは今日だ。

写真の間違いは最終確認をしていて気が付いた。

表紙の印刷機の型番は「ＳＭ９５５」。でも本文に載っている印刷機のナンバーは「ＳＭ９５０」なのだ。

本文の写真を確認すると「ＳＭ９５５」だったり「ＳＭ９５０」だったり二種類が混在していた。

どうやら発注元が間違えているようだ。

この二つは、外見は全く変わらず、中身が変わったようで、非常に分かりにくい。

それにこの商品名の表示、よく見ないと分からないほど小さいのだ。

元のデータが違うということは発注者のミスだけど、うちの会社はデータを受け取った時点で営業制作が確認する事になっている。

でもデザイン部の私たちも確認するべきだった。

それを締め切りの今日まで気が付かなかったのが悪い。

誰が悪いわけではなく、たぶん私も含めて皆のミスだ。

この冊子、たぶん明日データを出さないと印刷に間に合わないけど、これは展示会用。

関係者しかみないのだ。それに五割の写真はどうやら合っている。

今出来るのは、張りぼてでも仕上げることだろう。

一度印刷を落としても写真を正規の物にするかどうかは、私たちの判断ではない。

デザイン部の皆がざわめき始める。

「営業制作、本村か。首飛ぶんじゃね？　どうしてもっと早く確認しなかったの？」

「残業マジ無理なんだけど」

「二百ページあるよ……てか、うちらのミスじゃないから仕方なくない？」

誰がミスをしたとか、この際どうでもいい。

なんたって今の時間は十六時五十分。

残業は仕方ないけど、私は同人原稿の締め切りもカツカツで、今日五ページペン入れしないと日割計算的に死が決定する。

だから一秒でも早く帰りたい。

私は改めて写真を見る。

これは真正面から型番を撮った写真が高解像度であるしサイズも小さい。あれを使えば何とかなるかも知れない。私はマウスを握ってサイトを開いた。

「良いプラグインがあります」

「えっ?!」

デザイン部の皆が私の周りに集まってきた。

それは先日原稿を仕上げた時に見つけた外国の有料プラグインだ。

購入して作業を開始する。

曲面への画像貼り込みが一発で出来るプラグインで私は推しの犬、芝吉の服をこれですべて貼った。

曲面貼り込みは膨大な時間がかかるけど、このプラグインで正確かつ迅速に作業できた。作業しながらみんなに説明する。

「曲面処理されてない画像があるので、それを元データにして、あとは角度データだけ取れば自動でやってくれます。あとは微修正でいけます」

「……なるほど。『こっちの誠意』を見せるのには十分だね」

いつの間にか後ろに立っていた上司の掛川さんはすぐにもう五個プラグインを購入して、私たちは一斉に作業に入った。

正直、普通に考えると印刷を落とすと思う。

でも気が付かなかった私たちの誠意を見せるための捨ての作業だ。

あとで気が付いたのだが、他の冊子に出てくる写真も混在していて、修正が必要になった写真は三百枚以上。

すぐに正規の写真に差し替えられるようにすべてリネームして別のフォルダに入れておく。

仕上がったのは二十三時だった。

「終わったああ……」

瀬川さんは机に倒れこんだ。

やはり本気を出したら誰よりも仕事が早かったように見える。

「帰ります」

私はすぐに片づけて席を立った。

食事をして帰らないかと誘われたが、用事があるので……と断り私は電車に飛び乗った。

今日五ページやれないと、ノルマが毎日七ページになって、それは無理すぎる。

というか原稿が割り算で終わった事ないし、トラブルや体調不良も加味すべきなのに、毎回

コレだ。

私は自分にイライラしながら坂道を早足で歩いた。


帰宅すると、丁度玄関に滝本《たきもと》さんが玄関に座って靴箱に靴をしまっていた。

一本前の電車で帰ってきていたようだ。

「……相沢《あいざわ》さん、おかえりなさい、おつかれさまでした」

「滝本さんも、おかえりなさい、おつかれさまでした」

お互いに「はあ……」とため息をついて苦笑する。

営業部も対応に追われていたようだ。滝本さんは上着を脱ぎながら、

「うちの本村がすいませんでした」

と言った。私は首を振りながら靴を脱いで靴箱に入れた。

「最後まで気が付かない私たちもダメでした」

最近は仕事の数が多くて素材のチェックが甘かったかもしれない。

もう少しちゃんと見ないと、苦しくなるのは私たちだ。

滝本さんは気を取り直したように少し明るい声を出して、

「そういえば、お饅頭《まんじゅう》は好きですか？　今日買ったのでもし宜《よろ》しかったら……」

と、かばんからゴソゴソと袋を出した。

それは会社近くの千堂屋という美味しい饅頭屋さんの袋だったので私は、

「大好きですよ」

と言いながら上着を玄関に掛けた。千堂屋のお饅頭はどれも甘さ控えめで美味しい。

すると滝本さんが中身を見て「あ」と口を開けていた。

何だろうと思いつつ言葉を待っていると、申し訳なさそうに袋から商品を出した。

「……すいません、売れ残ってて可哀相《かわいそう》になって買ってきたものでした」

千堂屋さんは人気があるので、売れ残るとか基本的に無さそうだけど？

滝本さんが見せてくれた饅頭は、ただの饅頭ではなく、沢山の黒いブツブツが見えた。袋に書かれていた商品名は、

「タピオカ饅頭」

初めてみる商品だった。

「なんか店主のお嬢さんがタピオカ好きだということで作ってみたらしいんですけど、売れ残ってて可哀相になったんです」

滝本さんは申し訳なさそうに言った。

あの饅頭屋さんは、うちの会社は贔屓《ひいき》にしていて、社名が入った焼き印も置いてある。

店主とも皆知り合いだ。

思い出してみると、確かにギャルっぽい高校生の娘さんが居た気がする。

なるほど？　逆に興味を持ち、

「食べてみましょうか」

と、滝本さんを誘って一階の台所に入り、ほうじ茶を入れた。


机に置かれたタピオカ饅頭……封を開ける前からズシリと重い。

少量のタピオカが入っているレベルではない本気を感じる。

饅頭をよく見ると、千堂屋さんの和風デザインをぶち壊すように、可愛い手書きフォントで『タピオカ入り』と書かれたシールが貼ってあり、完全に千堂屋の雰囲気をぶち壊している。

そして一口食べてみた。

「……饅頭とタピオカの相性が最高に悪いですね」

私はなんとか口の中に空間を空けながら話した。

ムニュムニュとグニュグニュのコラボレーションで予想通りの残念ぶりだ。

滝本さんも一口食べて、

「ああ、これは、タピオカが……邪魔ですね……」

とモゴモゴ話した。

元の饅頭の生地と餡子《あんこ》が美味しいので、タピオカの異質ぶりが目立つ。

どう考えても仲が悪い。タピオカが少なめなら分かるけど、これは量が多すぎて、食べていると息苦しくなってくる。

「なんでしょうこれ……命の危機を感じます」

「口の中にタピオカが溢れてきました……」

私たちは何だかあほらしくなって、タピオカ饅頭をほうじ茶で押し込んで笑った。

帰ってくるときに感じていたイライラは不思議と消えていて、夜に飲むほうじ茶は香ばしくて美味しかった。

■第20話　体温と花火

「ついにガールズコレクションにデザロズが！」

「福岡か」

俺と片蔵はサイトを見ながら興奮してしまう。

デザロズがファッションショーに出る事になった。

若い女の子をターゲットにした場所にアイドルが出るのは、ファンを増やす良い機会だ。

だから福岡という遠い場所で開催されるコレクションでも運営は出る事にしたのだろう。

推しののんちゃんはずっとファッションショーに出たいと言っていた。

活動して五年、やっとその夢が叶《かな》う。

俺は完全にお父さんの気持ちでデザロズを見守っているので、わが子が夢を叶えていく姿に感無量だ。

これは何とか見届けたい。

デザロズファンの要、最高司令官の片蔵は当然行くようで、高速バスを予約しながら俺の方をみた。

「でも滝本、日曜だぞ、行けるのか」

「それが問題なんだよな」

俺は乗り換え案内を見ながら答えた。

会社員に日曜遅くのイベントは鬼門だ。

調べると十九時半くらいに会場を出れば最終の飛行機に間に合うのだが、二十時だと厳しいようだ。

ガールズコレクションのサイトを見ると十七時開場、十八時開始、二十時終了と書いてある。

こういった芸能人を呼ぶファッションショーの基本なのだが、あまり知られてない子は最初の方に出る。

だから九割以上の確率で十九時までにデザロズ全員の出番があると思うのだが、ショーの最後にみんなで手を繋いで出てきたりするのだ。

それこそ「デザロズが出た」という感じがして、みんなの満足げな表情をみるのがうれしい。

「うーん……」

ため息をついて、俺は乗り換えアプリを落とした。

「日曜に帰るのは諦めた。始発の飛行機で帰る」

「さすが会社員はセレブだな。俺は夜行で帰るよ。泊まりと飛行機代金は出せない」

「夜行は腰が死ぬんだよ」

「俺も腰が死ぬけど、遠征で四万以上使うと生活的に死ぬんだよ」

片蔵はため息をついた。

彼は会社員として働いていたが、デザロズにハマり、昼間のライブに全通（全部通う）するためにバイトという身軽な立場になった。

普通の人が行きにくい平日のライブに顔を出せる反面、収入的には厳しい。

社会人の俺はお金の心配は、全くないとは言えないが、絶望的に無理とは言わない。

問題は体のほうだ。

三年前に夜行で仙台に行ったが、腰を壊してしまい、のち一か月ほど病院とマッサージに通うことになった。

結果、宿泊して新幹線に乗ったほうが安上がりだったことがある。

それ以来俺は学んだ、身体的なコスパを考えて遠征しないと、のちのオタ活や社会人としての生活に支障がでる、と。

福岡は町がコンパクトなので、市内のどこに泊まっても始発の飛行機に間に合う。

空港が近いのは遠征する側からすると本当に助かる。

俺たちは福岡に行くならラーメンを食べよう……と調べながら解散した。


昼のライブを終え夜まで遠征について話し合い、電車に乗ると浴衣を着た人がたくさん居た。

ああ、今日はどこかで花火大会があるのかもしれない。

俺は歩き慣れてきた坂道を歩きながら思った。

家に着くと、リビングと台所の電気は落とされていて、奥のパソコン室の電気だけが点《つ》いていた。

相沢さんは家には居るようだ。

しかしここ数日会えていなかった。

十八時前には帰宅して、パソコン室から一歩も出ずに深夜まで作業をしているように見える。

この前のトラブルで作業出来なかったのが、かなり大きかったようだ。

朝は早めに出ているようで、俺が出る時にはもういない。

社食でも見ないので、きっとデスクで軽く食べて仕事を終わらせているのだろう。

仕事の方は、相沢さんの機転で、得意先はそのままデータを使い展示会を乗り切った。

そして本村の首の皮は何とか繋がった。

本当に助かった。


俺はパソコンの電源を入れた。

ここでの生活にも慣れてきたので、音楽制作の活動も再開させた。

再生数もわりと伸びていて、曲を作るのは楽しい。

それに前のようにヘッドフォンをして作業するのではなく、音を出しているのだが、それも気持ちが良い。

確認したら「音は出しても大丈夫ですよ。私もずっと音楽を流したり、アプリで通話しているので。私の方こそうるさくないですか？」と逆に気を使われてしまった。

相沢さんは本当に気持ちがいい人だと思う。

だからこそ、俺もそれに恥じない人で居たいと素直に思える。

音楽を流して作業していたら、外からドン……と音が聞こえた。

浴衣の人も居たし、きっと花火だろう。

ここは高台だ。

ひょっとして見えるのかな。

ベランダに出ると、遠くに小さな花火が見えた。おお、やはり。俺は冷蔵庫を開けてビールを取り出してベランダに座った。

川の奥の方、住宅の隙間に小さく光る輪が見える。

間違いなく花火だ。

遠くから見ると、小さな色とりどりの花が空間に咲いているように見える。

「滝本さーん、二階に上がってもいいですかー？」

「!!　大丈夫ですよ」

下から相沢さんの声が聞こえた。

大丈夫ですよ、と答えたけれど部屋の汚さに驚いて、敷いたままになっていた布団に落ちていた服を投げ込み丸めて、押し入れに入れた。

相沢さんは二階にほとんど来ない。

というか、ここに来て三か月弱になるが、一度も来ていない気がする。

基本的に今までもずっと一階で生活していたらしく、二階にいく用事がないと言っていた。

「すいません、お邪魔します」

相沢さんは右手に二本のビールを持ち、左手にフライドポテトを持っていた。

俺がもうビールを飲んでいるのに気が付いて、

「あ、気が付きました？　花火」

と目を細めて言った。

「花火が見えるんですね」

と冷静に返したが、心の中で踊り狂って喜んでいた。

実は電車の中で浴衣の人を見た時から、相沢さんと花火を見れたら楽しいのに……と思っていた。

でもそんなの無理だと思っていたのに、うれしい。

相沢さんは、では失礼して……と部屋に入ってきた。

「実は見えるんですよ、この家。こっちのベランダから花火が見えて、秋になると反対側の花火も見えるんです。お得ですよ」

そう言って裸足《はだし》でベランダに出た。そして持ってきたポテトを床に置いた。

そしてちょこんと膝を立てて座って俺のほうを見てほほ笑んだ。

「なんだかお久しぶりですね」

そう言って小さく首をかしげると、ちょんまげにしてある前髪がポワンと動いた。

ああ、いつもの相沢さんだ。

「そうですね、お疲れ様です」

と、冷静に答えた。

でも久しぶりに会えた喜びに、自然と口角が持ち上がってしまう。

相沢さんはパンツのポケットから、もぞもぞと何かを取り出した。

それはファストフードチキンナゲットを買うとついて来るソースだった。相沢さんはそれを開けてポテトに付けながら食べ始めた。そしてポテトの皿を俺に見せて、

「これ、つけて食べると最高に美味しいんです。マクドナルドに行った時はひとつ多めに買って、家にストックしてるんです。どうぞ」

「……では、いただきます」

一本頂いて食べたら、レンジでチンしたしなしなのポテトも美味しく感じた。

いや、相沢さんと一緒に食べたら何だって美味しいともう気が付いているけれど。

相沢さんはビールをぷはーと飲み、

「ここ数日睡眠時間を削って描いて、なんとか遅れは取り戻せました。入稿には間に合いそうで……思わず来てしまいました」

とポテトを一本持って口に入れた。

俺は「間に合って良かったです」と静かに答えた。

相沢さんの奥で、花火が小さく上がっているのが見える。

空がゆっくりとオレンジ色から、深い夜に変わっていくベランダ。奥の方に小さく見える多摩川の花火は、遠くに咲く花のようで、それでもキラキラと美しい。

夏の生ぬるい風が、少し遅れて花火と音を届ける。

遠くから響くドン……という音が心地よい。

相沢さんはビールを飲んで口を開いた。

「……うちの実家は旅館だったので、宴会や、お祝いのために、和太鼓が置いてあったんですよ。私、その和太鼓の音というか、振動が好きで。疲れても、その太鼓の音を聞いてると、疲れが取れたんです、よく分からないんですけど。花火もそれを思い出すんですよね」

俺はそれを聞いて少し前に読んだ本の話を思い出した。

「それはきっと倍音というもので、古来から人が癒されるという音です」

「ああ……倍音、知ってますよ」

相沢さんの相槌《あいづち》にうれしくなって俺は背筋を伸ばした。

「昔ニューヨークで行われた声明《しょうみょう》公演で体調を崩す人が沢山いたのですが、それは倍音に馴《な》染《じ》みが無かったからでは……と言われているんです。私たち日本人は古来から能などで倍音を耳にしていますが、なれていないと非常に不快に感じるそうです。同じように倍音というのは振動の一種なので、身体に与える影響も大きいと言われていて、まだはっきりと分かっていませんが、体調をよくするのに倍音が使われる時代も来るのでは……」

俺は基本的にオタクで音楽が大好きなので、話が止まらない。

気分よく話していたら、トン……と相沢さんがもたれかかってきた。

「?!」

俺は身体を固くした。

相沢さんの左肩と、俺の右肩が触れ合っている。

そしてその距離は……かなり近い。

目だけ動かして状況を確認すると、完全に目を閉じていて、すうすう……と寝息を立てている。

状況から察するに、俺の語りが長すぎて相沢さんは眠ってしまったようだ。

どれだけ長く語っていたんだ、俺は。

そして……どうしよう。

このまま寝かせてあげたいけれど、ここは外だし、風邪をひかせてしまう。

真夏とはいえ、ベランダは風が吹いていて少し寒い。

だから動かして、部屋でゆっくり眠らせてあげたいけれど……動かしたらきっと起きるよな。もう少しだけ、起こしたくない……気がする。

俺の右肩に触れている相沢さんの左肩は、ふわりとして柔らかい。

そしてじんわりと体温が伝わってくる。

実の所、体温を感じたのは初めてだ。

いや、結婚の契約をした時に握手したか。

そうだ接触しているな、うん。

俺は過去に意識を飛ばしてなんとか冷静さを保つ。

身体を動かさないように目だけ動かして相沢さんを見ると、閉じた瞼《まぶた》の上に……小さなほくろがあるんだな……うわ……まつ毛が長い……

その瞬間、相沢さんの目が開いた。

「!!」

「……すいません、寝てましたね」

俺は見ていたことがバレないように一瞬で視線を戻して、体勢も戻した。

相沢さんはふあああ……とあくびをして、ビールを飲んだ。

「花火の音と滝本さんの声って、なんだかセットで眠くなりますね。倍音ですか。能は一回見た事ありますよ」

そう言ってほほ笑んだ。

俺はなんだかうれしくて、手に持っていたビールをグイと飲んだ。

肩にはまだほんのりと相沢さんの体温が残っている。

■第21話　深夜飯

「冷凍餃子も冷凍うどんも冷凍ご飯もチルドの魚も、何もない……おしまいだ……」

私は空っぽの冷蔵庫を前に茫然とした。

よく考えたら、先週の土日はワラビちゃんのイベント手伝ってて注文してなかった、あるはずない。

今日はどうしても早く作業したくて、アンパン一個を適当に食べて原稿していた。

そして二十二時、お腹《なか》が空いてしまったが、この状態。

ご飯を炊こうかと思ったが、四十分待ちたくない。

乾麺茹でるかと思ったけど、素うどんの気分じゃない。

もう冷ややっことビールで良いわ……と思って冷蔵庫を開けたら、いつものビールが無くてオレンジ味の変な地ビール？　があった。

「なんでこのタイミングで君しかいないのだ……」

私はため息をついた。

オレンジ味とかグレープフルーツ味のお酒が割と好きで買ってしまうんだけど、それは二本

目に飲みたいのであって、腹ペコの今じゃない!!

　この時間ならコンビニ行って買ってきてもセーフな気がする。

　何でもいいから味が濃いものが食べたくて、薄い上着を羽織ってサンダルを履いたら玄関がひらいて滝本さんが帰ってきた。

「お出かけですか」

「おかえりなさい、滝本さん」

　私は邪魔にならないように一度玄関から退いた。

　手に大きなバッグを持ってるからライブ帰りなのだろう。

　前に「スーツでライブ見るんですか？」と聞いたら「朝ロッカーに着替えを入れておくんです」と言われて納得した。

　会社から直接オタ活に行けて羨ましい。私はいつも海のそばまで出るんだけど、東京横断するので、わりと遠い。

　私が会釈して外に出ようとすると、

「あ、外、雨ふってきたので、靴のほうが良いかもしれません」

「出かけるの止めました」

　私は一瞬で玄関に戻った。

　あの坂道は雨になるとズルズルに滑るし、上ってくるときは滝のような水が流れてきて靴が

濡れる。

もう素うどんで良い……。

私は上着を脱ぎながら、

「冷凍庫に何も無かったので買い物に行こうと思ったのですが、もう良いです」

「そうですか。今から牛丼を作るので、少しどうですか？　あ、夜に牛丼は重いというなら……」

「牛丼?!　手作りするんですか?!」

「簡単なんですよ。十分で作れます。俺は牛丼のお肉をうどんにのせて、牛丼うどんにして食べますが……」

「!!　素うどんもって二階行っていいですか」

「いえいえ、俺もうどんを茹でるので、どうせなら一緒に二階で……どうですか？」

「いいんですか?!」

「では、少し片づけてきますね」

「はい！」

私は上着をかけて台所に戻った。

食事を作ってもらうなら、何か差し入れを……と冷蔵庫のほうを見たが、さっきから言っているが空っぽだ。

だったら先日届いたやくざがアイドルをする漫画を持って行こう！　私は本棚から三巻まで出した。

しかし、本を手に取って考える。ご飯を食べさせてもらうお返しが漫画を貸すって、それで良いのだろうか。

せめて手伝う姿勢を見せるのが大人なのでは？

私は階段の下に立って声を掛けた。

「滝本さーん、作るの手伝いましょうかー？」

「簡単なので、大丈夫ですが……片づけたので、二階へ来ていただいても問題ないです」

その声を聴いて、とりあえず漫画を三冊持って二階へ上がった。

先日滝本さんが部屋に入ってから初めて二階へ行ったのだが、荷物置き場だった二階が『人が住んでいる空間』になっていて少し感動した。

すごくきれいに使ってくれてるし、なんか本当に良かった。

今まで無人だったので、足音とか生活音が気になるかなと思っていたけど、本当に居るのか分からないほど、静かだ。滝本さんが同居人で良かった。

二階に上がると滝本さんはもう部屋着に着替えていて料理を開始していて、良い匂いがしていた。

小さな小鍋には出汁《だし》が沸いていて、中に玉ねぎが入っている。

滝本さんはパックから牛肉を出して茹で始めた。

一気に茶色の神の液体になった。

「牛丼になりました！」

「簡単なんですよ。コツは美味しい牛肉を買ってくることだけです」

美味しい牛肉って高いのでは？　チラリと横に置いてあった空のパックを見たら黒毛和牛七百グラムで千二百円！

安い!!　でも表面に書かれた店の表示は知らない店だった。

滝本さんは私が見ていたことに気が付いて、

「山を反対側に降りた所にあるホームセンターの中にあるスーパーなんですよ。入った事ありますか？」

「あっち側には行かないです。行く用事がないので」

「そうですか。ホームセンターの奥にお店があるのですが、とにかくお肉が安くて美味しいんですよ。もち豚という豚肉も美味しくて良かったです」

「滝本さん、料理されるんですね。私は冷凍食品に頼ってしまいます」

滝本さんはあははと軽く笑い、

「基本的にはあまりしませんが、美味しそうなお肉が安く売っていると買ってしまいますね」

「それは買っちゃいますよねー！」

私も同意した。小さな台所には二口のガスコンロが置かれていて、一つにはうどんを茹でるようのお湯が沸いている。

どんぶりにはスープの素が入っていて、電気ケトルにお湯も沸いているようだ。

お手伝いはすることが無さそうだ。

振り向いたら滝本さんが冷蔵庫からネギを出したので、受け取って切ることにした。

横で滝本さんがチルドのうどんを茹でている。そのふあふあとした湯気に心が躍る。

ああ、こんなまともなご飯食べるの久しぶりかもしれない。

正直原稿詰まって一週間、ご飯、炊いてません。

だってご飯炊くとお茶碗《ちゃわん》とお釜としゃもじ洗う必要がある。

そんな時間あったら原稿イジりたい。

いや、時間がある時は作るけれど、人生の優先順位が決まっているので、仕方ない。


ゆであがったうどんを水で洗っている間に、私はどんぶりにお湯を注いだ。

すると滝本さんがどんぶりのなかにうどんを入れてくれた。上から牛丼のお肉を載せる。

そして牛丼の汁も少しうどんに入れた。ああ、そんな罪深い汁を……もっとください!!

上から小口ネギをパラパラ……それは完全に素うどんの上に牛丼が載った……

「牛丼うどんだ」

「頂きましょうか」

「はい！」

私は両手を合わせて頂きますと小さな声で言い、さっそく一口食べた。

それは、うどんの汁の味なのに、お肉のスープが混ざって最高に美味しかった。

味気ない素うどんが豪華なドレスを纏《まと》って踊り出すような深み……!!

一緒に入っている玉ねぎは煮込みすぎてないからなのか、シャキシャキと甘くて、うどんとはまた違う食感を伝えてくる。

そして牛丼にはきっとたくさんの生姜が入っているのだろう。

それがふわりと香って食欲を誘う。

私はゴクンと飲み込んで口を開いた。


「……滝本さん、最高に美味しいです」

「良かったです。深夜になるとご飯よりうどんのほうがうれしいですよね」

「このお肉すごく柔らかい……おいしい……」

「三百グラムしか使ってないので、残りは冷凍して、また来週作ります。残った牛丼の残りと、

この汁をカレーに入れると凄く美味しいんですよ」

「それ、間違いないやつじゃないですか!!」

「俺さっき気が付いたんですけど、週末福岡に行くので居ないんです。もし良かったら残りでカレー作りますけど、置いて行ったら食べて貰えますか？」

「!!　そんなの頂いて良いんですか?!　私週末締め切りなので、とてもうれしいです」

「俺のほうも、美味しい汁だけ残る所でした。食べてもらえるなら、作っていきますね。胸肉の残りスープもあるので、玉ねぎ切ったらカレーは出来上がりです」

何それ完璧すぎない？

私は箸を置いて顔を上げた。

「滝本さん、結婚してください」

滝本さんはぐっ……と少し喉にうどんを詰まらせて、軽く咳払いをした。

そして、

「えっと……もうしてますね」

と苦笑した。私は再び箸を持って頷いた。

「そうでしたね、そうでした。ほんと……週末の締め切りにカレーがあるなんて助かります」

「良かったです、はい」

あまりの素晴らしさに、もう一度プロポーズしてしまった。

自分が持っていない才能を近くの人が持っていると、惚《ほ》れ惚《ぼ》れしてしまう。

ご飯を効率よく美味しく作れるのは、めっちゃカッコイイと思う。

週末カレーがあるなら五合お米炊いて三日間食べ続けよう。

私は牛丼うどんを汁まで飲み干してお椀《わん》を洗い、お礼を言って一階に戻った。

お腹がいっぱいで幸せすぎる。

今ならあのオレンジビールも美味しく飲めそうだ。

私はそれを開けて原稿前に戻った。

一口飲むと、予想通りの味だったけど、雨だれの音が気持ちよくて、二階から聞こえてくるデザロズの曲を小さく口ずさんだ。

もう少し原稿がんばろー！

■第22話　好きで、好きで、好きで。

「もっと前半に出てくるかと思ったら、真ん中くらいだったな」

俺は思い出しながら刺身を食べた。

「予想よりは良い扱いしてもらえて良かったよ」

片蔵も満足そうにビールを口に運んだ。

今、俺と片蔵は福岡に来ている。

無事にファッションショーを見終えて、幸せな酒を飲んでいた。

福岡の刺身はどれもこれも旨すぎる。

やはり海の近くは素晴らしい。

「女性が多かったな……両隣女性のイベントは気を使って疲れる」

俺は軽く肩を回してストレッチした。

秋葉原のライブ会場にいるのは九割男なので、女性に囲まれるのは慣れないし、やはり自分が異物のような気がして辛い。

「滝本結婚したんじゃねーの？　女に慣れないって事はないだろ」

片蔵は天ぷらを大根おろしに入れながら言った。

実は住所が変わることもあり、結婚したことは報告していたが、細かいことは話してなかった。

「いや……実は俺の結婚は少し特殊でさ」

片蔵は仕事も関係ないし、デザロズの運営と渡り合う頭の回転の速さと、何百人のファンを管理する力を俺は買っていた。

だからお酒の力も借りて、俺は今までの事を片蔵に話すことにした。

実は最近、相沢さんのことが好きすぎて辛いのだ。

「え？　で結局何？　滝本は相沢さんのことがずっと好きだったけど、相沢さんは滝本のこと、好きじゃないの？」

片蔵は独身だ。

よくいる限界オタクのような風貌ではなく、服装も小綺麗《こぎれい》だし、顔も普通なので、バイト先の女の子にはモテているようだ。

でも今はデザロズに夢中で、人と付き合う上で一番必要な時間がないようだが。

片蔵は俺が相思相愛で幸せな職場恋愛結婚をしたと思っていたので、なんだか面白くなってきたようで、ニヤニヤしていた。

「いや、嫌われては無いと思うんだけど」

「そりゃ嫌いな人間と同棲は出来ないだろ〜。普通の夫婦になりたくないの？」

俺は片蔵が言った『普通』という言葉が、あまり好きではない。

『普通』なんて、人が百人いたら、百通りあると思うが、ここはあえて言わない。

俺だって『普通の夫婦』を思い描くことができる。

「それも憧れるけど……今がすごく幸せなんだよなあ……」

「なんだよ、結局惚気《のろけ》かよ！　だったら問題ないじゃねーか!!」

片蔵はきたばかりの唐揚げをむしゃりと食べて叫んだ。

俺も唐揚げをひとつ口に入れてビールを飲んでドンとジョッキを置いた。

「聞いてくれよ。金曜日に夜一緒に牛丼うどん食べたんだよ。俺が作ったんだけど。そしたら『滝本さん結婚してください』って……もうしてるのに、可愛すぎる……」

俺は頭を抱えて机に倒れこんだ。

あの夜の事を、俺は何度も思い出していた。

俺が使っているのは小さなちゃぶ台なんだけど、いつも俺が座っている所に相沢さんが座ってただけでうれしかった。

俺の座布団の上に正座して、しっかりと手を合わせた。

長い指先と閉じられた瞼。

そして、頬を蒸気させてうどんを食べながら、

『結婚してください』って信じられないほどうれしかったんだ。

舞い上がりすぎて、完全に挙動不審、喉にうどんが入り込んで正直吐く寸前だった。

俺が、はあ……と余韻に浸っていると、目の前にドンと片蔵がビールを置いた。

「なあ、滝本。ひとつ言っていいか。それ飯が旨かったんじゃね？」

「それは、大いに、ある。相沢さんは、大いにある」

さすが片蔵、たぶん正解だ。

相沢さんは美味しい物がとても好きだと思う。

来る前にカレーを鍋ごと渡したら、それを赤ちゃんのように大切そうに抱え、目をキラキラさせてお見送りしてくれた。

数か月見てきて思うのは、相沢さんは食が適当すぎるのだ。

先日も顔色が悪かったので、大丈夫かと尋ねたら、

「そういえば今日は飴《あめ》しか食べてないですね。お腹が空いてるんです」

と言って、何か食べるのだろう……と思っていたら、おもむろに布団のシーツを替えだした、その途中で疲れて途中で眠くなったらしく、生の布団の真ん中で眠ってしまった。

なんだかよく分からない……。

会社ではものすごくしっかりしているのに、家だと気まぐれな動物感がすごい。

いや、そんな相沢さんは俺しか知らなくて、本当に好きなんだけど。

「延々と旨いものを提供すればいいのか？」

「飯炊きおじさんのポジションで良いなら、良いんじゃね？」

「笑顔が見られるなら、それでもいいけどなあ」

片蔵は「なんだよそれ」と苦笑した。

そもそも俺は相沢さんとどうなりたいのだろう。

今まで相沢さんのことをこんな風に相談したことが無くて、口にしてなかった。

でも口にして考えてみると分かってくる。

飯炊きおじさんでも良いのだ、近くにいることを許されるなら。

「俺はさあ、たぶん、好きになってもらえるような男じゃないと自分のことを思ってるんだ」

「おいおい、クソみたいに弱気な話やめてくれるか？　ビールが不味《まず》くなる」

「世界にはもっとお金を稼いで、仕事が出来て、ドルオタじゃない男が沢山いると思うんだよな」

「やめろ……やめろおおお……!!」

「でもさ、相沢さんは俺と結婚してくれただろ」

「結局ノロけるの、もっと止めろ」

「俺はこのままずっと一緒にいたいんだ。俺が相沢さんのことを好きなまま、一緒にいること

を許してほしい」

「滝本おお……お前……今どきどこの少女漫画でもそんな純粋な話ないだろ?!　飲もう!!」

片蔵は無駄に興奮してビールのお代わりを注文した。

でもきっと純粋とか、そんな綺麗な気持ちじゃなくて。

好きだということがバレたら、今の関係が崩れてしまう気がして怖い、ただの臆病者だ。

自分を好きな男が二階に住んでいて、横でコテンと眠ってしまったら襲われてしまうのでは……と警戒するのが普通の人間だろう。

だって相沢さんが俺と結婚した理由は『オタク仲間だから都合が良いから』なのだ。

あまりに気持ちが盛り上がったら、相沢さんに触れてしまうかもしれない。

触れたら最後……

「恐ろしく嫌われそうで怖い……」

「クソみたいに女々しいな」

仕方ない。

俺は信頼より恐怖が上回るほど、相沢さんが好きなんだ。

大いに飲んで話して俺たちは解散した。

そしてホテルで一泊して、朝いちばんの飛行機で東京に戻った。

始業時間には余裕で間に合った。やはり飛行機だと福岡は近い。

昨日夜行バスにのった片蔵はまだ名古屋にいて『腰が痛い。ここから新幹線にしたい』と泣いていた。気持ちはよく分かる。

出社すると、この日はちょうど月に一度の定例報告の日だった。今月は当番ではないので、一番後ろの席に座った。

相変わらず社長の話は眠くて暗い。

丁度いい、朝から疲れたので隠れてこっそり眠ろう……と腕を組んだら、胸元でスマホが揺れた。

ＬＩＮＥの相手は相沢さんだった。

『おかえりなさい。カレー美味しかったです』

チラリと顔を上げると、デザイン課の一番奥に相沢さんが見えた。そして目元だけで微笑んでくれた。

『良かったです』

と俺はシンプルに返した。

飯炊きおじさんで良いのか?!　という片蔵の言葉が耳元に残っていた。

すぐに既読になって、次のメッセージがきた。

『久しぶりに二日間ひとりで、家が広く感じました。原稿も終わったので、今日は家で飲みませんか？』

俺は文面をみてスマホを握りしめた。

好かれる自信なんてない。

でも、俺がいなくて『家が広く感じる』と言ってくれる人と一緒にいられるなら、もう何でもいいや。

俺は、

『そういえば、美味しそうなローストビーフをデパ地下で見つけました』

と打った。

暗闇の向こう、相沢さんの顔がピョコンと上がって、笑顔になった。

さあ、仕事を定時で終わらせて家に帰ろう。

■第23話　地獄の通知

「ふああ……よく寝た」

私はベッドの上でゴロゴロと転がった。

今日は土曜日で滝本さんも福岡に行って居ないので、家には私しか居ない。

フリーダム！　と思うけど、正直それほど滝本さんが家にいるか、いないか、意識してない。

逆に意識させない滝本さんは凄いなあと思うけど。


というか、今何時なんだろ。

私はスマホを引き寄せて画面を見て叫んだ。

「着信が二十六件……ＬＩＮＥの未読が八十四!!」

スッと頭に浮かんだのは滝本さんに何かあったのでは?!　だ。

家族なので何かあったら私に真っ先に連絡があるはず。

事故とか?!

すぐにログインすると、

「おかーさんかよーーー」

スマホを投げ捨てた。

完全サイレントにしていた私は神だわ。

この前休みの日に着信音オフらずに居たら朝から起こされて嫌な思いをしたので、あれから
ずっと休みの日はサイレントだ。

滝本さんからもＬＩＮＥが入っていた。

『無事に福岡に着きました』

良かった。私は、

『楽しんでくださいね』

と返した。滝本さんがＬＩＮＥしてきたのが十時で、私が既読したのが十三時。

起きた時間がバレバレで微妙に恥ずかしい。

でもちゃんと連絡してきてくれて安心した。


「……はああ〜〜〜〜」

残ったのはお母さんからのＬＩＮＥだ。

これは何となくだけど、既読にするのを待っているのでは。

既読にした瞬間に電話かかってくるパターン。

画面に表示されている一番上の通知だけ見ると『まだ寝てるの?!』だ。

うへぇ……これ十三時の今既読にしたら、めっちゃ寝てたのバレる。

よし、これはスマホを見るのを忘れていた風にしよう！

私はスマホの電源を落として投げ捨てた。

かばんの中にスマホ入れっぱなしで〜、充電するのを忘れてて〜まったく見てませんでした〜〜。

さて、お腹空いたけど、もうみんな通話しながら原稿してる気がする。

私はＰＣを立ち上げてTwitterに『おはよー』と書いた。

するとすぐにワラビちゃんから通話部屋に誘われた。

休日はいつもダラダラ通話しながら作業をしている。

つまり電話を繋ぎっぱなしということなのだが、ずっと話しているわけでは無い。

なんとなく雑談しながら作業を進めるのだ。

これが一番サボらずに原稿作業をすると個人的にお墨付きだ。

『お昼食べましたー？』ワラビちゃんがきいてくる。

「Ｌピザでも取って二食に……あっ！　ちょっとまって、ご飯炊いて来る。神のカレーがあるんだった」

『何スかそれ』

ワラビちゃんの声に、

「待ってて〜〜」

と声をかけて、私は台所に行き久しぶりに炊飯器を開けた。

お釜ちゃん、君に会うのは久しぶりだね。たぶん十日ぶりくらいにお米を入れて五合でスイッチオン！

そしてPCルームで通話に戻る。

「滝本さんがカレー作ってくれたの。これがめっちゃくちゃ美味しそうで！　手作りの牛丼の残り汁が入ってるんだよ」

『ハーイ今からお皿持って行きまーす』

「来なくていいから。私のだから。ていうかワラビちゃん週末締め切りよ、描かないと!!」

『そうですね……黒井《くろい》さんの所行ったら、延々と映画見てゲームして終わりますね』

「それな」

私とワラビちゃんは趣味が合いすぎる。

ワラビちゃんが好きになったものは、基本的に私も好きだし、逆もしかり。

お互いに沼に引きずり込み合い、合同本は数知れず。

絵柄で言うと私はわりとリアル系だけど、ワラビちゃんは可愛い系だ。

お互いにリスペクトしてて、超気が合う。

『食事も一緒にしてるんですか？　滝本さんと』ワラビちゃんが聞いてくる。

「家ではほとんど一緒に食べないよ。お互いに忙しいもん。今も福岡行っていない」

『気楽でいいなあ～～マジで黒井さんの結婚は羨ましい。私なんて割と地獄結婚決定してますからね』

「ああ～～医者と結婚するの、マジで決まってるの？　鬱の極みだね」

『マジでパリピですからね、本当にやばいですよ、私がオープンカーであいみょん歌ってたら見てみないフリしてください』

「いやいや、パリピってあいみょんなの？　浜崎あゆみとかじゃなくて？」

『黒井さん、マジで二十年前の話やめてもらっていいですか？』

「は～～お腹空いたな～～～ご飯炊けないかな～～」

ワラビちゃんの家は山をいくつも持っている古い家で、言うなれば財閥系らしい（詳しく聞いてない）。

でも家的には色々あって、医療系？　医者系？　のお金持ち？　との結婚が望まれているらしく、何度もお見合い的なものをセッティングされているようだ。

金持ちも楽じゃない。

いや、オタ活的には楽だと思うけど。

話しながら作業していたら、遥《はる》か彼方《かなた》から何だか聞き覚えのあるような……無いような音が聞こえてくる。

これはあれだ……

「家の電話だ!!」

『あ、じゃあ一回通話落ちますね』

「いやいや、出ないから大丈夫……」

と言った頃には、ワラビちゃんは通話から落ちていた。

はああ〜〜〜。我が家の家電って、まだ繋がってたのか。

スマホメインにしてから、全く存在さえ忘れていた。

うちのネットは全てケーブルテレビに頼っていて、電話も月二百円で付けられますよ！　と営業されて付けたのは何年前だろう。

鳴ったのも何年ぶりだろう。

しかも出なくても相手は分かっている。

でも出ないと家の電話が延々と鳴るのだ。

「……はい」

「咲月《さつき》〜〜〜?!　何回連絡したら出るの?!　スマホくらい確認しなさい!!　何かあったらすぐに連絡があるんだから、それくらい家族として当然でしょう?!　どうして唯一の連絡手段であるスマホを確認しないの?!　私に何かあったらどうするつもりなの?!」

お兄ちゃんが何とかするのでは？？　なんて言ったら殺されるから、小さな声で「はい」と

答えた。

「今年の夏休み、帰ってくるときに滝本さんも一緒なの？　何日泊まるの？　その場合滝本さんも一緒なの？　それが知りたくて何度も何度も電話してたのに、どうして無視するの？　それをこの時期に毎年確認してるでしょ？　それくらい分かってるでしょ?!」

そういえば、もうすぐ夏で、帰省して仕事を手伝わされる悪夢の一週間が来る。

毎年気が重くて二か月くらい前から胃が痛いのに、今年は忘れていた。

『結婚しろ』と言われない気楽さだろうか。

「今年も行きます。滝本さんもご挨拶したいとの事で、一緒にいきます。期間は分かりません。滝本さんのお仕事もあるので」

「わかりました！！！！」

そう叫んで電話はガチャ切りされた。

はあああ～～～～。

私は受話器を置いて、電源を引っこ抜いた。

解約しよ、今すぐに。

私はスマホの電源を入れて、ケーブルテレビに電話して電話を即解約した。

仕事が遅すぎた。

そして口の中に痛みを感じた。

「げ、口内炎」

というか、そんなのさっきまで無かった。

こんなことがあり得るのか。

お母さんと電話するまで無かった口内炎が、たった数分の電話で出来るなんて。

脱力して机に倒れこむ。同時にプピーと音がなり、ご飯が炊けた。

私は滝本さん作・神のカレーを温めて食べることにした。

お肉が沢山入ってて、すごく良い匂い。

「頂きます」

昔から誰もいなくて手をしっかり合わせてしまう。

これは生活習慣だ。

一口食べると先日の牛丼の香りがふわりと残っていて、ものすごくコクがあり、美味しかった。

出来立ての口内炎には染みるけど。

「はあ……」

お皿を洗いながら深いため息をついた。

「うう、痛い……」

私は口内炎が出来てしまった頬を撫でた。口内炎はここ数日でかなり大きくなってしまった。気にして舌で触れてしまい、また痛みが増す悪循環。

基本的に体調を崩すことは少ないし、口内炎なんて出来ない。

でもよく考えたら、毎年この時期には出来ている気がする。

その場合、どこかに薬があるのでは……？

私は台所にある棚を数個開けた。

しかし出てきたのは飲み過ぎた時に飲む漢方ばかりだった。

「どうしたんですか？」

台所の棚をひっくり返し始めた私の所に滝本さんが来た。

今日は金曜日で、明日は休みだ。だから滝本さんがデパ地下で新しく見つけた美味しいローストビーフを一緒に食べようと準備していた。

口内炎のことを伝えると滝本さんは悲しそうな顔になり

「俺もたまになるけど痛いですよね。ちょっと待っててください」

と二階に上がって行った。

そして薬と、何かシールのようなものを持って戻ってきた。

「口内炎といえばビタミンBですが、これは少し変わった商品で、栄養剤も含まれてるんです。色々試してみましたが、これは効きます。あとこれは口内炎に直接貼るシールです」

「おお……色々ありがとうございます」

「こういうことを調べるのが好きなんです。食事の前にどうぞ」

「ありがとうございます！」

滝本さんはお水を準備してくれた。私は錠剤を飲み込んだ。

シールを貼る時は、口の中の水分をぬぐい取ったほうがよいというので、ティッシュで拭きとろうとするが暗くてよく見えない。

「ちょっと待っててくださいね。スマホのライトで照らすとよく見えますよ。玄関の鏡の前で……これでどうですか？」

滝本さんは私の口の中をスマホのライトで照らそうとしてくれる。

でも、口を開けて鏡の前に立っている私に、スマホのライトをあててくる滝本さん……というなんだか妙な状況に吹き出して笑ってしまった。

「ちょっと、すいません。笑えてしまいます」

「あ、すいません！　距離が近すぎましたね」

「いえいえ、なんだか口を開けているところを写真に撮られてるようで面白くて。洗面所で

貼ってきますね。シールありがとうございます」

滝本さんにお礼を言って洗面所で口内炎用のシールを貼ってみた。

……ん。触れても痛くない。これなら食べられるかも。


台所に戻ると滝本さんが頭を下げてきた。

「すいません、無理に押し付けてしまって」

「いえいえ、これすごく良い感じです。昔は何か塗り薬を塗った気がするんですけど……すぐに取れてしまった気がします。シート良いですね」

「これはオススメです。効かなかったら教えてください。体質によって合う合わないがありますし、問題に対して、対処法はひとつではないですから。早く楽になるように色々試してみましょう」

「……そうですね、ありがとうございます」

私はほほ笑んだ。

……本当に、冷静で優しい人。

実家に行くのは本当に気が重いけど、滝本さんが一緒ならほんの少し気楽かも知れない。

「飲みましょうか！」

「はい」

私たちはリビングに移動して美味しいローストビーフとビールを楽しんだ。

口内炎シートを貼っていると、それほど染みず、久しぶりに料理を楽しむことができた。

あ〜、やっぱり柔らかいお肉は最高……。

BEER

■第24話　最重要の会社へ向かう

「はあ～～……」

相沢さんは玄関の段差に座り込んで大きなため息をついた。

アプリがタクシーの到着を知らせる。相沢さんの荷物を持って外に出ようとしたら、かばんが動かない。

下を見ると、相沢さんがかばんを掴んで俺のほうをじっと見ている。

可愛い……。

「……ものすごく気が重いです」

「行きましょうか」

俺がほほ笑むと相沢さんは再び「はああ～～」と言いながらかばんから手を放した。

行かなければならないことは分かっているようだ。


お盆休みになり、相沢さんの実家の旅館に行く日が来た。

憂鬱そうな相沢さんと対照的に俺はわりと楽しみだった。

まず二人で旅行に行くのが初めてなのだ。

一緒に歩いて帰ることや、出かけることはあったが、朝から晩まで、それも一週間近く一緒にいられるなんて、正直楽しみだ。

普通どれだけ仲が良い相手でも、一週間も旅行に行くとなると疲れそうだが、相沢さんなら距離感を間違えることもないし、俺もそこは最大限空気を読んで動こうと思う。

心配なのは、たぶん同じ部屋で眠ることだ。

「あの、相沢さん。泊まる部屋はどこになるんでしょうか」

「旅館近くに実家があるんですが、もう私の部屋はなくて、お兄ちゃんのお嫁さんとお子さんのお部屋になってるんです。だから旅館のどこか、従業員用の部屋の一部だと思います。狭い部屋ですよ。期待しないでくださいね。でも滝本さんが一緒だと変わるのかな。いや、変わらないな」

なるほど。

狭い部屋に二人で眠ることになると、緊張してしまうので、眠くなる花粉症の薬を持ってきたし、先日寝ている所を録画してみた。

どうやら俺はいびきもかいてないし、むしろツタンカーメンのように身動きせず眠っていたので、安心した。

相沢さんは俺と一緒に寝ることに、何の違和感も恐怖も感じていないようで、うれしいような悲しいような微妙な気持ちだ。

在来線から新幹線に乗り換えた。

大好物のお肉が沢山載ったお弁当を買ってきたので……目の前に置いたが相沢さんの表情は晴れない。

俺は少しでも元気付けようとスマホでゲームのサイトを出した。

「一週間後だと帰った次の日は、ツキワンリグマですね。また一緒に出ましょう」

「エイムが必要なゲームって一週間プレイしないと、めっちゃ下手になりませんか？　だからどうしても毎日やっちゃうんですけど……言い訳ですね」

「あれ。持ってきてないんですか？」

俺はかばんからゲーム機を出した。

相沢さんはそれを見てキョトンとした。

「……ゲームする時間なんて、無いと思いますよ」

「じゃあ移動時間に遊びましょうか。最近テトリスを入れたんですけど、進化しすぎて熱いですよ」

「……滝本さん、めっちゃエンジョイする気なんですね」

「iPadには映画を二十本ほど入れてきました。まだこれ一緒に見て無かったですよね、ドク

ターエイトの華麗なる休日」

「あーー！　いいですね、見ましょうか」

少し気分を持ち直した相沢さんは牛肉弁当を手に持って口を開いた。

「実家着く前にひとつ言っておきますけど、とにかくうちのお母さんに口答えしたら一が百になります。だから何か言われたら『はい』が一番です」

「一を百で返せるなんて、頭の回転が速いんですね。さすが相沢さんのお母さん」

「滝本さん!!」

相沢さんは俺の左肩をグッと掴んで俺の方を見た。

その表情には並々ならぬ決意が見える。

「私の親だから誉めようとか、そういうのは本当に要らないです。カマキリが嫌いって話をしたら『でもカマキリも　目が可愛いですよ』とか要らないです！」

「カマキリは鳥を食べるからすごいんですよね」

「ええ……カマキリヤバいですね……じゃなくて！　本当にわざわざ褒めなくていいですから」

「俺がお世辞を言ったのを見た事ありますか？」

「……そうですね、あまり言わないですね。そうなんですけど……」

相沢さんは納得いかない顔で、それでもドクターエイトを見ながら食事を始めた。

お義母《かあ》さんが、頭の回転が速いと思うのは、本当にお世辞ではない。

実は俺は、この旅行前に、かなり相沢さん周辺を調べた。

いや、ストーカー的な感じではなく、決してそうではなく、調べた。

旅館はかなり大きく従業員数三百人、温泉名で調べると一番上に出てきた。

旅行サイトの評判も上々で、良い旅館のようだ。

女将《おかみ》紹介の所に『相沢《あいざわ》美津子《みつこ》』と写真が載っていた。

この方、実はFacebookを持っていた。

旧姓でされていて、色々リンクが切ってあった所をみると、旅館の方々には知られたくないようだ。

しかしさすが『みんな友達Facebook』。見つけるのに少し苦労したが、ずっと地元にいらっしゃるという事で、同窓会のタグから探り、見つけ出した。

同級生のタグから、どこの高校を卒業しているのか、どうやって今総料理長をしている相沢さんのお義父《とう》さんに出会ったのか、何なら二人の初めてのデートの話まで出てきた。

そして六年以上マメに日記《きじ》を更新していた。

六年以上同じ所に書き続けるのは、かなり根気が必要だ。

そして文章はかなり落ち着いていた。

それはつまり、冷静になれば考えをまとめられる人……ということだ。

あの独自の話し方は、次から次に出てくる言葉を出してしまうからだと思う。

友達の記事も必ずシェアしていて、気遣いを感じた。

Facebookひとつ、記事やコメントの書き方で、会ったことがなくてもかなり正確に『人』が分かる。

すべてを総合的に見た結果、俺の中で相沢美津子さんはかなり頭の回転が速い人だと結論付けた。

これは正直アイドルの事を調べる時に身に着けた知識だ。

しかしストーカーではない、断じて違う。

同じように仕事でも使えるのだ。

どうしても落としたい社長が、どういう所で育ち、何を好み、どういう人達に囲まれて生きてきたのか、座右の銘は何か。

調べ尽くして落とす。

それが俺のやり方だ。


「はあ～～お肉おいしい……行きたくない……ドクターエイトがうちの旅館買い取りませんかね？」

「テンダラーが飛んで食事を運んでくるのは楽しそうですね」

「それなら行きたい……やっぱり行きたくない……」

相沢さんはお肉をもくもく食べながらため息をついた。

相沢さんと結婚してから、お義母さんは俺のなかで『最重要の会社』として登録された。

落とさないと会社が（家庭が）傾くので、当然だ。

清川についで五年連続営業成績二位の俺が本気を出して落としにいくのだから、安心してほしい。

でもそんなことを言っても相沢さんの気が晴れるわけでは無いから、デザートにシュークリームを取り出した。

「マロンのシュークリーム！」

「保冷剤を入れておきました」

「美味しそう……！」

相沢さんは口に生クリームをつけてほほ笑んだ。

ずっとこの笑顔を見ていたい。

俺はわりと、この旅行を楽しみにしている。

落としにくい社長を落とすのが、営業をしていて一番楽しいから。

⑥

番外編

デザートローズ

■番外編　あなたは私の、たった一つの一番星

「片蔵《カタクラ》さん、古い写真出してきたな」

アカリの言葉に私……『のん』は椅子ごと移動してチラシを見た。

そこにはまだ中学生の私たち……デビューしたばかりのデザートローズが載っていた。

アカリはツインテールにして大きな星をつけている。

私は頭に大きなリボンをつけて、分かりやすく元気な笑顔を浮かべている。

そして立っている場所に私は見覚えがあり、口を開いた。

「これ……サンサンじゃない？」

アカリは顔を近づけて写真をもう一度見て、

「ああ！　そうだ、これサンサンの背景だ」

と言って笑った。

この写真が撮られたサンサン電気は、秋葉原にある七階建ての電気店だ。しかし電気店なのは一階だけで、二階から四階まですべて小さなライブハウスになっていた。

一階で八百円程度の買い物をすると、それがチケット代わりになる。レシートを見せればライブを見ることができる変な場所。

値段的に丁度良い金額なのが単三電池だった。

だからサンサンに通う人たちは常に大量の単三電池を持っていたイメージがある。

よく分からない営業方式で長く続けていたけど、数年前に普通の電気店に生まれ変わり、ライブハウスは消えた。

この濃い緑に白抜きの文字でサンサン電気という縦に伸びた明朝体《みんちょうたい》の文字……。

「……サンサンの背景だ」

二人で顔を合わせて、

「なつかしい〜〜〜〜」

と叫んだ。

こんな古い写真も持ってるなんて、片蔵さんって本当にすごい管理能力だなあ……と思ってしまう。

私なんて前のスマホに入ってるだけで、写真を取り出すことができない。

そもそも前のスマホがどこにあるのか分からない。

「今日の十六時からステージ六でデザートローズのライブがありますー！　ぜひ立ち寄ってく

ださいー！」

楽屋に貸してもらっている小さな部屋の小窓から外を覗くと、片蔵さんが声を張り上げてチラシを配ってくる。

片蔵さんはデザートローズを結成してから、ずっと応援してくれている方だ。

今日は金曜日で平日……片蔵さんはスーツ姿だからきっと働いてる人なのだ。それなのにこうして私たちのためにがんばってくれている。

私もアカリもクッ……と軽く頷いた。

チャンスだもんね、がんばろうね！

今日は某大学の学園祭にお邪魔している。

都内にある普通の大学なのだが、学園祭が特殊で有名なところだ。

この学園の学長さんはアイドルが大好きで、自分の学校の学園祭にアイドルを毎年呼んでいる。

出演するアイドルは学長さんがすべて選んでいて、その発掘能力がすごい！

直前まで無名だったのに、この学園祭に出てから売れたアイドルは数知れず。

売れない地下アイドルは、ここに呼ばれることを目標にするほど有名な学園祭で、朝から私

たちも気合い十分だ。

　さっきから髪の毛をいじっていたアカリが私のほうを振り向いた。

「のん、髪の毛どうしたらいいと思う？」

「うーん。今日雷神歌うじゃん？　髪の毛縛ってもいいけど、また妖怪みたいになるよ？」

「だよねえ。やっぱ両サイドにちょっと縛るくらいにしとく？　まったく縛ってないとシンプルすぎるし」

「そうだね！　やるよ」

「ありがとう～！」

　私はアカリの髪の毛をくしでといて整える。

　もうこの作業は一緒にアイドルを始めてからずっと続けている。

　アカリはとても激しいダンスを踊る子で、はじめて会った時から髪の毛が超もじゃもじゃだった。

　整髪料をつけて髪の毛をくしで整えると、肩までだった髪が背中までできている。

「伸びたねえ～～！　切らないの？　髪の毛。ダンスしてる時に邪魔じゃない？」

「ダンスしてる時に乱れるところがかっこいいんじゃん！　それにこれは願掛け。売れたら切るわ」

「なんじゃそら」


私は笑いながらアカリの髪の毛を縛り始めた。

ふわふわして結びにくい髪の毛だけど、もう三年縛ってるから慣れてきた。

最初に縛ったのは……きっとはじめて会った時だと思い出した。

あのころからアカリは髪の毛を振り乱して踊っていた。


アカリとはじめて出会ったのは、ゲーセンの上にある小さな練習場だった。

渋谷の駅から徒歩十五分、ビルの隙間にある三角形のビルで、一階にはゲーセンがあった。

その店には何台も太鼓を叩いて遊ぶゲーム機が置いてあって、大きな音が聞こえてきていた。

教えてもらった住所通りの場所だけど、こんな所にレッスン場があるの？

不安になりながら、私は重たいドアを開いた。

すると中から一気に大きな音の塊があふれ出して私を殴った。そして目の前に信じられないほど高くジャンプしている人がいた。

手を高く天に向けて差し出して、その指先は計算されたように美しい。

本当に時を止めたように空中に停止していて、私はドアを開けて一秒でその姿に圧倒された。

それがアカリだった。

アカリは音もなく静かに着地してふり向いて近づいてきた。

「わ、この子が新しく入る子?!　すっごくかわいい。よろしくね！」

その髪の毛はライオンのようにさかだって、もじゃもじゃ。

顔にもくっついていて、気持ち悪そうだった。だから私は手首にあったゴムを差し出して、

「縛ったら？　もじゃもじゃよ？」

と言った。アカリは私の目の前でクルリと背中を見せて、

「じゃあ縛って！」

と言ったんだ。それが出会い。

あの時からずっと私はアカリの髪の毛を縛っている。


「よっしゃ、できた。どう？　上の部分だけ左右にまとめてみた」

「のんは髪の毛縛るの上手！　ありがとー！　お礼に、はい。神の飴」

「きたぁ〜〜！　この飴喉の調子めっちゃ良くなるけど、蜂蜜濃すぎて薬の味がするんだけど」

「のんの声は神様がくれた声だから大切にしてよ。私どこにいたってのんの声がすれば目的地到着できると思う」
「カーナビか何かなの？　私の声は」
「違うよ、砂漠にたったひとつ見える星みたいな感じ。それに向かって歩けば迷わない」

アカリは縛ったばかりの髪の毛をふわりと揺らしてほほ笑んだ。

アカリは私がはじめて歌った時からずっと「のんちゃんの声ってすごく特殊。私めちゃくちゃ好きだなあ」と褒めてくれている。

そんなこと言ったら私はずっとアカリのダンスを世界イチだと思っている。

それなのに売れないんだから、アイドルの世界って本当に意味不明だ。

「なんでこんなにいい声と、アカリみたいに最高のダンスする子がいるグループが売れないんだろうね」
「いやいや、のんさん。それを世界に見せていくのは、これからじゃありません？」
「ですねえ、アカリさん」

私たちは狭くて暗い楽屋でケラケラ笑った。

実は私……事務所に入って「デザートローズっていうアイドルがあるんだけど、入ってみない？」と言われた時に「ええ？」と思ったんだ。

うちの事務所には「なないろドロップ」とか「アクセット」という現時点で売れているアイドルグループが何個もあった。

事務所に「絶対トップアイドルになれるわよ！」と誘われてきたのに、どうしてその有名グループじゃなくて全く売れてないデザロズなんだろう。

実は私の歌なんて全く評価されてないの？　そこまで疑って、事務所ではじめてアカリのジャンプを見た。

そして反省した。事務所はちゃんと私とアカリで売れてほしいと思ってるし、アカリには私の歌が最高に合う！

「はじめまして！　デザートローズです！」

ライブが始まり、ステージに出て行く。

学園祭会場の一番奥だけど、出店に近くて場所的には悪くない。

見渡すといつものメンバーが「のんちゃーん！」「アカリちゃーん！」と声をかけてくれる。

ライブハウスからここまで来てくれていて、本当にうれしい。

はじめての場所で歌うのはとても緊張するけど、いつものメンバーがいてくれるとそれだけで安心する。

「いつも秋葉原のレックスでライブしています。野外で歌うのははじめてです。よろしくお願いします！」

少ないけどあたたかい歓声に頭をさげた。

音楽が流れて歌い始めた瞬間に気がついた……『気持ちがいい』！　声が空に抜けていくのだ。

少しでも遠くの人の届くように意識して歌い続けた。

そして目の前にアカリが高く飛んだ。

それは生まれたての鳥みたいに太陽に同化して空にとける。

伸ばした指先が光を摑んで、風に揺れた髪の毛がふわりと広がる。

ああ、本当にアカリのジャンプはきれいだなあ。

遠巻きに見ていた人たちも、アカリのダンスに惹かれて近づいてきた。いける！

私はそれをもっと引き寄せるように、高らかに歌った。声が伸びて空に届きそう……最高に気持ちがいい！

「めちゃくちゃ気持ちよかったね！」

「また野外したい！　もうゲリラで踊りたいよ」

学園祭が終わり、私とアカリは大興奮していた。

小さな部屋で歌うのは、羞恥心が消えて曲や世界に入り込めて楽しい。

でも野外はもう別物だった。だって超全力でマイク使って外で歌うなんて経験、絶対にない。

それが本当に気持ちよかった。この大学の中だけじゃない、世界に、空に、海の奥底まで、歌が届くような気がした。

やっぱり私、歌うの大好き！

興奮していた私たちの楽屋のドアが軽くノックされた。

入ってきたのは学長さんで、私たちのライブをとても褒めてくれた。

そしてその後ろにいたのが、スーツを来た地味な会社員さん？　その人は私たちに頭をさげて、

「はじめまして。アイドルのプロデューサーをしています。吉住《よしずみ》と申します。あの……宇宙人になりませんか？」

そう言ってほほ笑んだんだ。

それを聞いて私は小さくため息をついて「またこのタイプの人か」と思った。

わりといるのだ、正直『変』な人が。

「君の声は神のお告げだ」「その声は世界を揺るがす発明だ」「僕の教祖になってください！」

ライブ終わりに外で待っていて、突然土下座された回数なんて一度や二度じゃない。

またこの系統か……そう思ったけど、アカリは違った。

「学長さんが連れてくるってことは……本気なんですね？」

笑顔で……でも真剣な表情で言った。

ええ？　楽屋にいたメンバー全員ドン引きしたんだけど、よく考えたらその通りだった。

あのマイナーアイドルを発掘する天才だと言われている学長さんが連れてきたんだから。

話を聞いてみると吉住さんはフリーでアイドルのプロデュースをしているんだけど、デビューさせている人たちはみんな特色があり、売れていた。

学長さんは「君たち、宇宙人になるといい。だって地球も宇宙の一部だし、僕だって宇宙人だよ」と言いながら去っていった。

学長さん、やっぱり変。その変な人が紹介した人……大丈夫……？


私は最初吉住さんのことを全く信用してなかった。でも吉住さんは私に向かって言った。

「はっきり言わせて頂くと……のんさんの声は、アイドルソングを歌うのに適してないです。かなり地声が低い。そして音程が完璧なんです。耳がものすごく良いんですね。だからもっとメロディーが妙な動きをする面白い曲を歌ったほうがいいと思うんです。つまりそれは、アイ

ドルソングではないんです。そこから逆算して考えたのが、宇宙人の歌……だったんですね」

あ、この人、信用して大丈夫かもしれない。

私はその一言を聞いて思った。声が低くてアイドルソングに向かない。それは私がずっと思っていたことだったから。

でも歌うと高音が伸びる特殊な声で、かわいいアイドルソングと相性が悪いのだ。

それは私も事務所も気がついていたけど、それをどう生かしたら良いのか分からなかったんだ。

吉住さんは、次にアカリを見て言った。

「あと……ダンスについてですが、アカリさんのダンスは特徴的すぎます。アイドルなんて次元じゃないジャンプ力と表現力、このままいくと悪い意味で目立ち『天才扱い』されてしまうんです。アイドルグループに『ひとりだけの天才』は要らないんです。だったら最初から『重力がものすごく重たい星で育った子』とか設定をつけてしまったほうがいい」

「……なるほど」

アカリは頷いた。

これも私は驚いた。実はそうなのだ。

アカリのダンスのレベルは高すぎて、グループの中でも目立ちすぎていた。

同じくダンスを得意とするアユがかすんでしまい、バランスが難しくなっている。

アユだって長くクラッシックバレエをしていて上手なのに。

吉住さんが私たちデザロズに出してくれた課題はどれも的確で、簡単に言うと「私たちはみんな個性が強すぎるので、もう宇宙人にしたほうが楽」ということだった。

私たちはその結論に爆笑して、納得して宇宙人になることを決めた。


デザートローズという名前をつけたのは事務所の社長だった。

本当にある石の名前で、オアシスだったころの記憶を宿す花と呼ばれている……と書かれた本を見せてくれた。

そこにはきれいなイラストが載っていて、灰色で儚《はかな》いバラの砂は、当時中学生だった私が見ても「かっこいい！」と思った。

吉住さんは由来を聞いて「宇宙人アイドルに完璧な名前じゃないですか。元々宇宙人だったんですね」とわけが分からない納得をして、宇宙人アイドルになるけれどグループ名は変わらないということになった。

吉住さんはＳＦ小説が好きな作家さんを呼び出して、私たちの出身星の設定を決めた。

そしてそれぞれの出身星を別にすることで、バラバラな個性があっても許されることにしましょう……とそれぞれの国の言語も考え始めた。

お互いに話している言語が違うならば、それぞれの言葉は通信機で自動翻訳されているはず

だ……と作家さんが言い出し、生まれ変わったデザロズの右耳には通信機風のイヤリングをつけることになった。

　星の設定やら言語やらに「？」だった私たちも、通信機のイヤリングはかわいくてみんな気に入った。

　設定を決めていくと、それに伴ってデザインができて、歌が決まっていく。

　宇宙人がやってくるのは決まって宇宙船で、その場合僕は艦長ですね！　とうれしそうに住吉さんは言い、自らラリマー艦長と名乗り始めた。

　本当にこんな子どもの遊びみたいなことをして売れるのだろうか……失笑されて終わるんじゃないかな。

　私は不安になりはじめたが、アカリは楽しそうだった。

「え？　面白そうじゃん？」

　と目を輝かせ、新しい曲のダンスを仕上げていった。

　新生デザロズは、アカリだけ飛び出すようなダンスは封印、同じくダンスが得意なアユと全く同じ動きをすることをテーマにしていた。

　アカリも実はダンスに格差があるのをずっと気にしていた。

　一緒にご飯食べた時も「私だけダンスが派手じゃない？　アユも上手なのになあ……でも先生に言うと、それはそれで気を使ってるって思われるよね……」といつも言っていた。

だから今回のグループに訪れた変化はとてもうれしかったようで、一時期ふさぎ込んでいたアユにも笑顔が戻った。

宇宙人って何よ？　と思ったけど、結局個性が強すぎる私たちには正解だったのだ。

そして吉住さんが新生デザロズのために準備した新曲は、高音から低音まで瞬時に切り替えが必要な非常に難しい曲だった。

「……これは、すごいですね」

「のんさんなら大丈夫ですよ」

吉住さん改めラリマー艦長はにっこりとほほ笑んだ。

でも実際スタジオで練習してみたら、今までのかわいいだけのアイドルソングより、全然私の声質にハマった。

それに歌の途中で送信機に触れると音声が変わる設定も面白かった。

二曲一緒に発表することが決定したんだけど、その片方の曲は「宇宙人の言葉」で歌詞が作られていて、日本語じゃなかった。この歌詞を覚えるのが大変で大変で……でも毎日アカリが付き合ってくれた。

「テッテラクソンポポラキママ！」

「テッテラクソンポポラキ……？」

「違うよ、のん。テッテラクソンポポラキママ！」

「地球人だからわからなぁい……」

「この曲、ものすごくのんの声にあってる。踊りながらだとすぐ覚えられるよ。ほら、のんも踊ろ？」

「たしかにそうかも。よっしゃ！」


私たちはスタジオで夜遅くまで踊り続けた。

アカリも私も日中は高校に通っているから、練習するのは夕方から夜だけ。

でもこれが最後のチャンスだって、私たちは分かっていた。

アイドルの賞味期限は短い。中学生の時にデビューして三年売れてない私たちは痛いほど分かってる。

だからこれがきっと、最後のチャンス。

踊り疲れて床に転がると、一階から能天気なゲーム音が響いて来て身体が揺れた。

「……なんだこれ」

「建物が揺れてるの？　変なの！」

私たちは転がったまま笑った。

アカリはスマホを取り出して、片方のイヤフォンを私に渡した。

耳に入れると私のたちの新曲が流れ始めた。

私たちは床に転がってふたりでくっついたまま、それを聞いていた。

背中に伝わるゲームの振動と、アカリの体温があたたかい。

真っ黒なペンキで塗りつぶしたような渋谷の空にたったひとつ、一番星が浮かんでいる。


新生デザロズを発表する日が決まった。

それは事務所としてはめずらしく大きい場所を借りてくれて、私たちは高揚しながらリハーサルに向かった。

いつも秋葉原にあるビルの地下だったのに、今回お披露目に準備されたのはちゃんとしたホールで、収容数も二倍以上。

チケットも完売していて、私たちは気合い十分だった。

ライブの流れとしては、まず過去の曲を順番にやり、最後に舞台が暗転、そこに宇宙船がきて私たちが登場する……という流れになっていた。

登場時の脚本も準備され、歌詞も頭に入った。

衣装はなんだか戦隊ものみたいだったけど、宇宙人って何を着るのかよく分からないから、これはしかたないと思う。

私たちは立ち位置の確認をしつつ、曲を流してもらい、踊り始めた。


「最初から流れで行こうー！」

「おっけー！」


歌いなれたデザロズの曲。流れた瞬間に身体が自動的に動きだす。めちゃくちゃアイドルソングだけど、私は全然嫌いじゃない。

そもそもアイドルになりたいと思ったのも、分かりやすいアイドルの曲が好きだったからだ。聞いてると元気になれて、鼻歌で歌いたくなる……そんな曲はどれも好きだった。


小学校の時から「のんちゃん、すごくかわいい。しょうらいぜったいアイドルだね」なんて友達から言われて「えー？」と言いながらも、悪い気分じゃなかった。

だってクラスどころか、学年も、なんなら学校を見渡しても、町を歩いてたって私よりかわいい子なんていない。

私自身も「かわいく生まれてラッキー」とは思っていた。だからかなり調子にのった小学校

時代を過ごしたと思う。

スカウトされた時は小学校六年生だったけど「見つけるの遅くない？」と思ったほどだ。

そこまで調子に乗っていた私の鼻をぽっきり折ったのは、アカリだ。

アカリは私よりかわいいのに、ダンスがこんなに素晴らしいのに、アイドルって売れないんだ……。

それは私の天狗《てんぐ》になっていた気持ちを一瞬でへし折った。


横で踊るアカリを見ると、あのころより数段上手になっている。

それにアユとの確執も落ち着いて、ふたりで上手にダンスを分けあうようになっていた。

私もダンスは全然嫌いじゃないし、デザロズに入る前は「うまいっしょ」と思ってたんだけど、このふたりの前だと子どもレベルでまさに井《い》の中《なか》の蛙《かわず》だった。はずかしい。

アカリの長い手足がしなるように動きだして、一気に宙を舞う。

身長が高くて身体も筋肉がついててしっかりしてるのに、どうしてこんなに軽々と飛べるんだろう。

アカリのダンスに、もう重力を感じない。

いつもの三倍以上あるライトにアカリのしなやかな身体が白黒になって見える。

それはふたりで見ていた渋谷のスタジオから見えるお星さまみたいに美しい。

そのまま手をついて……と思ったら、目の前からアカリが消えた。

消えた。

消えたんだ。

音もなく、ただ視界からアカリが消えた。

ホールにはただ爆音が流れ続けている。

照明に照らされたままの私たちは身動きひとつ取ることができない。

心臓がばくばく動いて指先が震えて、耳鳴りがする。

音楽が遠ざかって、心臓の音だけが身体を支配する。

アカリが消えた。

消えた、視界から消えた。

消えた……じゃない……分かってる。

震える足先をずるるると前に押し出して、真っ黒な穴を見る。

するとアカリが、舞台の下に落ちていた。

首が締め上げられて声も出せない、息もできない、座り込むことも動くこともできない。

私は舞台の下に落ちて少しも動かないアカリを見下ろすことしかできなかった。

アカリはすぐに救急病院に運ばれた。

私たちメンバーは待合室でただ待った。無駄に大きなテレビから無機質にバラエティー番組が流れてくる。

窓の外には、次から次へと救急車が到着してストレッチャーに乗った患者さんが運ばれていく。

冷たいソファーに指先を落として気持ちを落ち着かせようとするけど、全然無理で、唇を固く噛んだ。

舞台から落ちるのは、わりとあることだ。

秋葉原の舞台から私もアカリもアユも何度も落ちた。

でもあの舞台の高さなんてあってないようなもの。

でもあそこは違った。高さが二メートル以上あったのだ。何よりバク転をしたまま手を滑らせて背中から落下……その場所には運悪く折りたたまれたパイプ椅子があった。

私が医学とか全然知らなくても、それがヤバい落ち方だってことは分かる。

何も言えない、言葉なんて出てこない。怖くて怖くて、みんな一言も何も言えずに黙っていた。

病院にきて何時間経《た》ったのか分からない。

ラリマー艦長が処置室から出てきた時、私たちは一斉に立ち上がった。

顔色から挙動から先に何かを得ようとしたけど、何も分からなくて、ラリマー艦長がこっちに歩いて来る間でさえ永遠に感じるほど心が痛い。

「救急病院では検査が限られてる。とにかく明日から精密検査をして状態が分かる。命に別状はないけどＭＲＩを取れる医者がいないから、今は薬で眠ってる。今日は帰ろう、ライブは一度延期だ」

ラリマー艦長は私たちの前に膝をついて視線を落として丁寧に説明してくれた。

頭に入ってきたのは『命に別状はない』それだけだった。


数日後に知らされた事実は、私の心をへし折った。

腰椎圧迫骨折、大腿骨頸部《だいたいこっけいぶ》骨折……説明してもらって分かったことは、アカリはもう元通りには踊れない……ということだった。

まだ若いので、可能性は残されている……とお医者さんは言ってたらしいけど、それは趣味程度のダンスだろう……とラリマー艦長は泣きながら言った。

「俺が泣いたら、みんなが泣けないのになあ、ごめんなあ」

そう言いながらラリマー艦長は泣き続けた。

みんな号泣してたけど、私は泣けなかった。きっと何も分かってないのだと頭の冷たいどこかで理解していた。

アカリが舞台から転落して新生デザロズデビューが延期になったことはネットのニュースを駆け抜けた。

何を見ても心が追い付かなくて、私はネットから離れることにした。

ただ学校と家を往復する日々。両親は「学校大丈夫？」と心配してくれたけど、日常をやめたら、全部非日常になると分かっていたのでしがみついた。

通学電車にラッシュに、雨の日にまとまらない髪の毛に、重たいかばんに、コートを忘れた日に限って寒くなる夕方。

そして毎日渋谷の二階にあるスタジオにいった。そこは事務所が借りている場所なので夕方は他のグループも練習している。

カードキーさえあれば事務所の人間は誰でも入れるので私は、いつも誰も使ってない夜に忍び込んだ。

電気もつけずに転がって耳にイヤフォンをさす。

流れだすデザロズの新曲と背中にはゲームの振動。真っ暗な空には星がひとつも見えなくて、やっと私は泣いた。

「はあ……」

私は家の近くにあるカフェでオレンジジュースを飲んだ。

最近は食欲もなく、食事も適当になっている。何もする気が起きず、でも家にいると気が滅《め》入《い》るのでなるべく外出していた。

さっき届いたメールを見てため息をつく。

『今後の活動スケジュールについて』

「……今後……ねえ」

最初の一か月は事務所も気を使ってくれていたが、当然だがデザロズというグループが根こそぎ消えるわけにはいかない。

私はメインボーカルで、私が歌わないとデザロズは存在しない。

ラリマー艦長がすべての雑務を担当してくれて、私たちのところに痛いものがこないようしてくれている……と社長から聞いた。

泣き崩れていたラリマー艦長を思い出して、私は胸が苦しくなった。

私たちをデビューさせるために誰よりがんばっていた人が、今泣きながら矢面に立っている気持ちを考えると辛くて泣いた。

歌は歌っていた。むしろひとりでずっと。そのほうが心が落ち着いたから。

でもアカリがいないデザロズだけが全く理解できなくて、デザロズとして歌うのはもう無理なんじゃないかな……そう思っていた。

当のアカリはわりと明るくて『自分のせいでこうなったから、しかたない。とりあえずリハビリがんばるからさあ〜』と連絡が来ていたが、社長から『辛そうだ』と聞いていた。

そりゃ、そうだ。

先が見えないリハビリに、元に戻れる保証もない。

そのアカリを前にして私がいつも通り歌って踊るなど……どうしても考えられなかった。

やっぱりデザロズという存在はこのタイミングで一度消えて、歌うとしても、別の存在になりたい。

デザロズはアカリがいないと存在し続けられない。

私はそう決意してスマホを握った。

するとポン……と通知が入った。

『ポストに手紙入れといたから見てよ』

!!

メッセージを送ってきたのはアカリだった。

どういうこと?! それを見て絶句した。

すぐにジュースを飲み干して荷物を抱えて外に出る。ポストに手紙を入れた……って、外出できるの?

先日ラリマー艦長から「当分車いす生活だ」と聞いていた。

車いすで家まで来たってこと?! 電車に乗って? ひとりで?!

私は家まで必死に走った。最近ダンスのレッスンをさぼっていたからすぐに息が苦しくなる。

「だからさあ、ダンスのレッスンとかは結局人生の基本なわけ。体力がすべてなんだからさあ」そう言って笑うアカリを思い出す。

本当にそうだよ、私、本当にダメで、アカリがいないと今もずっとダメで。

走って走って家について、ポストを覗くとそこに手紙が入っていた。

小さく書いてある『のんへ』。アカリの字だ。細くて小さなアカリの字。

私は家にも入らずゆっくりと封を開けて手紙を取り出す。

そこに書いてあった文字を読んで私は爆笑した。

もうアカリは、アカリなんだから。

私は手紙を握って家に一度入った。そして履いていたヒールを脱ぎ捨てて、いつもジョギン

グする時に履いていた運動靴を履いた。

アカリが怪《け》我《が》する前は毎日朝にジョギングしていた。でも最近は全くは走ってなくて、靴も私を叱るように締め付けてきた。

スマホと手紙だけポケットに入れて走りだす。前へ前へ。

服がジョギング用じゃないから、身体にまとわりつくけどしょうがない。その前にスカートだけどしかたない。

もう本当にたった二か月でこんなに体力が落ちるんだ。

私はずっと未来を考えてた。アカリとの新しいデザロズ、ふたりで進む未来、でもそれは絶たれた。

だからその先を丹念に想像した、アカリのいない未来、アカリのいない世界……考えて考えて泣いて……動けなくなっていた。

手紙をクッと握って加速する。

前のほうに車いすが見えた。いた、アカリだ。

「アカリ!!」

「……遅いなあ。ジョギングさぼってたでしょ？　それともカフェでドーナツやけ食いしてた？」

「全部正解だよおお……」

私は車いすのアカリに、倒れこむようにしがみついた。ごめん、病院にいけなくて、ごめん。何度も言った。

しかも来させてごめん、ごめん、ごめん。アカリは私を抱きしめて「大丈夫」と静かに何度も言ってくれた。

抱きしめたアカリは細くて、もうそれが辛くてしかたなかった。

おいおい泣き続けて通行の邪魔になっていたので、そのまま近くにある公園へいった。

私が車いすを押すと「押してもらうとめっちゃ楽で笑う」とアカリは言った。

アカリは私が買ってきたお茶を一口飲んで口を開いた。

「つれぇ。最高に身体が動いてたタイミングだったから、もう最高につれぇ」

その『つれぇ』という単純な響きに、予想に反して私は笑ってしまった。

「ちょっと！　笑うとか考えられないんだけど!!」

アカリは私を睨んだ。

ああ、もっとはやく会うべきだったんだ、私たちは。お互いがそう思っているのが分かった。

怪我とかもう一緒にデザロズできないとかじゃなくて、私たちはただの親友だった。

ただの親友で、それで仲間だったのだ。順番を間違えていた。

「とりあえずリハビリして……まあ杖《つえ》ついて立てるようになるのは間違いないっぽい。最終的には普通に歩けるし、まあ軽いダンスまでは絶対戻れるって先生は言ってくれた」

「うん」

「でもまあ、ちょっと心折れてるわ」

「そりゃそうだ」

「そりゃそうだよね、本当にそうなんだよ。心折れてて、こりゃ無理だ」

「そりゃそうだ」


私たちはふたりで「そりゃそうだ」と言い続けた。

そりゃそうだ……しかお互いに言えない状況だった。

私がアカリがいないデザロズで歌う気にならないのも、アカリがやる気にならないのも、そりゃそうだ。

私たちに足りなかったのは、お互いの傷を舐《な》めあう時間だった。

長くふたりで愚痴り、お互いにスマホでの連絡はやたら気分が落ちるからやめて、会うことに決めた。

もう定期的に。

私は学校帰りに週に三回病院に顔を出し、アカリは週に一度町出るからランチしようと決めた。

そう決めた。


会って話していると、怪我をしたアカリという存在は文字で話すより「リアルにただ怪我をした親友」で、悲観的だった気持ちがどんどん消えていった。

私は会わない間に無駄に想像して、今いるアカリ以上に未来のアカリに悲しみを抱いていたのだと分かった。

ある日オムライスを食べながらアカリが言った。


「デザロズ、続けなさいよ」


その言葉に私はスプーンを置いた。

アカリと定期的に会うようになり、ラリマー艦長とも話すようになった。

ラリマー艦長は「デザロズという存在が辛いなら、別のグループとして再デビューすることもできる」という話をされていた。

でもどうしたら良いのか分からず、立ち止まっていた。

アカリは私の手に、上から掌《てのひら》を重ねて口を開いた。

「ここでデザロズを止めたら、私がしてきたことが全部過去になるじゃない」

「!!」

私は顔を上げた。

「私、今、足も腰も痛いのよ」

「うん……」

「私は超マイナスからのスタートなの。それなのに私がいないからって勝手に消えるのは許せない。進みなさいよ、私っていう痛みを抱えて。私も痛いんだから」

「うん……うん……」

涙が溢れて前が見えない。

「私も痛い、のんも痛い。はい痛み分け！　だから私がいない痛みを感じて、続けなさいよ」

「うん……うん……」

「言ったじゃない。のんは私のたったひとつの一番星。のんの歌に向かって歩くから、歌ってて」

私はどろどろに泣いてしまって、お店で注目されてしまったけど、もうそんなのどうでも良

かった。
それはずっと私がそう思っていたからだ。
アカリだけが私の一番星。
アカリがいたから、私の無駄に高い鼻はポキリと折れて歌い始めた。

私は今も大切に持ち歩いているアカリがくれた手紙をかばんの上から撫でた。
そこにははっきりと書かれている。

『追ってきなさいよ、いつもみたいに』

いつだってアカリは私の前にいる。
あなたは、私のたったひとつの一番星。
これからも、ずっと、一番星。

あとがき

はじめましてコイルです。

この本を手に取り、ここまで読んでくださり、ありがとうございます。

この話は、小説家になろうのほうで完結していたのですが、突然脳内に神様が舞い降りてきて「続きを書くのだ……」と告げたんです（本当）。

なろう恐怖の毎日連載から解放されたばかりだった私は「終わったばかりですけど？」と思いましたが、なろうでは完結後、何か月もランキングに載り続けていました。

そして「もっと読みたい」という感想をたくさん頂き、それなら書こうかな……と書き始めました。

なろうのほうでは綺麗に完結していたので、それをカクヨムのほうにアップしたのです。

その結果、編集さんの目にとまり、書籍にして頂くことができました。

あの時脳内に語り掛けてくれた神様に感謝します。

また小説家になろうに「カクヨムで続きを書きます」と書いたら、たくさんの方々が読みに

来てくれました。

そして感想やＳＮＳでも反応を頂きました。

そういう小さな「読んでいるよ」という反応が私の原動力です。

基本的に私の小説は脳内にある楽しいことを書き散らかしている状態なのですが、それに反応を頂けるなんて、こんなの超楽しいです。

特にネットのすみっこで連載中という孤独な戦いをしているときに感想を書いて下さる方々には本当に感謝しています。

あなたの小さな反応は作家の心を救っています、本当です。

この本の感想も、少しでも頂けるとうれしいです。

そしてあなたの隣に居そうな、普遍的で、それでいて愛に満ちたオタク夫婦のお話が、少しでも長く続き、楽しんで頂けると良いなあと思っています。

最後にこの本を出すために関わってくださったすべての方々に感謝します。

本好きなので、本になってうれしいです。やったー！

ここまで読んでくださり、ありがとうございました。

コイル